钻井液完井液实用技术丛书

# 钻井液监督与工程师读本

王中华　编著

中国石化出版社

## 内容简介

本书共分七章，内容包括钻井液监督与工程师实务、钻井液基础、钻井液材料与处理剂、钻井液体系、钻井液污染及井下复杂情况的预防与处理、钻井液固相控制和钻井液对储层的伤害与防护。以基本知识和应知应会为主，既包括钻井液监督管理与规定、工作与实验方法、报告与论文写作技巧，又包括钻井液专业知识，兼顾新工艺新技术，突出钻井液使用及有关复杂情况的预防与处理技巧，内容针对性强、与现场结合密切、简短实用。

本书适用于钻井液监督和现场工程师阅读，也可以作为钻井液技术人员、职业技术院校石油工程类专业教学参考书。

**图书在版编目（CIP）数据**

钻井液监督与工程师读本 / 王中华编著 .—北京：中国石化出版社，2020.5
（钻井液完井液实用技术丛书）
ISBN 978-7-5114-5785-1

Ⅰ.①钻…　Ⅱ.①王…　Ⅲ.①钻井液　Ⅳ.① TE254

中国版本图书馆 CIP 数据核字（2020）第 075231 号



**中国石化出版社出版发行**

地址：北京市东城区安定门外大街 58 号
邮编：100011　电话：(010)57512500
发行部电话：(010)57512575
http://www.sinopec-press.com
E-mail：press@sinopec.com
北京柏力行彩印有限公司印刷
全国各地新华书店经销

*

787×1092 毫米 16 开本 23.25 印张 582 千字
2020 年 6 月第 1 版　2020 年 6 月第 1 次印刷
定价：168.00 元

# 丛书前言

为了满足现代钻井完井工艺技术发展的需要，也为了系统地总结钻井液完井液方面的成果、技术和应用经验，以利于提高对现代钻井液完井液的认识、加强钻井液现场监督、安全使用、选择与管理，以及有效地开展钻井废弃物处理技术，中国石化出版社策划出版了这套《钻井液完井液实用技术丛书》，以奉献给钻井液完井液专业和相关专业的广大读者。

钻井液完井液是一类重要的油田化学作业流体，是油田化学的重要组成部分，在石油勘探开发中占据重要的地位。它是保证钻井、完井以及井下作业安全顺利高效实施的关键。自20世纪70年代我国钻井液完井液技术开始系统地研究与应用以来，经过50来年的发展，钻井液完井液专业学科已趋于成熟，并逐步形成了门类齐全的钻井液完井液处理剂和系统的钻井液完井液体系，基本能够满足复杂地层和特殊工艺井等现代钻井、完井和井下作业工程的需要，从而为现代钻井完井工艺技术的成熟配套奠定了基础，也促进了石油勘探开发的进程。

为配合钻井液完井液工艺技术的学习、培训、教学和应用等，国内自20世纪70年代以来，先后出版了一些关于钻井液完井液工艺技术方面的教材及专业书籍，为钻井液完井液工艺技术和相关知识的学习和应用提供了参考。纵观50年来钻井液完井液的发展，特别是近年来，一些新型高性能钻井液完井液处理剂和钻井液完井液体系的不断开发应用，以及钻井液完井液类型的不断增加和完善，钻井液完井液技术水平不断提高，尤其是随着深井超深井、页岩气水平井和深水钻井的增加，再加之对环保的要求越来越严格，对钻井液完井液的综合性能、环保性能等提出了更高的要求，同时对钻井完井废弃物排放也有了严格的限制，绿色高性能钻井液完井液成为未来的发展方向。而与钻井液完井液技术的发展相比，关于钻井液完井液专业的教材和技术参考书在内容更新方面显得有些滞后，且系统地和全面涵盖钻井液完井液各相关技术方面的书籍依然很少。显然，编写一套系统完整且能够为现场作业、监督管理、技术培训和职业技术教育等提供有益参考作用的钻井液完井液系列技术读物，已成为石油工程与油田化学领域的迫切要求。

这套丛书立足于实用和基础，兼顾新知识、新技术，主要面向生产一线人员，不仅介绍了钻井液与完井液的基本知识及新产品、新工艺和新技术，还介绍了钻井废弃物处理技术、钻井液安全使用，以及钻井液监督和工程师需要掌握的相关知识。编者结合所从事的钻井液完井液研究与应用实践，并在广泛吸收相关研究与应用成果、专业文献、环保法律、法规的基础上，确定了丛书的构架。该丛书包括《现代钻井液概论》《钻井液监督与工程师读本》《油气井完井工作液》《钻井废弃物处理技术》和《钻井液安全使用必读》5册。分别介绍了现代钻井液技术，钻井液监督管理和钻井液相关知识，固井水泥浆、酸化液和压裂液化学剂和体系，钻井废弃物处理技术和钻井液使用中的安全及环保要求等。

该套丛书可供从事石油工程、油田化学等专业的研究与现场工程技术人员阅读，也可以作为钻井液完井液岗位操作人员的培训教材，以及石油工程等相关专业的本科生参考读物。

# 前　言

钻井液是钻井中使用的作业流体，在钻井过程中，钻井液起着重要的作用，它是保证安全快速高效钻井的关键，是钻井工程的重要部分，而钻井液监督和现场工程师则是钻井作业过程中监督或组织落实钻井液设计，钻井液选择、使用与处理措施的科学实施，控制钻井液质量，解决钻井液或与钻井液有关的复杂问题，保证作业质量的关键。可见，钻井液监督和工程师的工作能力直接影响钻井液作用的有效发挥和钻完井工程的质量。为便于现场钻井液监督和钻井液工程师对钻井液基本知识的学习，掌握与钻井液相关的工作方法和技术，不断提高钻井液维护处理及解决复杂问题，以及现场管理和协调能力，满足钻井液监督和工程师现场工作、学习和培训的需要，在石化出版社程天阁老师的提议下，编写了《钻井液监督及工程师读本》。

本书以钻井监督和现场工程师为主要读者对象，以监督管理、实务和钻井液基本知识为主，兼顾收入新技术，新工艺，突出有关复杂预防与处理要点，具有针对性强、与现场结合密切、简短实用等特点，适用于钻井液监督和现场工程师培训和自学，也可以作为其他专业有关人员了解钻井液基础知识的入门读物。

本书作为《钻井液完井液实用技术丛书》之一，共分七章，第一章钻井液监督和工程师实务，主要介绍了钻井液监督与工程师职责、制度，钻井液监督和工程师应掌握的学习、工作方法和写作知识，并结合具体应用介绍了正交试验设计方法；第二章钻井液基础，简要介绍了钻井液的组成、类型、功能，黏土矿物和钻井液流变性基本知识，并介绍了钻井液性能测定方法；第三章钻井液材料与处理剂，主要介绍处理剂的性能、特点和用途；第四章钻井液体系，重点介绍了膨润土钻井液、钙处理钻井液、盐水钻井液、聚合物钻井液、抑制性钻井液、抗高温钻井液、油基钻井液、合成基钻井液和气体、气液混合钻井流体等的组成、性能和应用；第五章钻井液受污染及井下复杂情况的预防与处理，简要介绍了钻井液受污染的预防与处理，以及井漏、井塌、卡钻、井涌和钻井液腐蚀等的预防与处理；第六章钻井液固相控制，简要介绍了固相控制的设备、方法等；第七章钻井液对储层的伤害与防护，简要介绍了储层保护的基本知识和保护储层的钻井液体系。本书在编写中参考了有关钻井液工艺技术方面的书刊、标准与规范等，在此向有关文献的作者表示衷心的感谢。由于所涉及的文献较多，受篇幅所限对于一些电子文献没有一一列出，也请相关文献作者和提供者予以谅解。

由于本书涵盖的内容多，并力求简短实用，编写中肯定会有处理不当和疏漏之处，恳请广大读者在使用中，提出宝贵意见，以便及时改正。

# 目　　录

# 第一章　钻井液监督与工程师实务

钻井工程是一项包含了多学科，需要多部门进行协调运作完成的系统工程。其施工对象在地下，施工作业具有一定的局限性和隐蔽性，可视性及可预知性都非常差。正是由于这些因素造成了钻井工程的控制难度较大，施工风险性大，因而这项工程需要强有力的监督工作来避免危险和事故的发生。对钻井工程质量进行监督是现代化石油公司建立监督机制的重要内容，建立钻井工程质量监督制度是石油公司实现低成本高效率发展战略的最有效途径，也是促进石油工程公司提高竞争力的有效途径。钻井监督工作贯穿于钻井作业的整个过程，主要是按照钻井地质设计、钻井工程设计、钻井工程承包合同以及相关规定的要求，对钻井工程承包方整个钻井过程的施工质量、施工进度、安全防范及井史资料等进行监督，并根据施工过程中出现的情况提出相应的建议和措施。钻井监督（即钻井监督人员）是在甲方代表监督下的甲方驻井全权代表，全面负责现场生产管理，按合同条文规定组织协调承包单位的工作，对钻井工程的安全、质量、进度、成本等负责。而钻井液监督（即钻井液监督人员）是在甲方代表监督下的甲方驻井钻井液代表，全面负责现场生产管理，按合同条文规定组织协调施工单位的工作，对钻井液施工的安全、质量、进度、成本等负责。

钻井液是钻井工程技术的重要部分，高质量的钻井液在满足携带钻屑、平衡地层压力的前提下，还必须满足防塌、防卡、减少井下复杂情况、提高机械钻速、起下钻畅通无阻、电测一次成功、缩短钻井周期、降低钻井成本等要求，更重要的是能够阻止钻井液过多地进入油气层，使近井壁储层特性接近原始状态，有利于及时发现油气层，提高勘探开发效益。现场钻井液工程师一般是钻井队或钻井液服务队的钻井液技术负责人，负责或参与编写单井钻井液施工设计、填报钻井液日报、负责单井钻井液技术总结，解决处理钻井过程中遇到的钻井液复杂问题，配合钻井和钻井液监督按照钻井液设计做好钻井过程中钻井液性能的维护与处理，以及油气层保护工作。

在钻井过程中钻井液监督和钻井液工程师是实施钻井液工程、控制钻井液质量，保证安全高效顺利钻井的关键，因此钻井液监督和工程师的能力将直接影响钻井液技术的有效实施和钻完井工程的质量。

本章结合实际，就钻井液监督和工程师的基本要求、管理制度和钻井液监督和工程师应具备的能力进行简要介绍，以便于钻井液监督和工程师日常工作和学习参考。

# 第一节　钻井液现场监督

监督，即对现场或某一特定环节、过程进行监视、督促和管理，使其结果能达到预定的目标。钻井液监督就是指从事钻井液监督工作的工程技术人员。钻井液作为钻井工程的重要环节，其质量的好坏直接关系到钻井井下的安全、井眼质量以及储层保护，是安全、顺利、高效钻井的关键，钻井液监督作为油公司或甲方驻井钻井液代表，主要职责是监督施工单位按照钻井液设计和有关规定做好钻井液体系的使用和钻井液维护处理，以保证钻井液质量和油气层保护效果。因此，对于钻井液监督而言，有效地做好钻井液监督工作，掌握和了解钻井液现场监督工作内容和有关要求就显得尤为重要。

本节简要介绍钻井液监督的基本要求、钻井液监督管理、探井钻井液监督与管理等。

## 一、钻井液监督的基本要求

由工程监督单位派出的钻井液监督是代表甲方（业主）驻现场进行施工的全权代表。钻井液监督在具备一定钻井液现场工作经验和技术能力的同时，对相关设计、合同、标准、规范必须熟练掌握，严格要求施工单位按设计标准等进行施工，保质保量地完成施工任务。钻井液监督属于钻井工程监督的一部分，既受钻井监督的指导，又有其独立性，结合监督管理和钻井液作业实际，对钻井液监督的基本要求如下。

### （一）钻井液监督工作内容与职责

钻井液监督应负责钻井施工全过程的钻井液质量监督，结合钻井工程和钻井液的特点，不同作业阶段钻井液监督的主要工作内容与职责如下。

（1）熟悉地质和工程设计的基本内容和有关要求；根据钻井工程设计和地质设计等，审核钻井液施工单位或井队提出的钻井液施工设计方案，检查并落实新井位及井场是否满足钻井液作业要求；监督施工单位做好钻井液相关的 HSE 管理工作，保证钻井液作业符合 HSE 的要求；监督施工单位严格按照合同要求配备齐全各级固控设备、检测仪器和现场钻井液工作人员（如钻井液工程师、钻井液工等）。

（2）负责一开钻进前以及作业施工中对钻井液施工单位的设备、人员及安全进行检查，协助钻井监督、乙方钻井液工程师、现场物资保障部门或库房管理人员组织钻井液材料到新井场。在各次开钻前，监督钻井液工程师做好所需钻井液材料的计划，并向现场物资保障部门或库房管理人员提交所需材料明细单。随时掌握钻井液材料的库存情况，并及时填报钻井液材料需求清单，上报甲方管理部门；监督施工单位所提供的钻井液材料进行性能检验，并向甲方管理部门提供检验报告；检查验收钻井液材料数量、质量及型号是否与所需的一致。

（3）以工程设计为依据，根据地层和井下情况，充分利用综合录井的有关数据、图表，掌握井下动态，合理优化钻井液体系，优选钻井液参数，制定复杂预防与处理措施。监督施工单位严格执行钻井液设计和国家或行业标准，按照钻井液设计中各井段钻井液体系、性能参数进行施工。当钻井液性能达不到设计要求的指标时，签署整改备忘录或按有关规定下达监督通知单；对严重违反钻井液设计和行业标准等的施工单位，经请示部门领导下监督令停钻整改，并对整改结果进行验收复查。

（4）监督施工单位按设计要求对钻井液进行维护和处理，并对所使用钻井液处理剂的质量和效果提出评价、指导意见。对不符合同要求的，要及时整改，不得影响正常作业。作业时根据现场实际情况，如果某些参数需超出设计允许范围，必须报告钻井总监及甲方管理部门，得到书面批准后，方可改变钻井液性能参数钻进；监督施工单位的钻井液性能检测是否及时，数据是否齐全、准确、真实，对存在问题的井提出整改意见；监督油气层保护措施落实情况，目的层钻进的密度、API 滤失量、HTHP 滤失量、低密度固相含量等重要性能参数必须符合设计要求。

（5）遇到井下突然出水、油气侵、严重坍塌、井下缩径等复杂情况或事故时，根据具体情况采取针对性措施，并及时向钻井总监和甲方管理部门汇报，并协助钻井监督提出处理意见，按钻井工程指令实施。

（6）监督施工单位在完钻后采取必要的技术措施，以保证井眼畅通，确保测井、固井等完井作业顺利。有责任就近期生产中存在较普遍或突出的问题进行通报，并讨论制定针对性整改或完善措施。

（7）认真填写各种报表，每天按时汇报前一工作日的作业情况、存在的问题及下步作业所需的日常材料计划，协助资料员做好每日报表的收集整理，以便及时将每日钻井液作业的情况上报钻井或钻井液总监及甲方管理部门。对于日费井，应对所用钻井液材料及时做好统计工作，记清当天所消耗的材料及发生的费用，按标准记录在案，每天向有关管理部门上报钻井液性能。

（8）定期召开由乙方及第三方参加的技术座谈或交流会，着重解决作业中存在的技术问题。与固井、钻井等专业工程技术人员及其他专业技术人员密切配合，掌握专项施工设计和安全措施，组织召开施工会议，协调各方面工作。

（9）认真做好完井总结，分析所监督井在施工过程中影响钻井液作业的因素，提出关于改进、提高作业质量和速度的具体方法和建议。搞好钻井液施工资料的整理及存档工作，人员交接时做到井上、井下情况清楚，设备状况清楚、钻井液资料准确无误。每一个完井时在岗的钻井液监督，在下口井开钻前或该井完井后的三日内，向钻井总监及甲方管理部门以纸质或电子文档的形式提交全井准确的钻井液资料和完井钻井液技术总结。

### （二）钻井液监督岗位工作细则

结合前面所述的钻井液监督工作内容和职责，钻井液监督需要从如下方面做好钻井液日常监督工作。

1. 钻井液监督依据

（1）钻井、钻井液、固井设计及批复意见。

（2）石油行业和国家有关规范。

（3）企业、石油行业和国家有关标准。

（4）规定（业主或甲方母公司、分公司有关管理规定）。

2. 开钻前准备

（1）掌握钻井液设计，熟悉本区域邻井钻井液使用及井下复杂情况，了解地质、工程设计和钻探目的，明确钻井液监督工作职责。

（2）检查钻井液地面流程、固控设备、钻井液检测仪器、钻井液材料和储备浆是否达到要求。

（3）了解熟悉施工井队钻井液人员配备情况及 HSSE 相关要求。

3. 钻井作业阶段

（1）监督钻井液性能的检测。要求施工方正常钻进时每 12h 检测一次全套常规性能，深井、复杂井、特殊井和异常显示按规定增加检测项目及加密检测。

（2）检查井队钻井液材料的质量和钻井液性能维护处理情况。如果发现重大钻井液问题时，应及时请示汇报，确保钻井液材料质量和性能符合设计要求。

（3）检查固控设备运转和维护保养情况，监督钻井液检测仪器配备、使用和保养情况。

（4）监督钻井队或钻井液施工单位填写好钻井液原始记录、钻井液处理剂消耗记录等有关材料，确保资料完整、数据可靠。

（5）监督井队或钻井液施工单位在中完之前调整钻井液性能，使钻井液具有良好的流变性、稳定性、润滑防卡性及滤失性等。

（6）控制合理的钻井液密度，防止因钻井液密度低造成油、气、水侵而引起的钻井液性能恶化，同时还要防止由于钻井液密度高而造成的井漏问题。

（7）监督井队或钻井液施工单位根据设计要求及时完成钻井液体系的转换、配制或维护处理，使钻井液性能达到规定的要求。监督钻井液的防塌、防卡、防漏、抗温性能的有效性。若出现塌、卡、漏等复杂情况时，监督钻井液施工单位及时采取处理措施，避免复杂情况扩大化。

（8）储层钻进中，监督井队或钻井液施工单位落实好油气层保护工作，采用合理的钻井液密度，尽可能实现近平衡钻井。

（9）监督对不允许混油或添加沥青类产品的井，或遇钻井液处理剂荧光超标时，在未经批准的情况下不允许入井。

（10）钻进中若遇钻时明显变化或油气显示等其他异常，监督井队或钻井液施工单位对钻井液性能进行加密检测。

（11）对于日费井，应对每道工序下达钻井液作业指令。

（12）监督井队或钻井液施工单位按照要求进行钻井废弃物处置，确保环保措施的有效落实。

4. 完钻期间

（1）监督井队完钻前充分循环钻井液、清洁井眼、调整钻井液性能、加强封闭措施等，确保完井电测畅通、完井作业顺利。

（2）检查井队或施工单位是否按标准要求收集整理各项钻井液原始资料和完井总结。

（3）按照监督管理部门要求收集整理钻井液监督日志、监督总结报告等资料，并按时上交。

（4）日费井的监督总结报告应包括钻井液的材料消耗。

## （三）钻井液监督的技能要求

（1）熟练掌握钻井液技术，熟悉钻井工程及相关工程技术，如固井、中途测试、钻井工具、打捞、井控及复杂情况处理等知识。

（2）掌握一般地质知识，了解所监督井的勘探目的和地质情况，高度认识钻井液满足安全钻井、地质录井、取全取准地质资料的重要性。

（3）熟知本井钻井工程承包合同书的内容及钻井液监督职责。

（4）有较高的预见能力和决策能力，能够对各生产环节、井下情况变化等进行超前预测，并做出针对性的决策，提出具体的预案，并向甲方领导和钻井总监汇报。

（5）有较高的语言、文字表达能力，逻辑性强，给乙方签发的备忘录等应文字表达正确，给甲方的技术报告应数据准确、分析透彻、符合标准要求。

（6）身体健康，能胜任野外工作环境。

（7）掌握国家和当地环境保护法规、政策要求，施工作业中监督各施工单位的环境保护工作。

（8）熟知所监督井队钻井液设备、净化装置、井控及井口的工作原理、性能和规范以及安装质量标准。

（9）掌握油气层保护技术，减少钻完井中作业流体对油气层的损害。

（10）熟知钻井液工序和操作规程及各种管理制度，能够及时发现并制止违章违规操作。

除上述要求外，在钻井作业过程中，钻井液监督还应随时掌握以下情况。

（1）目前井深、钻井液密度及主要钻井参数、井下情况。

（2）井控、固控设备使用情况及存在问题。

（3）加重钻井液（有特殊要求时）、加重剂、堵漏剂材料储存量。

（4）测井、固井对钻井液性能的要求。

（5）钻井液材料使用和储存情况。

## （四）钻井液监督的素养要求

1. 要把握权限，树立形象

钻井液监督作为甲方驻现场的全权代表，监督职责和岗位赋予特定的权利，但在监督过程中，要合理、适度正确行使权利。以合同、设计为中心，坚持责任分明，合同约定属于对方管辖的内容，只作检查、督促、落实，不参与合同内部事务，尤其是不参与施工单位各类日常事务，坚持按程序办事。

在监督工作过程中，为确保施工顺利、高效，增强工作的针对性，既要经常听取乙方建议和意见，又要掌握分寸和原则。

所谓监督，就是监视督促，监督施工单位按照指令行事，监督施工单位不违章作业，监督施工单位做好各项工作。工作中，钻井液监督应起表率作用，以良好的作风和形象，为施工单位人员树立榜样，以促进生产和监督工作的高效进行。

2. 要立场公正，敢于担当

在监督工作中，处理问题要慎重，实事求是，以理服人。尤其在处理甲乙方纠纷时，要立场公正，既要站在甲方立场上，使用好自己的监督权利，但也应做到客观公正。

要积极化解监督过程中可能出现的监督与被监督的矛盾，寻找监督与被监督的共同利益点。在实际监督过程中，监督与被监督在钻井工程上所追求的优质、高效完成施工任务的目标是一致的。因此，在监督工作中，把监督的目标和被监督的目标紧密相联，让被监督方理解认同监督方所履行的岗位职责和被监督方目标利益的一致性。调动被监督方及施工人员接受并参与到监督管理上来的自觉性和积极性，构造和谐的监督环境，实现互利共赢目标。

尤其是重视钻井平台经理作用的发挥。为保证钻井作业高效优质顺利实施，保证监督工作的有效运行，钻井液监督应积极与平台经理协调沟通，发挥平台经理的积极性和主动性。同时，还应与钻井液工程师做好沟通，才能提高监督和钻井液处理的针对性。

3. 要加强交流，团结协作

监督项目组内部人员要加强团结，形成一个整体，但当前模式下监督人员轮换变动频繁，团结、协作、理解、支持显得更为重要，监督之间应强调协调一致，避免各行其是，以保证倒班时不出现工作脱节现象。

钻井液监督还需要加强与其他岗位人员，如钻井、地质监督和施工单位管理人员、工程技术人员以及施工人员广泛的联系和沟通。虚心听取他人意见和建议，增加监督的亲和力，在愉快的交流沟通中，传递自己的监督管理理念，以及服务施工单位和履行合同、执行命令的意识，严格执行岗位职责，严格执行安全操作规章制度，努力营造健康和谐的监督环境，以保证监督工作的有效实施。

4. 要爱岗敬业，履职尽责

钻井液监督不仅应具备专业理论和实践知识，同时必须具有良好的思想品德和综合素质，热爱本职岗位，工作务实高效，在监督过程中决不能以损害甲方的利益做交易，同时兼顾乙方的利益。要做到执行合同不走样、执行上级领导的命令不走样、执行规章制度和安全操作规程不走样。要深入现场，仔细观察，及时发现整改处理不安全的隐患，保证施工顺利进行。

钻井液监督要善于积极主动收集资料，不能完全依赖于井队或其他公司提供的报表，尤其在日费计算上，监督及时收集资料可以避免计算失误。同时要及时准确填写备忘录，并做到客观、真实、可靠，为后续工作和总结提供依据，尤其是当出现问题或产生纠纷时，备忘录可以作为解决纠纷的有效证明。

## 二、钻井液监督质量控制点

### （一）现场监督质量控制点

钻井工程质量与工程施工过程中的每一环节都密切相关，因此，钻井工程质量的控制体现在每一道工序的监督控制中，而并非表现在某一工序或最终项目的验收上。在任何一个工程项目的施工过程中，都存在着一些对后续施工有很大影响的施工工序（或隐蔽工程）。这些工序是整个工程施工过程中的重要部位或薄弱环节，是影响工程质量的主要因素，也就是所谓的施工质量的监督控制点，对于这些工序均应进行旁站监督，现场签证。对于现场监督而言，其主要任务是尽量保证施工单位做到安全、优质、高效、快速完成任务，并重点按照不同的监督控制点，从以下几方面做好工作。

1. 开钻前的准备

在开钻前的准备阶段，重点的监督控制点和控制内容如下。

（1）钻井液设计。检查施工单位是否按照钻井工程设计形成了具有可操作性的钻井液施工设计，若否，则开钻验收时提出整改期限。

（2）钻井液检测仪器。施工单位应严格按照钻井合同配备齐全钻井液检测仪器；不能正常使用的仪器必须及时维修或更换。

（3）各级固控设备。施工单位严格按照钻井合同配备齐全振动筛、除砂器、离心机等固控设备，且在钻进过程中能够使用良好，严格控制固相含量。固控设备达不到质量要求的禁止钻进。

2. 钻井过程的钻井液控制

钻井过程的钻井液监督控制点和具体控制内容如下。

（1）钻井液密度控制。正常情况下禁止任何形式的超出设计密度钻进（甲方有关部门批示的例外）；由于井下出水、严重油气侵、坍塌严重、井下缩径等原因需要超密度施工时，监督要及时提示施工方根据实际情况采取措施或给相关部门打报告申请，经批示许可方可进行施工。

（2）抑制地层造浆、防塌、防卡、防缩径。对于大段盐膏层、泥岩、页岩等，为了抑制地层造浆、防塌、防卡、防缩径等，应严格执行钻井液设计，采用聚合物不分散低固相钻井液体系，抑制地层分散造浆，保持良好的剪切稀释特性，提高钻速；开发井添加磺化沥青类防塌剂，探井添加无荧光防塌降滤失剂；控制钻井液性能，主要是控制合理的密度、低滤失量、低固相含量和合适的流变性。

（3）油气层钻进。从保护油气层出发，要重点从防止喷、卡、塌、漏，提高堵漏效果，稳定井眼，防止或减少电测遇阻，钻井液性能监测等方面考虑。其中：

保护油气层的要求：合理的密度实现近平衡钻进，尽可能低的滤失量和低固相含量，减少滤液和固相侵入产层，钻井液类型与地层相容，既稳定井眼又减少地层伤害；控制合理的密度，以避免由于当密度高时易导致井漏和黏卡，低时易于诱发井涌和井塌及掉块使井眼失稳。为了有利于防塌、防卡和油气层保护，必须严格控制滤失量。对于大斜度定向井可添加磺化沥青或混入原油改善防塌、防卡性能，探井宜采用无荧光类防塌剂和润滑剂；密度≤1.35g/cm$^3$ 的钻井液可采用超细碳酸钙屏蔽暂堵油气层；各类随钻暂堵剂能够有效防漏，各类桥堵剂能有效堵漏；除水平井外，直井、定向井、大斜度定向井的钻井液流变性均以控制环空层流为原则，只要保持环空层流，钻井液黏切适中或低些有利于防漏和保证电测顺利；保持钻井液的高温稳定性。

钻井液性能监测：常规每口井在进入油气层前 100~200m、油气层钻进中、完井电测前进行钻井液监测三次，若性能达不到设计要求，提出整改意见，井队整改后再取样监测，直至达到要求，钻井液性能监测要及时、准确、数据齐全。

（4）防漏。对于可预见性漏层和突发性漏层，井场要有适量的堵漏材料储备和计划，以及针对性防漏堵漏措施。

（5）钻井液体系。钻井液体系必须符合设计要求。特殊情况需要更换钻井液体系时必须要征得业主或甲方的同意并使用高于原设计标准的钻井液体系钻进。

（6）钻井液性能控制。监督施工单位严格按照各井段钻井液设计性能参数，对钻井液性能进行合理控制，并及时对达不到设计要求的性能指标限期整改。

（7）钻井液性能检测。监督施工单位的钻井液性能检测是否及时、齐全、准确、真实，对存在问题的井提出整改或处罚意见，并签发监督通知单。

（8）盐含量控制。监督施工单位对设计为盐水或饱和盐水钻井液的井，按照要求完成钻井液体系的转换，使 $Cl^-$ 达标后方可钻穿盐层，并用相应的盐水配制胶液维护钻井液。达不到要求的立即整改，防止盐层溶解导致大井径而产生一系列井下复杂情况或事故。

（9）油气层保护措施落实情况。目的层的钻井液密度、API 滤失量 HTHP 滤失量、低密度固相含量等重要参数必须达到油气层保护标准。对油气层保护有特殊措施要求的井，必须监督落实。

3. 完井施工中钻井液控制

完井施工阶段钻井液监督控制点和控制内容如下。

（1）钻井液体系。监督井队或钻井液施工单位按照协作会要求做好钻井液性能的调整，使钻井液性能符合施工和设计要求。

（2）完井电测控制。监督钻井液施工单位在完钻前后采取必要的技术措施保证井眼畅通，为电测、下套管、固井等完井作业打好基础。

（3）处理剂使用评价意见。根据需要对所监督井使用的钻井液处理剂质量和效果提出评价、指导意见。

### （二）现场监督控制点管理

钻井工程质量控制点的监督过程不同于钻井液监督的日常检查工作，应根据钻井液监督和施工单位预先确定的质量控制点，按以下要求运行。

（1）项目开工前，钻井液监督将《监督控制点清单》及《监督控制点施工报验单》样本发放到施工单位。

（2）施工单位在控制点开始施工前通知钻井液监督。钻井液监督在收到控制点施工信息后，在预定的时间到达施工现场。

（3）钻井液监督在控制点施工中进行全过程旁站监督。

（4）施工结束后，钻井液监督签发《监督控制点施工报验单》，并由施工单位负责人填写意见并签收。

（5）《监督控制点施工报验单》一式两份，一份交施工单位，一份由钻井液监督保存。

### （三）钻井液监督控制点清单

钻井液监督控制点清单包括预设钻井液监督一级质量控制点和二级质量控制点。具体内容见表 1–1 和表 1–2。

**表 1-1　预设钻井液监督一级质量控制点**

| 序号 | 项目 | 时间 /h |
|---|---|---|
| 1 | 开钻前验收<br>①钻井液设计落实情况及现场处理技术措施制定情况；②钻井液技术人员资质及到位情况；③基本钻井液材料准备及现场实验仪器配备情况；④设备安装、调试情况 | 24 |
| 2 | 油气层保护工作落实情况 | 2 |
| 3 | 钻井液转型及大型处理过程 | 2 |
| 4 | 压井、井漏等复杂情况处理及材料消耗情况 | 2 |
| 5 | 遇重大地层变化而改变设计后的钻井液处理情况及材料消耗情况 | 2 |
| 6 | 施工结束后全井钻井液材料核实 | 24 |

**表 1-2　预设钻井液监督二级质量控制点**

| 序号 | 项目 | 时间 /h |
|---|---|---|
| 1 | 二开以后测井、下套管前钻井液处理过程 | 12 |
| 2 | 施工过程中产生的设计外工作量 | |
| 3 | 入井材料阶段性统计签证 | |

## 三、钻井液监督管理

钻井液监督管理是监督工作的重要内容，是保证监督工作质量和效果的关键，监督管理部门、施工单位和监督人员均应高度重视并严格执行，钻井液监督管理包括如下内容。

### （一）项目开工验收检查及巡回检查制度

钻井作业开工前验收是事前控制的重要手段，为了确保项目施工的正常进行，保证项目施工的质量，业主或甲方提出实行项目开工令制度，项目开工令分二级，分别为一级项目开工令，由监督机构及主管部门联合项目组组织验收并签发；二级项目开工令由项目组各专业监督组成验收组验收并签发。具体内容如下。

1. 一级开工令检查内容

按开钻验收书内容对钻井液材料准备、招标书内容对人员、设备资质进行检查，对人员持证情况、对施工计划等按文件要求进行检查等。主要是针对二开验收及侧钻井钻开油气层的验收。

2. 二级开工令检查内容

主要是对一开开钻及钻开油气层准备情况进行检查，井队在钻开第一预计油气层前50m时，通知钻井监督部门进行钻开油气层准备情况检查。检查内容主要包括钻井液性能、油气层保护、加重材料或加重钻井液储备是否满足井控需要；含硫化氢地区及新区探井、重点探井防硫化氢设备配置、演习及设备完好状态等。

钻井液监督作为甲万的全权代表，在钻井总监督的领导下，代表甲方负责一口井的质量、进度、安全、成本控制，巡回检查包括周期检查、日常检查等内容。发现问题及时整改，保证生产的顺利进行，有重大问题应及时汇报。巡回检查路线：录井房——循环罐——泵房——机房——钻台——远控台——井场及井场四周。而钻井液监督则应配合钻井监督重点巡回检查钻井液质量、材料及储存、固控设备、循环系统，以及钻井液排放等。

### （二）钻井液监督日志制度

钻井液监督日志是对钻井液监督日常工作（包括工作情况及重大问题）的如实记录，具体记录内容如下。

（1）从开钻之日起至完井之日止，驻现场的监督人员应每天对井上的进展情况进行检查。

（2）施工过程中，对违反行业规范、施工设计和合同的施工作业行为提出合理的处理意见。

（3）施工过程中出现的特殊情况，甲方的处理意见、乙方的处理措施及施工情况、联席会议情况等都要详细记录在日志上。

### （三）监督会议制度

为确保钻井工作的顺利进行，解决施工过程中可能出现的问题，确定施工的重点、难点，制定相应的配套措施，钻井液监督要根据施工进度，分阶段组织施工单位和配合单位召开会议，制定相应的技术措施。

（1）开钻前组织施工单位和配合单位召开开工验收联席会。

（2）对电测、下套、固井、井下复杂情况处理等特殊作业阶段，要组织召开井队和配合单位的协调会。

（3）生产碰头会。

（4）特殊施工作业小结会。

### （四）监督汇报制度

监督汇报制度是为了便于甲方及监督机构主管领导准确及时了解现场施工的实际情况而实行的制度，监督汇报制度主要以日报、周报为主，但特殊情况要及时汇报，具体汇报内容包括：工况、生产情况、监督工作、钻井液性能、设备运转情况、油气显示情况、发现问题及处理情况等。如遇井涌、井喷等特殊情况，要及时汇报至监督机构，监督机构以文本形式将详细情况及处理建议向决策部门汇报，供决策机构参考。

### （五）监督交接班制度

钻井液监督交接班制度是为了保证生产的连续与衔接而制定的。交接班时一般应交清如下内容：井下情况，设备情况，各队伍情况，各种资料、报表、文件、通知，生产计划及甲方材料库存情况，下步重点工作，各种问题及解决办法，监督组、井场监督房配备的物品。交接完成后填好《钻井液监督交接书》，并妥善保管，完井后交监督单位。

### （六）质量控制点申报验收制度

监督部门在收到施工单位签发的监督控制点施工报验申请后，按预定时间到达现场（监督控制点开始施工时间由施工单位准确把握）；对控制点的施工过程进行全过程旁站监督，签发《监督控制点施工报验单》；对施工材料检验、工作量核算、资料验收等施工环节进行现场检查核实后，签发《监督控制点施工报验单》，并由施工单位负责人填写意见并签收。

### （七）设计变更管理程序

在施工过程中，监督单位收到项目主管部门签发的设计变更后，转发相关监督部门及相关监督人员，通知施工单位按变更后的设计进行施工作业；施工单位提交的《设计（方案）变更申请》经监督确认并签署意见后，报相关职能部门审批，必须经审批许可后方可进行变更作业的施工，钻井液监督对现场施工情况按批复要求监督施工单位实施。

### （八）完井资料提交制度

完井资料提交制度是钻井施工项目结束后，为了及时将各种资料收齐、收全、汇总，避免资料的丢失而制定的制度。完井资料提交制度规定统计的材料一般包括：完井资料（一般完井后 7~10d），工程监督评定书，钻井液监督日志，甲方指令批复、设计、补充设计等，井身质量资料（井斜数据等），甲方材料单，入井材料的合格证、质检证和钻井工程控制点报验单等。

### （九）项目评定制度

工程项目结束后要对项目进行评定。现场监督如实核实施工过程中的质量、合同执行情况，增减的工作量、材料的消耗情况，并记录在监督日志或监督机构统一拟定的表格上，施工结束后归纳、汇总；严格按规定的格式日志填写工程监督评定书；上报专业部门，经相关部门核实、确认无误后交监督机构审核，完井资料验收后，由监督机构向甲、乙方发出工程质量监督评定书。

### （十）监督签证认证制度

钻井液监督是现场钻井液施工的第一见证人。对施工进展、材料消耗、施工质量以及发生特殊情况等都是见证人，为了维护甲、乙双方的利益，正确的评价工程质量，对特殊情况的材料消耗给予一定补偿，为结算提供依据等，实行监督签字认证制度，一般对监督签字认证的具体要求如下：

（1）工程质量监督评定书作为甲方和乙方提供结算的重要依据。对工程施工质量、工作量、工期、设计外特殊情况下的耗时、耗材要有明确的表述。

（2）现场监督应在施工的不同阶段和各主要环节对合同规定的施工质量、工作量、材料消耗等进行仔细地评价和核实后，记录在监督日志上，最后在工程质量监督评定书中明确表述。

（3）特殊情况，由现场监督签发现场认证单，由部门负责人审核后盖章方有效。

（4）现场监督不得签字认证的文据：施工单位自拟的工作量、材料消耗量，现场监督对前期施工情况不了解、无旁站、未核实的证明，因施工单位自身原因造成井下复杂事故等，要求甲方补偿费用的申请。

### （十一）承包商业绩考核制度

承包商业绩考核制度，是指工程监督在现场监督过程中，根据甲方的授权和一定的组织程序，对管理严格、业绩优秀、在钻探中有重大发现的施工队伍适当进行奖励，对违规、违章、违反设计和合同的施工行为以及各种工程质量责任事故进行经济处罚的制

度。其目的是为规范施工方现场施工行为，促进施工单位严格按照行业规范、设计和合同进行施工，确保质量、进度、安全、环保等设计目标的实现。

### （十二）监督培训与考核制度

1. 钻井液监督的培训制度

为了提高监督的现场管理能力和技术水平，需要定期对监督人员进行培训，提高监督人员的基本素质，增强监督人员的综合管理、预见和决策等能力。培训方式包括：监督资格培训，取得监督资格证；本单位定期组织培训、学习，分析近阶段监督工作出现的问题，监督间相互交流，提高监督处理问题的能力，维护甲方的利益；监督技术培训，通过技术培训增强监督人员的综合素质，增强监督机构的综合实力。同时加强监督资质管理，做到持证上岗。

2. 钻井液监督考核制度

为了增强监督人员的管理能力和责任心，规范监督资料的收集与整理，制定钻井液监督的考核制度，考核结果与工资、奖金挂钩。考核从德、勤、按、能等方面进行。

## 四、探井钻井液监督管理

在探井的钻井过程中，为有利于发现、保护油气层和测井解释；有利于井下安全，加快钻探速度、降低成本，必须选用优质钻井液。因此，探井对钻井液有更高的要求，对于探井钻井液现场监督管理，除按照前面所述内容开展有关工作外，还需要从如下方面重点关注。

### （一）钻井液施工方案审查与落实

开钻前，施工单位要根据钻井工程设计和甲方项目管理部门的要求，认真制定钻井液施工方案，并经甲方勘探项目管理部门组织的有关会议审查通过。钻井液施工方案的内容包括：①根据钻井工程设计要求，制定各次开钻钻井液体系的配方、配制方法以及体系转型方案；②按不同井段、不同地层制定钻井液的维护与处理措施；③制定每次开钻及全井钻井液材料使用计划和材料预算；④按钻井工程设计要求，配备钻井液循环系统和固控设备，并制定配套的管理与使用措施；⑤制定油气层保护措施；⑥根据钻井工程设计、地质设计提供的事故提示和本地区已钻井资料，制定不同井段、不同地层防塌、防漏、防喷和防卡等预防措施。

钻井液监督必须熟练掌握钻井液施工方案的内容，并在施工中严格贯彻执行。钻井液施工单位或钻井队在施工过程中必须严格执行钻井液施工方案，并接受钻井液监督的监督检查。实施过程中，钻井液施工方案若有变动，须经甲方管理部门研究决定后方可实施。

## （二）钻井过程中钻井液的监督管理

### 1. 钻井液体系与性能要求

钻井液体系和性能必须符合钻井工程设计和钻井液施工方案的要求。钻井液体系的选择和性能要求的原则如下。

1）钻井液体系

针对满足地质发现的要求，选用有利于发现和保护油气层、测井解释和井下安全的钻井液体系。对于定向探井，特别是大斜度、大位移定向探井，要选用润滑、防塌、保护油气层效果好，且携带悬浮能力强的钻井液体系。钻井液体系要与钻遇地层相适应。针对不同的地层岩性、不同井深或地层温度，选用不同的钻井液体系。如，易塌地层选用防塌钻井液；对于抗高温钻井液体系，要严格控制膨润土含量。钻井液体系要满足油气层保护的要求。要选用对储层损害小或无污染，对储层有保护作用、性能稳定的钻井液，并严格控制钻井液劣质固相含量，尤其是低密度固相含量。

2）钻井液性能要求

对于探井钻井液，钻井液密度必须合理，既能保证井壁稳定、施工安全，又能有效地保护油气层；钻井液流变性能要合适，具有良好的悬浮及携岩能力；具有较低的滤失量和较好的滤饼质量，以及良好的暂堵和防漏能力；具有良好的润滑性、抑制性、防塌和抗污染能力；有利于保护油气层，热稳定性好；无荧光，不影响地质录井。

### 2. 钻井液配制及维护处理

1）钻井液配制

钻井液配制应按钻井工程设计和钻井液施工方案的要求，在每次开钻前及时配制好相应的钻井液；配制前，必须清洗钻井液罐，并处理好配浆用水；配制钻井液所用的膨润土应充分预水化；要使用有利于储层保护的钻井液处理剂，并控制好各种处理剂的比例和加量、处理剂加入顺序、加入速度及加入方法等，对于溶解慢或相对分子质量高的聚合物处理剂应先配制成胶液，然后再慢慢加入钻井液中；处理剂加完后应充分搅拌、循环。

2）钻井液维护处理

钻进中，为了保证钻井液性能的稳定，减少钻井液性能波动，在维护处理时，应缓慢、均匀地加入所需钻井液处理剂或处理剂胶液；要充分利用固控设备，清除钻井液中的钻屑，以及其他有害固相，并选用选择性絮凝剂或固相化学清洁剂，清除钻井液中的细颗粒钻屑，尤其是低密度固相，以保证钻井液清洁；及时清理循环槽、循环罐的沉淀，保证循环系统清洁、干净；对于深井特别是定向井钻井液要有良好的润滑性能，保持较小的摩阻系数。

为了保证维护处理的针对性，必要时可先进行小型实验，结合小型实验确定相应的维护处理方法。

3）钻井液性能的调整

当遇到起下钻遇阻、遇卡或下不到井底及电测不到底；钻进中憋、跳严重，振动筛上钻屑过多或过少；井下出现异常或复杂情况；电测、下套管和钻水泥塞前；钻开油气层、高压水层或其他复杂地层等情况时，需要对钻井液性能进行调整。

需要强调的是，调整钻井液性能前，必须先进行小型实验，再根据实验的配方、处理剂加量进行调整；若钻井液性能，特别是密度调整超出钻井工程设计或钻井液施工方案性能范围时，应及时向甲方项目管理部请示汇报，同意后方可执行。

3. 钻井液性能检测

钻井液监督每天要亲手（或与钻井液工一起）测一次钻井液全套性能，并按照不同情况下的测量要求，经常检查井队钻井液性能测量情况。

1）正常钻进

正常钻进中每 1h 左右测量一次钻井液密度、漏斗黏度及循环罐钻井液体积；每班测一次全套性能（包括密度、黏度、静切力、滤失量、泥饼厚度、含砂量、pH 值、屈服值、表观黏度、塑性黏度、$n$ 值、$k$ 值、固相含量等）。

在处理钻井液前后、加重前后、卡钻 20min 内、起下钻（包括短起下钻）前 1h，均要测全套钻井液性能；定向井每天要测摩阻系数，对于深井还需要测高温高压滤失量和膨润土含量。

2）异常情况

当在钻屑中发现油砂，气测值增加或出现油气显示；钻井液性能发生变化，密度下降，氯离子含量增加；钻进过程中，钻井液返出量过多、减少或不返；起钻过程中钻井液灌入量小于应灌入量或灌不进；停止起钻或起钻完，出口仍有钻井液流出；下钻过程中返出的钻井液体积大于下入的钻具体积，停止下钻后井口仍有钻井液外溢等上述情况之一时，应加密测量钻井液性能和循环罐钻井液体积，并分析原因，判断可能产生的后果，及时采取相应的处理措施。

### （三）钻井液固控设备管理与使用

1. 固控设备及管理

要按设计要求配备钻井液循环系统和固控设备，每台固控设备必须有专人保管、维修和使用。及时对固控设备进行清洁、保养和检修，保证固控设备正常运转和使用，对于不能正常工作的固控设备要及时修复或更换。

2. 固控设备的使用

钻进过程中，除必要的检修、保养外，所有循环罐上的搅拌机必须连续运转，振动筛必须连续运转，筛布要根据井深、地层可钻性、钻井液体系和排量的变化，以及是否实施防漏堵漏等情况进行选择并及时更换。除设计另有规定外，必须保证除砂器、除泥器（或清洁器）正常运转，对于高密度钻井液根据设计要求和实际需要，使用除砂器和除泥器（或清洁器），而离心机则要根据实际情况使用。

### （四）钻井液材料管理与使用

对到井钻井液材料要严格把关，并验收登记，验收时应对下列条款进行检查：品种、数量、厂家是否符合设计和材料计划要求；到井材料是否具有生产厂家、出厂日期、保质期和合格证书。拒收不符合要求的钻井液材料，发现有质量问题的材料要坚决退回，禁止使用。

钻井液材料要摆放整齐，并有防晒、防雨、防潮措施。管理好钻井液材料，做到不积压、不浪费；应按设计要求使用处理剂，在使用设计之外的处理剂时，一定要经甲方项目管理部门同意后方可使用，同时对使用钻井液材料的品种、数量要如实进行登记。

### （五）钻井液资料及管理

完井报告中所要求的钻井液资料要按要求如实填写，并于完井后 7 日内上交甲方项目管理部门。钻井液资料主要包括：钻井液性能检测原始记录、到井钻井液材料登记表和本井实际使用的钻井液材料登记表等，同时要妥善保管到井钻井液材料合格证书。

### （六）油气层保护措施的落实

首先是分析油气层伤害机理，选择合适的油层保护措施。按照分析结果，严格审核钻井设计，在现场实际监督工作中，根据室内研究分析结果，严格审核钻井设计中的油层保护方案是否科学合理，措施是否得当，钻井液体系是否和地层配伍，钻井液性能设计是否符合地层压力情况等。

现场施工中，实施钻开油气层通知书制度，严把油层保护处理剂入井关。在钻至油气层前 50～500m，要监督检查现场油气层保护措施落实情况，检查钻井液各项指标是否到达设计要求，达到设计要求发给钻开油气层通知书，施工单位才能钻开油气层，否则不能钻开油层。必须更改，并达到设计要求后才能施工。

## 第二节　钻井液工程师

钻井液工程师作为现场钻井液技术的骨干，应具有从事钻井液设计、现场钻井液维护处理、钻井液管理，以及对与钻井液有关的复杂问题的处理能力。一般应基本掌握现代钻井生产管理和技术管理的方法，有独立解决比较复杂的技术问题的能力；能够灵活运用钻井液专业的基础理论知识和专业技术知识，熟悉钻井液专业国内外现状和发展趋势；有一定从事钻井液技术管理的实践经验，取得有实用价值的技术成果和经济效益，具有丰富的现场经验；能够指导技术员或钻井液工的工作和学习。

## 一、对钻井液工程师的要求

### （一）钻井液工程师应具备的素质

（1）热爱国家、热爱石化、热爱钻井液工作，能够戒除浮躁，耐住寂寞，廉洁自律，踏实本分，忠于企业，献身钻井液事业。

（2）具有很强的责任心，立足岗位，吃苦耐劳，积极主动地致力于钻井液专业发展，为安全、快速、高效钻井提供支撑。

（3）具有较强的进取心，勤奋学习，善于思考，善于动手，不断提升自身的钻井液专业技术能力。

（4）具有良好的团队精神，工作中能够团结他人，听取他人意见，处理好同事之间，以及钻井液监督之间的关系，形成良好的工作氛围，激发团队的活力。

（5）具有较强的技术、管理和协调能力，能够熟练掌握钻井液专业知识，具有较强的处理和解决钻井液及相关复杂问题的能力；熟悉不同工序的施工要点，能胜任现场日常钻井液管理工作，沟通协调各岗位、各配合单位的施工，提高工作质量和效率。

（6）能够严格执行各项国家、地区、行业和企业法律、法规、制度和标准等。

（7）具有很强的 HSSE 执行力。

### （二）必须系统掌握钻井液知识

在生产中，不同岗位人员对钻井液的关注点和关注程度不同。从需求看，对于不同岗位的钻井液工程师及相关技术人员需要掌握不同的知识。通常对于一般的操作人员只要了解钻井液基本知识和基本操作，能够按照钻井液施工设计或钻井液监督的指令进行钻井液性能的维护处理即可。而对于现场钻井液工程师，则还需要了解钻井工程和储层保护对钻井液的要求，因为只有明确了钻井工程和储层保护的要求，目标才能明确，才能科学地制定钻井液维护处理方案，及时解决现场出现的复杂问题，减少次生复杂情况的发生，并有效地保护储层。

通常钻井液工程师应掌握如下知识。

1. 钻井液基础知识

钻井液工程师的实际能力，一般是体现在对钻井液体系组成及性能、维护处理和处理剂等方面的认识和掌握的熟练程度上。因此，必须首先掌握钻井液基础知识，明确钻井工程等对钻井液的要求，明确钻井液对处理剂的要求。掌握与钻井液有关的复杂情况的预防与处理方法。

2. 化学基础知识

无论是钻井液处理剂，还是钻井液组成及维护处理，都与化学密切相关，因此，作为钻井液工程师还需要有无机化学、有机化学、物理化学、高分子化学和胶体化学的基础。由于学习的最终目标是用，钻井液工程师不仅要掌握与化学相关的基础知识，还需要用好相关知识，尤其需要活用而不能生搬硬套。

3. 现场实践

现场实践是体现是否真正学好和掌握钻井液知识的关键，学习知识的最终目的是应用，如果所学的知识不能与实际工作相结合，就可能会出现纸上谈兵，遇到问题时却无所适从。即便是室内研究工程师，也需要有一定的现场实践基础，否则将很难找到研究的着眼点，工作也就缺乏针对性，最终影响成果转化率。

### （三）能够认识到钻井液在钻井工程中的重要性

在目前情况下，钻井还离不开钻井液，即使是采用空气钻（因为空气钻井钻遇出水时转化雾化、泡沫、向钻井液转换时的井壁稳定等，都需要从钻井液方面采取措施），也可以说没有钻井液钻井就不能安全、顺利实施。钻井液的复杂问题也会引起钻井过程中的一系列复杂情况出现，钻井液同时也是解决复杂问题的“平台”，即多数复杂问题的解决都离不开钻井液的平台作用。

在钻井过程中如果能够真正地重视钻井液，将会更有利于安全快速钻井，减少井下复杂情况的发生。可见，准确理解钻井液在钻井工程的作用，对钻井液设计、选择、应用，以及与钻井液相关的复杂情况预防与处理都很重要。

钻井液性能要满足安全快速钻井液的需要，不可能没有处理剂，能否达到有效地维护和处理钻井液与所用处理剂性能密切相关，可见处理剂是钻井过程中保证钻井液性能稳定、满足复杂条件下钻井需要的根本保障。

处理剂的性能、质量和处理剂的水平，以及处理剂的选择与使用均是保证钻井液性能的关键，从这一点上可以说处理剂的质量和水平决定着钻井液的水平。

满足安全顺利钻井的需要是钻井液进步的基本要求，而处理剂的推动作用更关键。巧妇难为无米之炊，对于钻井液也一样，没有新的高性能处理剂，钻井液性能就难有突破，钻井液技术就难有发展。任何时候，钻井液体系及钻井液技术的进步都是基于新处理剂的出现，钻井液从分散到不分散，钻井液从对污染敏感到抗污染能力强，尤其是超高温钻井液、超高密度钻井液技术的进步，更是依赖钻井液处理剂的发展。

在强调钻井液性能满足钻井工艺需要的前提下，为保证作用的有效发挥，也应对钻井工艺提出要求，以有效的落实钻井系统工程，即任何参数和工艺措施的提出都要将工艺和钻井液等结合起来考虑。

### （四）钻井液工程师的工作内容

（1）根据钻井和地质设计，参与或组织钻井液设计和施工方案的制定。

（2）负责项目部或钻井队钻井液的管理、固控设备的管理和维修，以及有关技术措施的贯彻执行。

（3）负责执行主管部门制定的钻井液技术措施，搞好口井技术交底，做好与钻井液

监督的沟通、协调工作，按照钻井工程设计和钻井液施工设计做好钻井液性能的调整及维护处理工作。

（4）负责调查和收集邻井钻井液的使用情况，制定本井钻井液材料计划和钻井液技术措施，指导本井钻井液管理，如需改变钻井液性能和钻井液体系，必须报请主管部门同意后方可实施。

（5）全面负责钻井液性能的维护处理。遇到钻井液性能发生大幅度变化，起下钻遇阻遇卡，钻遇高压油、气、水层及漏失层，钻开油气层，处理井下复杂情况和事故，电测遇阻和裸眼测试等情况时，必须全过程组织和参与处理钻井液。

（6）指导和督促钻井液工使用和保养好固控设备，并进行固控设备的维修和零部件的更换，对不能排除的设备故障隐患，应及时向值班领导和设备主管理部门报告。

（7）负责检查固控设备运转保养记录的填写。

（8）负责项目部或钻井队钻井液工的技术培训；检查各班钻井液工的工作，并进行业务指导。

（9）负责制定特殊井、复杂井的钻井液处理措施，做好小型钻井液实验，并指导钻井液工进行常规实验工作。

（10）随时了解工程对钻井液（性能）的要求，并针对钻井液性能及井下复杂情况提出优化工程参数的建议。

（11）负责钻井液罐区及周围的环境保护管理工作，控制钻井液总量，防止污染环境。

（12）负责全井钻井液资料的收集、整理及完井钻井液总结，并负责保管和及时上报主管理部门。

（13）配合安全工程师做好相关的 HSSE 工作。

## 二、钻井液工程师的职责

### （一）管理职责

钻井液技术进步和水平的提高，离不开管理，管理是保障生产运行的基础和关键，管理不仅是管理人员的事情，也是现场钻井液工程师的事。因此必须在工作中重视管理，通过提高管理的标准化、管理的规范化、管理的科学化和管理的智能化来提高管理水平。尤其现场钻井液技术管理更重要，再先进的技术，如果现场组织协调不好，技术就难以发挥应有的作用。

钻井液技术管理包括基础管理和战略管理。基础管理又分为综合管理和单向管理，其中综合管理是工作顺利开展的保障，如生产保障、安全、环保保障等。单项管理涉及生产、技术、材料、成本、人员、培训、资料、生活、学习、固控、监督等各方面。战略管理包括目标和规划，目标关系方向，规划关系发展。

目前国内在钻井液管理方面还存在一些问题，主要体现在机构、团队、制度、执行和人才等方面，这些问题不同程度的制约了钻井液技术水平的提高。目前几乎没有从上到下的钻井液专门管理机构及人员，专业化团队也不规范，真正实现专业化管理的公司很少，钻井液设计、处理方面在制度建设、规范和执行上也存在不足。由于钻井液常被看作是降低成本的重要部分，很难严格执行设计（这里也包含设计的可执行性差的因素）。由于上述原因，钻井液队伍稳定性不足，人才相对缺乏。

无论从技术的角度还是管理角度讲，需要从制定规范、完善制度、强化培训、稳定队伍和提高认识等方面努力，使钻井液技术和队伍健康发展。在此情况下，钻井液工程师的管理作用更显重要。对于不同层级或部门的钻井液工程师，其职责各有异同。

1. 钻井公司或项目部钻井液工程师

（1）贯彻、执行国家强制性法律、法规和行业标准。

（2）编制《钻井液施工设计》，并组织和保证项目或井队技术人员有效实施和执行。

（3）编写单井钻井液技术实施方案、作业指导书，并进行技术交底。

（4）对施工过程进行有效、积极地指导、检查、评比、验收。

（5）认真填写施工日志和质量检查、检验记录和其他质量记录。

（6）负责完井钻井液资料的编制和移交。

（7）配合合同管理、物资设备、质量、检验等部门，积极完成自己在协作过程中应分担的工作任务。

（8）配合公司有关部门和项目部做好项目或井队内部钻井液岗位技术培训计划，并组织开展钻井液技术员和钻井液工的技术培训工作。

2. 井队或钻井平台钻井液工程师

（1）严格执行钻井液设计和技术规程，认真履行工作职责，严格执行各项规章制度。

（2）负责本队钻井液管理，严格执行钻井液工程设计，按照技术措施和管理规范组织生产，确保钻井液性能满足施工要求。

（3）负责钻井液循环系统设备的安装，按照井型、井深合理选择钻井液类型，确保全井钻井液性能符合设计和井下要求。

（4）指导钻井液工搞好钻井液日常维护和净化工作，组织讨论制定维护处理方案，并直接参加钻遇复杂时的钻井液处理。

（5）负责钻井液房测量仪器、工具、电路的校验、检修，做到准确、灵敏、确保安全。

（6）编制并上报钻井液处理剂、原材料使用计划，做好处理剂的储存和使用，对处理剂数量、规格进行把关，根据使用情况，向上级汇报质量信息。

（7）负责搞好井场环境保护，膨润土、重晶石、处理剂等上盖下垫，防止造成污染。

（8）组织开展质量管理活动，督促检查钻井液岗位人员操作规程、技术标准、规章制度的落实情况。

（9）负责组织钻井液工的技术业务学习，进行现场技术指导。

（10）负责填写和撰写《钻井液完井总结》等有关记录、资料和报告，并按时上交。

### （二）技术工作

钻井液技术工作的目标是按照有关要求设计、配制满足需要的钻井液体系，制定日常钻井液维护处理方案，针对现场情况及时解决出现的复杂问题，保证钻井作业安全、高效、顺利。从保证快速优质钻进的角度讲，要使钻井液具有良好的清洗和携岩能力，有效地平衡地层压力，良好的井壁稳定能力和润滑性能，有效地传递水功率，以及良好的防漏堵漏能力等。从有利于保护油气层，和减少对环境的影响来说，钻井液应对油气层不产生损害作用，有利于地层测试，不影响地层评价，同时对现场施工人员及环境不发生伤害及污染，对井下工具及地面装备不腐蚀或减轻腐蚀。

作为钻井液工程师，在钻井液工作中还应做到：

（1）对所设计钻井液类型及配方充分理解和认识。对邻井情况进行详细了解，以制定针对性的预案。

（2）开钻前做好材料及检测设备的各项准备工作；材料使用前对其各项性能进行评价，不合格材料不得使用；检查在用钻井液监测仪器是否完好、准确、可靠。

（3）按设计配制钻井液并严加管理；钻井液性能达不到设计要求或钻井液性能不能满足地层要求时，应及时汇报，并停钻处理钻井液；每次调整钻井液体系、处理钻井液性能、加重等都要及时汇报。

（4）当发生缩径、坍塌、井漏、岩屑上返不畅等复杂问题时，应立即提出解决方案，使问题尽快解决，并视复杂程度及时上报。

（5）工作中不断地学习新知识、新技术和新经验。

（6）认真填写、收集、整理钻井液资料，资料应及时、准确、真实、整洁，完钻后对该井钻井液使用情况做详细总结。

### （三）巡回检查

钻井液工程师还要做好巡回检查工作，一般巡回检查路线如下：钻井液化验室→地质房→胶液罐→固控设备→循环罐区→钻井液材料→坐岗房→值班房。具体检查内容包括：

（1）钻井液化验室。检查化验仪器是否摆放整齐、完好、清洁，化学试剂是否齐全、充足、摆放整齐等。

（2）地质房。主要了解井深、钻时、地层岩性以及录井情况，尤其是地层变化、异常高压、油气显示、硫化氢含量提示等情况。

（3）处理剂配制罐。主要查看处理剂配方、计量是否准确，罐体是否清洁卫生，是否有渗漏等。

（4）固控设备。检查振动，除砂、除泥器，离心机等是否完好、运转是否平稳正常。

（5）循环罐区。重点检查搅拌机和剪切，循环罐连接管线，重浆储备，加重漏斗，灰罐摆放，清水罐等是否运行正常、符合规范等。

（6）钻井液材料。主要是检查钻井液材料数量是否满足施工需要，加重材料是否符合设计要求，储备是否充足。材料分类摆放是否整齐，标示是否清楚，库外存放是否下垫上盖。

（7）坐岗房。检查钻井液班报表和固控设备运转、保养记录等情况。

（8）值班房。了解班前会、班后会等有关情况。

## 第三节　工作方法与写作基础

作为一名称职的钻井液监督和工程师，不仅应具备较强的管理、协调和技术工作能力，还应具有一定的写作和表达能力，以及必要的实验和数据处理能力。因此，掌握必要的工作方法、写作和表达技巧，以及一定的实验和实验结果的处理方法十分必要。本节结合具体实际情况，对提高技术工作效率的方法，报告、科技论文的写作方法和正交试方法进行简要介绍。

### 一、提高工作效率的方法

做好钻井液监督和技术工作最基本的要求是需要较为丰富的专业知识作基础，同时还必须做到勤于动手、善于动脑等，需要在工作中创新和继承，以及良好的团队精神。

#### （一）学习是提高专业技术工作能力的基础

做好监督和技术工作，工程师本身所具备的知识是基础，没有知识奠基是很难做好监督和技术工作的。学习是获取知识和掌握技能的过程，因此必须重视学习，向书本学、向现场学、向他人学。

学习必须勤勤恳恳，工作必须兢兢业业。“业精于勤而荒于嬉，行成于思而毁于随”。优秀的人离不开勤奋，只有通过勤奋学习，才能学到和掌握更多的知识和技能。当有了知识、有了能力，尤其是在所从事专业领域里的学识，才能使我们更好地完成工作。

#### （二）技术工作要注重前人工作的继承

科学是人类在实践的基础上长期积累和继承下来的知识体系。科学的发展必须以前人的成就为基础。要善于在继承传统的基础上创新，善于在汲取现代钻井技术成果和经验中创新。在前人的基础上工作，就能站得高看得远，就会少走弯路。在技术工作中，特别是现场技术工作中，要善于在学习借鉴中积累、提高。在工作中常常遇到一些难题，仅仅依靠自己的力量或用自己的方式方法往往很难解决，而如果多汲取别人成功的

经验或方法，问题就可能会迎刃而解。同样，在监督和技术工作中，也要大胆引进和借鉴他人的智慧和经验，提高工作效率，在借鉴中创新，在继承传统经验中提高。

继承并不是消极的前后相续和兼收并蓄，而是充满着批判和革命精神，批判地继承就是辩证的扬弃，继承的根本目的在于发展和创新。继承可以使技术和经验在一定程度上延续、扩大和完善，但不能使技术发生根本性的变化，只有在继承的基础上进一步突破、创新、提高，增加自己的见解和取得的新经验、新认识，才能使技术水平长足进步。因此，继承是创新、发展和提高的必要基础和前提条件，创新是继承的根本目的和必然趋势。创新不是对过去的简单抛弃，而应在继承的基础上创新，把传统经验和现实的新情况、新问题很好地结合起来，不断研究新情况、探索新方法、充实新内容、解决新问题，只有这样，传统的东西才能在新的条件下得到真正的发扬光大。只有不断充实完善传统的内容和方法，使之更适应客观现实对我们提出的新要求，才能把握好继承和创新的立足点。如果一味地赶时髦，套用新名词、新概念，搞一些如“仿生钻井液”“智能处理剂”等所谓的并无实际内容的、脱离实际的“创新”，是达不到创新目标的，也解决不了现场存在的问题，更不可能促进钻井液技术的进步。

### （三）做好技术工作应做到勤于动手和善于动脑

对钻井液监督和工程师来说，还需要注重观察、思考、分析和总结等能力的提高，这样才能将所学的知识用于实践，才能把知识学活，用活，才能在工作中得心应手。因为通过观察、思考、分析、总结等可以获得更多的一手资料和素材，可以更快地找到解决问题的切入点和突破口，使工作思路和方法更切合现场实际，从而提高工作效率，提高技术和工作能力。下面从善于观察、善于思考、善于动手、善于分析、善于记录、善于总结、善于舍弃和善于表达等方面简要叙述。

#### 1. 善于观察

观察是指有目的、有计划、有思维活动的知觉活动。因为观察是人们认识世界获取知识的一条重要途径，故只有善于观察才能获取更多有用的东西，才能提高创新能力和解决问题的能力。

观察的重要性，在科学研究中表现得比较具体。自然科学研究离不开实验观察，而工程技术工作离不开现场实践中的观察。作为监督和现场工程师，在技术工作中更是离不开观察，只有自觉地去观察自然、观察现象、观察结果，才能获得丰富的感性知识。

但在技术工作中，并不是每一个人都能通过观察达到预期的效果，因为这涉及人在观察能力上的差异。这就需要我们不仅要善于观察，还应不断提高观察能力。怎样才能提高观察能力呢？一是要有明确的观察目的，二要有丰富的知识，观察能力强可以促进知识的获得，而丰富的知识，又可以提高观察能力，捕捉到不易发现的重要现象，还能使观察不至于停留在感性认识的低级阶段。三要多思、多想，恩格斯谈到思维在观察中的作用时说：“单凭观察所得到的经验，是决不能充分证明必然性的。”他还说：“除了眼睛，我们不仅还有其他的感官，而且有我们的思维活动。”思维活动不但贯穿在观察的全过程，还要延伸到观察之前和观察之后。观察之前，要确定观察对象、观察目的以及观察计划、步骤和方法，这些要通过思维活动来完成。观察过程中，对出现的各种现象，应当多问几个“为什么”，应当对观察中出现的每一种变化（现象），都打个问号，力求做出科学的或合理的解释。在观察结束后，面对一大堆观察结果，要继续深入思考。四要认真细致，观察时，要专心致志，对每一个细小的变化都不能放过，即抓住细节。五要掌握科学的观察方法，如全面观察和重点观察、对比观察、重复观察和长期观察等。

观察时除正确掌握和运用观察的方法外，还应注意要认真做好观察笔记，从多方面感知同一事物，以提高观察的成效。

2. 善于思考

思考是指进行分析、综合、推理、判断等思维活动，思考是寻求智慧的开始，是迈向成功的第一步。善于思考可以让我们明白为什么要去做一件事情，做这件事情有什么样的利弊，思考让我们看到事情的本质，而不仅仅是其表面的浮躁的东西。思考对于任何一个人来说，都是极其重要的。

在工作中要真正提出自己的观点，走出自己的路来，就必须拥有自己的思想，必须要善于思考问题。目前学术上时常出现一些浮躁现象，造假现象，跟风现象等，恰恰就是缺少思考，缺乏认识，对一件事情，无法形成自己的思维，永远只是跟着别人的脚步走，照搬照抄别人的东西。缺少思考的人，是很难在科研中取得创新，在技术工作中取得新认识的。

思考是创新的源头，是解决问题的金钥匙。善于思考，可以从看似枯燥的实验和现场工作中找到创新的着眼点，搜索到有灵感的细节，找到解决问题的方法。孔子曰：“学而不思则罔，思而不学则殆”，仅从个人学习方面来说，学习与思考必须紧密结合才能出成效。引申到现场技术工作同样如此，寻找有灵感的细节，从而找出解决现场问题、减少井下复杂情况的方法和思路。

3. 善于动手

动手能力一般是指运用所学知识，操作仪器设备、制造工具、模型和工艺品等东西的技能和技巧，也就是操作能力。科技的发展，使动手操作能力显得越来越重要，同时也赋予了动手操作新的内容和更高的要求。亲自动手操作对于创造力的培养也极为重要。通过动手操作，首先能培养人的实践精神。作为一名技术人员，无论面对科研还是技术工作，都需要有坚韧的毅力、持久的耐力和脚踏实地的科学精神，通过动手操作和实践，使面对客观世界的认识越来越深化，同时对科学实验、处理复杂问题的烦琐、枯燥、辛苦、艰难等培养出一种耐心，甚至能以苦为乐、献身石油事业。其次，通过动手操作，能够对前人已取得的正确的科学理论、方法和经验有更深入的理解与认识，从而使基础知识得到巩固。第三，通过动手操作，能够使人在实践、实验中启发新思维，发现新现象，从而激发人的创造性，甚至能在已有的、已被相对验证正确的理论中寻求新的突破。

4. 善于分析

分析是分解辨析，即把一件事物、一种现象、一个概念等分成各个部分，找出这些部分的本质属性和彼此之间的内在关系。为了认识一个事物的复杂成分或事物的本质，必须将事物分析到构成它的最基本成分，然后分别加以考察。因为只有分析到构成事物的最简单因素，认识这些因素在质上和量上的不同以及它们之间的关系，事物的复杂性才会充分暴露出来，才能找到解决问题的最佳方法。

因此，在日常技术工作中要做到善于分析，并掌握分析的方法，从而提高认识问题、解决问题的能力。一是要做个有心人。平时多注意其他人在技术工作和解决现场问题的过程中是从什么角度入手，用什么路线、方法来进行的。二是在平时工作和生活中要养成一个分析和处理问题的良好习惯。不论大事或小情，都要认真分析，不放过任何细节。三要注意学习，只有丰富的知识，才能够在分析和处理问题时得心应手。

5. 善于记录

对于钻井液监督和工程师来讲，在工作中要养成善于记录的良好习惯。在钻井液配制和维护处理，特别是复杂问题的处理中，作业记录是涉及处理措施和方法能否得到真实可靠的结果和能否顺利持续进行的重要环节，是观察和测定结果的信息贮存，是操作条件、环境乃至处理剂类型、处理剂加入方式、钻井液受污染程度、固控情况等信息的贮存，是进行科学思考和分析研究，撰写工作或技术报告的依据。

为了保证记录的完善、科学和可靠性，记录时必须遵守下列五性。

（1）记录的原始性。小型实验的内容一旦如实记入记录本之后，不允许再作改动。重复实验而获得的新数据应重新记录，不能修改上次实验的结果。

（2）记录的及时性。钻井过程中，复杂情况或现象一旦发生，数据一旦测出，就应立即进行记录，不能等几天之后凭回忆再记录，以免发生错记。

（3）记录的完整性。在现场作业中记录时，要把有关的条件、现象，包括温度、设备运行、返砂情况、净化情况等完整地记录下来。有时候还要把各种可能的干扰、不同因素的影响等一并记录下来。

（4）记录的系统性。对于处理时间较长的复杂情况，要坚持连续观察和连续记录。有些问题，仅从一两个点的记录还得不出其结论，需要经过长时间的连续观察和记录才可以获得有用的结论。

（5）记录的客观性。施工作业中观察和测量的结果是什么就记录什么，不作任何评论和解释。评论和解释是技术总结或报告的任务。

6. 善于总结

钻井液监督和工程师要应养成善于总结的良好习惯。总结是提高的基础，没有总结就不会有提高；提高是总结的必然结果，更是总结的目的。只有认真总结工作经验，才能全面发现取得的成就和优点，并继续发扬，以利于以后做得更好。只有认真汲取教训，才能深刻认识缺点和不足，并努力克服，才能提高工作水平，提高经验的科技含量，才能走向成功之路。正所谓小总结，小收获，大总结，大收获，不总结没有收获。可见，一个人的技术能力或水平的提高和总结密不可分。

需要强调的是，总结经验教训首先要有实事求是的态度，经验教训的有效性在于它的真实性，其作用的大小取决于它与客观现象符合的程度。因此，总结经验教训不能弄虚作假，如果掺杂私心杂念，背离了实事求是的原则，把点夸大为面，或把重大错误说成一般性问题，就会导致经验教训的失真，对工作的促进作用也就无从谈起。其次，总结经验教训要有辩证的观点。工作有好坏，经验教训也要一分为二，既要总结工作中的成功经验，又要总结失败的教训，从中分析产生问题的原因，形成有效地改进措施。最后，总结经验教训要有学习他人的勇气，总结经验教训不能只总结自己的，还要善于总结他人的经验教训，其中有的是我们没有或是没有经历过的，完全可以引为己用，通过总结别人，将其转化为自己的经验。

7. 善于舍弃

在工作和生活中，要善于舍弃，包括自己的从业方向、工作和学习方法等，当发现存在问题或目标很难实现时，要及时换思路，敢于舍弃。

当今社会充满了各种诱惑，这就需要我们在选择中善于舍弃。“鱼，我所欲也；熊掌，亦我所欲也。二者不可得兼，舍鱼而取熊掌者也。”如果鱼和熊掌都能得到，当然是最理想的结果，但几率往往极小。一般情况下需要在鱼和熊掌中做出选择，即使仅得到鱼，也是一种成功；如果哪一个都不愿舍弃，盲目地追求鱼和熊掌“二者得兼”，最后有可能什么都没有得到。

作为一个钻井液监督或工程师，也要学会舍弃，例如在我们处理复杂的过程中，已经证明效果不大或行不通的方法应及时丢掉或更换，找到真正有效的方法以达到快速解决问题的目标。

8. 善于表达

对于工程技术人员来讲，最高层次的能力是表达能力，钻井液监督和工程师也不例外。再好的工作成果或经验最终都要靠别人认可。表达能力，体现为写和说的能力，是需要长期培养的素质。比如当你完成了一个课题或一个复杂问题的处理过程，写好了是一个系统的成果或技术报告，写不好只能是一个流水账式的工作叙述。这就说明文字表达能力体现在报告和论文写作，对专业技术工作者来说至关重要。报告和论文水平的高低直接反映作者的表达能力和文化修养、学术修养和道德修养，报告和论文也能反映技术人员的能力或成果的水平，是知识传播的重要工具。它是前面七个善于的集中体现，也是一项工作的落脚点。工作做得再好，技术措施再好，技术水平再高，如果反映不出来，无法转化为有用的知识或技术，无法传承，无法转化为社会效益，就无法体现其价值，可见表达的重要性。

口头表达，作为表达的重要部分，有时候可以作为书面表达的补充，有时候比书面表达还重要，比如一个项目立项或验收、一个技术措施方案论证或技术工作验收，听者没有更多的时间去仔细看你所提供的文字材料，并推敲报告的内容，这时候口头表达

（汇报或报告）就显得非常重要，也许报告写得很好，但就是因为在汇报中表达不清楚而影响成果或技术的整体水平。

### （四）做好技术工作还需要有团队精神

团队精神是工作成功的关键。所谓团队精神，简单来说就是大局意识、协作精神和服务精神的集中体现。团队精神的基础是尊重个人的兴趣和成就。核心是协同合作，最高境界是全体成员的向心力、凝聚力，反映的是个体利益和整体利益的统一，并进而保证组织的高效率运转。团队精神的形成并不要求团队成员牺牲自我，相反，挥洒个性、表现特长恰恰有利于保证团队成员共同完成任务目标，而明确的协作意愿和协作方式则会产生真正的内心动力。团队精神是组织文化的一部分，良好的管理可以通过合适的组织形态将每个人安排至合适的岗位，充分发挥集体的潜能。如果没有正确的管理文化，没有良好的从业心态和奉献精神，就不会有团队精神。

工作团体常常是与组织结构相联系的，而团队则可突破企业层级结构的限制。如，监督和工程师不属于一个团体，但却可以属于一个技术团队，因此必须要有团队精神才能将工作做得更好。

团队精神的重要性，在于个人、团体力量的体现，小溪只能泛起破碎的浪花，百川纳海才能激发惊涛骇浪，个人与团队关系就如小溪与大海。每个成员都要将自己融入集体，才能充分发挥个人的作用。个人的发展离不开企业的发展，每个人要将个人追求与企业追求紧密结合起来，树立与企业风雨同舟的信念。团队精神的核心是协同合作，在技术工作中每个人的工作都不是绝对独立的，项目与项目之间，井队与井队之间，班组与班组之间，监督与工程师之间，每个人之间的工作既相对独立，又相互渗透，所以分工是相对的，分工离不开协作，协作是为了更好的工作。

总之，团队精神对任何一个组织来讲都是不可缺少的精髓，否则就如同一盘散沙，一根筷子容易弯，十根筷子折不断……这就是团队精神重要性的直观表现，也是为什么要强调团队精神根本所在。

## 二、正交实验设计

正交实验设计是指研究多因素多水平的一种实验设计方法。根据正交性从全面实验中挑选出部分有代表性的点进行实验，这些有代表性的点具备均匀分散，齐整可比的特点。当实验涉及的因素在 3 个或 3 个以上，而且因素间可能有交互作用时，实验工作量就会变得很大，甚至难以实施。针对这个困扰，正交实验设计无疑是一种更好的选择。正交实验设计的主要工具是正交表，实验者可根据实验的因素数、因素的水平数以及是否具有交互作用等需求查找相应的正交表，再依托正交表的正交性从全面实验中挑选出部分有代表性的点进行实验，可以实现以最少的实验次数达到与大量全面实验等效的结果，因此应用正交表设计实验是一种高效、快速而经济的多因素实验设计方法，在钻井液配方、钻井液维护处理方案设计中，无疑是一种有效的方法。为便于了解，下面对正交实验设计进行简要的介绍。

### （一）正交表

下面以表 1–3 和表 1–4 来说明正交表构造及其用法。这两个正交表分别记为 $L_8(2^7)$ 和 $L_9(3^4)$。其中 $L$ 表示正交表，$L$ 的下标 8 和 9 分别代表正交表的行数，即使用该正交表安排实验时的实验次数；括号内的底数 2 和 3 表示各因素的水平数，指数 7 和 4 表示表的列数，即使用该正交表最多可以安排的因素数。

**表 1-3　$L_8(2^7)$ 正交表**

| 实验号 | 列号 | | | | | | | 指标 |
|---|---|---|---|---|---|---|---|---|
| | 1 | 2 | 3 | 4 | 5 | 6 | 7 | |
| 1 | 1 | 1 | 1 | 1 | 1 | 1 | 1 | $x_1$ |
| 2 | 1 | 1 | 1 | 2 | 2 | 2 | 2 | $x_2$ |
| 3 | 1 | 2 | 2 | 1 | 1 | 2 | 2 | $x_3$ |
| 4 | 1 | 2 | 2 | 2 | 2 | 1 | 1 | $x_4$ |
| 5 | 2 | 1 | 2 | 1 | 2 | 1 | 2 | $x_5$ |
| 6 | 2 | 1 | 2 | 2 | 1 | 2 | 1 | $x_6$ |
| 7 | 2 | 2 | 1 | 1 | 2 | 2 | 1 | $x_7$ |
| 8 | 2 | 2 | 1 | 2 | 1 | 1 | 2 | $x_8$ |

**表 1-4　$L_9(3^4)$ 正交表**

| 实验号 | 列号 | | | | 指标 |
|---|---|---|---|---|---|
| | 1 | 2 | 3 | | |
| 1 | 1 | 1 | 1 | 1 | $x_1$ |
| 2 | 1 | 2 | 2 | 2 | $x_2$ |
| 3 | 1 | 3 | 3 | 3 | $x_3$ |
| 4 | 2 | 1 | 2 | 3 | $x_4$ |
| 5 | 2 | 2 | 3 | 1 | $x_5$ |
| 6 | 2 | 3 | 1 | 2 | $x_6$ |
| 7 | 3 | 1 | 3 | 2 | $x_7$ |
| 8 | 3 | 2 | 1 | 3 | $x_8$ |
| 9 | 3 | 3 | 2 | 1 | $x_9$ |

$L_8(2^7)$ 代表 7 因素 2 水平正交实验，若继续全面实验，则将有 $2^7$=128 种组合，而正交实验仅有 8 次；$L_9(3^4)$ 代表 4 因素 3 水平正交实验，若继续全面实验，则将有 $3^4$=81 种组合，而正交实验仅有 9 次。这就是正交实验的最主要优点。

## （二）正交表的特点

1. 正交性

正交表中任意两列横向各数码搭配所出现的次数相同，这可以保证实验的典型性；例如，$L_8(2^7)$ 中不同数字只有 1 和 2，它们各出现 4 次；$L_9(3^4)$ 中不同数字有 1、2 和 3，它们各出现 3 次 。任两列中，同一横行所组成的数字对出现的次数相等，可以保证整齐可比性。例如 $L_8(2^7)$ 中（1，1），（1，2），（2，1），（2，2）各出现两次；$L_9(3^4)$ 中（1，1），（1，2），（1，3），（2，1），（2，2），（2，3），（3，1），（3，2），（3，3）各出现 1 次。即每个因素的一个水平与另一因素的各个水平互碰次数相等，表明任意两列各个数字之间的搭配是均匀的。

由正交表的正交性可以看出：①正交表各列的地位是平等的，表中各列之间可以互相置换，称为列间置换；②正交表各行之间也可相互置换，称行间置换；③正交表中同一列的水平数字也可以相互置换，称水平置换。

上述 3 种置换即正交表的 3 种初等置换。经过初等置换所能得到的一切正交表，称为原正交表的同构表或等价表。显然，实际应用时，可以根据不同需要进行变换。

2. 代表性

代表性的含义之一，在于正交表的正交性中，即：①任一列的各水平都出现，使得部分实验中包含所有因素的所有水平；②任意两列间的所有组合全部出现，使任意两因素间都是全面实验。

因此，在部分实验中，所有因素的所有水平信息及两两因素间的所有组合信息都无一遗漏。这样，虽然安排的是部分实验，却能够了解全面实验的情况，从这个意义上讲可以代表全面实验。

因为正交性，使部分实验点必然均衡地分布在全面实验的实验点中。所谓均衡分散，是指用正交表挑选出来的各因素水平组合在全部水平组合中的分布是均匀的。

3. 综合可比性

反映在正交性当中，即：①任一列各水平出现的次数都相等；②任两列间所有可能的组合出现的次数都相等。因此，使任一因素各水平的实验条件相同。这就保证了在每列因素各个水平的效果中，最大限度地排除其他因素的干扰，突出本列因素的作用，从而可以综合比较该因素不同水平对实验指标的影响。这种性质称为综合可比性或整齐可比性。

如在 A、B、C 3 个因素中，A 因素的 3 个水平 $A_1$、$A_2$、$A_3$ 条件下各有 B、C 的 3 个不同水平，见表 1–5。

**表 1-5　A、B、C 3 个因素组合**

| | | | | | |
|---|---|---|---|---|---|
| | $B_1C_1$ | | $B_1C_2$ | | $B_1C_3$ |
| $A_1$ | $B_2C_2$ | $A_2$ | $B_2C_3$ | $A_3$ | $B_2C_1$ |
| | $B_3C_3$ | | $B_3C_1$ | | $B_3C_2$ |

在这9个水平组合中，A因素各水平下包括了B、C因素的3个水平，虽然搭配方式不同，但B、C皆处于同等地位，当比较A因素不同水平时，B因素不同水平的效应相互抵消，C因素不同水平的效应也相互抵消。所以A因素3个水平间具有可比性。同样，B、C因素3个水平间亦具有可比性。

根据以上两个特性，用正交表安排的实验，具有均衡分散和整齐可比的特点。正交表的3个基本性质中，正交性即均衡性是核心，是基础，代表性和综合可比性是正交性的必然结果，从而使正交表得以具体应用。

正交表集其3个性质于一体，成为正交实验设计的有效工具，用它来安排实验，也必然具有“均衡分散，整齐可比”的特性，代表性强，效率也高。因而，实际应用越来越广。

### (三)正交表的分类

由于用正交设计安排实验和分析实验结果都要用正交表，因此，先对正交表作一介绍。

1. 等水平正交表

各因素水平数相等的正交表（也称其为 $m$ 水平的正交表）如表1–3和表1–4所示。等水平正交表中任一列，不同的数字出现的次数相同；任意两列，各种同行数字对（或称水平搭配）出现的次数相同；实验点在实验范围内排列整齐、规律，且也使实验点在实验范围内散布均匀。

2. 混合水平正交表

各因素的水平数不完全相同的正交表，如表1–6和表1–7所示。

**表1-6 $L_8(4^1\times2^4)$ 正交表**

| 实验号 | 列号 | | | | |
|---|---|---|---|---|---|
| | 1 | 2 | 3 | 4 | 5 |
| 1 | 1 | 1 | 1 | 1 | 1 |
| 2 | 1 | 2 | 2 | 2 | 2 |
| 3 | 2 | 1 | 1 | 2 | 2 |
| 4 | 2 | 2 | 2 | 1 | 1 |
| 5 | 3 | 1 | 2 | 1 | 2 |
| 6 | 3 | 2 | 1 | 2 | 1 |
| 7 | 4 | 1 | 2 | 2 | 1 |
| 8 | 4 | 2 | 1 | 1 | 2 |

表 1-7 $L_{16}(4^3 \times 2^6)$ 正交表

| 实验号 | 列号 | | | | | | | | |
|---|---|---|---|---|---|---|---|---|---|
| | 1 | 2 | 3 | 4 | 5 | 6 | 7 | 8 | 9 |
| 1 | 1 | 1 | 1 | 1 | 1 | 1 | 1 | 1 | 1 |
| 2 | 1 | 2 | 2 | 1 | 1 | 2 | 2 | 2 | 2 |
| 3 | 1 | 3 | 3 | 2 | 2 | 1 | 1 | 2 | 2 |
| 4 | 1 | 4 | 4 | 2 | 2 | 2 | 2 | 1 | 1 |
| 5 | 2 | 1 | 2 | 2 | 2 | 1 | 2 | 1 | 2 |
| 6 | 2 | 2 | 1 | 2 | 2 | 2 | 1 | 2 | 1 |
| 7 | 2 | 3 | 4 | 1 | 1 | 1 | 2 | 2 | 1 |
| 8 | 2 | 4 | 3 | 1 | 1 | 2 | 1 | 1 | 2 |
| 9 | 3 | 1 | 3 | 1 | 2 | 2 | 2 | 2 | 1 |
| 10 | 3 | 2 | 4 | 1 | 2 | 1 | 1 | 1 | 2 |
| 11 | 3 | 3 | 1 | 2 | 1 | 2 | 2 | 1 | 2 |
| 12 | 3 | 4 | 2 | 2 | 1 | 1 | 1 | 2 | 1 |
| 13 | 4 | 1 | 4 | 2 | 1 | 2 | 1 | 2 | 2 |
| 14 | 4 | 2 | 3 | 2 | 1 | 1 | 2 | 1 | 1 |
| 15 | 4 | 3 | 2 | 1 | 2 | 2 | 1 | 1 | 1 |
| 16 | 4 | 4 | 1 | 1 | 2 | 1 | 2 | 2 | 2 |

混合水平正交表中任一列，不同数字出现次数相同；每两列，同行两个数字组成的各种不同的水平搭配出现的次数是相同的，但不同的两列间所组成的水平搭配种类及出现次数是不完全相同。

（四）正交实验设计的意义

正交实验属于实验设计方法的一种。简单地讲，实验设计是研究如何科学安排实验，以较少的人力和物力消耗而取得较多较全面的信息。

实验安排得好，事半功倍；反之则事倍功半，甚至达不到预期目的。因此，如何进行实验设计是一个至关重要的问题。

正交实验设计是实验优化的常用技术。所谓实验优化，是指在最优化思想的指导下，进行最优设计的一种优化方法。它从不同的优良性出发，合理设计实验方案，有效控制实验干扰，科学处理实验数据，全面进行优化分析，直接实现优化目标，已成为现代优化技术的一个重要方面。

正交设计的基本特点是：用部分实验来代替全面实验，通过对部分实验结果的分析，了解全面实验的情况。

正交实验设计的优点是，能均匀地挑选出代表性强的少数实验方案；由少数实验结果，可以推出较优的方案；可以得到实验结果之外的更多信息。

## （五）正交实验设计

正交实验设计的基本步骤：①明确实验目的，确定评价指标；②挑选因素（包括交互作用），确定水平；③选正交表；④进行表头设计；⑤明确实验方案进行实验，得到实验结果；⑥对实验结果进行统计分析；⑦进行验证实验，做进一步分析。

下面结合具体实例对正交实验设计与结果分析进行介绍。

1. 单指标正交实验设计及其结果的直观分析

研究表明，通过正交实验对配方和合成条件优化得到的中等相对分子质量的P（AMPS–DEAM）聚合物，作为钻井液处理剂，在淡水钻井液、盐水钻井液、饱和盐水钻井液和 $CaCl_2$ 钻井液中均具有较强的降滤失和提黏切能力，即使经过 180℃ /16h 高温老化后仍能有效地控制钻井液的滤失量。正交实验内容如下。

结合经验，固定单体总量，将DEAM∶AMPS质量比、反应温度、单体质量分数及引发剂用量作为可变因素进行重点考察，以聚合物降滤失剂在复合盐水钻井液中180℃/16h老化后钻井液的滤失量作为考察依据。

结合实践选择 4 因素 3 水平，见表 1–8。

**表 1-8　因素—水平表**

| 水平 | 因素 | | | |
|---|---|---|---|---|
| | *m*（DEAM）∶*m*（AMPS） | 反应温度 /℃ | 单体质量分数 /% | 引发剂用量 /% |
| 1 | 0.4∶1 | 35 | 20 | 0.15 |
| 2 | 0.6∶1 | 40 | 25 | 0.22 |
| 3 | 0.9∶1 | 50 | 30 | 0.30 |

1）选正交表

结合表 1–8，正交表的因素数≤正交表列数，因素水平数与正交表对应的水平数一致，尽可能用更少实验，则选 $L_9(3^4)$ 正交表。

2）表头设计

将实验因素安排到所选正交表相应的列中，因不考虑因素间的交互作用，一个因素占有一列（可以随机排列），见表 1–9。

**表 1-9　表头设计**

| 因素 | A | B | C | D |
|---|---|---|---|---|
| 列号 | 1 | 2 | 3 | 4 |

3）明确实验方案（表 1–10）

**表 1-10　正交实验方案**

| 实验号 | A | B | C | D | 实验方案 |
|---|---|---|---|---|---|
| 1 | 1 | 1 | 1 | 1 | $A_1B_1C_1D_1$ |
| 2 | 1 | 2 | 2 | 2 | $A_1B_2C_2D_2$ |
| 3 | 1 | 3 | 3 | 3 | $A_1B_3C_3D_3$ |
| 4 | 2 | 1 | 2 | 3 | $A_2B_1C_2D_3$ |
| 5 | 2 | 2 | 3 | 1 | $A_2B_2C_3D_1$ |
| 6 | 2 | 3 | 1 | 2 | $A_2B_3C_1D_2$ |
| 7 | 3 | 1 | 3 | 2 | $A_3B_1C_3D_2$ |
| 8 | 3 | 2 | 1 | 3 | $A_3B_2C_1D_3$ |
| 9 | 3 | 3 | 2 | 1 | $A_3B_3C_2D_1$ |

4）按规定的方案做实验

按照表 1–10 正交实验设计方案进行实验，结果见表 1–11。需要强调的是必须准确的按照规定的方案完成每一号实验；实验次序可随机决定；实验条件要严格控制。

5）计算极差

按照实验结果计算极差，以确定因素的主次顺序，如表 1–11 所示，表中三个符号，其中：

$K_i$：表示任一列上水平号为 $i$ 时，所对应的实验结果之和；

$k_i$：$k_i=K_i/s$，其中 $s$ 为任一列上各水平出现的次数；

$R$（极差）：在任一列上 $R$=max｛$K_1$，$K_2$，$K_3$｝–min｛$K_1$，$K_2$，$K_3$｝，或 $R$=max｛$k_1$，$k_2$，$k_3$｝–min｛$k_1$，$k_2$，$k_3$｝。

**表 1-11　$L_9$（$3^4$）正交实验结果**

| | A | B | C | D | 滤失量 /mL |
|---|---|---|---|---|---|
| 1 | 1 | 1 | 1 | 1 | 24 |
| 2 | 1 | 2 | 2 | 2 | 17 |
| 3 | 1 | 3 | 3 | 3 | 22 |
| 4 | 2 | 1 | 2 | 3 | 8.4 |
| 5 | 2 | 2 | 3 | 1 | 11.6 |
| 6 | 2 | 3 | 1 | 2 | 12.8 |
| 7 | 3 | 1 | 3 | 2 | 10.8 |
| 8 | 3 | 2 | 1 | 3 | 12 |
| 9 | 3 | 3 | 2 | 1 | 7.6 |

续表

| | A | B | C | D | 滤失量 /mL |
|---|---|---|---|---|---|
| $K_1$ | 63 | 43.2 | 48.8 | 43.2 | |
| $K_2$ | 32.8 | 40.6 | 33.0 | 40.6 | |
| $K_3$ | 30.4 | 42.4 | 44.4 | 42.4 | |
| $k_1$ | 21.00 | 14.40 | 16.27 | 14.40 | |
| $k_2$ | 10.93 | 13.53 | 11.00 | 13.53 | |
| $k_3$ | 10.13 | 14.13 | 14.80 | 14.13 | |
| 极差 $R$ | 10.87 | 0.67 | 5.27 | 0.87 | |

6）优方案的确定

优方案原则是在所做的实验范围内，各因素较优的水平组合。若指标越大越好，应选取使指标大的水平；若指标越小越好，应选取使指标小的水平；同时还应考虑降低消耗、提高效率等。

$R$越大，因素越重要。从表1-11可以看出，$m$（DEAM）∶$m$（AMPS），即因素A的位级改变对降滤失能力的影响较大，随着$m$（DEAM）∶$m$（AMPS）的增加，产物降滤失能力逐渐提高。单体质量分数，即因素C的位级改变对降滤失能力的影响也较大，位级由小变大，产物降滤失能力先提高后又降低。反应温度和引发剂用量，即因素B、D的位级改变对降滤失能力的影响较小。各因素对产物降滤失能力的影响次序是A>C>B≈D。最佳位级组合为$A_3B_2C_2D_2$。

7）验证实验

进行验证实验，做进一步的分析。①优方案往往不包含在正交实验方案中，应验证；②优方案是在给定的因素和水平的条件下得到的，若不限定给定的水平，有可能得到更好的实验方案；③对所选的因素和水平进行适当的调整，以找到新的更优方案；④绘制趋势图。从趋势图上可以直观地看到各因素对实验结果的影响程度。

验证实验表明，采用$A_3B_2C_2D_2$所得产物的滤失量为5.2mL，优于9号实验，故确定$A_3B_2C_2D_2$，即$m$（DEAM）∶$m$（AMPS）=0.9∶1、反应温度40℃、单体质量分数25%及引发剂用量0.22%作为优合成配方，按照该配方合成的二元共聚物样品1%水溶液表观黏度为10~15mPa·s。

2. 多指标正交实验设计及其结果的直观分析

在实际实验中，需要考虑的指标往往不止一个，有时是两个、三个，甚至更多，这些都是多指标的问题。解决多指标实验问题可采用两种方法，即综合平衡法和综合评分法。

1）综合平衡法

综合平衡法是先分别考察每个因素对各指标的影响，然后进行分析比较，确定出最好的水平，从而得出最好的实验方案。

以采用腐殖酸与烯类单体接枝共聚，制备低相对分子质量的 AOBS-AM-AA/ 腐殖酸接枝共聚物处理剂为例。

合成原料为褐煤（腐殖酸含量≥60%）、丙烯酰氧丁基磺酸（AOBS）、丙烯酰胺（AM）、丙烯酸（AA）、氢氧化钠、过硫酸钾、相对分子质量调节剂（均为工业品）。

合成方法为：将褐煤去杂，按照褐煤：氢氧化钠 =0.83：0.17（质量比）配成水溶液，于90℃保温搅拌反应1～2h，除去不溶物，经浓缩、烘干制成腐殖酸钠（含水≤7%）备用。

将配方量的氢氧化钠溶于适量水配成溶液，然后在搅拌下依次加入离子性单体 AA 和 AOBS，使其充分反应，待反应完后加入非离子单体 AM，待 AM 溶解后加入腐殖酸钠搅拌均匀，然后加入相对分子质量调节剂，升温至 60℃，加入引发剂（过硫酸钾），在搅拌下反应 15～45min，得凝胶状产物。产物在 110~130℃下烘干粉碎，即得 AOBS-AM-AA/ 腐殖酸接枝共聚物处理剂。

（1）正交实验设计

为了得到高质量 AOBS-AM-AA/ 腐殖酸接枝共聚物处理剂，对合成该处理剂的原料配比和合成条件进行配方实验，并检验 4 项指标，即非离子单体（丙烯酰胺）和离子单体（AOBS、AA）比、离子单体中和度、反应混合液浓度（质量分数），以及腐殖酸钠（占单体及腐殖酸钠总质量分数），按表 1-12 所设计的因素和水平，采用 $L_9(3^4)$ 正交表安排正交实验，以接枝共聚物在 4% 盐水钻井液中 240℃ /16h 老化后的效果作为考察依据（样品加量 2.5%），实验结果见表 1-13，正交实验极差分析见表 1-14。

**表 1-12 因素 - 水平表**

| 水平 | 因素 | | | |
|---|---|---|---|---|
| | A. 非离子单体：离子单体 / 物质的量比 | B. 离子单体中和度 /% | C. 反应混合物质量分数 /% | D. 腐殖酸钠用量 /% |
| 1 | 1.25：1 | 80 | 55 | 18 |
| 2 | 1.50：1 | 90 | 50 | 24 |
| 3 | 1.85：1 | 100 | 45 | 30 |

**表 1-13 $L_9(3^4)$ 正交实验结果**

| | A | B | C | D | 2.5% 水溶液表观黏度 /mPa·s | 钻井液表观黏度上升率 /% | 滤失量降低率 /% |
|---|---|---|---|---|---|---|---|
| 1 | 1 | 1 | 1 | 1 | 7.5 | 17.6 | 77.1 |
| 2 | 1 | 2 | 2 | 2 | 5.5 | 17.6 | 79.2 |
| 3 | 1 | 3 | 3 | 3 | 5.5 | 0 | 81.25 |
| 4 | 2 | 1 | 2 | 3 | 5.5 | –5.8 | 87.5 |
| 5 | 2 | 2 | 3 | 1 | 6.5 | 23.5 | 78.6 |
| 6 | 2 | 3 | 1 | 2 | 7.0 | –5.8 | 82.3 |
| 7 | 3 | 1 | 3 | 2 | 6.5 | 17.6 | 79.2 |
| 8 | 3 | 2 | 1 | 3 | 6.5 | –17.6 | 75 |
| 9 | 3 | 3 | 2 | 1 | 8.0 | 0 | 78.6 |

表 1-14　4 因素对产物水溶液表观黏度、钻井液表观黏度上升率和降滤失能力的影响

| | a. 水溶液表观黏度 | | | | b. 钻井液表观黏度上升率 | | | | c. 降滤失能力 | | | |
|---|---|---|---|---|---|---|---|---|---|---|---|---|
| | A | B | C | D | A | B | C | D | A | B | C | D |
| $k_1$ | 6.17 | 6.5 | 7.0 | 7.33 | 11.73 | 9.80 | –1.93 | 13.7 | 79.18 | 81.27 | 78.13 | 78.1 |
| $k_2$ | 6.33 | 6.17 | 5.83 | 6.33 | 3.97 | 7.83 | 3.93 | 9.8 | 82.8 | 77.6 | 81.77 | 80.23 |
| $k_3$ | 7.0 | 6.83 | 6.17 | 5.83 | 0 | 3.93 | 13.7 | –7.8 | 77.6 | 80.72 | 79.68 | 81.25 |
| 极差 | 0.83 | 0.66 | 1.17 | 1.5 | 11.73 | 5.87 | 15.63 | 21.5 | 5.2 | 3.67 | 3.64 | 3.15 |

由表 1–14a 可知，腐殖酸钠用量，即因素 D 的位级改变对接枝共聚物水溶液表观黏度的影响最大；反应混合物的质量分数，即因素 C 的位级改变对产物水溶液表观黏度的影响较大；非离子单体与离子单体比，即因素 A 的位级改变对水溶液表观黏度的影响较小；离子单体中和度，即因素 B 对产物水溶液表观黏度的影响最小。各因素对产物水溶液表观黏度的影响次序是 D > C >A>B。

如表 1–14b 所示，腐殖酸钠用量，即因素 D 的位级改变对产物所处理钻井液表观黏度的影响最大；反应混合物的质量分数，即因素 C 的位级改变对钻井液表观黏度上升率的影响较大；非离子单体与离子单体比，即因素 A 的位级改变对钻井液表观黏度上升率的影响也较大；离子单体中和度，即因素 B 对表观黏度上升率的影响较小。各因素对表观黏度上升率的影响次序是 D > C >A >B。

如表 1–14c 所示，非离子单体与阴离子单体比，即因素 A 的位级改变对降滤失能力的影响较大；离子单体中和度，即因素 B 的位级改变对降滤失能力的影响也较大；反应混合物的质量分数，即因素 C 的位级改变对降滤失能力的影响与 B 相近；腐殖酸钠用量，即因素 D 的位级改变对降滤失能力的影响较小。各因素对产物降滤失能力的影响次序是 A > B≈C> D。

（2）优化实验结果与配方确定

在正交实验分析的基础上，对于水溶液表观黏度而言，由于希望合成的产物相对分子质量尽可能低，故从水溶液表观黏度来看，优位级组合为 $A_1B_2C_2D_3$。同时希望合成的产物尽可能不增加钻井液的黏度，故从钻井液表观黏度上升率来看，优位级组合为 $A_3B_3C_1D_3$。从降滤失能力而言，优位级组合为 $A_2B_1C_2D_3$。综合考虑超高温对降滤失剂的要求，即尽可能低的分子质量、对钻井液黏度和切力影响小、降滤失效果好，在三组优位级组合的基础上，确定了接枝共聚物合成的初步位级组合（配方）为 $A_2B_3C_2D_3$，考虑到增加腐殖酸钠用量可以降低接枝共聚物的成本，故以 $A_2B_3C_2D_3$ 为基础，在其他因素不变的情况下，即非离子单体与离子单体比为 1.5：1、离子单体中和度 100%，反应混合物质量分数 50%，改变腐殖酸钠用量，进一步考察腐殖酸钠用量对产物性能的影响，结果如图 1–1 所示。

从图 1–1 可以看出，在实验条件下，随着腐殖酸钠用量的增加，产物水溶液表观黏度逐渐增加，用产物所处理钻井液的表观黏度也逐渐增加，当褐煤用量超过 36% 以后，

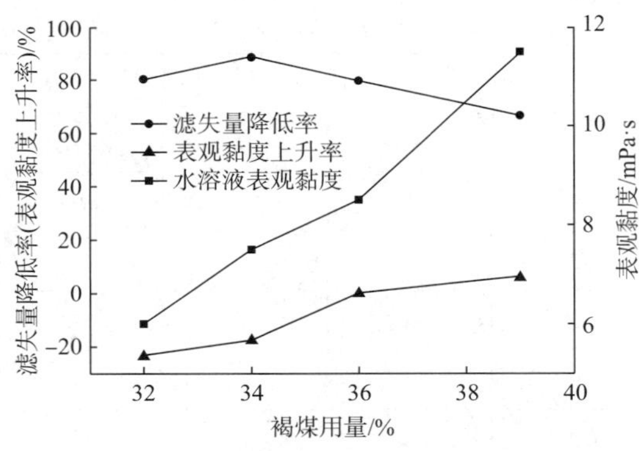


图 1-1 腐殖酸钠用量对产物性能的影响

产物在老化后的钻井液中呈现增黏作用。从滤失量降低率看，增加腐殖酸钠的用量有利于提高接枝共聚物的降滤失效果，但当腐殖酸钠用量超过 34% 以后，接枝共聚物的降滤失能力反而下降，综合考虑，在给定的实验条件下选用腐殖酸钠用量 34%，在正交实验的基础上，确定接枝共聚物合成的配方为：非离子单体：离子单体 =1.5：1、离子型单体的中和度 100%、反应混合物的质量分数 50%、腐殖酸钠用量 34%，按照该配方进行接枝共聚物的合成，并进行性能评价。

结果表明，AOBS-AM-AA/ 腐殖酸接枝共聚物热稳定性好，GPC 测定结果表明，接枝共聚物相对分子质量分布宽，作为降滤失剂在淡水钻井液、盐水钻井液和饱和盐水钻井液中均具有较强的降滤失能力，经 240℃ /16h 高温老化证明，具有较强的抗温、抗盐能力，与室温相比，高温后钻井液的流变性进一步得到改善，这将有利于超高温条件下钻井液性能的维护。

2）综合评分法

综合评分法是先按重要性程度不同给各个指标赋以权数，再对各实验计算加权指标，化为单一指标问题。

例如，某厂生产一种化工产品，需要检验两个指标：核酸纯度和回收率，这两个指标都是越高越好。有影响的因素 4 个，各有 3 个水平，因素 – 水平如表 1–15 所示。

**表 1-15 因素 - 水平**

| 水平 | 因素 | | | |
|---|---|---|---|---|
| | A. 时间 /h | B. 加料中核酸含量 | C. pH 值 | D. 加水量 |
| 1 | 25 | 7.5 | 5.0 | 1：6 |
| 2 | 5 | 9.0 | 6.0 | 1：4 |
| 3 | 1 | 6.0 | 9.0 | 1：2 |

采用正交表 $L_9(3^4)$ 安排实验，结果见表 1–16。根据实际经验，纯度的重要性比回收率的重要性大，纯度的权数取 4，回收率的权数取 1，计算加权指标得出综合评分。

表 1-16　实验结果

| 实验号 | 因素 | | | | 结果 | | 综合评分 |
|---|---|---|---|---|---|---|---|
| | A | B | C | D | 纯度 | 回收率 | |
| 1 | 1 | 1 | 1 | 1 | 17.5 | 30.0 | 100.0 |
| 2 | 1 | 2 | 2 | 2 | 12.0 | 41.2 | 89.2 |
| 3 | 1 | 3 | 3 | 3 | 6.0 | 60.0 | 84.0 |
| 4 | 2 | 1 | 2 | 3 | 8.0 | 24.2 | 56.2 |
| 5 | 2 | 2 | 3 | 1 | 4.5 | 51.0 | 69.0 |
| 6 | 2 | 3 | 1 | 2 | 4.0 | 58.4 | 74.4 |
| 7 | 3 | 1 | 3 | 2 | 8.5 | 31.0 | 65.0 |
| 8 | 3 | 2 | 1 | 3 | 7.0 | 20.5 | 48.5 |
| 9 | 3 | 3 | 2 | 1 | 4.5 | 73.5 | 91.5 |
| $K_1$ | 273.2 | 221.2 | 222.9 | 260.5 | | | |
| $K_2$ | 199.6 | 206.7 | 236.9 | 228.6 | | | |
| $K_3$ | 205.0 | 249.9 | 218.0 | 188.7 | | | |
| $k_1$ | 91.1 | 73.7 | 74.3 | 86.8 | | | |
| $k_2$ | 66.5 | 68.9 | 79.0 | 76.2 | | | |
| $k_3$ | 68.3 | 83.3 | 72.7 | 62.9 | | | |
| 极差 | 24.6 | 14.4 | 6.3 | 23.9 | | | |
| 优方案 | A1 | B3 | C2 | D1 | | | |

注：总分 =4× 纯度 +1× 回收率。

从表 1–16 可以看出，A、D 两个因素的极差都很大，是对实验影响很大的两个因素，还可以看出，A、D 都是取第 1 水平为好；B 因素的极差比 A、D 的极差小，对实验的影响比 A、D 都小，B 因素取第 3 水平为好；C 因素的极差最小，是影响最小的因素，C 取第 2 水平为好。综合考虑，最好的实验方案是 $A_1B_3C_2D_1$，即反应时间 25h、物料中核酸含量 6.0、pH 值 6.0、加水量 1∶6。

3. 有交互作用的设计

正交实验设计中，一般不会进行重复实验。因此，交互作用的处理方法就与方差分析不尽相同。在正交实验设计中，可以把交互作用作为一种独立的因素，假定各因素、交互作用都是相互独立的，这样就可以把交互作用安排到一个专门的列上，与其他因素一起讨论。下面结合具体实例介绍。

乙酰苯胺磺化反应实验，目的是提高乙酰苯胺的收率。影响因素有反应温度（A）、反应时间（B），硫酸浓度（C）和操作方法（D）等，各因素水平如表 1–17 所示。

表 1-17　各因素 - 水平

| 水平 | 因素 | | | |
|---|---|---|---|---|
| | 反应温度（A） | 反应时间（B） | 硫酸浓度（C） | 操作方法（D） |
| 1 | 50℃ | 1h | 17% | 搅拌 |
| 2 | 70℃ | 2h | 27% | 不搅拌 |

考虑到 A 和 B、A 与 C 之间可能有交互作用，分别用 A×B、A×C 表示。下面介绍正交实验情况。

1）正交表的选择和表头设计

因为四个因素均为两水平，可以用 $L_8(2^7)$ 正交表安排实验，两列间交互作用如表 1–18 所示。

表 1-18　$L_8(2^7)$ 两列间交互作用

| 列号 | 1 | 2 | 3 | 4 | 5 | 6 | 7 |
|---|---|---|---|---|---|---|---|
| | （1） | 3 | 2 | 5 | 4 | 7 | 6 |
| | | （2） | 1 | 6 | 7 | 4 | 5 |
| | | | （3） | 7 | 6 | 5 | 4 |
| | | | | （4） | 1 | 2 | 3 |
| | | | | | （5） | 3 | 2 |
| | | | | | | （6） | 1 |
| | | | | | | | （7） |

表中第一行的数字代表的是发生交互作用的列，带括号的数字表示的是另一列，带括号的数字所在的行与交互作用的另一列所在列的交叉点的数字表示的是交互作用所在的列。例如，第 1、2 两列间的交互作用列，（1）在第二行，“2”所处的列与（1）所在的第二行交叉点的数字是“3”，即表示第 1、2 两列的交互作用处在第 3 列。再如第 4、7 两列，（4）所在的行与“7”所在列的交叉点的数字是“3”，表示第 4、7 两列的交互作用处在第 3 列。再如第 2、5 两列的交互作用处在第 7 列，第 4、6 两列的交互作用处在第 2 列等，依次类推。

本例中 A、B 量因素可分别安排在第 1 列、第 2 列。从表 1–17 可见，第 1 列、第 2 列的交互作用在第 3 列，因此 A×B 可排在第 3 列。C 排在第 4 列，第 1 列、第 4 列的交互作用在第 5 列，即 A×C 在第 5 列；但同时，第 2 列、第 4 列的交互作用在第 6 列，所以第 6 列要空出来，若 B、C 间无交互作用，第 6 列可以作为误差列。这样，D 只能安排在第 7 列，根据实验，搅拌与其他条件间不存在交互作用。这样，就完成了正交实验的表头设计。

当然，本例也有另外一种设计，如把 A、B、C 分别安排在第 1、2、3 列，那么第 3 列既是 C 因素，又是 A、B 的交互作用列，这就出现了重叠，也称为因素的“混杂”，使数据处理无法进行。因此，进行交互作用设计时应注意避免出现这种因素的“混杂”。

另外，三水平表中的两列间的交互作用是另外两列，这样 $L_9(3^4)$ 就只能安排两个因素。实际工作中一般也不在三水平以上的正交表中安排交互作用。也就是说，若要考虑交互作用，最好选择两水平表，如 $L_8(2^7)$。

若四因素两两之间均存在交互作用，仍把这四个因素安排于 1、2、4、7 列，那么 4~7 列的交互作用也在第 3 列，2~7 列的交互作用也在第 5 列，2~4 列、1~7 列的交互作用在第 6 列。这样所有交互作用都会发生“重叠”“混杂”，为避免产生“混杂”，就要改用更大的正交表如 $L_{16}(2^{15})$，但实验次数也增加了一倍。因此，应根据具体情况选用正交表，既要避免因素混杂，又要适当略去不重要的交互作用以减少实验工作量。

2）按方案进行实验

实验设计与结果见表 1–19。

**表 1-19　实验设计与结果**

| 实验号 | 因素 | | | | | | | 产率 /% |
|---|---|---|---|---|---|---|---|---|
| | 1（A） | 2（B） | 3（A×B） | 4（C） | 5（A×C） | 6 | 7（D） | |
| 1 | 1 | 1 | 1 | 1 | 1 | 1 | 1 | 65 |
| 2 | 1 | 1 | 1 | 2 | 2 | 2 | 2 | 74 |
| 3 | 1 | 2 | 2 | 1 | 2 | 2 | 2 | 71 |
| 4 | 1 | 2 | 2 | 2 | 1 | 1 | 1 | 73 |
| 5 | 2 | 1 | 2 | 1 | 2 | 1 | 2 | 70 |
| 6 | 2 | 1 | 2 | 2 | 1 | 2 | 1 | 73 |
| 7 | 2 | 2 | 1 | 1 | 2 | 2 | 1 | 62 |
| 8 | 2 | 2 | 1 | 2 | 1 | 1 | 2 | 67 |

3）结果分析

（1）将实验结果根据因素水平分组求和，这一步与普通正交实验相同。结果见表 1–20。

**表 1-20　实验结果**

| 水平 | 因素 | | | | | | |
|---|---|---|---|---|---|---|---|
| | 1（A） | 2（B） | 3（A×B） | 4（C） | 5（A×C） | 6 | 7（D） |
| $I_j$ | 283 | 282 | 268 | 268 | 276 | 275 | 273 |
| $II_j$ | 272 | 272 | 287 | 287 | 279 | 280 | 282 |
| $\bar{I}_j$ | 70.75 | 70.50 | 67.00 | 67.00 | 69.00 | 68.75 | 68.25 |
| $\bar{II}_j$ | 68.00 | 68.25 | 71.75 | 71.75 | 69.75 | 70.00 | 70.50 |
| $\bar{R}_j$ | 2.75 | 2.25 | 4.75 | 7.47 | 0.75 | 1.25 | 2.25 |

（2）影响因素分析。从 $\bar{R}_j$ 数据看，因素影响的大小顺序为：

$$\begin{matrix} A\times B \\ C \end{matrix} \rightarrow A \rightarrow \begin{matrix} B \\ D \end{matrix} \rightarrow A\times C$$

由于 $R_5<R_6<$ 其他，而第 6 列为空列，所以可以肯定，第 6 列为误差列，A、C 间也不存在交互作用。

（3）最优水平的确定。因为

$$Rc,\ R_{A\times B}>R_A>R_B,\ R_D>R_6$$

所以，C 可取 $C_2$，同理 D 可取 $D_2$。即硫酸浓度选 27%，操作方法选不搅拌。

对于 A 和 B 两个因素，其水平的确定就比较复杂了，既要考虑本身的影响，更要考虑两者的交互作用。

对于交互作用的分析，与因素的独立作用不同。因为两个因素水平间有多种组合，因此，首先考虑水平间的搭配。

A 和 B 间有 4 种搭配，按求和后平均的方法，求得这 4 种搭配的平均值，如表 1–21 所示。

**表 1-21　四种搭配的平均值**

| B | A | |
|---|---|---|
| | $A_1$ | $A_2$ |
| $B_1$ | $\frac{1}{2}$（65+74）=69.5 | $\frac{1}{2}$（70+73）=71.5 |
| $B_2$ | $\frac{1}{2}$（71+73）=72 | $\frac{1}{2}$（62+67）=64.5 |

显然，72>71.5>69.5>64.5。即四种组合中以 $A_1B_2$ 最好，但 $A_2B_1$ 差别不大，即 50℃、2h 和 70℃、1h 的产率非常接近。而从生产效率上看，70℃、1h 比 50℃、2h 要好，因此，A、B 最好的搭配为 $A_2B_1$。于是可以得到较优的水平组合，即反应温度 70℃，反应时间 1h，硫酸浓度 27%，搅拌方法为不搅拌。或反应温度 50℃，反应时间 2h，硫酸浓度 27%，搅拌方法为不搅拌。

另外，要取得更优组合，还需要进行更多的实验。

### （六）正交实验在钻井液配方优化中的应用

以一种适用于煤层气钻井的钻井液配方优化为例，基于文献分析与实践，拟定的钻井液组分为：清水 +1.6%膨润土 +0.4%～1.0%增黏剂（HV–CMC 与 CMS 质量比 1∶1 的混合物）+1%乳化剂 +8%～15%柴油 +0.1%～0.5% FT–1 磺化沥青 +0.1%～0.3%聚丙烯酰胺 +0.5%氯化钾。

1）正交实验设计

以增黏剂、防塌剂、聚丙烯酰胺、柴油作为可变因素，按照 $L_9$（$3^4$）正交表进行正交实验设计，正交实验的因素和水平见表 1–22，不同组合钻井液性能见表 1–23。

**表 1-22　因素 - 水平**

| 水平 | 因素 | | | |
|---|---|---|---|---|
| | A. 增黏剂 /% | B. 密度减轻剂（柴油）/% | C. 聚丙烯酰胺 /% | D.FT–1 磺化沥青 /% |
| 1 | 0.4 | 8 | 0.1 | 0.1 |
| 2 | 0.7 | 12 | 0.2 | 0.3 |
| 3 | 1.0 | 15 | 0.3 | 0.5 |

**表 1-23　正交实验结果**

| 实验号 | 密度 /（$g/cm^3$） | pH 值 | *AV*/mPa · s | *PV*/mPa · s | 动切力 /Pa | 滤失量 /mL |
|---|---|---|---|---|---|---|
| 1 | 1.03 | 8 | 23.5 | 12 | 11.5 | 9 |
| 2 | 1.02 | 8.5 | 28 | 14.5 | 13.5 | 8 |
| 3 | 1.01 | 8 | 39.5 | 21.5 | 18 | 8 |
| 4 | 10.3 | 8 | 25.5 | 11.5 | 14 | 8 |
| 5 | 1.01 | 7.5 | 29.5 | 15 | 14.5 | 7 |
| 6 | 1.00 | 8 | 32 | 16.5 | 15.5 | 8 |
| 7 | 1.04 | 8 | 26 | 11.5 | 14.5 | 7 |
| 8 | 1.01 | 7.5 | 26.5 | 11.5 | 15 | 8 |
| 9 | 1.01 | 8 | 25.5 | 11 | 14.5 | 6 |

2）正交实验数据分析

表观黏度为考察依据，如表 1–24 所示，在各因素选定的范围内，各因素表观黏度的影响从大到小依次为：增黏剂 > 磺化沥青 > 柴油 > 聚丙烯酰胺。

**表 1-24　表观黏度实验结果**

| 实验号 | A：增黏剂 | B：密度减轻剂 | C：聚丙烯酰胺 | D：磺化沥青 | *AV*/mPa · s |
|---|---|---|---|---|---|
| 1 | 1 | 1 | 1 | 1 | 23.5 |
| 2 | 1 | 2 | 2 | 2 | 28 |
| 3 | 1 | 3 | 3 | 3 | 39.5 |
| 4 | 2 | 1 | 2 | 3 | 25.5 |
| 5 | 2 | 2 | 3 | 1 | 29.5 |
| 6 | 2 | 3 | 1 | 2 | 32 |
| 7 | 3 | 1 | 3 | 2 | 26 |
| 8 | 3 | 2 | 1 | 3 | 26.5 |
| 9 | 3 | 3 | 2 | 1 | 25.5 |
| Ⅰ | 80 | 70 | 72.5 | 69 | |
| Ⅱ | 82.5 | 75 | 71.5 | 78.5 | |
| Ⅲ | 58.5 | 76 | 77 | 73.5 | |
| *R* | 21.5 | 6 | 5.5 | 9.5 | |

综合考虑不同因素对钻井液性能的影响，得到优化配方为：

清水 +1.6%膨润土 +0.7%增黏剂 +1%乳化剂 +12%柴油 +0.3% FT–1 磺化沥青 +0.2%聚丙烯酰胺 +0.5%氯化钾。

3）优化配方实验结果

按照优化配方配制钻井液，并测定其性能，结果见表 1–25。从表中可见，实验测得的各项性能都在要求范围之内，基本满足钻井施工的要求。

**表 1-25　优化配方实验结果**

| 项目 | $\varphi_{600}$ | $\varphi_{300}$ | $\varphi_{200}$ | $\varphi_{100}$ | $\varphi_{6}$ | $\varphi_{3}$ |
|---|---|---|---|---|---|---|
| 转速 /（r/min） | 46.6 | 34.3 | 23.5 | 15.3 | 5.4 | 2.8 |
| 密度 /（g/cm$^3$） | pH 值 | *AV*/mPa · s | *PV*/mPa · s | *YP*/Pa | *Gel*/Pa | 滤失量 /mL |
| 1.00 | 8 | 23.3 | 12.3 | 11.0 | 14.3 | 8 |

## 三、技术报告的写作

在从事研究和技术工作的过程中，为了使研究成果、取得的经验和认识得到检验、评审和推广，就必须通过报告的形式呈现出来，这就要求我们不仅要做好技术工作，还必须写好报告。

写报告是为了研究的继续、交流和验证的目的。具体而言，其意义有如下 4 个方面。①为了研究的继续和经验的继承；②为了研究成果或经验的交流。通常我们把口语看成分享知识和经验的重要工具，因为它直接、迅速。简单含义的领会确实可以以口语传递，但重要的观察、经验和推论就不能仅靠口语；③研究成果或经验必须验证。对于真正科学的成果，现场取得的经验或认识，必须是可以进行严格的反复检验和评价的，能够在相同或相近条件下重复或应用；④完整的成果必须发表。一项科学实验或现场应用研究无论取得多么重大的研究成果，在未发表之前，就不能说它是完整的。有创造性的研究成果必须发表，而成果的发表是研究过程的一个重要组成，只有得到社会认可，才是真正意义上的成果。

报告是系统记录某个特定的技术或科学研究的文献。每个获得成果的人都需要经常向别人叙述自己的工作，这便产生了报告（书面的，口头的）。

广义地讲，在科研和技术工作不同阶段所产生和提交的各种类型的成果报告、例如研究报告、技术报告、实验和实验报告、学术论文和学位论文等，都属于报告；产品说明书、仪器手册、散页的资料和专利申请书也可以看作是报告。

### （一）报告的特征

报告采取什么形式，取决于它的目的和将要接受这份报告的人。尽管如此，各种报告确实存在一些共同的特征。

1. 草拟报告是完成报告任务的关键

要使报告能够对一项工作叙述的更详尽、清晰、逻辑性强，且富有意义而又实用，那就要求作者首先检查有关的实验和调查数据或材料、现场调研和处理记录等，并要系统地组织这些材料，使其结论能让读者自然而然的接受。这样就需要在深入思考的基础上先列个报告大纲，给出来报告的大致轮廓，以利于提高报告的效率和质量，也就是草拟报告或大纲。

2. 必须满足接受报告的人对于报告的期望

写作报告的过程中，必须要想着将要接受这个报告的人对于报告的期望，要想使报告提供的信息给人留下深刻的印象，就必须使报告的形式、内容、文体符合接受报告者的背景和兴趣。要想使报告成功，作者必须分析接受报告者的感觉兴趣，即想要知道什么？然后努力写出来一份能产生积极作用的报告。

3. 独立性和完整性

一份报告是一个永远的、独立的记录。一个本身完整的主题报告在某种意义上能反映作者的水平。报告语言要流畅、精练，主题思想表达要清楚、精密、准确，论点必须正确，这样的报告才能有效地传达信息。

4. 参考文献的引用

撰写任何报告都要依据或借鉴自己和其他人以前在这方面所开展的工作，其重要途径就是参考文献的引用。参考文献可以反映研究或技术工作的背景，也从一个方面反映作者的学术修养。

5. 能对将来的工作和后人起作用

虽然通常把报告看作是对先前研究成果和工作经验的叙述或总结，但它也可以成为将来技术人员开展相关领域研究或技术工作的基础，是留给后人的知识财富。

## （二）记录和笔记的重要性

1. 记录和笔记的作用

要想写出一份好的报告，必须掌握一组完整的记录，这些记录包括调研、研究或处理问题的过程、实验数据、现场描述和计算结果等。

有经验的工程师在工作的时候，总是及时地有意识地花费一定时间对其调研情况、操作步骤、观察结果和想法进行清楚而详细的记录，因为这是保存资料的唯一的办法。一项常规程序中发生的最微小的差异，和任何出乎预料的现象一样，不管它看起来是如何的互不相干，但它却是一件“值得注意”（如偶然发现）、值得记录下来的事情。可靠的完整的记录，对任何真正的科学努力都是必不可少的。

2. 记录或笔记的内容

记录应包括实验、处理复杂情况的题目和标示，时间、地点，预先设想的目标。记事：即工作行为本身的叙述，是描述现场处理、实验过程和观察结果的一本完整的“流水账”，这些将是今后写研究报告，现场技术总结、报告或实验报告时可提供的唯一可靠的信息。

3. 从记录和笔记的记载转变为报告

一份完整的笔记可以很容易加工成一份报告，或者一篇论文。利用记录和笔记的记载转变为报告，比需要时再翻资料找数据要容易得多。

### （三）报告的类型

为便于对不同类型的报告有所了解，下面对报告的一些类型作简要介绍。

1. 研究报告

研究报告不是“历史的账本”，它是有逻辑地，而不是按时间先后来组织的材料。一份好的报告不需要详尽无遗，应该突出确实需要注意的结果。研究报告有如下三种类型。即原始性研究报告（实验报告，测试报告等）；后续性研究报告（创新研究，改进研究等）；实践性研究报告（现场复杂情况处理，推广 + 创新，应用报告等）。

2. 文献综述、述评等报告

文献综述是对某一方面的专题搜集大量情报资料后经综合分析而写成的一种学术论文，它是科学文献的一种。文献综述是反映当前某一领域中某分支学科或重要专题的最新进展、学术见解和建议的文章，它往往能反映出有关问题的新动态、新趋势、新水平、新原理和新技术等。介绍原文献所论述的事实、数据、论点等，一般不加评述、这种类型综述适用于某些学术、技术问题的概要介绍，尤其适用于某些问题刚发现还尚无定论时，较宜使用这一种形式。主要形式有专题综述、回顾性综述和现状综述。

述评是一种对学科发展状况及发展趋势进行论证、预测的导向性文献，由于述评作者在本学科的权威地位，所以他对学科发展的预测一般是较准确的。述评文献对学科的发展通常应起指挥棒的作用，可指导科技工作者确立科研课题，预测专业学科的发展方向；可为有关科研管理部门确定方针、政策，确定科技发展方向和制定规划时提供参考。

述评是客观资料与主观推断融为一体的科研和技术工作表现方式，写述评前一定要深刻理解最新参考文献，了解最新的科研和技术发展动态，并形成自己的论断。坚持材料与观点的统一，避免材料介绍过多而评论太少，或具体根据太少而议论过多。述评里介绍国外情况时要面向国内，介绍过去和现在的情况时要以现在为主。

3. 可行性研究报告

可行性研究报告是通过对项目的主要内容和配套条件，如市场需求、资源供应、建设规模、工艺路线、设备选型、环境影响、资金筹措、盈利能力等，从技术、经济、工程等方面进行调查研究和分析比较，并对项目完成以后可能取得的财务、经济效益及社会影响进行预测，从而提出该项目是否值得投资和如何进行研究的咨询意见，是为项目决策提供依据的一种综合性的分析方法。可行性研究具有预见性、公正性、可靠性、科学性的特点。

4. 资助报告和计划

资助者一般要求被资助者根据他们自己的指南定期进行汇报，汇报所需的书面材料即资助报告。资助者可能要求的书面报告主要有叙述性报告和财务报告两种类型。

叙述性报告：这种报告也被称为进度、中期或完成报告。这种报告用于描述完成和实现建议书中所描述的活动和结果的进展情况。叙述性报告应该解释你是怎样实现你的目的的、你所面临的挑战和你怎样战胜它们。

财务报告：这种报告是详细说明资助资金使用方式的典型账目报表。它一般是由机构的会计或财务人员制作的。根据资助者和赠款的类型，你可能还需要提供审计报表或填写具体的表格。

资助计划是单位或个人对未来一定时间内要做的资助项目从目标、任务、要求到措施预先作出设计安排的事务性文书。

5. 调查报告

调查报告是对社会上或某一技术领域的某一个问题或事件进行专门调查研究之后，将所得的材料和结论加以整理而写成的书面报告。调查报告的种类很多，常见的有如下几种：①反映基本情况的调查报告；②总结典型经验的调查报告；③介绍新生事物的调查报告；④考察历史事实的调查报告；⑤揭露问题的调查报告；⑥表现其他内容的调查报告等。

### （四）口头报告——讲演

科技成果和技术工作的口头表达是展示成果的重要途径，要想给人留下深刻的印象，口头表达所用的方法和书面表达完全不同，这是因为说的话和写的词不一样，说的话在它最后的共鸣声停止后，就再也不能对它复查和进一步研究了，故必须精心准备。

1. 准备

1）必需的知识

要明确，口头报告应该有一个合乎逻辑的结构，章节分明，报告的主题明确，内容丰富，言之有物。讲演的内容应该有所限制，不能离题。必须讲的既通俗易懂，又精确无误。当从一个论点发展到下个论点的时候，应该顺乎自然，不能脱节。讲演的深浅程度，应该量体裁衣，以听众的水平为准。

2）讲稿的准备

讲演人（报告人）应该精心准备一个开场白，使听众渴望知道演讲人将要讲些什么，应该在开头的时候就要把讲演的结构说出来，帮助听众预先推想后面要讲的内容，还可以时刻知道报告进展的程度。

对于一个成果或技术报告或工作总结，在精心安排布局后，接下来就应该尽可能简洁地概括说明采用的方法和取得的结果和认识，讲演人必须设法在报告完毕，讨论他的发现或成果获认识的重要意义的时候，使听众有个清楚的印象。应避免把实验、工作的细节或技术路线说的太多，只有当一个报告的主题是技术的时候，展示个别实验的全过

程才是合适的。在报告里演示大量的数据是没有意义的，因为听众会很快地忘记这些事实，少量精选的实例要比逐一罗列的细节更能说明问题。主要的重点应该放在能让听众记住的内容概要上来，反复重申关键的论点是非常重要的，对基本概念也要做出明确的解释。

讲稿一定要清楚。这样可以在讲演的过程中，不至于因为看不清楚而影响效果。

3）多媒体准备

通常，每张幻灯片应该在屏幕上停留 3min，同时避免大段文字和字体太小，幻灯片的内容必须组织得不仅能让观看的人迅速抓住要点，而且即使他们一时走了神，注意力偏离了报告，但是相应的信息至少在报告结束前仍能停留在脑海里。图文设计要一目了然，为了让中等报告厅后排的人能看清楚，幻灯片上的文字要限制在 6~8 行，文字的高度最好控制在屏幕高度的 6%。在任何情况下，不能把超过八栏的表格制成一张幻灯片。幻灯片上忌一些无关的图片，除非这些图对理解有作用。无关的图片既影响听众的注意力，又占据版面。

2. 讲演的技巧

1）熟悉环境及主持人的要求等

讲演前首先熟悉一下环境，看看报告厅有哪些可用的辅助工具，黑（白）板、粉笔（彩笔）、投影仪、激光笔等。

了解下受众群体，要根据听众的兴趣来适当调整讲演的内容，同时还应该遵守主持人的要求，按照主持人的统一安排把握时间和讲演的重点，超时往往会使讲演变得很糟。

2）适当的肢体动作可以起到好的效果

动作能吸引注意力，有节制的使用手势可以活跃气氛，语调的变化和偶然做一个短暂的停顿，都能有助于强调争论里的重点。应该不断寻求与听众的互动；也就是说，给人的印象应该是，你的话是同时讲给听众中的许多个人听的。

3）面对听众是很重要的

讲演的时候要面对听众，和听众进行目光互动是很重要的，要随时观察听众的反应，如果只是读讲稿或 PPT，讲演效果就会大打折扣。

激光笔的使用要合适，不能乱动。讲演结尾要自然而得体，不能结束得太突然。

4）讨论的准备

有时候在讲演或报告后会有一段讨论的时间，这时要经过周密思考，准备好应付种种问题的答案，包括回答批评性的问题。有经验的讲演者，常常会有意“引导”听众对一些明显的问题进行回答，而这些问题大多是故意（巧妙地）从报告中省略掉的，能从而对讲演时间保持一定的控制力。

5）一般要最后退场

演讲或报告结束，要待主持人提示可以退场后再退场。对于专场，讲话人应该留在礼堂里，直到活动结束，并尽可能自己整理好讲台。

## 四、科技论文的写作

当我们的成果需要发表的时候，还需要在报告的基础上写出能够满足期刊发表要求的科技论文。科技论文主要用于科学技术研究及其成果的描述，是研究成果的体现。运用它们进行成果推广、信息交流、促进科学技术的发展。论文的发表标志着研究工作的水平，为社会所公认，载入人类知识宝库，成为人们共享的精神财富。

科技论文是报道自然科学研究和技术开发创新性工作成果的论说文章，是阐述原始研究结果并公开发表的书面报告。其特点是：①原始研究结果或新认识的首次披露；②采用一定的形式，使同行能重复实验，审查作者的结论；③在杂志或其他能为科学界利用的一次文献期刊或书报上发表。

科技论文主要包括引言、方法、结果和讨论及结论等。引言要明确研究什么问题。方法是描述怎样研究这个问题。结果和讨论是介绍新的发现，新发现的意义在讨论中回答。结论是关于取得的重要成果或认识或新发现。

一篇完整的论文包括论文的标题、论文的摘要、关键词、引言、方法、结果与讨论、结论、感谢、参考文献、作者信息等，下面分别介绍。

### （一）论文的标题

标题“居文之首，勾文之要”，是文章的眼睛，因此标题的写作很重要。这是由于：

（1）只有少数人研读整篇论文，多数人只是浏览原始杂志或者文摘或索引的标题，所以须慎重选择标题中的每一个字，注意字与字之间的搭配。标题应简短明了，既能概括全文，又要引人注目，标题不能用艺术加工过的文学语言，更不得用口号式的标题。

（2）标题的写作要用词准确，表达恰当；通俗易懂，避免使用特殊术语；外延和内涵要恰当；语句要简练，避免同义词、近义词连用；标题中选用的技术词语应紧扣文章研究的学科范围；表达方式上要符合汉语的语法修辞和逻辑规则；一般不超过20个字。

文章的题目后面是作者，多作者的时候在通讯作者姓名上加“*”，作者名字下面通常要标注单位，若为多人合写，每位作者应分别注明其工作单位全称（科研院所准确到室；大专院校准确到系；工厂准确到车间科室）、所在省市名称和邮政编码，不同工作单位的作者应在姓名右上角加注不同的阿拉伯数字序号，并在其工作单位名称前加与作者姓名序号相同的数字。多个作者工作单位之间用分号隔开，整个数据项用圆括号括起。

（3）英文标题中不宜使用 study on，studies on，study of，discussion on，research on，investigation on（of），some thoughts on，a final report on 等，这些词只是增加标题的长度，未提供新的信息。

标题最好不要超过10~12个词，且除通用的缩写词和特殊符号外，标题内不使用缩

写词、特殊符号、化学式、上下角标等；标题通常由名词短语构成，一般出现名词、形容词、介词、冠词和连接词，若出现动词，一般是分词、过去分词或动名词形式；取消不必要的冠词，英文题名开头第一个词尽量不用冠词。

## （二）论文的摘要

### 1. 摘要的要素

摘要是对论文的内容不加注释和评论的简短陈述。GB6447—86《文摘编写规则》指出："摘要的基本要素应包括论文研究的目的、主要方法、结果及结论"，即摘要的四个要素。

（1）研究目的：准确描述该研究的目的，说明提出问题的缘由，表明研究的范围和重要性。

（2）主要方法：简要说明研究课题的基本设计，使用了什么材料和方法，所用的仪器及设备，如何分组对照，研究范围和精确程度，数据是如何取得的，经何种统计学方法处理。

（3）结果：简要列出该研究的主要结果，有什么新发现，说明其价值和局限，叙述要具体，准确并给出结果的置信值及统计学显著性检验的确切值。

（4）结论：简要地说明经验，论证取得的正确观点及理论价值或应用价值，是否还有与此有关的其他问题有待进一步研究，是否可推广应用等。

### 2. 摘要的撰写要求

1）独立性和自明性

即不阅读文献的全文，仅从摘要就能获得必要的信息。因此，摘要是一种可以被引用的完整短文。理想的摘要应该是完整的、准确的、客观的、简短的和易懂的。

2）用第三人称

作为一种可阅读和检索的独立使用的文体，摘要只能用第三人称来写。有的摘要出现了"我们"，"作者"，"本文"作为摘要陈述的主语，一般讲，这会减弱摘要表述的客观性，有时也会出现逻辑上讲不通。

### 3. 摘要写作遵循的原则

（1）忌常识的或科普知识的内容，忌简单地重复论文篇名中已经表述过的信息。

（2）要客观如实地反映原文的内容，要着重反映论文的新内容和作者特别强调的观点。

（3）要求结构严谨，语义确切，表述简明，一般不分段落。

（4）切忌发空洞的评语，不做模棱两可的结论。

（5）要采用规范化的名词术语，不用非共知共用的符号及名词术语。

（6）不使用图、表或化学结构式，以及相邻专业的读者尚难于清楚理解的缩略语、简称、代号。如果确有必要，在摘要中首次出现时必须加以说明。

（7）不得使用一次文献中列出的章节号、图、表号、公式号以及参考文献号。

（8）要求使用法定计量单位以及正确地书写规范字和标点符号，众所周知的国家、机构、专用术语尽可能用简称或缩写，不进行自我评价。

4. 英文摘要

写好英文摘要，必经遵循英文摘要写作规范。其要点如下：句子完整、清晰、简洁；用简单句，为避免单调，改变句子的长度和结构；用过去时态描述作者的工作，用现在时态描述结论；避免使用动词的名词形式；正确使用冠词，避免多加冠词，也避免省略冠词；使用较短的、简单的、具体的、熟悉的词，不使用华丽词藻；使用被动语态；构成句子时，动词应靠近主语；避免使用那些既不说明问题，又没有任何含义的短语；不使用俚语、非英语的句子，慎用行话和口语。

### （三）关键词的撰写

摘要之下要写出中英文关键词。

关键词是为了满足文献标引或检索工作的需要而从论文中摘出的词或词组，是反映文章最主要内容的术语，对文献检索有重要作用。每篇文章一般可选 3~8 个关键词，可按 GB/T 3860—2009 的原则和方法，参照各种词表和工具书选取。关键词必须按其重要性依序排列。多个关键词之间用分号分隔。此栏的最后，不加标点符号。

关键词包括主题词和自由词两部分；主题词是专门为文献的标引或检索而从自然语言的主要词汇中挑选出来的，并加以规范化了的词或词组。 自由词则是未规范的即还未收入主题词表中的词或词组。

它们应能反映论文特征内容，通用性比较强。首先要选取刊入《汉语主题词表》和专业性主题词表等中的规范性词。新学科而尚未被主题词表录入新产生的名词术语，可用非规范内自由词标出。不要为了强调反映文献主题的全面性，而把关键词写成一句句内容全面的短语。

关键词作为论文的一个组成部分，列于摘要之后。要求书写与中文对应的英文关键词。

### （四）引言的写作

引言应全面、系统、准确、简练地回顾前人在该领域、该方向上的相关工作，从侧面反映论文的创新性以及作者的学术素养与道德风尚。

引言的目的是向读者提供论文写作的背景知识，写作的动机和目的，使读者了解和评估研究成果。引言中引用的参考文献要仔细加以选择，以便提供更重要的背景材料。

引言的基本内容包括介绍研究背景；提出研究问题，阐明研究目的；阐述解决问题的思路和方法；指明论文创新点。

引言写作中经常出现一些问题，如一般性叙述太多；同一观点文献引用太多；缺少对同行工作的评价；对同行工作评价不恰当；未说明研究的原创性、先进性和学术价值；包含结果或结论中的内容。在写作时需要特别注意避免出现上述问题。

### （五）方法的写作

方法写作中要把握的要点：对解决科学问题的主要技术途径要介绍清楚；使用前人的方法要引出文献出处并简练、完整地加以叙述，新方法要对其原理、技术和分析步骤做详尽描述。即同行看你的文章后，能否重复你的推证。

这一部分内容反映了作者的综合水平。方法写作的主要目的是，提供方法和技术途径的充足信息、可为他人做重复实验时提供方便。

方法写作中的常见问题是：方法中所描述的实验方案欠合理，实验阐述不够完整，对常规实验的描述过于烦琐，实验样品太少，数据离散度较大、未做可靠性分析，包含结果或结论中的内容。

### （六）结果与讨论部分

“结果与讨论”是科技论文最重要的组成部分。结果和讨论相辅相成，结果是讨论的基础，是前提，是根本；讨论是结果的升华，是认识的飞跃。

没有结果，就无从讨论，讨论就成了无本之木，无源之水，讨论就没有说服力；反之，只有结果而没有讨论，结果就失去了光彩和意义，论文就会变成实验报告。

1. 结果部分

在结果介绍中要把握的重点是：给出应用本文方法经过整理、统计处理、分析等所获得的数据和资料，常以图表形式展示；对数据和资料进行分析和逻辑推论，对论文中所研究的科学问题得出答案；必要时，可用前人研究的结果与本文的研究结果一起，对所研究的科学问题得出最佳答案。

2. 讨论部分

有下列情况之一者可进行讨论。

（1）本文由于数据的缺陷不能圆满解决问题，此时需要指出分析数据缺陷的原因和今后工作的要点。

（2）指明本研究对相关问题的意义，今后可进一步拓宽的前景及所使用的技术途径。

如果以上两点没有可说明的，则“讨论”部分可略去，直接撰写“结论”或“结语”部分。

讨论的内容包括：

（1）阐明研究结果所获得的原理及其相互关系，并进行综合、推理和归纳，反映事物的有机联系。

（2）应当指出实验中的例外情况，或那些缺乏联系的结果，以及无法解释的异常情况。

（3）指出本研究成果中与以往发表的研究结果一致或者不同的地方。

（4）讨论研究结果的理论意义及其在实际应用方面的可能性，提出大胆的看法。

（5）尽可能明确地陈述研究的结论。

（6）每一条结论都要有证据。

3. 常见问题

在结果与讨论中常出现的问题是：给出实验数据不讨论；实验数据粗糙；数据少，难以说明问题；无限定条件，缺乏逻辑性；缺乏数据或参考文献，令人生疑；超出实验范围，以偏概全；无中生有。

4. 关于公式、图和表

公式、图和表的信息是论文的重要部分，对于公式、图和表要从头到尾连续编号。

公式在文章里要居中排列，序号放在公式的右边顶格，有关的说明文字放在公式下面，用"式中"开头。这里重点对表格和插图进行介绍。

1）表格和插图的选取原则

表格和插图是论文的重要组成部分；表格的优点是可以很方便地列举大量精确数据或资料，图形则可以直观、有效地表达复杂数据；对于表格或插图的选择，应视数据表达的需要而定，即如果强调展示给读者精确的数值，就采用表格形式，如果要强调展示数据的分布特征或变化趋势，则采用图示方法。

2）表格的编排

表格的形式：表格的形式一般采取三线表（3 条水平线，没有垂直线）。

栏头：栏头包括列头和行头。栏头的内容通常是相对独立的变量。

表注：表注内容包括解释说明获得数据的实验、统计方法、缩写或简写等。

数据（或资料）：除非要列举一定数量的精确数据，否则就不要使用表格。

3）插图的制作

插图实际上是表格的直观化。对于可以用较短的文字清楚表述的数据，一般不以图形的方式来表达。

所选用的字母和符号应清楚、易读；尽量使图的大小接近作者所希望的印刷出版后的尺寸。坐标图中标值应尽量取 0.1~1000 之间的数值。避免提供需缩小 50% 以上的原照片。地图或显微照片中要以图示法表示比例尺，以免印刷时因缩放而造成比例失真。

4）常见问题

在表格和插图制作中常出现的问题是：图题说明有缺失；照片或线图不清晰；照片缺比例尺；照片 / 线图尺寸太大或太小；照片 / 线图太多；照片视场选择欠佳；线图高宽比欠佳；表题或项目名称有缺失；表格设计或数据有不合理之处；表格太多；未采用规范的三线表。

### （七）结论的写作

结论要把握主题、突出重点、高度概括。撰写结论时，不仅对研究的全过程、实验的结果、数据等进一步认真地加以综合分析，准确反映客观事物的本质及其规律，而且，对论证的材料，选用的实例，语言表达的概括性，科学性和逻辑性等方面，也都要一一进行总判断、总推理、总评价。同时，撰写时，不是对前面论述结果的简单复述，而要与引言相呼应，与正文其他部分相联系。

1. 结论的重要性

结论是整个课题研究或技术工作的总结，是全篇论文的归宿，起着画龙点睛的作用。是在研究结果或实践的基础上经过逻辑推论得出的客观性判断。通过对比引言中提出的贡献和论证的贡献，给出一个较好的结尾；相对摘要，读者可以更好、更详细地了解作者的贡献，以便评估对自己是否有用。一般说来，读者选读某篇论文时，先看标题、摘要、前言，再看结论，才能决定阅读与否。因此，结论写作也是很重要的。

2. 结论的主要内容

结论的主要内容是作者本人研究的主要认识或论点，其中包括最重要的结果、结果的重要内涵、对结果的说明或认识等；总结性地阐述本研究结果可能的应用前景、研究的局限性及需要进一步深入研究的方向；不涉及前文不曾指出的新事实，也不能在结论中简单地重复摘要、引言、结果或讨论等章节中的句子。

3. 写作要求

结论较多地采用分条编号的格式表达，传达信息具体而明确，或定性或定量；客观地表述创新性研究成果所揭示的原理及规律，表达的客观性较强。

写作时不能想当然，不能含糊其词，不能用“大概”“可能”“或许”等词语。如果论文得不出结论，也不要硬拼凑。

4. 结论写作中常见问题

在结论写作中最常见的问题是：未与引言呼应；部分重要结果未列入结论；涉及前文不曾指出的新事实；将某种假设条件下得出的推论写进结论；与摘要过多重复；结论太长；结论未分条款。

### （八）感谢

任何一项研究或技术工作通常不是只靠一两个人的力量就能完成的，需要多方面力量支持，协助或指导。在论文结论之后或结束时，应对整个研究过程中，给予曾帮助和支持的基金资助合同单位，以及其他组织或个人表示谢意。尤其是参加部分研究工作，未有署名的人，予以致谢。如果提供帮助的人过多，除直接参与工作，帮助很大的人员列名致谢，一般人员均笼统表示谢意。如果写上一些从未给予帮助和指导的人，以及有些名家、学者或教授，从未指导，也没有阅读过论文，借致谢提名抬高身价，是不应该的，也是不对的。要坚守科学道德规范，切实杜绝不良风气。并且致谢必须在投稿前征得被致谢者的口头或书面同意。

### （九）参考文献

参考文献是一篇完整的科技论文中不可或缺的组成部分。参考文献可以反映作者的科学态度和论文的科学依据，以及论文的起点和深度。参考文献不仅是论文内容的某种缘起及延伸，同时也可为有兴趣的读者提供进一步查询资料或信息的线索。

1. 参考文献的主要作用

对论文的立意起指导作用，对论文的起点起旁证作用；是判断论文真实性的有力依据；为读者详细阅读原文和进一步研究提供线索；帮助区分作者与前人（他人）的研究成果，保护作者和被引用文献作者的著作权；有利于节省篇幅；是引文分析的原始材料。

2. 引用原则

必须引用直接查阅、与研究密切相关、时效性和规范性的文献。从被引用文献的属性看，应遵循公开性和原始性原则；从被引用文献和引用文献的关系看，应遵循必要性原则，排除常识性知识的引用；从引用者对被引文献的内容表述看，应遵循准确性原则，保证引述内容准确、完整；从被引用文献的定量性看，应遵循适当性原则，不能构成剽窃，损害被引用者的利益；从被引用文献的质量看，应遵循新颖性原则和代表性原则；从被引用文献的著录看，应遵循标准化原则。

3. 参考文献引用禁忌

（1）伪引。作者列出一些与论文主题内容不相关或关系不大的文献。

（2）漏引。作者实际引用了别人的文章，但在自己的论文中只列出了部分参考文献，而把另一部分却漏列了。

（3）错引。引文的准确性存在问题，作者在引用参考文献时由于种种原因导致对引文的描述与原始文献内容出现偏差或不符。

4. 有关要求

每次引用文献时要在正文相应的位置标明。只能引用公开出版的书、刊及学位论文。内部资料、产品或公司简介等读者无法查找的非正式出版物不得引用。引用“待发表”的文献，必须注明何刊何卷何期待发表，这个刊物还必须是正式出版物才可引用。参考文献按在正文中出现的先后次序列于文后；其序号左顶格，用方括号加数字表示，如［1］,［2］，……，先后顺序应与正文中标示的序号一致。每一参考文献条目的最后均以“.”结束。参考文献必须尽可能新，尽可能全。

根据 GB 3469—1983 规定，多数期刊均以单字母方式标识各种参考文献，以便于用计算机进行期刊论文引文分析和统计评价。各类纸印参考文献的标识字母为：专著 M、论文集 C、报纸 N、期刊 J、学位论文 D、报告 R、标准 S、专利 P。

对于数据库（database）、计算机程序（computer program）及电子公告（electronic bulletin board）等电子文献类型的参考文献，用下列双字母作为标识：数据库用 DB，计算机程序用 CP，电子公告用 EB。

非纸印电子文献被引用为参考文献时，需在参考文献类型标识中同时标明其载体类型，电子文献载体类型用双字母表示。故电子参考文献应标注为：

［文献类型标识 / 载体类型标识］。例如：联机网上数据库（database online）标识为［DB/OL］；磁带数据库（database on magnetic tape）标识为［DB/MT］；光盘图书（monograp on CD-ROM）标识为［M/CD］；磁盘软件（computer program on disk）标识为［CP/DK］；网上期刊（serial online）标识为［J/OL］；网上电子公告（electronic bulletin board online）标识为［EB/OL］；等。

几种主要参考文献的格式（包括标点符号）如下：

连续出版物：［标引序号］作者．文题［J］．期刊名，年，卷（期）：起始页码—终止页码．

专著：［标引序号］作者．书名［M］．版本号．出版地：出版社，出版年：起始页码—终止页码．

译著：［标引序号］作者．书名［M］．译者．出版地：出版社，出版年．

论文集：［标引序号］作者．论文名［C］.// 主编．论文集名．出版地：出版社，出版年：起始页码—终止页码．

学位论文：［标引序号］作者．论文名［D］．所在城市：保存单位（含二级学院），年．

专利：［标引序号］作者．专利名：国名，专利号［P］．发布日期．

技术标准：［标引序号］技术标准号，技术标准名称［S］．

技术报告：［标引序号］作者．报告名［R］．所在城市：单位，年．

在线文献（电子公告）：［标引序号］作者．文题［EB/OL］日期 .http：//…

### （十）作者与作者信息

作者名，作者简介；单位；论文获得资助的情况等。

### （十一）量和单位

我国从 1985 年 9 月开始推行国际单位制，并从 1991 年 1 月起，不再允许使用非法定计量单位（法定计量单位是指国际制单位和国家选定的其他计量单位）。

在量和单位的使用中常存在如下问题。

（1）使用已废弃的量名称。如比重、比热、原子量、质量百分比浓度等。

（2）未使用国家标准的量的符号。如用 W、P 或 Q 等表示质量；用多个字母构成一个量符号，如用 CHT 作“临界高温”的符号。

（3）使用已废弃的非法定单位或单位符号。前者如 1 斤、千克力（kgf）、卡（cal）、摩尔浓度（M）等；后者如 K（开尔文）、rpm（转每分）等。

（4）同一篇文章中的单位时而用中文符号，时而用国际符号，在组合单位中两种符号并用，如“$m^3$/ 秒”。

（5）把一些不是单位符号的符号，有的甚至把单位的全称，作为标准化符号使用。如 ppm，hr，day 等。

（6）量的符号及其下标符号、单位及词头符号正斜体、大小写不符合国家标准的规定。

（7）词头使用错误，如独立使用、重叠使用等。

（8）对单位符号进行修饰，如在单位符号上加下标、复数形式以及其他说明性字符。

（9）使用单位张冠李戴，如把平面角的单位符号用作时间单位等。

（10）在图表等中用特定的单位表示量的数值时，未采用“量 / 单位”的标准化表示法。

论文的写作需要建立在日常工作和积累的基础上。动手写作前一定要做好准备，准备越充分，实验越顺利，论文水平就会越高。

## 参考文献

［1］钻井液监督培训教材．［DB/OL］http：//www.docin.com/p-1205605658.html，2015-07-02/2018-12-05.

［2］吴云桐．加强钻井质量监督与管理提高新井钻井质量［J］．石油工业技术监督，2003，19（8）：33-36.

［3］刘振学，黄仁和，田爱民．实验设计与数据处理［M］．北京：化学工业出版社，2013.

［4］王中华．腐殖酸接枝共聚物超高温钻井液降滤失剂的合成［J］．西南石油大学学报（自然科学版），2010，32（4）：149-155.

［5］梁维天，郑秀华，邹万鹏．煤层气钻井液配方正交实验研究［J］．中国煤层气，2009，6（2）：38-40，43.

［6］应幼梅，丁辽生译．科学写作的艺术［M］．北京：科学出版社，1991.

［7］《精细化工》稿件修改细则（2007 版）［EB/OL］.http：//www.docin.com/p-44081886.html，2010-02-11/2019-04-15.

［8］陈溥远．实现水科学论文章节要素规范写作的有效途径——照模板写论文［J］．中国科技期刊研究，2010，21（2）：232-237.

# 第二章　钻井液基础

作为钻井液基础，本章简要介绍钻井液组成、性能，黏土矿物和黏土水化、钻井液流变特性和钻井液性能的测试方法等。

## 第一节　钻井液组成、类型及其功能

### 一、钻井液组成

钻井液通常由液相、活性固相、惰性固相和各种处理剂组成，其中：

（1）液相是钻井液的连续相，可以是水，也可以是油或合成基或油包水乳状液。

（2）活性固相，包括人为加入的工业膨润土、地层进入的造浆黏土和有机膨润土（油基钻井液用）。

（3）惰性固相是钻屑和加重材料等。

（4）各种钻井液处理剂。根据使用要求，可以利用不同类型的处理剂配制性能各异的钻井液体系，并可对钻井液性能进行调整。处理剂实际上是用于调节活性固相在钻井液中的分散状态，维护胶体稳定性，从而达到调整钻井液性能的目的。

### 二、钻井液的类型

1. 水基钻井液

是指以水为连续相（可以是淡水、海水、硬水、软水等）的钻井液。其固相有黏土（包括所钻地层进入的能水化的黏土和页岩，这些固相受化学处理后可以控制钻井液的性能）和惰性固相颗粒（如惰性的钻屑，石灰岩、白云岩、砂岩、加重剂）。

水基钻井液常又分为淡水钻井液、盐水钻井液、海水钻井液、咸水钻井液、饱和盐水钻井液、钙处理钻井液、聚合物钻井液、低固相钻井液和混油钻井液等。

2. 油基钻井液

连续相由液态烃组成的钻井液称为油基钻井液，通常用柴油、白油、原油、合成基液等作为连续相。油基钻井液主要组成为有机土、氧化沥青、乳化剂、润湿剂、降滤失剂、加重剂等。

油基钻井液通常用于：①钻探高温地层；②钻盐、硬石膏、光卤石、钾或活性页岩层或 $H_2S$ 或 $CO_2$ 的岩层；③用水基钻井液钻进易发生伤害的产层；④钻定向井或小井眼会出现高扭矩问题时；⑤防卡或解卡；⑥钻孔隙压力异常低的低压层等。

3. 气体类钻井流体

常用的气体类钻井流体中，以气体为连续相的流体属于气基流体，如空气、氮气和天然气等；以气体为连续相，以液体为分散相的循环流体，如雾化液也属于气基流体。而充气流体和泡沫均为气泡分散在液体中，是以气体为分散相，以液体为连续相的气液混合流体。

气体钻井流体的特点是：①环空返速及洗井和携带钻屑能力是油和水的10倍；②液柱压力极低；③对各种无机盐类有较好的适应性，污染轻，性能变化小；④岩屑清晰，利于分析；⑤能较好地保护产层，减轻损害；⑥密度可在0.06~0.9g/cm$^3$范围内调节；⑦可作各类油气储集层的完井液。

## 三、钻井液的功能

钻井液是指钻井过程中以其携带和悬浮钻屑、稳定井壁和平衡地层压力、冷却和润滑钻头与钻具以及传递水动力等多种功能，满足钻井需要的各种循环流体的总称。钻井液最基本的功能是携带和悬浮岩屑；稳定井壁和平衡地层压力；冷却和润滑钻头、钻具；传递水动力；保护油气层；形成滤饼封堵地层孔隙和裂缝；采集钻屑、岩心、测井等信息。

钻井实践表明，作为一种优质的钻井液，除具有上述功能外，还必须具有满足国家和地方环境保护要求，合理的钻井液成本，适应调整井、注采井等油气生产井的环境，减缓对钻井设备的腐蚀等。

一般情况下，钻井液成本约占钻井总成本的10%左右，优质的钻井液往往可以明显地提高钻井速度，有利于储层保护和降低钻井总成本，带来可观的经济效益与社会效益。

## 四、对钻井液性能的基本要求

从有利于保证钻井液良好的性能出发，通常对钻井液的性能要求如下。

（1）合理的钻井液密度。钻井液密度的主要作用是提供合适的液柱压力以平衡地层压力，给井壁提供支撑力，从而抑制缩径、坍塌等井下复杂情况。当钻井液密度过大时，会降低钻井速度，钻井液性能难以调整，并且严重损害油层等问题。钻井液密度值超过地层原始压力系数时，将对地层产生正压差，而正压差是造成油层损害的最主要因素之一。在一定的正压差下，钻井液中的滤液和固相就会渗入油层内，造成固相堵塞和黏土水化等问题。井底压差越大，对油层污染越深，对油层渗透率的影响也越严重。

（2）合适的钻井液流变性，能悬浮并及时携带出坍塌物和钻屑。合适的流变性能够在钻井液循环流动时尽可能大地提供有效水功率，清洗井筒和钻头，提供钻井液携带和悬浮岩屑等固相的能力。钻井液黏度过小，难以悬浮加重材料并影响及时携岩和清洗效果。钻井液黏度过大，流动性差，影响钻井效率和携岩能力。流变性指标主要包括黏度（*FV*、*AV*、*PV*）、切力（*YP*、*Gel*）等。

（3）具有较低的滤失量和较好的滤饼质量。低滤失量可以减少钻井液滤液进入地层的速率及钻井液对地层可能造成的影响，提高井壁稳定能力和储层保护效果，但钻井液滤失量过低时不利于提高机械钻速。

（4）具有良好的封堵能力。依靠滤饼及钻井液中的封堵材料对地层孔隙、裂缝进行封堵，从而减少井下复杂情况，有利于井壁稳定。

（5）具有良好的润滑性能。良好的润滑性可以减小钻具、套管、电测仪器等在井筒内的运动阻力，减少钻具磨损、防止卡钻等。

（6）具有较强的抑制性。较强的抑制性可以达到有效地抑制地层中黏土矿物的水化膨胀、分散，并抑制进入钻井液的地层黏土矿物水化膨胀、分散，保持钻井液清洁。

（7）具有良好的抗污染能力。钻井液抗污染能力主要反映地层物质进入钻井液中导致钻井液性能变化的程度。在保持钻井液性能稳定的情况下，钻井液容纳的地层物质越多，表明钻井液抗污染能力越强。一般对钻井液性能影响较大的地层物质为钻屑、盐、钙、镁离子、地层油、气、水等。良好的抗污染能力有利于保证钻进中钻井液性能的稳定。

## 五、钻井液设计的基本要求

在选择和钻井液设计时，为了达到最优效果，满足不同地层条件下安全快速钻井和油气层保护的需要，应注意以下几个方面。

1. 钻井液体系与井型配伍

探井应满足地质发现的要求，选用有利于发现和保护储层、有利于测井解释和井下安全的钻井液；生产井应选取最优化的钻井液体系，既有利于提高钻速和井下安全，又有利于保护储层的钻井液；调整井选用能对付多压力层系且有利于储层保护的钻井液体系；定向井、大斜度井选用润滑、防塌、保护储层且携带和悬浮能力强的钻井液体系。

2. 钻井液体系与地层配伍

为了满足安全钻井的需要，设计钻井液体系时必须考虑其地层的配伍。如，对于易塌层，用防塌钻井液；石膏层则选用抗钙钻井液或钙处理钻井液；盐岩层一般选用抗盐污染钻井液或盐水钻井液；高温地层应选用抗高温钻井液，并严格控制黏土含量。

3. 钻井液体系与储层配伍

为了有效地保护储层，还应考虑钻井液体系与储层的配伍性。如，选用对储层具有保护作用的钻井液体系及处理剂，严格控制钻井液中固相含量特别是黏土含量，优选有利于油层保护的钻井液体系；加强钻井液固相控制设备的配套与使用，控制钻井液的密度和固相含量（尤其是低密度固相含量），使用屏蔽暂堵油层保护技术和暂堵型完井液。

4. 钻井液体系与环境配伍

应尽量不用或少用严重污染地表水或地下水的钻井液及处理剂。要注意所用钻井液和处理剂的毒性，减小钻井液对环境造成的危害，尤其在环境敏感的地区进行工程作业时。

## 第二节　黏土矿物和黏土的水化

由于在钻井液配制和钻进中钻井液性能的控制与维护处理均与黏土矿物及其水化密切相关。对于钻井液工作者来讲，了解黏土矿物的基本组成和性质是钻井液设计和性能控制的基础。本节就黏土矿物的基本组成和性质作简要介绍。

### 一、黏土的组成与分类

#### （一）黏土的组成

黏土是岩石经过水、空气、阳光、风和冷热变化的多种作用，经过较长时间的变迁而形成的。黏土的粒径大多数在 2μm 以下。黏土的矿物成分相当复杂，多数黏土中常含有蛋白石、氢氧化铁、氢氧化铝等非晶质的胶体矿物。有些黏土中还有不定量的石英、长石等非黏土矿物。组成黏土的化学元素主要是铝（Al）、硅（Si）、氧（O）、氢（H），另外还有少量的镁（Mg）、铁（Fe）、钠（Na）、钾（K）等。

黏土的化学成分主要是二氧化硅（$SiO_2$）、三氧化二铝（$Al_2O_3$）和水（$H_2O$），其次还有氧化铁（$Fe_2O_3$）、氧化钠（$Na_2O$）、氧化钾（$K_2O$）、氧化镁（MgO）和氧化钙（CaO）等。黏土本身都含有化合水（化学结合水或晶格水），化合水是黏土矿物形成过程中吸附的水，所以它是黏土晶体构造的一部分。当温度升至 1300℃以上时，化合水将失去，随之黏土的晶体即被破坏。

#### （二）黏土的分类

黏土矿物按结构不同，可分为高岭石、蒙脱石、伊利石、绿泥石、海泡石族和混合晶层黏土矿物。

## 二、黏土矿物的晶体结构

### （一）黏土矿物的两种基本构造单元

1. 硅氧四面体与硅氧四面体晶片

硅氧四面体：每个硅氧四面体中都有一个硅原子与四个氧原子（或氢氧原子团）以相等的距离相连，硅原子在四面体的中心，四个氧原子在四面体的顶点（图 2–1）。

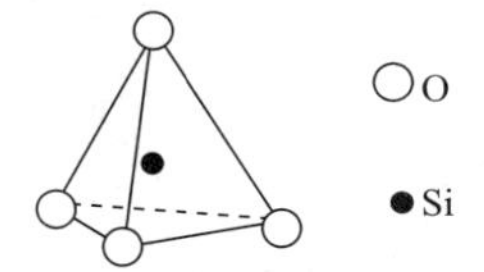

图 2–1　硅氧四面体示意图

硅氧四面体晶片：指硅氧四面体网络，硅氧四面体网络由硅氧四面体通过相邻的氧原子连接而成，在大多数黏土矿物中，硅氧四面体的排列就俯视示意图而言为六角形的硅氧四面体网络［图 2–2（a）］。硅氧四面体网络实际上是立体结构［图 2–2（b）］。硅氧四面体累加的个数愈多，则硅氧四面体网络尺寸愈大。

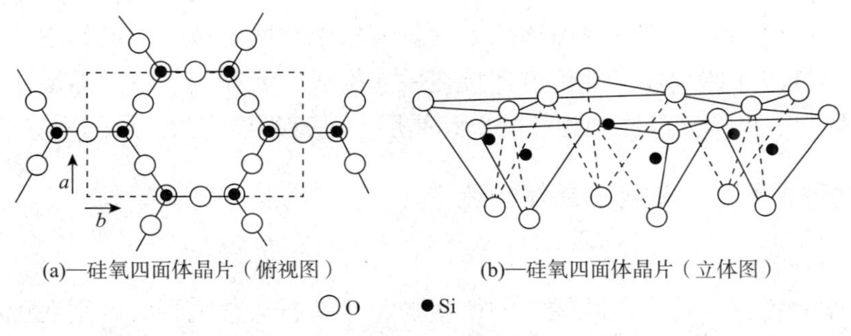

图 2–2　硅氧四面体和硅氧四面体晶片示意图

2. 铝氧八面体与铝氧八面体晶片

铝氧八面体：由两层紧密堆叠的氧和氢氧组成的正八面体，六个顶点为氢氧原子团，铝、铁或镁原子居于八面体中央，如图 2–3 所示。

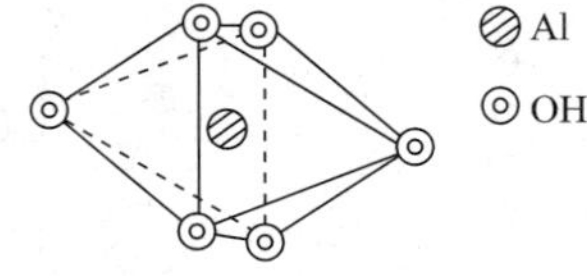

图 2–3　铝氧八面体示意图

铝氧八面体晶片：是指多个铝氧八面体通过共用的 OH 连接而成的 Al–O 八面体网络。在这种八面体晶片内，铝本应占据的中央位置中，仅有 2/3 被铝原子所占据，有 1/3 空位，用星号标记。如果八面体晶片的中央位置由 $Al^{3+}$、$Fe^{3+}$ 等三价离子占据 2/3，留下 1/3 的空位，这种晶片称为二八面体晶片［图 2–4（a）］。当八面体晶片的中央位置全部由 $Mg^{2+}$、$Fe^{2+}$ 等二价离子占据时，这种晶片特为三八面体晶片［图 2–4（b）］。

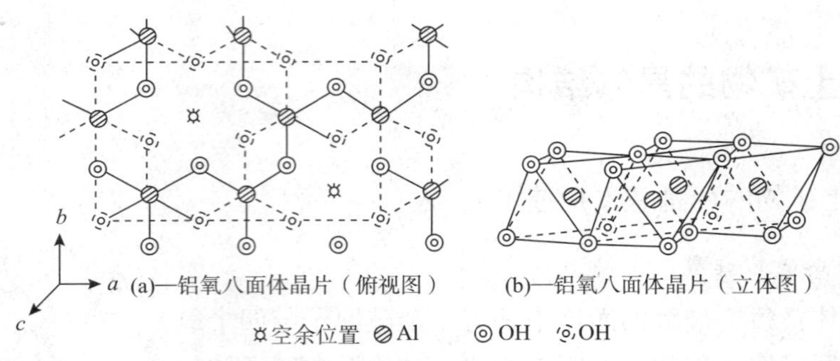


图 2–4　铝氧八面体晶片构造示意图

3. 晶片的结合

四面体晶片与八面体晶片以适当方式结合，构成晶层。八面体晶片与四面体晶片通过共用的氧原子连接在一起。当只有一片四面体晶片与一片八面体晶片时（如高岭石），四面体以相同的方式连接到八面体上。因此，在这种情况下，氧的六角环网络只是暴露在一个层面上。当有两个硅氧四面体晶片与一个八面体晶片时，八面体片夹在四面体中间。四面体顶点朝内，其顶尖的氧原子与八面体片共用在这种情况下，氧的六角环网络暴露在晶层的上、下，八面体原来的氢氧根中有两个被共用的氧原子取代。硅氧四面体片与铝氧四面体片通过共价键连接在一起构成单元晶层。单元晶层面 – 面堆叠在一起形成晶体。一个单元晶层到相邻的单元晶层的垂直距离称为晶层间距。

## （二）几种主要黏土矿物的晶体构造

1. 蒙脱石

二八面体蒙脱石可看作是叶蜡石的衍生物。叶蜡石与蒙脱石的区别在于叶蜡石的晶体构造是电平衡的，即电中性的，而蒙脱石由于晶格取代作用而带电荷。所谓晶格取代作用是在其结构中某些原子被其他化合价不同的原子取代而晶体骨架保持不变的作用。

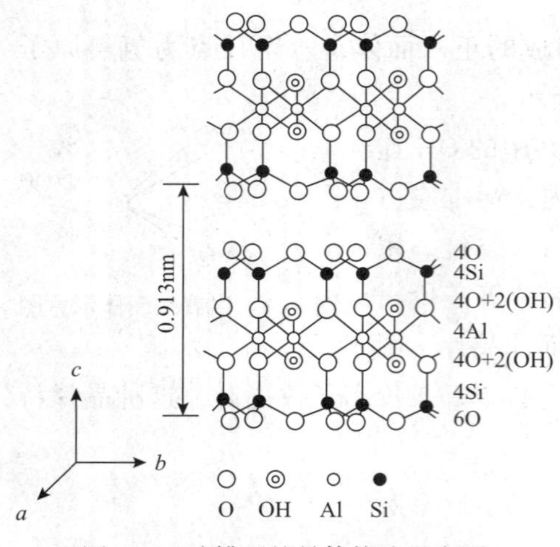


图 2–5　叶蜡石的晶体构造示意图

例如，如果蒙脱石晶体中一个 $Al^{3+}$ 被一个 $Mg^{2+}$ 取代，就会产生一个负电荷，该负电荷吸附周围溶液中的阳离子来平衡。这种取代作用可以出现在八面体中，也可以出现在四面体中。

假定蒙脱石来自叶蜡石，其化学式为 $Al_2[Si_4O_{10}]\cdot[OH]_2$。叶蜡石的每一晶层单元由两片硅氧四面体晶片和夹在它们中间的一片铝氧八面体晶片组成，如图 2–5 所示。每个四面体顶点的氧都指向晶层的中央，而与八面体晶片共用。此种构造单元晶层沿 *a* 轴和 *b* 轴方向无限铺开，同时沿 *c* 轴方向以一定间距（0.913nm）重叠起来，构成晶体。

假定蒙脱石的晶体构造和叶蜡石不同之处在于四面体晶片中的部分$Si^{4+}$被$Al^{3+}$取代，八面体晶片中的部分$Al^{3+}$被$Mg^{2+}$、$Fe^{2+}$、$Zn^{2+}$等取代。如果二八面体晶片的四个铝原子中有一个铝原子被镁原子所取代，在四面体晶片的八个硅原子中有一个硅原子被铝原子取代，则这种蒙脱石的化学式为：（$Al_{3.34}Mg_{0.66}$）（$Si_{7.0}Al_{1.0}$）$O_{20}$（OH）$_4$。蒙脱石晶体构造如图2–6所示。

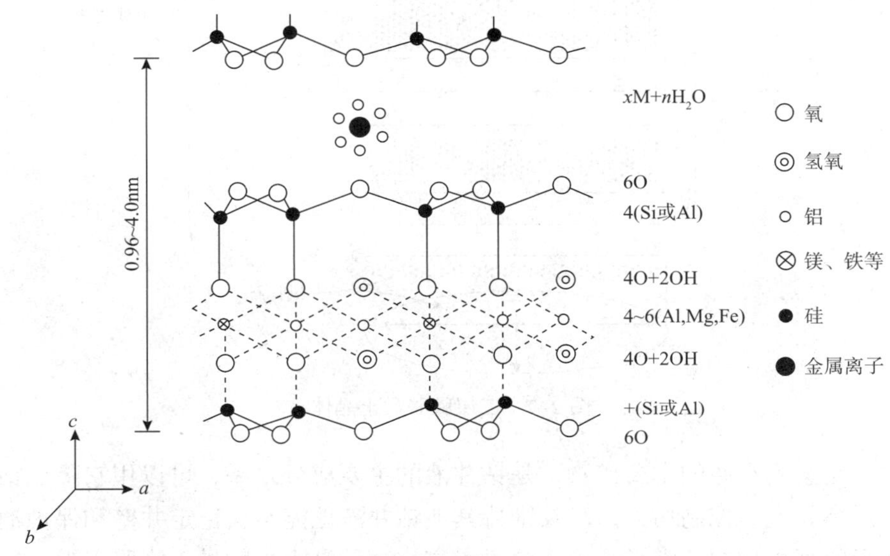


图 2–6　蒙脱石晶体构造示意图

蒙脱石晶层上下面皆为氧原子，各晶层之间以分子间力连接，连接力弱，水分子易进入晶层之间，引起晶格膨胀。更为重要的是由于晶格取代作用，蒙脱石带有较多的负电荷，于是能吸附等电量的阳离子。水化的阳离子进入晶层之间，致使$c$轴方向上的间距增加。所以，蒙脱石是膨胀型黏土矿物，这就大大地增加了它的胶体活性。其晶层的所有表面，包括内表面和外表面都可以进行水化及阳离子交换（图 2–7）。蒙脱石具有很大的比表面，最大可以达到 $800m^2/g$。

蒙脱石的膨胀程度在很大程度上取决于交换性阳离子的种类。被吸附的阳离子以钠离子为主的蒙脱石（称为钠蒙脱石），其膨胀压力很大，晶体可以分散为细小的颗粒，甚至可以变为单个的单元晶层。由于钠蒙脱石的矿片很薄，形状又不规则，而且颗粒大小的变化范围也很大，因此测定钠蒙脱石的颗粒大小是很困难的。卡恩（Kahn）用超离心机和近代光学仪器研究了钠蒙脱石的颗粒大小，研究结果表明，黏土颗粒的宽度和厚度均随等效球形半径的降低而减小。这一结果从 X– 射线衍射和光散射研究得到同样的证明。用超离心机分离出的粗钠蒙脱石，其边缘的电子显微镜照片表明，每 3~4 个单元层堆叠在一起而组成薄片。如果交换性阳离子主要为钙、镁、铵等（称为钙土、镁土、铵土），则分散程度较低，颗粒较粗。

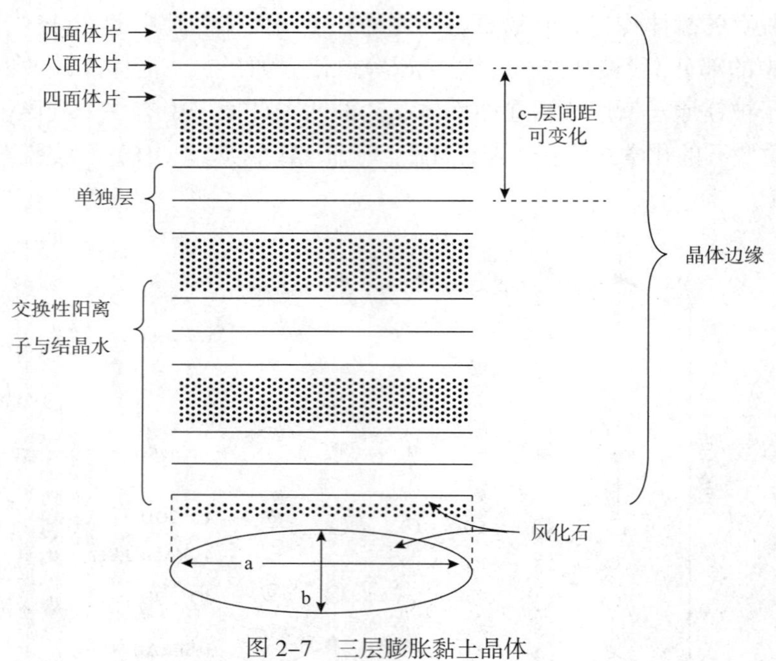


图 2–7　三层膨胀黏土晶体

蒙脱石是蒙脱石族的主要矿物，是钻井液的主要成分之一，可以用它降低钻井液的滤失量，提高黏度。控制切力，以及维持其他钻井液性能，从稳定井壁和保护油气层角度看，年轻的沉积物中常常是蒙脱石含量丰富，这种黏土矿物易于膨胀坍塌，钻井中它是造成膨胀与坍塌问题的活跃成分。

由于蒙脱石晶层上下两个外表面皆为氧原子层，所以蒙脱石晶层与晶层之间没有氢键，以分子间力相结合。由于晶层与晶层之间吸力小，联结力弱，晶层之间距离较大，水分子容易进入两个晶层之间发生膨胀。蒙脱石完全脱水时晶层间距为 0.96nm，吸水后可达 2.1nm。此种矿物有较强的晶格取代现象，使晶体带负电，且带电性强，并能吸附较多的阳离子，有较强的离子交换能力。由于上述特点，蒙脱石水化分散性能好，造浆能力强，是配制钻井液的理想材料。

2. *伊利石*

伊利石也称为水云母，它的原生矿物是白云母和黑云母。它是三层型黏土矿物，其晶体构造和蒙脱石类似，主要区别在于晶格取代作用多发生在四面体中，铝原子取代四面体的硅。最多时，四个硅中可以有一个硅被铝取代。晶格取代作用也可以发生在八面体中，典型的是 $Mg^{2+}$ 和 $Fe^{2+}$ 取代 $Al^{3+}$，其晶胞平均负电荷比蒙脱石高，蒙脱石晶胞的平均负电荷为 0.25~0.6，而伊利石的平均负电荷为 0.6~0.10，产生的负电荷主要由 $K^+$ 来平衡，如图 2–8 所示。

伊利石的晶格不易膨胀，水不容易进入晶层之间，这是因为伊利石的负电荷主要产生在四面体晶片，离晶层表面近，$K^+$ 与晶层的负电荷之间的静电引力比氢键强，水也不易进入晶层间，另外，$K^+$ 的大小刚好嵌入相邻晶层间的氧原子网格形成的空穴中，起到

连接作用，周围有十二个氧与它配位，因此，$K^+$ 连接通常非常牢固，是不能交换的。然而，在其每个黏土颗粒的外表面却能发生离子交换。因此，其水化作用仅限于外表面，水化膨胀时，它的体积增加的程度比蒙脱石小得多。

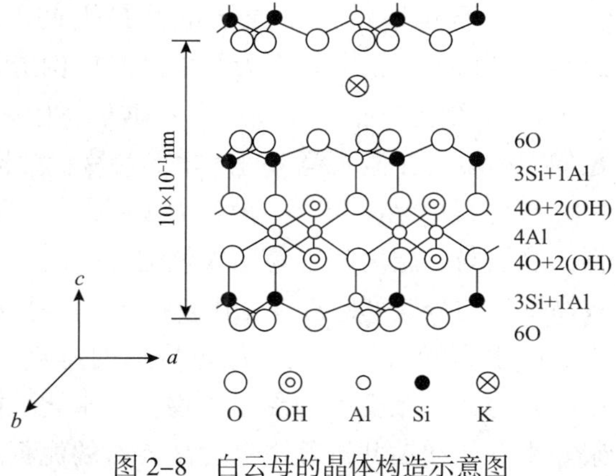

图 2–8　白云母的晶体构造示意图

伊利石在水中可分散到等效球形直径为 0.15μm 的颗粒，宽约为 0.7μm。有些伊利石以降解的形式出现。这种降解的形式是由于钾从晶层间伸出来，这种变化使某些晶层间水化和晶格膨胀，但是绝不会达到蒙脱石水化膨胀的程度。

伊利石是沉积年代中最丰富的黏土矿物，存在于所有的沉积年代中，而在古生代沉积物中占优势。钻井遇到含伊利石为主的泥页岩地层时，常常发生剥落掉块，需采用抑制黏土分散的强抑制钻井液。

黏土矿物的晶体构造，特别是其表面构造和钻井液关系最密切，因为黏土和水及处理剂的作用主要在表面上进行，因此，了解黏土矿物的性质应着重从晶体构造了解黏土表面的性质。三种黏土矿物的特点如图 2–9 所示。

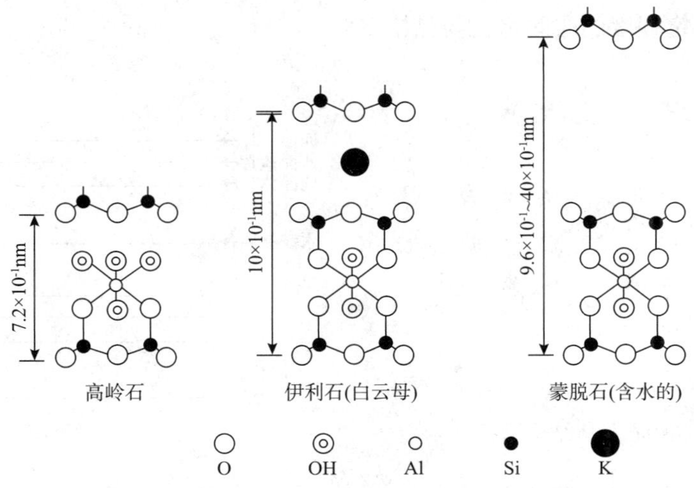

图 2–9　高岭石、伊利石、蒙脱石的晶体构造特点

3. 高岭石

如图 2–10 所示，高岭石的单元晶层构造是由一片硅氧四面体晶片和一片铝氧八面体晶片组成的，所有的硅氧四面体的顶尖都朝着同样的方向，指向铝氧八面体。硅氧四面体晶片和铝氧八面体晶片由共用的氧原子连接在一起。

高岭石构造单元中原子电荷是平衡的。化学式为 $Al_4[Si_4O_{10}](OH)_8$，亦可写作 $2Al_2O_3 \cdot 4SiO_2 \cdot 4H_2O$。因为其单元晶层构造是由一片硅氧片和一片铝氧片组成，故也称为 1 : 1 型黏土矿物。其晶层在 *c* 轴方向上一层一层地重叠，而在 *a* 轴和 *b* 轴方向上连续延伸。高岭石在显微镜下呈六角形鳞片状结构。

高岭石单元晶层，一面为 OH 层，另一面为 O 层（图 2–10），由于 OH 键具有强极性，晶层与晶层之间容易形成氢键。因而，晶层之间连接紧密，晶层间距仅为 0.72nm，故高岭石的分散度低且性能比较稳定，几乎无晶格取代现象。

由于高岭石具有上述晶体构造的特点，故阳离子交换容量小，水分不易进入晶层中间，为非膨胀类型的黏土矿物。其水化性能差，造浆性能不好。目前，一般不用作配浆黏土。但在钻井过程中，含高岭石的泥页岩地层易发生剥蚀掉块，对此，必须予以重视，及时采取措施加以解决。

4. *绿泥石*

绿泥石的结构如图 2–11 所示，它是水镁石的晶片与三层型叶蜡石型晶片交错地构成，水镁石内有一些 $Mg^{2+}$ 被 $Al^{3+}$ 取代，因而带有正电荷，这些正电荷与上述负电荷平衡，这样就使整个网络的电荷非常低。负电荷是由四面体晶片内的 $Al^{3+}$ 取代 $Si^{4+}$ 得到的。其通式为：

$$2[(Si,Al)_4(Mg,Fe)_3O_{10}(OH)_2](Mg,Al)_6(OH)_{12}$$

绿泥石族产物的不同点是在两晶层内取代原子数与种类不同以及在各晶层的方向与重叠上不同。正常情况没有层间水，但在某些降解的绿泥石里，部分水镁石晶层被清除，因而造成一定程度的层间水化与晶格膨胀。

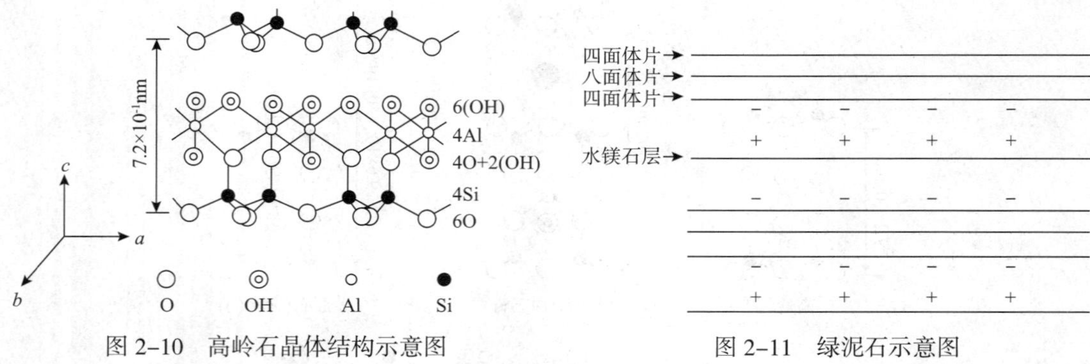


图 2–10 高岭石晶体结构示意图　　图 2–11 绿泥石示意图

无论是宏观或微观绿泥石都是晶体。对于微观晶体它们总是与其他矿物构成混合物，因此其尺寸与形状难以确定。宏观的层间间距为 1.4nm，这反映了水镁石晶层的存在。

5. *海泡石族*

绿坡缕石颗粒与云母型矿物在结构及形状上完全不同，它们是由一束束的棒状颗粒构成。与水强力搅拌混合时就会分成单个棒状颗粒。绿坡缕石颗粒的结构内，原子取代极少，所以颗粒表面的电荷小。同样它们的比表面积也低。因此，绿坡缕石在盐水里具有极好的悬浮性。

海泡石是一种与绿坡缕石类似的黏土矿物，在其结构内有不同原子取代，并且其棒状颗粒要比绿坡缕石宽一些。

海泡石族矿物俗称抗盐黏土，属链状构造的含水铝镁硅酸盐。其中包括：海泡石、凹凸棒石、坡缕缟石（又名山软木）。它是含水的铝镁硅酸盐，其晶体构造常为纤维状，其特点是硅氧四面体所组成的六角环都依上下相反的方向对列，并且相互间被其他的八面体氧和氢氧群所连接，铝或镁居八面体的中央。同时，构造中保留了一系列的晶道，具有极大的内表面，水分子可以进入内部孔道。图 2–12 是坡缕缟石晶体构造示意图。

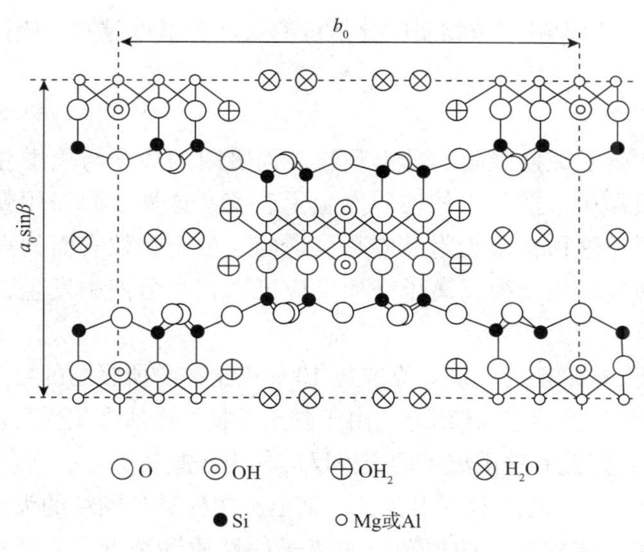

图 2–12　坡缕缟石晶体构造示意图

实验证明，海泡石和凹凸棒石不仅抗盐性好，抗温性亦比膨润土好。目前钻井中使用的海水钻井液、盐水（饱和盐水）钻井液一般使用海泡石配浆，而抗高温钻井液则一般使用凹凸棒石作为配浆黏土，性能要比普通造浆土好得多。

6. 混晶型黏土

在有些地方发现多种不同类型的黏土矿物晶层堆叠在同一黏土矿物晶体中，这类矿物称为混合晶层黏土矿物。不同晶层的互相重叠，称为混层结构。最常见的混层结构有伊利石和蒙脱石混合层（简称伊蒙混层）、绿泥石和蛭石的混合层结构。一般来说，各晶层的排列次序是无规则的，也有地方是以同样的次序有规则的重复排列。通常，混合晶层黏土矿物晶体在水中比单一黏土矿物晶体更容易分散，也易膨胀，特别是当其中一种成分有膨胀性时，更是如此。

# 三、黏土矿物的主要性质

## （一）黏土的吸附作用

吸附作用是黏土的主要性质之一。吸附作用是指一种物质吸附于另一种物质的过程。被吸附的物质为吸附质，可以吸附其他物质的物质称为吸附剂。如黏土吸附了聚丙烯酰胺分子，则聚丙烯酰胺分子为吸附质，黏土为吸附剂。吸附现象是钻井液中的普遍现象，是形成稳定的钻井液体系的关键。吸附包括物理吸附和化学吸附。

1. 物理吸附

物理吸附作用是由于分子间范德华引力产生的，吸附以后吸附剂不发生变化，这种作用称为物理吸附。物理吸附与物质的分散度有关，分散度越高，吸附现象就越明显、越激烈。

2. 化学吸附

化学吸附也称离子交换吸附，黏土颗粒表面吸附的离子与周围介质中的离子之间所发生的当量交换作用，使黏土的性质发生了改变，这种吸附作用就叫化学吸附，也称为离子交换吸附。这种交换吸附反应是可逆的。黏土颗粒表面的离子可以像水溶液中的离子一样，继续发生交换。离子交换反应可以在水溶液中发生，也可以发生在非水溶液中。

黏土矿物离子交换的能力，以每克或每 100g 黏土矿物所吸附的可交换离子的毫摩尔数来衡量，称为离子交换容量（CEC）。由于黏土矿物的性质在很大程度上依赖于它所吸附的交换性阳离子，因此有关阳离子的交换反应最为普遍和重要。

影响阳离子交换反应的因素有很多，与黏土矿物种类和颗粒的大小、阳离子大小、浓度、价数及其在晶体构造中的位置、阴离子的性质和浓度、介质的 pH 值和温度等有关。

通常高岭石的反应最快，蒙脱石和凹凸棒石较慢，伊利石最慢。

温度升高可使交换反应速度稍微加快，但加热会使交换容量降低。高岭石、伊利石的阳离子交换容量随颗粒变细而增加，而颗粒的大小对蒙脱石的阳离子交换容量影响不大，研磨可使蒙脱石颗粒变细，阳离子交换容量稍有增加，但长时间的研磨容易引起晶格破坏，交换容量反而降低。

吸附态的阳离子可以部分电离，电离率大的离子交换性强，一般二价离子比一价离子的电离率小，交换能力差。

阳离子交换反应符合质量作用定律，增加代换离子的浓度，可使交换反应顺利进行；pH 值升高，阳离子交换能力增大。常见的阳离子交换顺序为：$Li^+<Na^+<K^+<Rb^+<Cs^+<Mg^{2+}<Ca^{2+}<Ba^{2+}<H^+$。

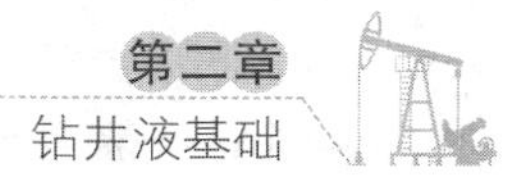

### （二）吸附水的性质

黏土矿物的表面能吸附水，它吸附的阳离子也多以水合阳离子的形式存在。水的吸附与黏土矿物的性质、可交换阳离子的类型与温度等因素有关。

在黏土颗粒表面，水分子呈现出高度的定向排列，其有序的程度是由里向外递减。水在黏土矿物上吸附时会放出吸附热。

### （三）黏土矿物的水化膨胀性质

黏土矿物遇水会发生膨胀，而不同的黏土矿物具有不同的膨胀性。根据黏土在水化条件下的膨胀性，可将它们大致分为膨胀型黏土和非膨胀型黏土。高岭石在水化时，只有少许膨胀或不膨胀，属于非膨胀型黏土；钠蒙脱石则相反，在水中的膨胀体积可达干土体积的许多倍，钙蒙脱石和镁蒙脱石具有中等的膨胀性，属于膨胀型黏土。而伊利石较为复杂，不是所有都具有膨胀性。在一些油田，复杂层中所含的伊利石具有一定的膨胀性。

### （四）黏土矿物受热后的性质

黏土矿物中的水分，按其存在状态可分为结晶水、吸附水和自由水三种类型。其中，结晶水是黏土结晶构造中的水。一般温度升高到300℃以上时，这部分水才能被释放出来；吸附水是在分子间力和静电引力作用下，具有极性的水分子定向排列在黏土颗粒表面，在黏土颗粒周围形成一层水化膜。这部分水随着黏土颗粒一起运动，所以也称束缚水。加热到200℃左右基本上能够去除；自由水是指存在于黏土的孔隙或通道中，不受黏土的束缚，在重力作用下可以在黏土颗粒间自由运动的水分。将黏土风干或稍微加热即可除去。

高岭石在400~600℃时失去结晶水，结构被破坏；伊利石在100~200℃失去吸附水，550~650℃失去结晶水，850~950℃继续失去结晶水，晶格被破坏；蒙脱石在100~300℃失去吸附水，在550~750℃失去结晶水，900~1000℃晶格被破坏。

### （五）黏土矿物与有机化合物间的反应

黏土矿物能够吸附某些有机化合物和高分子化合物。有机化合物与黏土矿物的结合方式很多，但归纳起来不外乎静电引力和范德华力两种。利用黏土矿物与有机化合物（如季铵盐表面活性剂）的反应可以制备有机膨润土。

## 四、黏土的水化作用

黏土的水化作用又称黏土的水化膨胀作用，是指黏土颗粒的表面吸附水分子，使黏土表面形成水化膜，黏土晶层间的距离增大，产生膨胀以至分散的作用。黏土的水化是影响水基钻井液的性能和井壁稳定的重要因素。

### （一）黏土水化作用产生的原因及方式

1. 黏土表面直接吸引水分子而水化

黏土与分散介质水之间存在着界面，根据能量最低原则，钻井液中的黏土颗粒必然要吸附水分子和其他有机处理剂分子于自己的表面，以最大限度地降低体系的表面能。

黏土颗粒表面通常带负电，而水分子又是极性分子，因此水分子可以受黏土表面静电引力的作用，定向排列在黏土颗粒表面。此外，黏土晶层里有氧和氢氧根，均可以与水分子形成氢键而吸引水分子。

2. 黏土表面间接吸引水分子而水化

为保持电中性，黏土颗粒表面吸附着若干阳离子，这些阳离子的水化，间接地给黏土颗粒带来了水化膜。

### （二）黏土水化膨胀的过程

黏土的水化膨胀可分为两个阶段，即表面水化和渗透水化。

1. 表面水化

表面水化，也称为晶格膨胀，是由黏土晶体表面上（膨胀性黏土表面包括内表面和外表面）水分子吸附作用引起的。引起表面水化作用的力是水化表面能，第一层水是水分子与黏土表面的六角形网格的氧原子形成氢键而保持在表面上。因此，水分子也通过氢键结合为六角环，第二层也以类似情况与第一层以氢键连接，以后的水层照此继续。氢键的强度随离开表面的距离增加而降低，一般认为结构水存在的距离为离开表面7.5～10.0nm。

黏土表面的吸附水与自由水的性质不同，其结构带有晶体性质，在黏土表面1nm以内水的比容比自由水小3%，黏度比自由水大。

交换性阳离子以两种方式影响黏土的表面水化。第一，许多阳离子本身是水化的，即它们本身有水分子的外壳。第二，它们与水分子竞争，键接到黏土颗粒表面，并且倾向于破坏水的结构，但 $Na^+$ 和 $Li^+$ 例外，它们与黏土键接很松弛，倾向于向外扩散。由于黏土表面水分子与黏土间形成的氢较弱，阳离子与水分子间是靠静电引力结合在一起，结构较牢固，因此交换性阳离子的水化是引起黏土表面水化的主要原因。

2. 渗透水化

由于晶层之间的阳离子浓度大于溶液内部的浓度，因此当黏土颗粒表面吸附的阳离子浓度高于介质中阳离子的浓度时，就产生一个渗透压，使水发生浓差扩散，形成扩散双电层，扩散程度受电解质的浓度差影响。渗透水化引起的体积增加比表面水化大得多。例如，在表面水化范围内，每克干黏土大约可吸收0.5g水，体积增大1倍。但是在渗透水化的范围内，每克干黏土大约可吸收10g水，体积增大20～25倍。渗透水化可以用半透膜理论和平衡理论来解释。

### （三）影响黏土水化作用的因素

1. 黏土颗粒晶体的部位不同，水化膜的厚度也不相同

黏土颗粒所带的负电荷大部分都在层面上，因此层面上吸附的阳离子也多，其水化膜较厚；在黏土颗粒的端面上带电量较少，故水化膜薄。总之，黏土晶体表面的水化膜厚度是不均匀的，其层面上厚，端面处薄。

2. 黏土矿物不同，其水化膨胀程度不同

蒙脱石的阳离子交换容量高，水化膨胀最厉害，分散度也高；伊利石的膨胀性较小，水化膨胀较差；高岭石、绿泥石的膨胀性更小，水化膨胀更差。

3. 水化膨胀程度与黏土本身的特性有关

一般认为，黏土水化的程度与黏土本身的比表面积、阳离子交换容量和交换性阳离子组成等因素有关，而不取决于其表面电荷密度。膨胀型黏土矿物的吸水量随颗粒的增大，比表面积减小而增加，非膨胀型黏土矿物不遵循这一规律。这是由于蒙脱石是在晶层之间吸水，颗粒越小，比表面积越大，所以吸水越多；而伊利石为层理发育，水分沿毛细缝进入，颗粒越大，毛细缝越多，则吸水越多。

4. 因黏土吸附的交换性阳离子不同，其水化程度也不同

如钙蒙脱石水化后其晶层间距最大仅为 1.7nm，而钠蒙脱石水化后其晶层间距可达 1.7～4nm。

不同的交换性阳离子引起水化程度不同的原因是黏土单元晶层间存在着两种力，一种是层间阳离子水化产生的膨胀力和带负电荷的晶层之间的斥力；另一种是黏土单元晶层 – 层间阳离子 – 黏土单元晶层之间的静电引力。黏土膨胀分散程度取决于这两种力的比例关系。如果黏土单元晶层 – 层间阳离子 – 黏土单元晶层之间的静电引力大于晶层间的斥力，黏土就只能发生晶格膨胀（如钙土）；与此相反，如果晶层之间产生的斥力大到足以破坏单元晶层 – 层间阳离子 – 黏土单元晶层之间的静电引力，黏土便发生渗透膨胀，形成扩散双电层，双电层斥力使单元晶层分离开，如钠膨润土。因此钠膨润土是配制钻井液的理想材料。

5. 钻井液中可溶性盐的影响

钻井液中可溶性盐的增加，一方面使黏土颗粒的电位降低，直接吸引水分子的能力降低，另一方面使进入黏土颗粒吸附层的阳离子增多，使这些阳离子的水化膜减薄。总之，当钻井液中可溶性盐量增加时，将导致黏土颗粒的水化作用减弱。

6. 钻井液 pH 值的影响

黏土颗粒表面靠氢键吸附氢氧根，氢氧根又会通过氢键与静电作用发生水化。因此目前公认，提高钻井液的 pH 值，会加剧黏土矿物水化膨胀，加速硬脆性页岩裂解掉块。研究表明，当 pH 值小于 9 时，对黏土矿物水化影响不大，而 pH 值达到 11 以上时，则会使黏土矿物的水化膨胀作用加剧，促进泥、页岩的掉块，造成井壁不稳定。

7. 温度和压力对黏土矿物水化膨胀的影响

研究表明，温度对黏土矿物的膨胀特性影响非常明显。在最初的 1h 内，不同温度下膨润土岩心的膨胀速率差别不是特别明显，但随着时间的延长，温度越高膨胀量越大，而且在整个实验时间段内，膨胀量一直呈明显上升趋势。温度低于 80℃时，各种温度下的膨胀量与室温相比相差不是很大，超过 80℃时曲线开始分离，膨胀速率增大。

压力对于膨润土水化膨胀量的影响规律性不强，当压力在 1.0~2.5MPa 时，随压力增加膨润土水化膨胀量增大；但压力为 3.5MPa 时，膨润土水化膨胀量低于常压下的膨胀量。压力对于黏土矿物的作用包括：一方面外加压力能够抵消部分膨胀压力；另一方面压力促使水分子更快地进入黏土矿物的晶格内。最终的影响结果取决于两种因素中哪一种占据主导地位。

在 3.5MPa 压力条件下，膨润土水化膨胀量并不随着温度升高而呈现规律性的增大。其中，100℃时膨润土水化膨胀量最大，而 120℃时的膨胀量则介于 60℃和 80℃的膨胀量之间。由此可见，黏土矿物在高温高压环境下的水化膨胀表现得更为复杂。

## 五、黏土颗粒的连接方式

黏土颗粒在水溶液中的连接方式不同，对于黏土－水悬浮体流变性的影响不同。黏土颗粒的连接有三种不同的方式，即面－面、边－边和边－面。这些不同的连接方式可以同时发生，或者以某一种方式为主。

聚结作用是黏土颗粒面－面连接，形成了较厚的“层”或束，从而减少了颗粒的数目，这就使黏度降低。钻井液中加入二价的阳离子，如 $Ca^{2+}$，能起聚结作用，开始黏度增加，之后黏度又降到比原来还低的某一值。

分散作用是聚结作用的逆过程，可以形成较多的颗粒数目和较高的黏度。黏土通常在其水化以前聚结，水化时会发生分散作用，分散的程度取决于水化电解质的种类和含量、时间、温度、黏土的交换性阳离子种类及黏土的浓度等。

絮凝作用是指黏土颗粒间边－边和（或）边－面连接而形成网状结构，这种情况会引起黏度增加。无论是减少颗粒间斥力或者是减弱吸附水化膜，如加入二价阳离子或高温，都会促进絮凝作用。

向钻井液中加入某些化学剂，可以吸附在黏土边面上，使黏土颗粒不再形成边－边或边－面连接，这就是所谓的解絮凝作用。加入的化学剂叫降黏剂或解絮凝剂。

# 第三节　钻井液流变特性

钻井液的流变性是钻井液的一项最基本性能，它是指在外力作用下，钻井液发生流动变形的特性。该特性通常用钻井液的流变曲线、表观黏度、塑性黏度、动切力、静

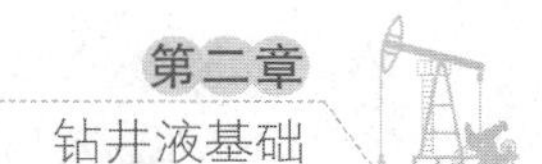

切力等流变参数来进行描述。它在解决岩屑携带，保证井底和井眼清洁，悬浮岩屑和加重材料，保持井眼规则和保障井下安全，提高机械钻速等钻井问题时起着十分重要的作用。另外，钻井液的某些流变参数还直接用于钻井环空水力学的有关计算。掌握钻井液流变性有利于对钻井液流变参数的优化设计和合理调控，以保证获得良好流变性的钻井液体系。

## 一、流体流变学基本概念

### （一）流体流动的特点

流体流动实际上是流体随时间连续变形的过程。液体的流动变形是由于液体受到剪切作用而引起的剪切变形。即液体在大小相等、方向相反、而作用线相距很近的两个力作用下，液体内部质点发生相对错动。观察河水流动，可以看到，越靠近河岸，流速越小，河中心处流速最大。而水在管道中流速分布与河水相似，管道中心流速最大，靠近管壁处速度为零。若把管道内流动的水沿着管道半径的方向由内向外分成若干层，则每一层的流速均不同。

如图 2-13 所示，液流中各层的流速不同的现象，通常用剪切速率（或称速度梯度）来描述。

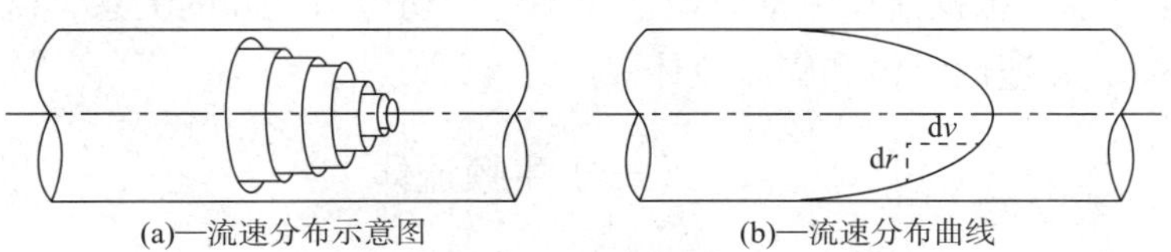


图 2-13　在圆形管道中水的流速分布

### （二）剪切速率和剪切应力

如前所述，液体在管内流动时，在垂直于流速方向上，由内向外的流速逐渐减小。若液体液层之间的距离为 d$x$，各液层的速度差为 d$v$，则垂直于流速方向不同液层流速的变化可以表示为 d$v$/d$x$，而 d$v$/d$x$ 则称之为速度梯度即剪切速率。其物理意义是在垂直于流速方向上，单位距离流速的增量，用 $\gamma$ 表示，单位为 $s^{-1}$。钻井液在循环系统不同位置的剪切速率值不同，一般来讲在沉砂池为 $10\sim20s^{-1}$，环形空间为 $50\sim250s^{-1}$，钻杆内为 $100\sim1000s^{-1}$，钻头喷嘴处为 $10^4\sim10^5s^{-1}$。

液体流动时表现出的速度梯度是液体内存在内摩擦作用的结果。根据牛顿内摩擦定律，即液体流动时，液层之间的内摩擦力 $F$ 与液层之间的接触面积 $S$ 和剪切速率 $\gamma$ 成正比，即：

$$F=\mu S\gamma \tag{2-1}$$

式（2–1）两边除以接触面积 $S$，并设 $\tau=F/S$，则：

$$\tau=\mu\gamma \qquad (2–2)$$

式中，$\tau$ 为液体流动时，液层之间单位接触面积上的内摩擦力，称之为剪切应力，Pa，$\mu$ 为液体黏滞性大小的物理量，通常称为黏度，mPa·s。其物理意义是产生单位剪切速率所需要的剪切应力。显然，液体黏度越大产生单位剪切速率所需要的剪切应力就越大。黏度大小取决于液体本身的性质和环境的温度。

### （三）流变曲线和流变方程

剪切应力和剪切速率是流变学中两个基本概念，钻井液流变性的核心问题是研究各种钻井液的剪切应力与剪切速率之间的关系。这种关系可以用曲线表示，也可以用数学关系式表示。所谓流变曲线就是剪切速率与剪切应力的关系曲线。流变曲线是由通过实验测得的数据直接绘制而成，因此能直观反映流体的流动规律。流变方程是根据实验获得的流变曲线，用解析几何的方法抽象出来的描述流体流动特性的代数方程。

对于非牛顿流体用流变方程只能近似反映它的流变特性，它与流体的实际流动情况存在一定误差。

## 二、流体的基本流型

如图 2–14 所示，根据流体流动时剪切速率与剪切应力之间的关系，流体可分为牛顿流体、塑性流体、假塑性流体和膨胀流体。

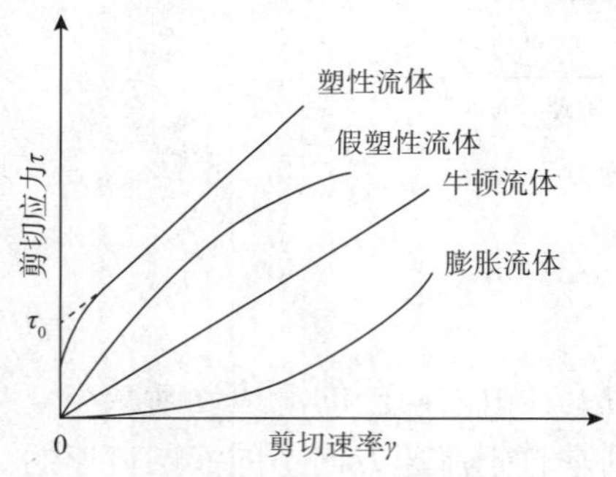


图 2–14　四种基本流型的流变曲线

### （一）牛顿流体

牛顿流体是最简单的一类流体，其剪切应力与剪切速率的关系遵循牛顿内摩擦定律。流变曲线是通过原点的一条直线。这类流体的流动特性是加很小的力便开始流动，黏度不随剪切速率改变。水、酒精等大多数纯液体以及轻质油、低分子化合物溶液均属于牛顿流体。描述牛顿流体流变性的流变方程如式（2–3）所示。

$$\tau=\mu\cdot\gamma \qquad (2–3)$$

式中，$\tau$ 为剪切应力，Pa；$\mu$ 为流体黏度，mPa·s；$\gamma$ 为剪切速率，$s^{-1}$。

### （二）塑性流体

塑性流体与牛顿流体不同，塑性流体当 $\gamma=0$ 时，$\tau\neq0$。说明若使塑性流体开始流动，施加的剪切应力必须超过某一最低值，这种使流体开始流动的最低剪切应力称为静切力，用 $\tau_s$ 表示，又叫凝胶强度（*Gel*）。塑性流体的流变曲线不通过原点，在流动的初始阶段剪切应力与剪切速率的关系不是直线，表明此时塑性流体还没有均匀地被剪切。黏度随剪切应力的增大而降低，继续增大剪切应力，当其达到某一数值后，流变曲线变成直线，黏度不再随剪切速率增大而变化。这个黏度称为塑性黏度，用 $\mu_p$ 或 $PV$ 表示。

黏土含量高的钻井液属于塑性流体。由于体系中黏土颗粒会在不同程度上处于一定絮凝状态，因此要使钻井液开始流动，必须施加一定的剪切应力来破坏絮凝形成的网架结构。这个力就是静切力。它反映了钻井液内部的凝胶强度。

钻井液开始流动后，初期随着剪切速率增大，结构拆散程度越来越大，所以表现为黏度随剪切速率增大而降低。在流变曲线上表现为曲线斜率越来越小，随着结构拆散程度增大，结构恢复速度逐渐增大。所以，当剪切速率达到一定值后，结构破坏与恢复速度达到动态平衡。此时，体系内黏土颗粒絮凝程度不再随剪切速率增加而变化，相应地黏度也不再变化。这时曲线变为直线。此时的黏度就是塑性黏度。$\mu_p$ 反映的是层流状态时，体系内结构拆散与恢复达到平衡时质点之间的摩擦作用大小。

延长直线段与剪切应力轴相交于 $\tau_0$ 点，$\tau_0$ 点的剪切应力叫流体的动切力。动切力反映钻井液层流流动时，黏土颗粒及高聚物分子之间的相互作用力。

塑性流体流变曲线的直线段可以用直线方程表示为式（2–4），即宾汉方程。

$$\tau=\tau_0+\mu_p\cdot\gamma \tag{2–4}$$

式中，$\tau$ 为剪切应力，Pa；$\mu_p$ 为流体的塑性黏度，mPa·s；$\gamma$ 为剪切速率，$s^{-1}$；$\tau_0$ 为动切力，Pa。

### （三）假塑性流体

高分子化合物水溶液以及乳状液属于假塑性流体，其流变曲线为通过原点凸向剪切应力轴的曲线。假塑性流体不存在静切力。其特性是它的黏度随剪切速率的增大而降低。流变方程如式（2–5）。

$$\tau=k\cdot\gamma^n \tag{2–5}$$

式中，$k$ 为流体稠度系数，Pa·$s^n$；$n$ 为流体的流性指数，无因次。

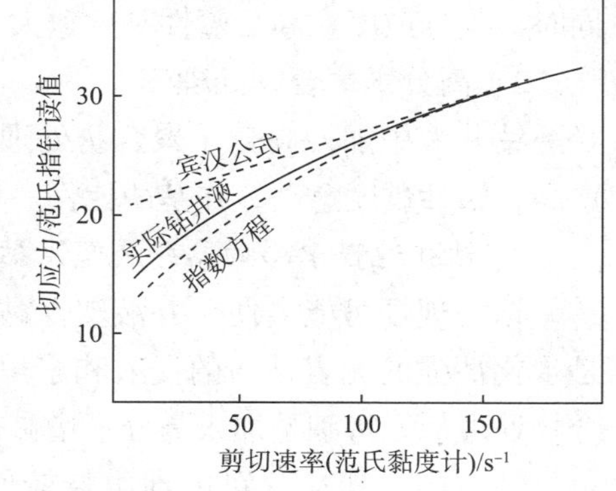


图 2–15　幂律模式和宾汉模式的对比

如图 2–15 所示，在中高剪切速率范围，宾汉方程、幂律方程都能较好地反映实际钻井液的流变性。但在环形空间的低剪切速率范围幂律（指数）方程更能较好地反映实际钻井液的流变性。

## 三、钻井液的流变性及其调控

### （一）漏斗黏度

在钻井过程中漏斗黏度（$FV$）是要经常测定的重要参数。它不仅测定方法简单，而且可直观反映钻井液黏度的大小。漏斗黏度的单位为秒（s）。以马氏漏斗为例，它是946mL（或1000mL）钻井液从漏斗黏度计流出所需要的时间。

钻井液从漏斗口流出过程中，随着漏斗中液面逐渐降低，流速不断减小，因此不能在固定剪切速率下进行黏度测定，对漏斗黏度也不能像从旋转黏度计测得的数据那样做数学处理，不能与其他流变参数进行换算。漏斗黏度只能用来判别在钻井过程中各个阶段黏度变化莫测的趋向，它不能说明钻井液黏度变化的原因，也不能作为对钻井液进行处理的依据。

### （二）塑性黏度

从宾汉模型可知，塑性黏度是塑性流体的性质，它不随剪切速率而变化。塑性黏度反映了在层流情况下，钻井液中网架结构的破坏与恢复处于动平衡时，悬浮的固相颗粒之间、固相颗粒与液相之间以及连续液相内部的内摩擦作用的强弱。塑性黏度的计量单位是mPa·s。

1. 影响塑性黏度的因素

通常，影响塑性黏度的因素主要有钻井液的固相含量和高分子处理剂。

1）钻井液的固相含量

固相含量是影响塑性黏度的主要因素。一般情况下，随着固相颗粒逐渐增多，颗粒总表面积逐渐增大，所以颗粒间的内摩擦力也会随之增加。因此当钻井液中黏土含量相同时，其分散度愈高，塑性黏度愈大。

2）高分子聚合物处理剂

钻井液中加入高分子聚合物处理剂会提高液相黏度，从而使塑性黏度增大。其浓度愈高，塑性黏度愈高，在基团比例一定时，相对分子质量愈大，塑性黏度也愈高。

2. 钻井过程中影响钻井液塑性黏度的因素

钻井现场可能会使钻井液塑性黏度升高的因素有：①加入黏土；②钻屑污染，特别是水化性强的泥岩钻屑的侵入和累积，钻屑经过反复剪切，分散变细；③加入高分子聚合物处理剂，特别是加入高分子增黏剂；④加重剂。

钻进中一般应尽可能地维持较低的钻井液塑性黏度。可通过保持低固相含量来达到，以利于提高钻进速度和减少井下复杂情况。塑性黏度增加不利于旋流分离器和振动筛的固相分离效果。

3. 降低塑性黏度的方法

当需要降低塑性黏度时，可以采取以下方法：①加水冲稀以降低钻井液中固相和高聚物浓度；②加入中等相对分子质量的聚合物以减少高相对分子质量聚合物的吸附成网作用；③应用四级固控设备清除固相颗粒；④用页岩包被剂防止页岩钻屑分散和用絮凝剂或固相化学清洁剂聚沉除去10μm以下的颗粒。

## （三）动切力

动切力也称屈服值，它是塑性流体流变曲线中的直线段在 $\tau$ 轴上的截距，用 $\tau_0$ 或 *YP* 表示，单位为 Pa。它反映了钻井液在层流流动时，黏土颗粒之间及高分子聚合物分子之间相互作用力的大小，即形成空间网架结构能力的强弱。因此，凡是影响钻井液形成结构的因素均会影响 $\tau_0$ 值。

1. 影响动切力的因素

1）黏土的类型和浓度

在常见的黏土中，以蒙脱石为主要成分的膨润土容易水化分散，并形成网架结构。随着钻井液中膨润土含量增加，动切力上升。相对而言，高岭石和伊利石等黏土矿物对动切力的影响较小。由此可见，当钻井液需要提高动切力时，可选用膨润土。

2）电解质

在钻进过程中，如果有一定量的 NaCl、$CaSO_4$、水泥等无机电解质进入钻井液时，均会引起钻井液絮凝程度增大，从而增加动切力。

3）降黏剂

大多数降黏剂的作用原理都是吸附到黏土颗粒的端面上，使端面带一定的负电荷，从而拆散网架结构。因此，降黏剂的作用主要是降低动切力，而不是降低塑性黏度。

在实际应用中，钻井液的动切力应控制在合适的范围，过高或过低都会给钻井带来不利的影响。对于水基钻井液，当动切力数值与钻井液密度存在 *YP*（Pa）=3.996g/cm$^3$ 的近似关系时，表明钻井液的动切力已到达上限甚至稍为偏高了些。

2. 钻井液动切力的调控方法

降低钻井液动切力最有效的方法是加入适量降黏剂，以拆散钻井液中已形成的网架结构。若是因 $Ca^{2+}$、$Mg^{2+}$ 离子污染引起的 $\tau_0$ 升高，可用化学沉淀法除去这些离子，用清水或稀浆稀释也可起到降低 $\tau_0$ 的作用。

若想提高动切力可加入预水化膨润土浆或增加高分子聚合物加量，对于钙处理钻井液或盐水钻井液可以通过增加 $Ca^{2+}$、$Na^+$ 浓度来达到提高 $\tau_0$ 的目的。

## （四）钻井液流型指数

钻井液的流型指数，亦称 $n$ 值。在幂律方程中，$n$ 表示假塑性流体在一定剪切速率范围内表现出的非牛顿性程度。$n$ 值为无因次物理量，表示假塑性流体中形成结构的程度。当 $n\to1$ 时，表明结构少，且不连续。$n$=1 时，完全无结构。当 $n\to0$ 时，表明结构逐渐增多，且连续，非牛顿性越强。在现场通过测定 $n$ 值可以考察钻井液的携岩能力和剪切稀释性。$n$ 越小，剪切稀释能力越强，平板型层流的流核直径越大，携砂效果越好。经验认为 $n$=0.4～0.7 较好。

$n$ 值主要受形成网架结构因素的影响，因此加入适量的具有流型调节作用的高分子聚合物（如 80A–51），会使形成的网架结构增强，$n$ 值相应减小。

### （五）钻井液稠度系数

稠度系数，也称 $k$ 值，单位为 Pa·s$^n$，它是假塑性流体在一定速梯下非结构性内摩擦的反映。稠度系数越大表明钻井液黏度越高。

$k$ 值可以反映钻井液的可泵性，$k$ 值过大将造成重新开泵困难，$k$ 值过小将对携屑不利。因此，应保持钻井液 $k$ 值在一个合适的范围内。降低 $k$ 值类似于降低钻井液黏度，有利于提高钻速，提高 $k$ 值类似于增大钻井液黏度，有利于清洁井眼和消除井塌引起的井下复杂情况。

钻井液 $k$ 值主要受体系中固相含量和液相黏度的影响，同时也受结构强度的影响。当固体含量或聚合物处理剂的含量增大时，$k$ 值相应增大。

降低 $k$ 值最有效的办法是加强固相控制，或加水稀释降低钻井液中的固相含量，尤其是低密度固相含量。

### （六）钻井液表观黏度

钻井液的表观黏度（*AV*）是指钻井液在某一特定剪切速率下，剪切应力与剪切速率的比值。表观黏度又称为有效黏度。表观黏度是流体在流动过程中所表现出的总黏度，单位为 mPa·s。对于钻井液来说，它既包括流体内部由于内摩擦作用所引起的黏度，又包括黏土颗粒之间及高分子聚合物分子之间由于形成空间网架结构所引起的黏度。

因为表观黏度与剪切速率密切相关，所以在不同的剪切速率下测定的表观黏度具有不同的值。为便于比较，对于钻井液，如果没有特别要求的剪切速率，按照 API 标准的要求，一般是在旋转黏度计上测定 600r/min 时的表观黏度。

温度对钻井液黏度有影响，特别是油基钻井液的黏度随温度的变化比水基钻井液大得多，应记录测定时钻井液样品的温度。最好使用带有恒温加热套的旋转黏度计进行固定温度下的测定。测定前实验样品浆液应进行充分搅拌。影响塑性黏度和动切力的因素均会对表观黏度产生影响。

### （七）剪切稀释性

塑性流体和假塑性流体的表观黏度随着剪切速率的增加而降低的特性称为剪切稀释性。剪切稀释特性是优质钻井液必须具备的性能。因为它既能充分发挥钻头的水马力有利于提高钻速，又能在环形空间很好地携带岩屑。钻井液的剪切稀释性强弱可以用动切力与塑性黏度的比值（简称动塑比）来衡量。动塑比值越大钻井液的剪切稀释性越强。现场实践表明，一般将动塑比控制在 0.36~0.48Pa/mPa·s 比较适宜。

当采用幂律方程表征钻井液流变性时，$n$ 值大小可以反映剪切稀释性强弱。随着 $n$ 值减小钻井液的剪切稀释性增强。经验证明，为保证钻井液能有效地携带岩屑，$n$ 值应保持在 0.4~0.7。

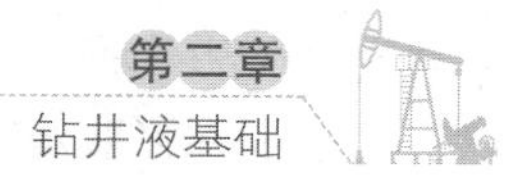

### （八）切力和触变性

钻井液的切力是指静切力，其胶体化学实质是胶凝强度，反映钻井液在静止状态下形成网架结构的强度。静切力的大小与时间因素有关。所以用初切力和终切力两个数值来衡量钻井液在静止状态下形成网架结构的能力。

初切力是将钻井液充分搅拌后静止 10s 测得的数值，终切力是将钻井液充分搅拌后静止 10min 测得的数值。

触变性是指钻井液经搅拌后变稀，静止后又变稠的特性。在触变性体系中，一般都存在空间网架结构。在剪切作用下，结构被拆散，结构黏度降低，钻井液变稀，重新静置后，网状结构逐步恢复，结构黏度逐渐增大，钻井液变稠。恢复结构所需的时间长短和最终的凝胶强度的大小，可以真实反映钻井液的触变性。

根据触变性，可将钻井液划分为 4 种类型，即快速强凝胶型，其结构恢复很快，最终切力大；快速弱凝胶型，其结构恢复很快，最终切力不很大；慢速强凝胶型，其结构恢复很慢，最终切力大；慢速弱凝胶型，其结构恢复很慢，最终切力不很大。

钻井工艺要求钻井液应具有良好的触变性，一般期望的是快速弱凝胶型的钻井液。但钻井液的凝胶强度也不能太低，通常情况下，一般静切力为 1.5Pa 时就能够有效悬浮重晶石，保证钻井液的悬浮稳定性。

## 四、钻井液流变性对钻井作业的影响

### （一）钻井液流变性对井眼净化的影响

钻井液的主要功用之一就是清洗井底并将岩屑携带到地面上来。钻井液清洗井眼的能力除取决于循环系统的水力参数外，还取决于钻井液的性能，特别是钻井液的流变性能。根据喷射钻井的理论，岩屑的清除分为两个过程，一是岩屑被冲离井底，二是岩屑从环形空间被携至地面。

钻井液循环过程中，一方面钻井液携带岩屑颗粒向上运动，另一方面岩屑颗粒由于重力作用而向下滑落。在环形空间里，钻井液携带岩屑颗粒向上运动的速度取决于流体的上返速度与颗粒自身滑落速度两者之差。显然，提高携带能力的途径是提高钻井液在环空的上返速度，降低岩屑的滑落速度。研究表明，岩屑的滑落速度除与岩屑尺寸、岩屑密度、钻井液密度和流态等因素有关外，还与钻井液的有效黏度成反比。

当钻井液处于不同流态时，岩屑上升的机理不同。层流时钻井液的流速剖面为一抛物线，中心线处流速最大，两侧流速逐渐降低，而靠近井壁或钻杆壁处的速度为零（尖峰层流）。这样，片状岩屑在上升过程中各点的受力是不均匀的。中心处流速高、作用力大；靠近两侧流速低、作用力小。致使有一个力矩作用在岩屑上，使岩屑翻转侧立，向环空两侧运移。此时，有的岩屑贴在井壁上形成厚的“假泥饼”，而有的则向下滑移。由于两侧液面的阻力，岩屑下滑至一定距离后又会进入流速较高的中心部位而向上运移。如此周而复始，岩屑经过曲折的路径才被带出井口，使携岩效率大为降低。

钻井液在做紊流流动时，岩屑不存在转动和滑落现象，几乎全部都能被携带到地面上来，环形空间里的岩屑比较少，携岩效率较高。但是紊流携岩也存在一些缺点，主要表现在：

（1）岩屑在紊流时的滑落速度比在层流时大，这就要求钻井液的上返速度要高，泵的排量要大。但这要求受到泵压和泵功率的限制，特别是当井眼尺寸较大、井较深以及钻井液黏度、切力较高时，更加难以实现。

（2）由于沿程压降与流速的平方成正比，功率损失与流速的立方成正比，所以用紊流携岩还会使钻头的水马力降低，不利于喷射钻井。

（3）紊流时的高流速对井壁冲蚀严重，不能很好地形成泥饼，容易引起易塌地层井壁垮塌。

钻井液在平板型层流流动时，相对于尖峰型层流和紊流来说，平板型层流具有以下特点。

（1）可实现用环空返速较低的钻井液有效地携带岩屑。现场经验表明，在多数情况下，即便是使用低固相钻井液，将环空返速保持在 0.5～0.6m/s 就可满足携岩的要求。这样既能使泵压保持在合理范围，又能够降低钻井液在钻柱内和环空的压力损失，使水力功率得到充分、合理的利用。

（2）解决了低黏度钻井液能够有效携岩的问题，为普遍推广使用低固相不分散聚合物钻井液提供了流变学上的依据。尽管黏度较低，但只要保证动塑比较高，使环空液流处于平板型层流状态，再加上具有一定的环空返速，一般情况下便能做到有效地携岩，保持井眼清洁。

（3）避免了钻井液处于紊流状态时对井壁的冲蚀，有利于保持井壁稳定。

一般认为，就有效地携带岩屑而言，将钻井液的动塑比保持在 0.36～0.48Pa/mPa · s 或 $n$ 值保持在 0.4～0.7 时是比较适宜的。若动塑比过小，会导致尖峰型层流；若该比值过大，往往会因 $\tau_0$ 值的增大引起泵压显著升高。当动塑比超过 0.48 之后，动切力的增值亦变得十分有限了。将 $n$ 值的适宜范围定为 0.4～0.7，也是同样的道理。当然，为了减小岩屑的滑落速度，钻井液的有效黏度也不能太低。对于低固相聚合物钻井液，将其保持在 6～12mPa · s 是较为适宜的。

为了使钻井液的动塑比达到 0.36～0.48Pa/ mPa · s 的要求，常采取以下措施和方法：

（1）选用生物聚合物（XC）、HEC、PHP、FA367 和 PAMS601 等高分子聚合物作为主处理剂，并保持其足够的浓度。它们在体系中所形成的结构使动切力值增大，钻井液的液相黏度也会相应有所增加（即塑性黏度值同时有所增大），但由于动切力的增幅往往要大得多，故有利于动塑比的提高。

（2）通过有效地使用固控设备，除去钻井液中的无用固相，降低固体颗粒浓度，以达到降低塑性黏度、提高动塑比的目的。

（3）在保证钻井液性能稳定的情况下，通过适量地加入石灰、石膏、氯化钙和食盐等电解质，以增强体系中固体颗粒形成网架结构的能力，因为凡是有利于空间网架结构增强的物质都能使动切力增大。

需要注意的是，提高动塑比的目的主要是为了解决岩屑转动问题，同时可增强钻井液的剪切稀释性能。但如果遇到井下情况比较复杂或出现井塌时，还是需要适当提高钻井液的有效黏度并加大排量，以有效地降低岩屑滑落速度，提高钻井液环空返速，从而提高岩屑的净上升速度。

通过控制动塑比使环空液流处于平板型层流的方法只适用于层流状态，这是因为动切力和塑性黏度都是反映钻井液在层流流动时的流变参数。如果通过计算，得知环空液流处于紊流状态时，则应首先考虑通过降低环空返速或同时提高黏度、切力，使钻井液从紊流状态转变为层流状态，然后再考虑如何通过控制动塑比使其转变为平板型层流。

### （二）钻井液流变性对井壁稳定的影响

由于钻井液处于紊流时液流质点的运动方向是紊乱的和无规则的，而且流速高，具有较大的动能，故紊流液流对井壁有较强的冲蚀作用，容易引起易塌地层垮塌，不利于井壁稳定。因此，在钻井液循环时，一般应保持在层流状态，尽量避免出现紊流，以减少由于钻井液的冲蚀作用导致井壁失稳。

### （三）钻井液流变性对悬浮岩屑、加重剂的影响

钻进过程中，在接单根或设备出现故障时，钻井液会多次停止循环。此时，要求钻井液体系内能迅速形成空间网架结构，以有效地悬浮岩屑和加重剂，或使岩屑和加重剂以很慢的速度下沉；而开泵时，泵压又不能上升太高，以防憋漏地层。提供悬浮能力的决定因素是钻井液的静切力和触变性。

配制的加重钻井液必须具备一定的切力，重晶石的粒度也不应过大。除切力外，钻井液还应具有良好的触变性。当循环停止时，钻井液应很快达到一定的切力值，以有利于悬浮岩屑和重晶石。

### （四）钻井液流变性与井内液柱压力激动的关系

所谓井内液柱压力激动是指在起下钻和钻进过程中，由于钻柱上下运动、钻井液泵开动等原因，使得井内液柱压力发生突然变化（升高或降低），给井内增加一个附加压力（正值或负值）的现象。

#### 1. 起下钻时的压力激动

由于钻柱具有一定的体积，当钻柱入井时，井内钻井液要向上流动；起出钻柱时，井内钻井液便向下流动以填补钻柱在井内所占的空间。钻井液向上或向下流动，都要给予一定的压力以克服其沿程的阻力损失。这个压力是由于起下钻所引起的，它作用于井

内钻井液，使它能够流动；同时，井内液柱作用于井壁和井底，而产生的附加压力就是起下钻引起的压力激动。下钻时压力激动为正值，起钻时则为负值。起下钻压力激动值的大小主要取决于起下钻速度、井深、井眼尺寸、钻头喷嘴尺寸和钻井液的流变参数（主要是黏度、切力和触变性）。压力激动值在1500m时可能达到2~3MPa，在5000m时可能达到7~8MPa，因而对此必须予以重视。

2. 开泵时的压力激动

由于钻井液具有触变性，停止循环后，井内钻井液处于静止状态，其中黏土颗粒所形成的空间网架结构强度增加，切力升高，开泵泵压将超过正常循环时所需要的压力，造成压力激动。开泵时使用的排量越大，所造成的压力激动值会越高。当钻井液开始流动后，结构逐渐被破坏，泵压逐渐下降。随着排量的增大，结构的破坏与恢复达到平衡，这时泵压便处于比较稳定的工作泵压值。

开泵时压力激动值与井眼、钻具尺寸、井深、钻井液切力和触变性、开泵时的操作等因素有关。有时因井底沉砂也会使压力激动加剧。

压力激动对钻井非常有害，它会破坏井内液柱压力与地层压力之间的平衡，破坏井壁与井内液柱之间的相对稳定，容易引起井漏、井喷或井塌。影响压力激动的因素是多方面的，其中与钻井液的黏度、切力密切相关。当其他条件相同时，随着钻井液的黏度、切力增大，压力激动会更加严重。因此，当钻遇高压地层、容易漏失地层或易坍塌地层时，一定要控制好钻井液的流变性，在起下钻和开泵的操作上不宜过猛，开泵之前最好先活动钻具，以防止因压力激动而引起各种井下复杂情况的发生。

### （五）钻井液流变性对机械钻速的影响

钻井液流变性是影响机械钻速的一个重要因素。研究表明，这种影响主要表现为钻头喷嘴处的紊流流动阻力对钻速的影响。如前所述，有的文献将这种流动阻力简称为水眼黏度。由于钻井液具有剪切稀释作用，在钻头喷嘴处的流速极高，一般在150m/s以上，剪切速率达到10000$s^{-1}$以上。在如此高的剪切速率下，紊流流动阻力变得很小，液流对井底冲击力增强，更加容易渗入钻头冲击井底岩层时所形成的微裂缝中，有利于减小岩屑的压持效应和井底岩石的可钻强度，从而有利于提高钻速。需要指出，各种钻井液的剪切稀释性存在着很大差别，实验表明，层流时表观黏度（以$\varphi_{600}$计算）相同的钻井液，在喷嘴处的紊流流动阻力甚至可相差10倍。如果钻井液塑性黏度高，动塑比小，一般情况下喷嘴处的紊流流动阻力就会比较大，就必然会降低和减缓钻头对井底的冲击和切削作用，使钻速降低。

卡森模式参数$\eta_\infty$可用来近似表示钻井液在喷嘴处的紊流流动阻力。通过使用剪切稀释性强的优质钻井液，如低固相不分散聚合物钻井液，尽可能降低钻头喷嘴处的紊流流动阻力，是提高机械钻速的一条有效途径。当钻井液的卡森黏度接近于清水黏度时，可获得最大的机械钻速。

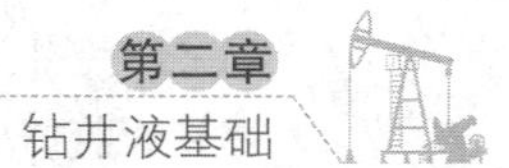

# 第四节　钻井液性能测定方法

## 一、水基钻井液测试程序

### （一）密度的测定

钻井液密度是指单位体积钻井液的质量。密度一般用符号 $\rho$ 或 $\gamma$ 表示，常用单位是 $g/cm^3$ 或 $kg/m^3$。表达公式为：

$$\rho=\frac{m}{V} \tag{2-6}$$

式中，$\rho$ 为钻井液的密度，$g/cm^3$；$m$ 为钻井液的质量，g；$V$ 为钻井液的体积，$cm^3$。

1. 仪器

①密度计：感量为 $0.01g/cm^3$，主要部件包括带刻度臂梁、刀口、样品杯、杯盖、平衡圆柱、游码、底座、刀垫等。

②温度计：量程为 0~100℃，分度值为 1℃。

③量杯：1000mL。

2. 测试步骤

①将密度计底座放置在水平面上。

②用量杯量取钻井液或被测液体，测量并记录钻井液或被测液体的温度。

③在密度计的样品杯中注满钻井液或被测液体，盖上杯盖，慢慢拧紧，使过量的被测液体从杯盖的小孔中流出。

④用手指压住杯盖小孔，用清水冲洗并擦干样品杯外部。

⑤把密度计的刀口放在底座的刀垫上，移动游码，直到平衡（水平泡位于中央）。

⑥记录读值。

⑦倒掉被测液，将仪器洗净，擦干备用。

3. 密度计的校正

1）校正 $1.00g/cm^3$

①用清水校正。用淡水注满洁净、干燥的样品杯，盖上杯盖并擦干样品杯外部，把密度计的刀口放在刀垫上，将游码左侧边线对准刻度 $1.00g/cm^3$ 处，观察密度计是否平衡（水平泡位于中央），如不平衡，在平衡圆柱上加上或取下一些铅粒，使之平衡。

②用铁砂（粒）校正。用天平称取 140.00g 铁砂，注入洁净、干燥的样品杯，并用模具捣平（禁止使用砝码），盖上杯盖，把密度计的刀口放在刀垫上，将游码左侧边线对准刻度 $1.00g/cm^3$ 处，观察密度计是否平衡（水平泡位于中央），如不平衡，在平衡圆柱上加上或取下一些铅粒，使之平衡。

2）校正 2.00g/cm$^3$

准备好已校正过 1.0g/cm$^3$ 的密度计，用天平称取 280.00g 铁砂，倾入洁净、干燥的样品杯，并用模具捣平（禁止使用砝码），盖上杯盖，把密度计的刀口放在刀垫上，将游码左侧边线对准刻度 2.00g/cm$^3$ 处，观察密度计是否平衡（水平泡位于中央），如不平衡，打开游码底部的小螺钉加上或取下一些铅粒，使之平衡。

4. 密度测定的替换方法

按照下面所述方法，使用加压流体密度计可以更为精确地测定含气钻井液的密度。这种密度计在操作上与常规密度计相似，其差别在于样品可在加压下装入一定体积的样品杯中。

对样品加压的目的是为了把钻井液所含气体对密度测量的影响降到最低程度。对样品杯加压，可将任何夹带的气体压缩到体积可以忽略不计的程度，这样测定的密度更接近于井底条件下的数值。

1）仪器

①凡精度可达 ±0.01g/cm$^3$（或 ±10kg/m$^3$）的任何一种仪器均可使用。通常用加压钻井液密度计来测定加压条件下钻井液的密度。钻井液杯和带有螺纹的杯盖位于臂梁的一端，由臂梁另一端的一个固定平衡重物和一个可沿刻度梁自由移动的游码来平衡。臂梁上装有一水准气泡以确保准确的平衡；

②温度计：量程为 0~150℃。

2）步骤

①将样品注入样品杯中至液面略低于杯的上缘（约差 6.4mm）。

②盖上杯盖，同时将盖上的单向阀置于下位（开启位）。向下压紧杯盖直至与样品杯的上缘面接触。过量的钻井液会通过单向阀排出。将单向阀上提至关闭位置。洗净样品杯和螺丝，然后拧紧带螺纹的样品杯盖。

③加压器的操作与注射器相似。使活塞杆位于完全向内的位置，将加压器的下端浸入钻井液中。上拉活塞杆将钻井液吸入加压器缸筒内。为保证钻井液样品不被上次清洗加压器时残留的液体所稀释，应将第一次吸入的钻井液排掉，再另抽一次新鲜钻井液。

④将加压器嘴套入带有 O 形圈的杯盖加压阀上。下压加压器缸筒迫使单向阀处于下位（开启位），同时内推活塞杆，以便对样品杯加压。活塞杆上的压力应维持在大约 225N 或更大些。

⑤杯盖上的单向阀是由压力驱动的，当样品杯内有压力时，单向阀就会被上推至关闭位置。为使阀逐渐关闭，可在保持活塞杆压力的情况下，减缓缸筒的下压力。单向阀关闭后，先释放活塞杆的压力再取下加压器。

⑥加压后的钻井液样品即可用来测定密度。将样品杯外部洗净并擦干。将臂梁放到刀架上。左右移动游码使臂梁达到平衡。当水准泡位于两条黑色标线的正中间时，臂梁即达到了平衡。以 g/cm$^3$ 为单位读取密度。

⑦为放掉样品杯内的压力，再次连接上空的加压器，将其缸筒下压。

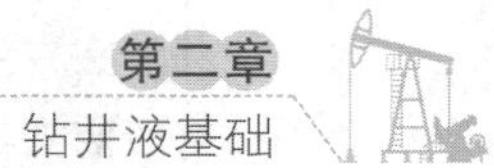

⑧彻底清洗样品杯。

⑨报告密度值，精确至 0.01g/cm³（10kg/m³）。

3）仪器校正

仪器应经常用淡水校正。在 21℃时，淡水的密度读值应是 1.00g/cm³ 或 1000kg/m³。否则，应按需要调节臂梁末端的校正螺丝或在臂梁末端的小孔内增减铅弹使其平衡。

## （二）马氏漏斗黏度

1. 仪器

①马氏漏斗。

马氏漏斗的标定，是在（21±3）℃下，流出 946cm³ 淡水的时间为（26±0.5）s。用一个标有刻度的杯子作为接收器。

其中，漏斗锥体：长度 305mm、直径 152mm、至筛网底部以下容积 1500cm³；孔颈：长度 50.8mm、内径 4.7mm；筛网：孔眼尺寸 1. 52mm。固定在距漏斗上缘 19mm 的位置上。

②刻度杯：946cm³。

③秒表。

④温度计：量程为 0~105℃。

2. 测量步骤

①用手指堵住漏斗下部小孔，将新取的钻井液样品倒入干净且直立的漏斗内，直到样品液面达到筛网底部为止。

②移开手指同时启动秒表。测量钻井液流至杯内 946cm³ 刻度线所需要的时间。

③测量钻井液的温度（℃）。

④以 s 为单位记录钻井液漏斗黏度，并以℃为单位记录钻井液温度。

## （三）流变参数和静切力

1. 流变参数

1）仪器

①直读式黏度计，是由电机提供动力的旋转型仪器。钻井液处于两个同心圆筒间的环形间隙内，外筒或称转筒以一定的转速（r/min）旋转。浸在钻井液中外筒的转动对内筒或称吊锤施加一个扭矩。有一扭力弹簧限制了吊锤的转动，与吊锤相连的表盘指示出吊锤的偏转量。仪器常数已调好，因此利用外筒在 300r/min 和 600r/min 下转动时的读值可得到塑性黏度和屈服值（动切力）。

其中，转筒：内径 36.83mm、总长度 87.00mm、刻度线位于转筒底沿之上 58.4mm 处。恰在刻度线之下有两排相间 120°（2.09 弧度）3.18mm 的小孔；内筒：直径 34.49mm、柱体部分长度 38.00mm；吊锤为一平底面和锥形顶面所封闭；扭力弹簧常数为 $3.86\times10^{-5}$N·m/（°）；转筒速度：从高到低依次为 600r/min、300r/min、200r/min、

100r/min、6r/min、3r/min。

②恒温杯。

③秒表。

④温度计：量程为 0~150℃。

2）测试步骤

①将钻井液样品倒入恒温杯中。留出足以容纳内筒和转筒排开钻井液体积的空间，这个排开体积约为 100cm³。使样品液面恰好没至转筒的刻度线处。现场测量时应在取样之后尽快进行。测量应该在（50±1）℃或（65±1）℃下进行。

②将样品加热或冷却至所选择的温度。在加热或冷却的同时，应以 600r/min 的转速间歇地或连续地搅拌样品，以获得均匀的样品温度。在样品杯达到所选择的温度后，将温度计插到样品中，继续搅拌，直到样品也达到所选择的温度。最后记录样品温度。

③当转筒以 600r/min 旋转时，等待转盘读值稳定（其时间取决于钻井液的特性），记录下 600r/min 时刻度盘读值。

④将转速转换到 300r/min，等待转盘读值稳定。记录下 300r/min 时刻度盘读值。

⑤将钻井液样品在高转速下搅拌 10s。

⑥将样品静置 10s，然后测定黏度计在 3r/min 转速下的最大读值作为初切力，以 Pa 为单位记录初切力（10s 切力）。

⑦将钻井液样品在 600r/min 转速下重新搅拌 10s，并使之静置 10min，然后测定黏度计在 3r/min 转速下最大读值为 10min 切力，以 Pa 为单位记录终切力（10min 切力）。

注：最高工作温度为 93℃。如果要测量温度高于 93℃的钻井液，应使用实心内筒或内部完全干燥的空心内筒。当浸入高温流体中时，空心内筒中的液体可能会蒸发而导致内筒爆裂。

3）计算

$$PV=\varphi_{600}-\varphi_{300} \tag{2-7}$$

$$YP=\frac{\varphi_{300}-PV}{2} \tag{2-8}$$

$$AV=\frac{\varphi_{600}}{2} \tag{2-9}$$

$$n=3.322\lg\frac{\varphi_{600}}{\varphi_{300}} \tag{2-10}$$

$$k=0.478\frac{\varphi_{300}}{(511)^n} \tag{2-11}$$

$$\eta_\infty=\left[1.195\left(\varphi_{600}{}^{1/2}-\varphi_{100}{}^{1/2}\right)\right]^2 \tag{2-12}$$

式中，$PV$ 为塑性黏度，mPa·s；$YP$ 为动切力，Pa；$AV$ 为表观黏度，mPa·s；$\varphi$ 为转黏度计读数；$n$ 为流型指数；$k$ 为稠度系数，Pa.s$^n$；$\eta_\infty$为极限高剪黏度，mPa·s。

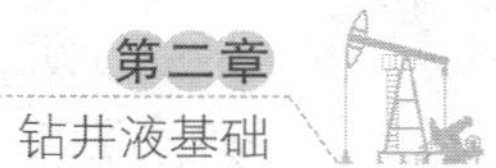

2. 静切力

还可以采用静切力计测定静切力。静切力计是测定钻井液静切力的一种辅助仪器。读数可由刻度尺上直接读出，但此读数不能与直读式黏度计所测得结果对比。该切力计不能用于测量静切力很低或很高的钻井液。

1）仪器

①不锈钢切力计筒：长度 89mm，外径 36mm，壁厚 0.2mm。

注：切力计筒下部略呈锥状可以改善实验结果的重复性。

②用于放砝码的平板。

③一套克级砝码。

④刻度尺：刻度为 mm。

2）测量步骤

①将切力计筒及平板小心放置在高温老化后冷却至室温的钻井液样品表面上，并使其平衡。此时，有可能需要将平板上的砝码左右移动以确保切力计筒开始沉入钻井液中时呈垂直状态。如果老化后的样品表面上生成了一层表皮，则在放置切力计筒前应先将其轻轻挑破。

②在平板上小心地加上足量的砝码使切力计筒开始缓慢向下移动。如果砝码的加量并未过量的话，那么切力计筒下沉至某一位置时则不再下沉。此时老化后的钻井液作用在筒表面上的力恰好与所加砝码平衡。一般要求下沉的距离至少为筒身的一半；

③以克为单位记录平板和砝码的总质量。然后以 mm 为单位记录被浸在样品内的那部分筒长。可以在筒达到下沉平衡时测量其未被浸入的那部分长度而准确地确定出浸入部分长度。可用一把小尺抵在钻井液表面和切力计筒的外缘，测出浸入部分的长度。从筒的总长度减去此值后即为浸入部分长度。

3）计算

$$S=\frac{45.85(m_2+m_w)}{L}-1.07\rho_M \qquad (2\text{–}13)$$

式中，$S$ 为静切力，Pa；$m_2$ 为切力计筒的质量，g；$m_w$ 为砝码和平板的总质量，g；$L$ 为浸入在钻井液中的那部分筒长，mm；$\rho_M$ 为钻井液密度，g/cm$^3$。

## （四）API 滤失量测定

1. 仪器

滤器容积 300~400mL，直径 76.2mm，高度大于 64.0mm，过滤面积为（4580±60）mm$^2$，用耐腐蚀材料制成。

2. 操作步骤

①要确保钻井液杯内各部件，尤其是滤网的清洁干燥，密封垫圈未变形或损坏。用手指堵住底部小孔，将钻井液样品注入钻井液杯中，使其液面在杯内刻线处，按顺序迅

速放入 O 形圈、滤纸、滤网和钻井液杯盖，并按顺时针方向旋紧。

②将钻井液杯安装在支架上旋转 90° 卡紧，将干燥的量筒放在排出管下面用于接收滤液。关闭放压阀，开启压力，使压力达到（690 ± 35）kPa，放压入钻井液杯内，并保持压力稳定，钻井液杯加压的同时开始计时。

③当测量时间已到，随即取下量筒，切断中压气源。

④以 mL 为单位记录 API 滤失量。当测量时间在 7.5min 时的滤失量大于 8mL 时，则用 7.5min 的滤失量 ×2，即为该钻井液的滤失量；当测量时间在 7.5min 时的滤失量小于 8mL 时，就继续测量至 30min，由量筒内直接读出该钻井液的滤失量。

⑤在确保内部压力全部被放掉的前提下，从支架上取下钻井液杯。小心仔细地拆开钻井液杯，倒掉钻井液并取下滤纸（不能损坏滤纸上的滤饼）。用缓慢水流冲洗滤纸上的滤饼。

⑥以 mm 为单位，测量并记录滤饼的厚度，精确到 0.1mm，注意 7.5min 测量的滤饼厚度 ×2。观察滤饼质量，用光滑、致密、韧、坚实进行描述。

⑦将量筒里的滤液放好。取 pH 值试纸在滤液中浸湿后取出。与标准色板比较，即得钻井液滤液的 pH 值。

⑧冲洗干净压滤器、底盖、密封圈，并擦干净装好，以备后用。

注：仪器生产厂家不同，其操作步骤有所差异，请阅读仪器操作说明书。

### （五）高温高压滤失量

#### 1. 高温高压滤失量测定（150℃以下）

1）仪器

有些实验仪器达不到如下测试所要求的额定工作温度和压力。因此，必须熟悉并按照厂家所推荐的最大工作温度、压力和样品体积进行操作。否则可能会导致人员或设备的伤害。

①高温高压滤失仪包括：

a. 在高温下能承受高达 8970kPa 压力的滤筒。

b. 带有调压器的压力气源——如 $CO_2$ 或 $N_2$（最好用 $N_2$）。

c. 可升温至 150℃的加热系统。

d. 滤液接收器，可维持适当回压，以避免滤液的闪蒸或汽化（表 2–1）。

②滤筒：滤筒壁上有一温度计插孔，滤筒配有一个可移开的端盖，带有滤纸支撑网。所用密封圈均耐油。滤筒两端均带有阀杆，在实验过程中，可根据需要开启和关闭。

③过滤介质：Whatman No. 50 或相当的滤纸——用于 150℃以下的实验。

④计时器：可分段定时 7.5min 和 30min。

⑤温度计：量程达 260℃。

⑥接收器：Kolmer 离心管（优先选用），10cm$^3$ 或 20cm$^3$。

⑦接收器：玻璃量筒（优选），25cm$^3$。

⑧搅拌器：Baroid 型，型号 N5201 或 N5301 或与其相当的产品。

⑨离心机（任选）：大小适于放入 Kolmer 型离心管，转速可达 1800r/min。

2）实验步骤

①将温度计插入加热套上的测温孔内，将加热套预热到比所要求的实验温度高 6℃。调节恒温器以维持所需要的实验温度。

②用搅拌器将钻井液样品搅拌 5min。将样品倒入滤筒，留出至少 2.5cm 的滤筒空间，作为钻井液膨胀的预留容积。装好滤纸。

③组装好滤筒，在上、下阀杆关闭的情况下，把滤筒放入加热套中。将温度计从加热套移至滤筒测温孔中。

④将高压滤液接收器与底阀杆相接并锁定。

注：应确保接收器内完全不含水。

⑤将已调好压力的气源分别与顶阀杆与下部的滤液接收器连接并锁定。

⑥保持两个阀杆关闭的情况下，将顶压调节器调至 1380kPa，底压调节器调至 690kPa。缓慢开启顶阀杆，将 1380kPa 的压力施加到滤筒中的钻井液上。维持这个压力直到升温至所需温度并稳定为止。

注：如果达到实验温度所需时间超过 1h，则加热器可能有故障，因而实验结果的精确性值得怀疑。

⑦样品达到所选定的温度后，将顶压调节器升至 4140kPa。开启底阀杆使滤失开始，同时启动计时器。实验温度波动应维持在 ±3℃之内。如果在实验期间回压升至 690kPa 以上，可小心地从接收器中放出部分滤液以降低回压，同时收集滤液。

⑧分别在 7.5min 和 30min 时将滤液收集在 Kolmer 型离心管或量筒中。记录 7.5min 和 30min 的总滤液体积（水和油）。应注意观察滤液中的水、乳状液或固相，并记录各自的体积（$cm^3$）。

注：推荐使用 Kolmer 型离心管而不用量筒，因为使用离心管可以更准确地检测出滤液中水或固相的存在，也可更精确地测出其体积。如果再进行离心，可使水和固相更好地从油中分离出来。

⑨将测得的滤液校正到过滤面积为 45.8$cm^2$ 时的体积。如果所用的过滤面积是 22.6$cm^2$，则应将所测得的滤液体积乘以 2。记录乘以 2 以后的 7.5min 滤液体积和乘以 2 以后的 30min 滤液体积，以及乘以 2 以后所观测到的水或固相的体积。

⑩将滤筒冷却至大约 52℃以下后，关闭顶阀杆及底阀杆。在此项操作期间应保持滤筒垂直向上。放掉压力调节器和气管线中的压力，然后从滤筒上拆除供压系统。

注意：实验结束后滤筒内仍有约 3450kPa 的压力。

⑪ 缓慢开启上阀杆，从滤筒顶部放掉压力。应避免钻井液随气体一起喷出。小心拆卸滤筒。

⑫ 倒出滤筒中的钻井液。

⑬将滤饼连同滤纸一同取下。测量滤饼中心的厚度。记录滤饼厚度，精确至 0.5mm。

注：在滤失或加热过程中可能会发生固相沉降。应尽量观察是否有此迹象，如滤饼异常厚或质地疏松。将观察结果在 API 报表的“评注”栏中记录下来。

**表 2-1　推荐的最低回压**

| 温度 /℃ | 水蒸气气压 /kPa | 最低回压 /kPa |
|---|---|---|
| 100 | 101 | 690 |
| 121 | 207 | 690 |
| 149 | 462 | 690 |

注：不得超过设备生产厂家所推荐的最高温度、压力和样品体积。

2. 150℃以上高温高压滤失量的测定步骤

操作步骤与上述所述基本相同，不同点有：

①钻井液液面至压滤器顶部距离至少应为 38mm。

②底部回压及顶部压力应根据所需温度选定（表 2–2），顶部和底部压差为 3540kPa。

**表 2-2　不同测试温度下的推荐回压值**

| 测试温度 /℃ | 水蒸气压 /kPa | 推荐最小回压 /kPa | 测试温度 /℃ | 水蒸气压 /kPa | 推荐最小回压 /kPa |
|---|---|---|---|---|---|
| 149 | 462 | 690 | 204 | 1704 | 1998 |
| 177 | 932 | 1104 | 232 | 2912 | 3105 |

注：测试条件不能超过所用仪器生产厂家推荐的最高温度、压力和体积。

③测定温度在 200℃以上时，滤纸下面垫上戴纳劳依（Dynalloy）X–5 型不锈钢多孔圆盘或同类产品。

### （六）钻井液的含砂量

1. 定义

含砂量是指不能通过 200 目的分离筛，即直径大于 0.074mm 的固相颗粒所占钻井液的体积百分数。

钻井液的含砂量不得超过 1%。钻井液的含砂量高易磨损钻具、造成沉砂卡钻、密度升高、黏度升高、切力增大、滤饼质量差、降低钻速等。

2. 测定

1）符号及单位

含砂量以 $C_S$ 表示，其值一般采用质量分数。

2）仪器

①筛框：直径为 63.5mm，中间带有 200 目筛网，用金属制成。

②小漏斗：直径大的一端可套入筛框，直径小的一端可插入含砂管中，用金属或硬塑料制成。

③含砂量管：刻有可直接读数 0~20% 含砂量的刻度和刻有“钻井液”“水”标记，用玻璃制成。

3）测量步骤

①将待测钻井液经过小漏斗注入含砂量管中至“钻井液”刻度线处（25mL），再注入水至“水”刻度线处，用手指堵住含砂量管口，剧烈晃动。

②将此混合物倾入洁净、润湿的筛网上，使小于 200 目的固相通过筛网而排除掉，必要时用手指敲击筛网，用清水清洗筛网上的砂子，直到水变清亮。

③将小漏斗套在有砂子的一端筛框上，并把漏斗排出口插入含砂量管内，缓慢倒置，用水把砂子全部冲入含砂量管内，静止使砂子完全下沉后，读取并记录含砂量值。

### （七）钻井液中固相和液相含量测定

1. 定义

分散于钻井液中的固体颗粒称为钻井液中的固相。钻井液中所含固相物质的多少称为钻井液的固相含量，一般用体积分数来表示。例如，钻井液的固相含量 8%，表示钻井液中固相物质的体积占钻井液总体积的 8%。

钻井液中各种固相含量的数据（例如膨润土含量、钻屑含量、重晶石的含量）是固相控制的基础依据，因此，钻井液固相含量的测定十分重要。

2. 固相物质的分类

从固相物质的来源划分，可分为配浆黏土、岩屑、加重物质和处理剂中的固相物质等。

从固相物质的密度划分，可分为低密度固相和高密度固相（通常把密度大于 $2.86g/cm^3$ 的岩石颗粒称为高密度固相）。

3. 测定方法

采用蒸馏法来测定钻井液中油、水和固相的含量。其主要过程是将钻井液样品置于专门设计的蒸馏器中，加热蒸发其中的液体，蒸汽通过冷凝器回收于量筒中，从而测出液相的体积。用减差法来确定固相（包括悬浮固相和非悬浮固相）的含量。

1）符号和单位

含水量以 $V_W$ 表示；含油量以 $V_O$ 表示；固相含量以 $V_S$ 表示，数值均以质量分数表示。

2）仪器与试剂

①固相含量测定仪。

②量筒：容量等于固相含量测定仪所取钻井液体积的用量。

③消泡剂。

④润湿剂。

⑤耐高温硅酮润滑油。

3）测定步骤

①量取一定体积（20mL）的已搅拌均匀的钻井液注入蒸馏器，加2~3滴消泡剂，缓慢搅拌，除去可能混入样品中的空气。再拧紧加热棒，装在冷凝器的进口端。置一干净的玻璃量筒于冷凝器的出口端。加热蒸馏，直到量筒内的液面不再增加时，再继续加热10min，在冷凝液中滴加1~2滴润湿剂使油、水分离，记录所收集的油、水的体积。

②根据油水体积和钻井液体积数据，计算钻井液中油、水和固相的体积分数。

根据收集到的油、水体积和所用钻井液体积，按式（2–14）、式（2–15）计算出钻井液中油和水的体积分数。

$$V_w = \frac{V_{水}}{V_{样}} \times 100 \tag{2-14}$$

$$V_o = \frac{V_{油}}{V_{样}} \times 100 \tag{2-15}$$

$$V_s = 100 - (V_w + V_o) \tag{2-16}$$

式中，$V_w$为含水量，%；$V_o$为含油量，%；$V_S$为固相含量，%；$V_{样}$为样品体积，mL；$V_{水}$为蒸馏得到的水体积，mL；$V_{油}$为蒸馏得到的油体积，mL。

③由于溶解盐类在钻井液样品蒸干后仍然存留于蒸馏器中，因此，对于含可溶盐较多的钻井液应该进行计算值校正，以减少误差。钻井液水相中NaCl的体积含量（按$Cl^-$含量计算）与密度的关系见表2–3。

**表2-3　钻井液水相中NaCl的体积含量与密度的关系**

| $Cl^-$/（mg/L） | NaCl体积含量/% | 滤液密度/（$g/cm^3$） | $Cl^-$/（mg/L） | NaCl体积含量/% | 滤液密度/（$g/cm^3$） |
|---|---|---|---|---|---|
| 5000 | 0.3 | 1.004 | 100000 | 5.7 | 1.098 |
| 10000 | 0.6 | 1.010 | 120000 | 7.0 | 1.129 |
| 20000 | 1.2 | 1.021 | 140000 | 8.2 | 1.149 |
| 30000 | 1.8 | 1.032 | 160000 | 9.5 | 1.170 |
| 40000 | 2.3 | 1.043 | 180000 | 10.8 | 1.194 |
| 60000 | 3.4 | 1.065 | 188650 | 11.4 | 1.197 |
| 80000 | 4.5 | 1.082 | | | |

校正时，可以根据滤液的氯离子分析结果，用表2–3中盐的体积分数来乘以钻井液中液相的体积含量。首先，需要进行钻井液的精确质量和氯化物浓度的计算。

$$V_{SC} = V_S - V_w\left(\frac{C_{Cl^-}}{1680000 - 1.21C_{Cl^-}}\right) \tag{2-17}$$

式中，$V_{SC}$为含盐钻井液（包括黏土和钻屑）中修正了的总固相体积含量（减去了盐的体积），%；$V_S$为固相含量测定仪测出的固相体积含量，%；$V_w$为固相含量测定仪测出的水体积含量，%；$C_{Cl^-}$为氯离子浓度，mg/L。

低密度固相的体积含量 $V_{lg}$ 按照式（2–18）计算。

$$V_{lg}=V_S\frac{\rho_{wm}-\rho_s}{\rho_{wm}-\rho_{lg}} \tag{2–18}$$

式中，$V_{lg}$ 为低密度固相的体积含量，%；$V_S$ 为固相含量测定仪测出的固相体积含量，%；$\rho_{wm}$ 为加重材料密度，g/cm$^3$；$\rho_{lg}$ 为低密度固相密度，g/cm$^3$；$\rho_s$ 为钻井液中固相的平均密度，g/cm$^3$。

盐水钻井液中低密度固相体积含量 $V_{lg}$ 按照式（2–19）计算。

$$V_{lg}=\frac{1}{(\rho_{wm}-\rho_{lg})}[100\rho_{wc}+V_{SC}(\rho_{wm}-\rho_{wc})-100\rho_m-V_o(\rho_{wc}-\rho_o)] \tag{2–19}$$

式中，$V_{lg}$ 为盐水钻井液中低密度固相体积含量，%；$V_{SC}$ 为盐水钻井液中修正了的固相体积含量，%；$\rho_{wm}$ 为加重材料密度，g/cm$^3$；$\rho_{lg}$ 为低密度固相密度，g/cm$^3$；$\rho_{wc}$ 为盐水钻井液滤液的密度，g/cm$^3$；$\rho_m$ 为盐水钻井液的密度，g/cm$^3$；$V_o$ 为固相含量测定仪测出的油的体积含量，%；$\rho_o$ 为油的密度，g/cm$^3$。

加重物质的体积分数（$V_{wm}$）按照式（2–20）计算。

$$V_{wm}=V_s-V_{lg} \tag{2–20}$$

式中，$V_s$ 为固相含量测定仪测出的固相体积含量，%；$V_{lg}$ 为低密度固相的体积分数。

钻井液中固相的平均密度 $\rho_s$ 按照式（2–21）计算。

$$\rho_s=\frac{100\rho_m-(V_w\rho_w+V_o\rho_o)}{V_s} \tag{2–21}$$

式中，$\rho_s$ 为钻井液中固相的平均密度，g/cm$^3$；$\rho_m$ 为钻井液密度，g/cm$^3$；$V_w$ 为固相含量测定仪测出的水体积含量，%；$\rho_w$ 为水的密度，g/cm$^3$；$V_o$ 为由固相含量测定仪测得的钻井液中油的体积含量，%；$\rho_o$ 为水的密度，g/cm$^3$；$V_s$ 为固相含量测定仪测出的固相体积含量，%。

盐水钻井液滤液的密度 $\rho_{wc}$ 按照式（2–22）计算。

$$\rho_{wc}=1+0.00000109\times C_{Cl^-} \tag{2–22}$$

式中，$\rho_{wc}$ 为盐水钻井液滤液的密度，g/cm$^3$；$C_{Cl^-}$ 为钻井液滤液分析得出的钻井液中的浓度，mg/L。

利用表 2–4 亦可粗略地确定悬浮固相中黏土与重晶石的关系。

**表 2-4　固相中黏土与重晶石的关系**

| 固相密度 /（g/cm$^3$） | 重晶石质量分数 /% | 黏土质量分数 /% | 固相密度 /（g/cm$^3$） | 重晶石质量分数 /% | 黏土质量分数 /% |
|---|---|---|---|---|---|
| 2.6 | 0 | 100 | 3.6 | 71 | 29 |
| 2.8 | 18 | 82 | 3.8 | 81 | 19 |
| 3.0 | 34 | 66 | 4.0 | 89 | 11 |
| 3.2 | 48 | 52 | 4.3 | 100 | 0 |
| 3.4 | 60 | 40 | | | |

### （八）钻井液亚甲基蓝容量

1. 仪器和试剂

①亚甲基蓝溶液：用标准试剂级亚甲基蓝配制，浓度为 3.20g/L（$1cm^3$= 0.01mmol/L）。每次配制时，必须先测定亚甲基蓝的含水量。可将 1.000g 亚甲基蓝在（93 ± 3）℃温度下干燥至恒重，用式（2–23）对样品质量进行校正。

$$\text{取样质量（g）} = \frac{3.20}{\text{亚甲基蓝干燥恒重质量（g）}} \tag{2-23}$$

②过氧化氢：3% 的溶液。

③稀硫酸：约 2.5mmol/L。

④注射器：2.5mL 或 3mL。

⑤锥形瓶：250mL。

⑥滴定管：10mL。

⑦微型移液管：0.5mL。

⑧带刻度移液管：1mL。

⑨量筒：$30cm^3$。

⑩搅拌棒。

⑪ 加热板。

⑫ 滤纸或亚甲基蓝实验纸。

2. 测定步骤

①用注射器极准确地将 2mL 钻井液样品（不含有气泡）加入装有 10mL 水的锥形瓶中，加入 3% 的过氧化氢溶液 15mL 和 2.5mmol/L 的硫酸 0.5mL，然后缓慢地煮沸 10min，再加入蒸馏水稀释至约 50mL。

②以每次 0.5mL 的量将亚甲基蓝溶液逐次加入锥形瓶中，旋转 30s，在黏土颗粒仍悬浮的情况下，用搅拌棒取一滴悬浮液滴在滤纸上，当滤纸上的固体颗粒周围显现出蓝色或绿蓝色时，表明已达到滴定终点。

③继续旋转锥形瓶 2min，再取一滴悬浮液滴在滤纸上，如果蓝色环显示明显，证明终点的确已达到。如果蓝色环不再出现，则再加 0.5mL 亚甲基蓝溶液继续实验，直到摇 2min 后取一滴滴在滤纸上能显示蓝色环为止。

3. 计算

$$\text{亚甲基蓝容量 } MBT\text{（mL/mL）} = \frac{V_1}{V} \tag{2-24}$$

另外，亚甲基蓝容量的单位也可以用 $kg/m^3$ 活性黏土表示，当膨润土的阳离子交换容量为 70 mmol/100g，则可用式（2–25）计算钻井液的等效膨润土含量。

$$\text{等效膨润土含量 (kg/m}^3\text{)} = \frac{2.85 \times 5 \times V_1}{V} \tag{2-25}$$

式中，$V_1$ 为亚甲基蓝溶液用量，mL；$V$ 为钻井液样品量，mL。

### （九）pH 值测定

1. 酸度计

1）仪器

①酸度计：pH 值为 0~14。

②缓冲液：pH 值分别为 4.0，7.0，10.0。

③蒸馏水或去离子水。

④温度计：量程 0~100℃，分度值为 1℃。

⑤软纱布。

2）测量步骤

按所用仪器操作说明书进行。

2. pH 值试纸

①将 pH 值试纸缓慢地放在待测样品表面。

②使滤液充分浸透并变色（不超过 30s）。

③将变色后的试纸与色标进行对比，读取并记录 pH 值。

④如果试纸变色不好对比，则取较接近的精密 pH 值试纸重复以上实验。

### （十）电阻率

1. 仪器

①直读式电阻率测定仪或类似的电阻率仪。

②经过校正的电阻率池。

③温度计：量程为 0~105℃。

2. 操作步骤

①在干净的电阻率池内注满刚搅拌过的钻井液或滤液，试样中不要混入空气或天然气。

②将电阻率池与电阻率仪连接。

③以欧姆·米（直读式）或欧姆（非直读式）为单位测量电阻。

④测定并记录试样的温度，精确到 1℃。

⑤清洗电阻率池，用蒸馏水冲洗后使之干燥。

3. 计算

1）使用直读式仪器时

钻井液电阻率 $Rm$（$\Omega\cdot m^2/m$）可以直接读取仪器读数精确到 $0.01\Omega\cdot m^2/m$。

滤液电阻率 $Rm$（$\Omega\cdot m^2/m$）可以直接读取仪器读数精确到 $0.01\Omega\cdot m^2/m$。

2）使用非直读式仪器时

钻井液电阻率 $Rm$（$\Omega\cdot m^2/m$）等于仪器读数（$\Omega$）× 电阻率池常数（$m^2/m$）。

滤液电阻率 $Rm$（$\Omega \cdot m^2/m$）等于仪器读数（$\Omega$）× 电阻率池常数（$m^2/m$）。

## （十一）泥饼黏附系数的测定

1. 符号及单位

黏附系数：以 $Kf$ 表示。

2. 仪器和设备

①泥饼黏附系数测定仪。

②搪瓷量杯（1000mL）。

③计量秒表、量筒（20mL）。

④气源部件（或 $CO_2$ 气瓶）、滤纸。

⑤扭矩仪。

3. 测定步骤

①测试前将仪器擦拭干净，特别是黏附盘要擦干净；在钻井液杯滤网上，顺序放好滤纸、橡胶垫圈和尼龙垫圈，用 U 型扳手把压圈拧紧；将下连通杆的螺纹端放入钻井液杯底部的网座螺孔内拧紧，关闭通孔。

②将所取钻井液样倒入钻井液杯内至刻度线处或离顶部 6.5mm 处，将钻井液杯对准杯座的 4 个销钉放置在杯座上；将黏附盘杆从钻井液杯盖中间的孔内穿过，再将杯盖旋紧在钻井液杯上；将另一连通阀杆的螺纹端旋入钻井液杯盖螺孔内旋紧，关闭通气孔；通过连通阀杆顶端，装上放气阀组，连接减压阀组，将销子对准，插入连接孔内，再关闭放气阀、减压阀。

③接通气源（或 $CO_2$ 气瓶）将压力调整到 3447kPa（近似 3.5MPa）。

④将 20mL 量筒对准下连通阀杆出水孔，放在底座上。左旋下连通阀杆 90°，打开通孔，再左旋上连通阀杆 90°，打开通孔。迅速调整减压阀手柄，使压力保持在 3.5MPa。开始计时。

⑤待过滤 30min，立即将加压杆槽扣住支架横梁，将黏附盘下压，直到黏附盘与泥饼黏实为止。

⑥测扭矩。将扭矩扳手上的刻度盘与指针对准 0 位，装上内六角套筒，插入黏附盘六角头部，将加压杆槽扣住一支柱，卡在二支柱之间，向左或向右转动扭矩扳手，观察并记录黏附盘与泥饼开始滑动时的刻度盘上最大数值 $M$。

⑦关闭气源，将气源减压阀调至自由位置，旋紧上连通阀杆，打开放气阀，排除余气，取下减压阀。

⑧取下量筒，将回收液杯放在托盘上，调整并紧固，松动钻井液杯底盖，回收钻井液，取出钻井液杯。

⑨旋开压圈，取出尼龙圈、橡胶圈和泥饼，放下托盘取下回收液杯，卸开各连接部位，清洗仪器各部件。

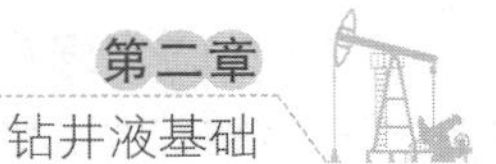

4. 计算

当黏附盘直径为50.7mm、差动压力为3.5MPa时，黏附盘与滤饼之间产生最微小滑动，由扭矩仪测出的扭矩值$M$，按照式（2–26）计算其黏附系数$K_f$。

$$K_f=M\times8.45\times10^{-3} \tag{2-26}$$

### （十二）黏土（页岩）分散实验

1. 符号及单位

页岩回收率：以$R$表示，%。

2. 仪器和设备

①天平，感量为0.01g。

②分析筛、搅拌器、液杯、老化罐。

③滚子炉及配套扳手。

④恒温箱。

⑤页岩取样及防塌剂试样。

⑥量筒、坩埚。

3. 测定步骤

①取页岩样品过6目（孔径3.35mm）分析筛，再用10目（孔径1.7mm）分析筛取样，放入恒温箱，调节恒温105℃，恒温1h后取出冷却至室温。

②取防塌剂称量$x$g（$x$视具体情况而定），加入盛有350mL蒸馏水的液杯中，用搅拌机充分搅拌后，转入到老化罐中。

③称取50g筛选烘干的页岩试样，装入盛有试液的老化罐中，盖好杯盖旋紧，用内角扳手旋紧螺钉，旋紧阀杆，在规定温度下的滚子炉中滚动16h后取出冷却。

④将冷却后的老化罐上阀杆松动排出膨胀气体，松开螺钉卸下杯盖，将试液与页岩样的混合物倒在40目（孔径0.42mm）的标准筛内，在自来水中分筛1min。

⑤将筛余物全部转入到坩埚中放入恒温箱，调至恒温105℃，恒温2h取出冷却后称重。

⑥将回收所得岩样在清水中规定温度下的滚子炉中滚动2h后取出冷却，按⑤方法处理二次回收岩样。

4. 计算

$$R=\frac{m}{50}\times100\% \tag{2-27}$$

式中，$R$为40目筛页岩样的回收率（一次回收率），%；$m$为40目筛余物质量，g。

$$R'=\frac{m_1}{50}\times100\% \tag{2-28}$$

$$R''=\frac{R'}{R}\times100\% \tag{2-29}$$

式中，$R'$为二次回收率，%；$R''$为相对回收率，%；$m_1$为清水中40目筛余物质量，g。

在实际操作中可以根据需要选择不同孔径的标准筛进行测定，滚子炉温度根据地层情况确定。

## 二、水基钻井液化学分析

### （一）钻井液滤液中 $Cl^-$ 浓度测定

$Cl^-$ 浓度检测方法是，取 1mL 钻井液滤液，用 0.0282mol/L 标准 $AgNO_3$ 溶液滴定，指示剂为 $K_2CrO_4$，当试样中出现橘红色 $Ag_2CrO_4$ 沉淀时为终点。

1. 仪器和试剂

①硝酸银溶液：浓度为 0.0282mol/L 和 0.2820mol/L。

②铬酸钾溶液：5g/100mL 水。

③硫酸或硝酸溶液：0.01mol/L 或 0.02mol/L 标准溶液。

④酚酞指示剂：将 1g 酚酞溶于 100mL 浓度为 50% 的酒精水溶液中配制而成。

⑤沉淀碳酸钙：化学纯。

⑥蒸馏水。

⑦带刻度的移液管：1mL 和 10mL 的各一支。

⑧锥形瓶：100～150mL，白色。

⑨搅拌棒。

2. 测定步骤

①取 1mL 或几 mL 滤液于滴定瓶中，加 2～3 滴酚酞溶液。如果显示粉红色，则边搅拌边用移液管逐滴加入酸，直至粉红色消失。如果滤液的颜色较深，则先加入 2mL 0.1mol/L 硫酸或 0.2mol/L 硝酸并搅拌，然后再加入 1g 碳酸钙并搅拌（现场实际操作中此步骤意义不大，粗略测定情况下此步可省略）。

②加入 25～50mL 蒸馏水和 5～10 滴铬酸钾指示剂。在不断搅拌下，用滴定管或移液管逐滴加入硝酸银标准溶液，直至颜色由黄色变为橙红色并能保持 30s 为止。记录达到终点所消耗的硝酸银的 mL 数。如果硝酸银溶液用量超过 10mL，则少取一些滤液进行重复测定。如果滤液中的氯离子浓度超过 1000mg/L，应使用浓度为 0.2820mol/L 的硝酸银溶液。

3. 计算

如果取样 1mL 滤液，用浓度为 0.282mol/L 的 $AgNO_3$ 的标准溶液滴定，硝酸银和氯离子反应的关系是 1∶1，假如滴定时消耗 $x$mL 的硝酸银，就消耗了 $0.282\times x$mol 的硝酸银，就说明有 0.282$x$mol 的 $Cl^-$，再把它转换成质量浓度 mg/L，就成了 $0.282\times x\times 35.45\times 1000$mg/L（其中 35.45 为 $Cl^-$ 的摩尔质量，1000 为 mL 到 L 的换算系数）。

由于在实际操作中，不可能每次取样都是 1mL，也不可能每次都用到浓度为 0.0282mol/L

和 0.2820mol/L 的硝酸银，基于上述计算，氯离子浓度可以采用式（2–30）计算。

$$氯离子 (Cl^-) 浓度 (mg/L)= \frac{C_{硝酸银} \times V_{硝酸银} \times 35450}{V_f} \quad (2-30)$$

式中，$C_{硝酸银}$为硝酸银溶液浓度，mol/L；$V_{硝酸银}$为消耗硝酸银溶液浓度，mL；$V_f$为所取滤液样品体积，mL。

注：①取样时，由于淡水一般取 10mL 或 20mL，$Cl^-$ 浓度超过 50000mg/L 的滤液取样 0.2～0.5mL。

②为了现场使用方便，本书中仍保留“浓度”这个概念。

### （二）钻井液碱度的测定

碱度是衡量钻井液酸碱性的另一种方法。API 规定用酚酞和甲基橙两种指示剂来评价钻井液及其滤液的碱性强弱。

酚酞指示剂在 pH=8.3 时，由红色变为无色，能够使钻井液或滤液 pH 值降到 8.3 所需的酸量叫酚酞碱度。钻井液的酚酞碱度用 $P_m$ 表示。滤液的酚酞碱度用 $P_f$ 表示。

甲基橙指示剂在 pH=4.3 时由黄色转变为橙红色。能使钻井液或滤液 pH 值降到 4.3 所需酸量叫甲基橙碱度。钻井液的甲基橙碱度用 $M_m$ 表示，滤液的甲基橙碱度用 $M_f$ 表示。API 规定 $P_m$、$P_f$、$M_f$ 均以滴定 1mL 样品所需 0.01mol/L 硫酸的 mL 数来表示。由测出的 $P_m$、$P_f$、$M_f$ 值计算出钻井液滤液中 $OH^-$、$HCO_3^-$、$CO_3^{2-}$ 浓度。这三种离子是引起钻井液呈碱性的根源。

1. 仪器与试剂

①硫酸溶液：0.01mol/L 标准溶液。

②酚酞指示剂溶液：将 1g 酚酞溶于 100mL 浓度为 50% 的酒精水溶液中配制而成。

③甲基橙指示剂溶液：将 0.1g 甲基橙溶于 100mL 水中配制而成。

④ pH 计。

⑤滴定瓶：100～150mL，最好白色。

⑥带刻度移液管：1mL 和 10mL 各一支。

⑦搅拌棒。

2. 测定步骤

1）测定 $P_f$ 和 $M_f$

①用注射器或移液管取 1mL 或更多一些滤液（$V_f$，mL）于滴定瓶中，加入 2 滴或更多一些酚酞指示剂溶液。如果显示粉红色，则用移液管逐滴加入 0.01mol/L 的硫酸并不断搅拌，至粉红色恰好消失为止。如果样品颜色较深不能判断颜色变化时，则可用 pH 值计测定试样的变化，当 pH 值降至 8.3 时即为滴定终点。

②记录所消耗的 0.01mol/L 硫酸溶液的体积（$V_1$mL）。

③在上述试样中再加入 2～3 滴甲基橙指示剂溶液，用移液管逐滴加入 0.01mol/L 硫酸溶液并不断搅拌，直到颜色从黄色变为粉红色为止（如果用 pH 值计，则 pH 值降到 4.3

时即达到滴定终点）。

④记录加入甲基橙指示剂后所滴加的0.01mol/L硫酸溶液的体积（$V_2$，mL）。

⑤计算。

$$滤液酚酞碱度\ P_f(mL)=\frac{V_1}{V_f} \tag{2-31}$$

$$滤液甲基橙碱度\ M_f(mL)=\frac{V_1+V_2}{V_f} \tag{2-32}$$

2）测定 $P_m$

①用注射器或移液管取1mL或更多一些钻井液（$V_m$，mL）于滴定瓶中，加入25~50mL蒸馏水，再加入4~5滴酚酞指示剂溶液。边搅拌边用0.01mol/L的硫酸溶液迅速滴定到粉红色消失，若用pH值计测定试样的变化，则当pH值降至8.3时即为滴定终点。

②记录所消耗的0.01mol/L硫酸溶液的体积（$V_3$，mL）。

③计算。

$$钻井液酚酞碱度\ P_m(mL)=\frac{V_3}{V_m} \tag{2-33}$$

### （三）钻井液滤液中钙离子含量的测定

$Ca^{2+}$、$Mg^{2+}$浓度测定方法是，取1mL滤液，用0.01mol/L的EDTA（乙二胺四乙酸二钠盐）标准溶液滴定，铬黑T做指示剂。当指示剂颜色由酒红色变为蓝色时，反应即到达终点。

1. 仪器和试剂

① EDTA标准溶液：0.01mol/L的二水合乙二胺四乙酸二钠盐溶液，1mL=1000mg/L的$CaCO_3$或1mL=400mg/L的$Ca^{2+}$。

②氢氧化钠溶液：1mol/L。

③钙指示剂：羟基萘酚蓝或Calver Ⅱ。

④冰醋酸。

⑤滴定瓶：150mL烧杯。

⑥带刻度移液管：1mL一支和10mL的二支。

⑦移液管：1mL、2mL和5mL的各一支。

⑧加热板。

⑨掩蔽剂：体积比为1∶1∶2的三乙醇胺、四乙烯基戊胺和水混合液（备用）。

⑩ pH试纸。

⑪ 次氯酸钠溶液：5.25%的次氯酸钠去离子水溶液（Clorox或相当的试剂），要确保新鲜且不含次氯酸钙或草酸，并测定其钙离子含量。

⑫ 蒸馏水或去离子水：应测定其钙离子含量。

⑬ 量筒：50mL。

2. 测定步骤

①取 1.0mL 或更多一些试样于 150mL 烧杯中。如果试样颜色较深，可加入 10mL 次氯酸钠溶液并混匀，再加入 1mL 冰醋酸混匀，然后煮沸试样以除去氯气。为了保持试样体积不减少，应适时补充蒸馏水或去离子水。将 pH 值试纸浸入到试样中，如果试纸不被漂白，表明氯气已被除净，否则要继续煮沸。氯气除净后，冷却试样并用蒸馏水或去离子水冲洗烧杯内壁。

②用蒸馏水或去离子水稀释试样至约 50mL，如果试样中存在可溶性铁，则滴加 1mL 掩蔽剂。加入 10～15mLNaOH 溶液使试样 pH 值达到 12～13。

③加入适量的钙指示剂（0.1～0.2g）并混匀。如果存在钙离子，试样将显示粉红色至酒红色。指示剂加得太多时，终点将会不明显，可同时加入几滴甲基橙指示剂以改善终点的判断。

④边搅拌边用 EDTA 溶液滴定至红色变成蓝色时，再继续加入 EDTA 溶液而不再有由红到蓝的颜色变化即为终点。记录所用 EDTA 溶液的体积。

3. 计算

$$钙离子\ (Ca^{2+})\ 浓度\ (mg/L)=\frac{4000\times V_{EDTA}\times C_{EDTA}}{V} \tag{2-34}$$

式中，$V_{EDTA}$ 为消耗 EDTA 溶液体积，mL；$V$ 为试样体积，mL；$C_{EDTA}$ 为 EDTA 溶液浓度，mg/L。

注意：如果所用的次氯酸钠溶液和蒸馏水中含有钙离子，测定结果应校正。

### （四）钻井液滤液中硫酸根离子的测定

1. 仪器和试剂

① $BaCl_2$ 和 $MgCl_2$ 的混合溶液：称取 6.1g $BaCl_2\cdot 2H_2O$ 和 0.1g $MgCl_2$ 溶液于蒸馏水中并稀释至 1000mL，然后用 EDTA 标准溶液进行标定（约为 0.025mol/L）。

②EDTA 标准溶液：0.02mol/L 的二水合乙二胺四乙酸二钠盐（即 7.452g/L）水溶液。

③缓冲溶液：溶解 6.75g$NH_4Cl$ 于 20mL 蒸馏水中，加入 57mL 浓氨水（15mol/L），再用蒸馏水稀释至 100mL。

④铬黑 T 指示剂：0.20g 铬黑 T 与 50g 已干燥的分析纯 NaCl 混合研细，装于深色磨口瓶中。

⑤滴定瓶。

⑥带刻度移液管：1mL 一支、10mL 二支。

⑦移液管：1mL、2mL、5mL 和 10mL 的各一支。

⑧蒸馏水。

2. 测定步骤

①用移液管取滤液 25mL 于滴定瓶中，加入 2mol/L 的盐酸数滴进行酸化，摇荡数分钟。

②参照表 2–5 加入过量的 $BaCl_2$ 与 $MgCl_2$ 混合液，摇荡后加热至微沸 1～2min，静止冷却至室温，加入缓冲溶液 5～8mL 及铬黑 T 指示剂少许。

**表 2-5　$BaCl_2$-$MgCl_2$ 混合液加量参考表**

| $SO_4^{2-}$ 含量 /（mg/L） | 混合液加入量 /mL | $SO_4^{2-}$ 含量 /（mg/L） | 混合液加入量 /mL |
|---|---|---|---|
| 50 以下 | 5 | 150～200 | 20 |
| 50～100 | 10 | 200～300 | 30 |
| 100～150 | 15 | 300～400 | 40 |

说明：如果硫酸根的含量很大，可将 $BaSO_4$ 沉淀滤去后再滴定。

③用 EDTA 标准溶液滴定至试样由酒红色刚好变至纯蓝色即为终点，记下消耗的 EDTA 溶液体积（$V_3$）。

3. 计算

$$SO^{2-}(mg/L)=\frac{[(M_1\times V_1)+(M_{EDTA}\times V_2)-(M_{EDTA}\times V_3)]\times 96060}{V_f} \tag{2–35}$$

式中，$M_1$ 为 $BaCl_2$ –$MgCl_2$ 混合液的浓度，mol/L；$V_1$ 为加入 $BaCl_2$ –$MgCl_2$ 混合液的体积，mL；$M_{EDTA}$ 为 EDTA 标准溶液的浓度，mol/L；$V_2$ 为用同样多的滤液试样测定钙镁含量时消耗的 EDTA 标准溶液（同样的浓度）的体积，mL；$V_3$ 为滴定所消耗 EDTA 标准溶液的体积，mL；$V_f$ 为所取滤液样品体积，mL。

### （五）钻井液滤液中碳酸根离子的测定

实验发现：钻井液滤液中 $OH^-$、$HCO_3^-$、$CO_3^{2-}$ 这三种离子是导致钻井液呈碱性的根源。钻井液中的 $HCO_3^-$、$CO_3^{2-}$ 均为有害离子，它们会破坏钻井液的流变性和滤失性。用 $P_f$ 和 $M_f$ 的比值可以相对表示它们的污染程度。当 $M_f/P_f=3$ 时表明已构成 $CO_3^{2-}$ 污染，若 $M_f/P_f\geq 5$ 则为严重污染。通常加入适量生石灰可以清除这两种离子。

实验发现当 pH=8.3 时，下列反应基本进行完全。

$$OH^- + H^+ = H_2O \tag{2–36}$$

$$CO_3^{2-} + H^+ = HCO_3^- \tag{2–37}$$

但此时溶液中 $HCO_3^-$ 不参加反应，继续滴加 $H_2SO_4$ 至 pH=4.3 时 $HCO_3^-$ 与 $H^+$ 的反应基本进行完全。

$$HCO_3^- + H^+ = CO_2 + H_2O \tag{2–38}$$

根据上述反应完成的特定 pH 值，借助指示剂颜色变化，可以判断：

若滤液中只存在 $OH^-$ 时，$P_f=M_f$；

若滤液中只存在 $HCO_3^-$ 时，$P_f=0$；

若滤液中只存在 $CO_3^{2-}$ 时，$2P_f=M_f$；

若滤液中既存在 $OH^-$ 又存在 $CO_3^{2-}$ 时 $M_f<2P_f$；

若滤液中既存在 $CO_3^{2-}$ 又存在 $HCO_3^-$ 时 $M_f>2P_f$；

$M_f$ 和 $P_f$ 的测定详见本章所述的钻井液碱度的测定。

pH 值与这两种离子的关系是：pH>11.3 时，$HCO_3^-$ 几乎不存在，pH<8.3 时只存在 $HCO_3^-$，pH=8.3～11.3 时 $HCO_3^-$ 与 $CO_3^{2-}$ 共存。

1. 仪器及试剂

（1）盐酸溶液：0.01mol/L 标准溶液。

（2）酚酞指示剂溶液：将 1g 酚酞溶于 100mL 浓度为 50% 的酒精水溶液中配制而成。

（3）甲基橙指示剂溶液：将 0.1g 甲基橙溶于 100mL 水中配制而成。

（4）pH 计。

（5）滴定瓶：100～150mL，最好白色。

（6）带刻度移液管：1mL 和 10mL 各一支。

（7）搅拌棒。

2. 测定步骤

（1）用移液管移取未经脱色的滤液 5mL 于 1000mL 容量瓶中，稀释至刻度（此为试液 B）；

（2）用移液管移取 20mL 试液 B 于锥形瓶中，加入酚酞指示液（5g/L）2～3 滴，用 0.1mol/L 盐酸标准溶液滴定至红色刚刚消失，记录消耗盐酸标准溶液的体积（$V_1$）。

（3）在上述溶液中，再加入甲基橙指示液（1g/L）2～3 滴，继续用 0.1mol/L 盐酸标准溶液滴定至溶液显橙色即为终点，记录消耗盐酸标准溶液的体积（$V_2$）。

3. 计算

当 $V_1>V_2$ 时，碳酸根和氢氧根同时存在，基本不含碳酸氢根，则：

$$P(CO_3^{2-})=\frac{cV_2}{V_0}\times 1.200\times 10^6 \tag{2-39}$$

$$P(OH^-)=\frac{c(V_1-V_2)}{V_0}\times 3.402\times 10^5 \tag{2-40}$$

当 $V_1<V_2$ 时，碳酸根和碳酸氢根同时存在，基本不含氢氧根，则：

$$P(CO_3^{2-})=\frac{cV_2}{V_0}\times 1.200\times 10^6 \tag{2-41}$$

$$P(HCO_3^-)\frac{c(V_2-V_1)}{V_0}\times 1.220\times 10^6 \tag{2-42}$$

当 $V_1=V_2$ 时，只存在碳酸根，基本不含碳酸氢根和氢氧根，则：

$$P(CO_3^{2-})=\frac{c(V_1+V_2)}{V_0}\times 6.001\times 10^5 \tag{2-43}$$

当 $V_1=0$，$V_2\neq 0$ 时，只存在碳酸氢根，基本不含碳酸根和氢氧根，则：

$$P(HCO_3^-)=\frac{cV_2}{V_0}\times 1.220\times 10^6 \tag{2-44}$$

当 $V_1\neq 0$，$V_2=0$ 时，只用氢氧根，基本不含碳酸根和碳酸氢根，则：

$$P(OH^-)=\frac{cV_1}{V}\times 3.402\times 10^5 \tag{2-45}$$

式中，$P(CO^{2-}_3)$ 为滤液中碳酸根离子的含量，mg/L；$P(OH^-)$ 为滤液中氢氧根离子的含量，mg/L；$P(HCO^-_3)$ 为滤液中碳酸氢根离子的含量，mg/L；$c$ 为盐酸标准溶液的浓度，mol/L；$V_1$ 为酚酞变色时，消耗盐酸标准溶液的体积，mL；$V_2$ 为从酚酞变色到甲基橙变色，消耗盐酸标准溶液的体积，mL；$V_0$ 为所取试液 B 的体积，mL。

注：试液应为未经硝酸脱色处理过的滤液制成，若滤液有色，则用酸度计（pH 计）代替指示剂，此时滴定至溶液的 pH 值为 8.30，记录消耗盐酸标准溶液的体积（$V_1$）；继续滴定至溶液的 pH 值为 4.30，记录消耗盐酸标准溶液的体积（$V_2$），注意：V 总 $=V_1+V_2$。

### （六）钻井液滤液中钾离子含量的测定

根据钾离子浓度范围的不同，可用两种测定方法，即：

氯化钾浓度高于 9.98kg/m$^3$（或钾离子含量高于 5000mg/L）时的测定和氯化钾浓度低于 9.98kg/m$^3$（或钾离子含量低于 5000mg/L）时的测定。

根据测定结果可以得出钾离子浓度，对于钻井液中只含有氯化钾时，可以计算出氯化钾含量。

1. 氯化钾浓度高于 9.98kg/m$^3$（或钾离子含量高于 5000mg/L）时的测定

1）仪器和试剂

①高氯酸钠溶液：150.0g $NaClO_4$/100mL 蒸馏水。

②氯化钾标准溶液：14.0g 氯化钾溶于去离子水或蒸馏水配成 100mL 溶液。

③离心机：手摇或电动水平悬摆式，转速能达到 1800r/min。

④离心试管：10mL，Kolmer 型，Corning#8360。

⑤移液管：0.5mL，1.5mL，2.5mL 和 3.0mL 各一支。

⑥注射器或带刻度移液管：10mL。

⑦蒸馏水或去离子水。

2）标准曲线的绘制步骤

对不同类型的离心机必须分别绘制其标准曲线。

①用氯化钾标准溶液配制三种样品：分别取 0.5mL，1.5mL 及 2.5mL 氯化钾标准溶液于三支离心试管内（最后能得到 10kg/m$^3$、30kg/m$^3$ 和 50kg/m$^3$ 的溶液）。

②在离心管内，用蒸馏水将试样稀释至 7mL 的刻度并搅匀。

③加入 3mL 高氯酸钠标准溶液（不要搅拌）。

④在恒定转速（约为 1800r/min）下离心 1min 并立即读出沉淀体积。

⑤用过的离心试管应立即清洗。

⑥在直角坐标纸上以沉淀物体积对氯化钾含量（kg/m$^3$）作图，绘制出标准曲线。

3）测定步骤

①参考表 2-6 取样置于离心管中。

②若滤液试样取样体积少于 7mL 时，在离心试管内用蒸馏水稀释至 7mL 并搅匀。

③加入 3mL 高氯酸钠标准溶液（不要搅拌），如果有 $K^+$ 存在，立即会出现沉淀。

④在恒定转速（约 1800r/mim）下离心 1min，然后立即读取沉淀体积。

⑤再加入 2～3 滴高氯酸钠溶液于离心试管中，如果仍有沉淀生成，则证明没有测定出全部钾离子，应当再参考取样体积表将试样体积减小，并重复上述测定步骤，直至加入 2～3 滴高氯酸钠溶液后不再有沉淀生成，测定结果以这次为准。

**表 2-6　不同浓度下滤液试样的取样体积**

| $K^+$ 浓度 /（mg/L） | 滤液试样体积 /mL | $K^+$ 浓度 /（mg/L） | 滤液试样体积 /mL |
|---|---|---|---|
| 5250～27000 | 7.0 | 52500～105000 | 2.0 |
| 27000～52500 | 3.5 | 105000 以上 | 1.0 |

⑥将所测定的沉淀体积与标准曲线相比较即可确定氯化钾浓度。如果经过计算获得的氯化钾浓度超过 27000mg/L，测定的准确度会变得越差，为了较准确的测定，可按表 2–6 中规定的取样体积，另取一份较少体积的滤液试样重复测定一次。

4）计算

$$\text{滤液氯化钾含量}(kg/m^3)=\frac{7\times \text{标准曲线所得值}}{\text{滤液试样体积（mL）}} \quad (2\text{–}46)$$

$$\text{滤液钾离子含量（mg/L）}=524.5\times \text{滤液氯化钾含量（}kg/m^3\text{）} \quad (2\text{–}47)$$

2. 氯化钾浓度低于 $9.98kg/m^3$（或钾离子含量低于 5000mg/L）时的测定

1）仪器和试剂

①四苯硼酸钠标准溶液：8.754g 四苯硼酸钠溶于 800mL 去离子水中，加入 10~12g 氢氧化铝，搅拌 10min 并过滤，加入 2mL 浓度为 20% 的氢氧化钠溶液至滤液中，再用去离子水稀释至 1L。

②季铵盐溶液（QAC）：500mL 去离子水中溶解 1.165g 溴化十六烷基三甲基铵。

③氢氧化钠溶液：20g/80 mL 去离子水。

④溴酚蓝指示剂：0.04g 溴酚蓝溶于 3mL 浓度为 0.1mol/L 的氢氧化钠溶液中，再用去离子水稀释至 100mL。

⑤去离子水或蒸馏水。

⑥带刻度的移液管：刻度值为 0.01mL。2mL 一支，5mL 和 10mL 各一支。

⑦量筒：25mL 和 100mL 各 2 个。

⑧烧杯：250mL 的 2 个。

⑨漏斗。

⑩滤纸。

2）测定步骤

①参照表 2–7 中规定的滤液试样用量，取适当滤液试样体积于 100mL 量筒中。

②加入 4mL 浓度为 20% 的氢氧化钠溶液和 25mL 四苯硼酸钠溶液，然后用定量的去离子水稀释至 100mL。

表 2-7　测定低浓度 KCl 时不同浓度下滤液试样的取样体积

| $K^+$ 浓度 /（mg/L） | 滤液试样体积 /mL | $K^+$ 浓度 /（mg/L） | 滤液试样体积 /mL |
|---|---|---|---|
| 250～2000 | 10.0 | 4000～10000 | 2.0 |
| 2000～4000 | 5.0 | | |

③ 搅拌后静止 10min。

④过滤至 100mL 量筒内，如果溶液仍为浑浊，必须再过滤一次。

⑤取 25mL 上述滤液于 250mL 烧杯中。

⑥加入 10～15 滴溴酚蓝指示剂。

⑦用季铵盐溶液滴定至颜色从紫蓝色变为淡蓝色为止。

3）计算

$$滤液钾离子含量\ (mg/L)=\frac{1000\times[25-V_Q]}{V} \tag{2-48}$$

$$滤液氯化钾含量\ (kg/m^3)=\frac{滤液钾离子含量\ (mg/L)}{524.5} \tag{2-49}$$

式中，$V_Q$ 为滴定滤液消耗季铵盐溶液的体积，mL；$V$ 为滤液体积，mL。

## 三、油基钻井液测试程序

油基钻井液的密度、流变性、滤失量等测试程序与水基钻井液基本相同，可以参考执行。这里仅就油基钻井液电稳定性、水相活度、钻井液碱度、石灰含量、氯根和钙离子含量测定等进行介绍。

### （一）电稳定性的测定

油包水乳化钻井液的相对稳定性通常以破乳电压（*ES*）来表示，单位为 V。稳定状态的油包水乳状液是不导电的，但在实验时，当浸在油包水乳状液内的电极增加电压时，最终会破坏乳状液而有电流通过。油包水乳状液越稳定，出现电流通过时的最低电压就越高。温度对电稳定性有影响，故测量应在（50±2）℃的温度下进行。

1. 仪器

①电稳定性测定仪：电压 0～2000V，最好 0～1500V，频率 330～350Hz。当乳状液被击穿时，瞬时电流为 61mA。电极间距为 1.59mm。

②温度计：量程为 1～105℃。

2. 测定步骤

①将油基钻井液样品过筛以除去粒径大于 1.4mm 的颗粒（可用马氏漏斗上的筛网），然后放入容器内并用电极搅拌 30s。

②将样品温度调至（50±2）℃；记下样品的温度。

③将电稳定性测定仪的电极浸没到样品内，但不应接触到容器，测量时不得移动电极。

④接通电源，从零读值开始按顺时针方向转动旋钮增加电压，其递增速度大致为100～200V/s，直至指示灯发亮为止。

⑤记录表盘上的读值，然后将其降回零。

⑥用绢纸清洁电极，然后再用电极搅拌样品30s，照上述过程再重复测定一次。两次测定的结果最大偏差应为 ±5%。

3. 计算

$$ES=2\times \text{表盘读数} \tag{2-50}$$

### （二）水相活度的测定

水活度（AW）定义为物质中水分含量的活性部分或者说自由水。它影响物质的物理、机械、化学、微生物特性，这些物性包括流淌性、凝聚、内聚力和静态现象。水相活度实验是确定油基钻井液中被乳化水相的活度，也可用于测定地层活度系数。

1. 仪器和试剂

①湿度计：数字显示式。

②配制饱和溶液用的各种盐：$CaCl_2$，$Ca(NO_3)_2$，NaCl 和 $KNO_3$，均为试剂级。

③带胶塞的广口瓶：约 150$cm^3$ 的容量。

④适合放置广口瓶的泡沫塑料保温套。

⑤蒸馏水或无离子水。

2. 测定步骤

1）标准湿度曲线的绘制

①按照表2-8所规定的加盐量，将盐溶于100mL蒸馏水或无离子水中，在66~93℃温度下搅拌0.5h，然后冷却到24~27℃，容器底部将出现盐的结晶，如果无结晶析出，应加入少量同类盐的晶体以诱发结晶析出。

**表2-8 标准盐溶液的活度和配制用量**

| 盐名称 | 活度 | 100mL水中溶解的盐量 | 盐名称 | 活度 | 100mL水中溶解的盐量 |
|---|---|---|---|---|---|
| 氯化钙 | 0.295 | 100 | 氯化钠 | 0.753 | 200 |
| 硝酸钙 | 0.505 | 200 | 硝酸钾 | 0.938 | 200 |

②将广口瓶胶塞打一个可容许湿度计探测头紧密穿过的小孔，把探测头固定在胶塞小孔上，小孔的大小应足以容纳探测头并具有气密作用。

③准备好上述已配制好的各种盐水，每份为40mL，加盖存放，不得受污染。

④用一个平口烧杯（约250mL）装入无水硫酸钙或硅胶，最好装入无水 $CaCl_2$。将探测头连带胶塞置于烧杯上面10～15min，探测头与干燥剂之间应有12mm的距离。探测头干燥状态时湿度计读数应≤24% 相对湿度（RH）。

⑤将探测头连带胶塞一起移到具有最低活度（表 2-8）的标准溶液上停放 30min，探测头应和溶液面保持 12mm 的距离。平衡后，记录溶液温度和湿度计显示的相对湿度值。

⑥然后按活度从低到高依次对每个标准溶液进行同样的测定，并记录每个溶液的温度和相对湿度读值，应确保每个溶液温度都是 24~25℃。

⑦测完全部溶液后，在方格坐标纸上以相对湿度对活度作曲线。

2）油基钻井液活度的测定

①像上述那样将探测头置于干燥剂上方干燥 10~15min。

②样品杯中放入 40mL 油基钻井液样品，将探测头从干燥杯中移到钻井液上方 12mm 处。开启湿度计，等候 30min，记录相对湿度读数（%RH）及温度。钻井液样品的温度应 24~25℃。

③利用测得的相对湿度，通过标准湿度曲线查出油基钻井液样品的活度值。

注意：钻井液样品不应出现油水分离现象，否则，测定结果是错误的。同时，务必保证试样杯和盖子干净，没有黏附盐晶体。

为了测定页岩钻屑的活度，可从振动筛上取得钻屑，用柴油洗去钻井液，再用纸擦干油迹或油基钻井液的污迹，然后像测定钻井液一样用湿度计进行测定。

### （三）钻井液碱度、石灰含量、氯根和钙离子含量测定

油基钻井液碱度、石灰含量、氯根和钙离子含量是油基钻井液的化学分析测定的主要项目，对于控制钻井液性能非常重要。

钻井液碱度测试采用滴定法，测定与油基钻井液样品中的碱性物质反应所需要的标准酸的体积。碱度值用于计算油基钻井液中未反应的过量石灰含量。过量的碱性物质，比如石灰，有助于稳定乳化体系，也可以中和二氧化碳或硫化氢等酸性气体。

钻井液氯根含量测试采用滴定法，测定与氯根（或其他卤素离子）反应以生成氯化银（或卤化银）沉淀所需要的标准硝酸盐溶液的体积。如果样品为酸性（pH 值低于 7.0），氯根测定可以使用与碱度测定同样的样品。全钻井液的氯根含量，直到饱和为止都可认为是存在于水相中。水相中的溶解盐浓度，通过“水相活度概念”，与钻井液抑制页岩的能力相关联，也需要水相的矿化度值来校正蒸馏所得到的水含量，以便获得油基钻井液正确的固相含量值。

钻井液钙含量测试采用滴定法，测定与油基钻井液所释放出的钙离子（包含其他碱土金属离子）反应所需要的标准钙螯合剂（EDTA）的体积。实验时，用一种混合溶剂对油基钻井液进行萃取。实验中所测出的钙离子可能来源于配制钻井液时所加入的 $CaCl_2$、CaO 或 $Ca(OH)_2$，但也有可能来源于所钻出的生石膏或硬石膏（$CaSO_4$）。与氯根分析和水含量实验结果一起，钙分析结果可以用来计算钻井液水相中 $CaCl_2$ 和 NaCl 的矿化度。

1. 仪器和试剂

①滴定容器用广口瓶或 400$cm^3$ 烧杯。

② 5cm$^3$ 一次性注射器，2 支。

③ 25cm$^3$ 量筒，1 支。

④ 1cm$^3$、10cm$^3$ 刻度移液管，各 2 支（其中前 2 支移液管用于硫酸溶液，后 2 支用于硝酸银溶液）。

⑤带有 38mm 搅拌子（带镀层）的磁力搅拌器。

⑥溶剂用二甲苯和无水异丙醇 50：50 体积比混合物（注意，二甲苯和异丙醇易燃，其蒸汽有害）。

⑦酚酞指示液，用 1g 的酚酞：100cm$^3$ 的 50% 异丙醇水溶液。

⑧ 0.05mol/L 标准硫酸溶液。

⑨铬酸钾指示液，用 5g 的铬酸钾：100cm$^3$ 的水。

⑩硝酸银溶液，浓度 47.91g/L（相当于 0.01g$Cl^-$/mL，0.282mol/L），贮存于琥珀色或不透明的瓶子中。

⑪ 蒸馏水或去离子水钙缓冲溶液，lmol/L 氢氧化钠（NaOH），用 CAS 认可的新鲜的 NaOH 配制，其碳酸钠质量分数含量应小于 1%（注意，钙缓冲溶液应贮存在密闭的瓶子中，以尽可能减少对空气中 $CO_2$ 的吸收）。

⑫ 钙指示剂用 Calver Ⅱ或羟基萘酚蓝。

⑬0.1mol/L 的 EDTA 溶液（维尔希酸或相当的试剂），即二水合乙二胺四乙酸二钠盐的标准溶液。用分析纯的二水合乙二胺四乙酸二钠盐（EDTA）配制。1cm$^3$=10000mg/L 的氯化钙 =4000mg/L 钙离子。

2. 碱度和石灰含量测试

1）测试步骤

①向 400cm$^3$ 烧杯或广口瓶中加入 100mL 二甲苯和异丙醇的 50：50 混合溶剂。

②用 1 支 5cm$^3$ 注射器，吸入 3mL 以上的钻井液样品，将其中的 2cm$^3$ 钻井液转移到烧杯或广口瓶中。

③搅拌钻井液和溶剂，直至混合均匀。

④加入 200mL 蒸馏水（或去离子水），再加入 15 滴酚酞指示液。

⑤用磁力搅拌器快速搅拌的同时，用 0.05mol/L 硫酸溶液慢慢滴定直至粉红色恰好消失；继续搅拌，如果在 1min 之内没有粉红色重新出现，则停止搅拌。

注意：可能有必要停止搅拌，允许两相发生分离，以便更清楚地观察水相的颜色。

⑥让样品静置 5min。如果粉红色不再出现，则表明已达终点；若粉红色复现，再用硫酸进行第 2 次滴定；若粉红色再次出现，则进行第 3 次滴定。如果在 3 次滴定之后仍有粉红色复现，则认为此时已达终点。

⑦用达终点所需要的 0.05mol/L 硫酸的体积计算油基钻井液的碱度。

2）碱度计算

钻井液碱度按照式（2–51）计算。

$$V_{SA}=\frac{V_{H_2SO_4}}{2.0} \tag{2-51}$$

式中，$V_{SA}$ 为钻井液碱度；$V_{H_2SO_4}$ 为消耗的 0.05mol/L 硫酸溶液的体积，$cm^3$。

石灰含量［$Ca(OH)_2$］按照式（2–52）计算。

$$c_{Lime}=3.705\times V_{H_2SO_4} \tag{2-52}$$

式中，$c_{Lime}$ 为钻井液中石灰含量，$kg/m^3$；$V_{H_2SO_4}$ 为 $1cm^3$ 钻井液消耗 0.05mol/L 硫酸溶液的体积，$cm^3$。

注：通常把 $c_{Lime}$ 称作“全钻井液碱度”或“过量石灰”。

3. 氯根含量测试

1）测试步骤

①按照钻井液碱度测试程序进行测试，同时注意，向待测氯根含量的混合溶液中加入 10~20 滴或更多量的 0.05mol/L 硫酸，以保证混合液呈酸性。

②加入 10~15 滴铬酸钾指示液。

③用磁力搅拌器快速搅拌的同时，用 0.282mol/L 硝酸银溶液慢慢滴定，直至出现橙红色并稳定至少 1min 不褪色。

注意：在滴定过程中可能还需要补加几滴铬酸钾指示液；可能有必要停止搅拌，允许两相发生分离，以便更清楚地观察水相的颜色。

④用达终点所需要的 0.282mol/L 硝酸银溶液的体积来计算钻井液的氯根含量。

2）计算

氯根含量按式（2–53）计算。

$$c_{Cl^-}=\frac{V_{AgNO_3}}{2.0}\times 10000 \tag{2-53}$$

式中，$c_{Cl^-}$ 为钻井液中氯根含量，mg/L；$V_{AgNO_3}$ 为消耗的 0.282mol/L 硝酸银溶液的体积，$cm^3$。

4. 钙含量测试

1）测试步骤

①向广口瓶中加入 100mL 二甲苯和异丙醇的 50：50 混合溶剂。

②用 1 支 5mL 注射器，吸入 3mL 以上的钻井液样品，将其中的 2mL 钻井液转移到广口瓶中。

③盖紧瓶盖，用手剧烈摇动 lmin。

④向广口瓶中加入 200mL 蒸馏水或去离子水；再加入 3mL 的 1mol/L 氢氧化钠缓冲溶液；再加入 0.1~0.25gCalver Ⅱ指示剂粉。

⑤重新盖紧瓶盖，再次剧烈摇动 2min。静置几秒钟以便上、下两相分离。如果水相（下层）出现淡红色，则表明有钙离子存在。

⑥将广口瓶放到磁力搅拌器上，并放入一个搅拌子。

⑦开动搅拌器，使之刚好能搅动水相（下层）而又不致使上、下两层混合；同时用

EDTA 溶液非常缓慢地、逐滴地滴定；在终点时会有一个明显的颜色变化，即从淡红色变为蓝绿色；记录所加入的 EDTA 溶液体积。

⑧用达终点时所需要的 EDTA 溶液体积计算钻井液的钙含量。

2）钙含量计算

钻井液钙含量按式（2–54）计算。

$$c_{Ca^{2+}} = \frac{V_{EDTA}}{2.0} \times 4000 \tag{2–54}$$

式中，$c_{Ca^{2+}}$ 为钻井液钙含量，mg/L；$V_{EDTA}$ 为 0.1mol/L 的 EDTA 的体积，mL。

## 参考文献


［1］鄢捷年．钻井液工艺学（修订版）［M］．山东东营：石油大学出版社，2012.

［2］张克勤，陈乐亮．钻井技术手册（二）钻井液［M］．北京：石油工业出版社，1988.

［3］王中华．钻井液技术员读本［M］．北京：中国石化出版社，2017.

［4］钻井液技术手册［DB/OL］．http：//www.doc88.com/p-036414533999.html，2012-04-26/ 2019-04-15.

［5］刘光法，苗锡庆．黏土矿物水化膨胀影响因素分析［J］．石油钻探技术，2009，37（5）：81-84.

［6］NF-2 泥饼黏附系数测定仪［DB/OL］.https：//www.docin.com/p-1587713978.html，2016-05-20/ 2019-07-24.

［7］刘晓东．油基钻井液的化学分析测试研究［J］．石油天然气学报，2012，34（1）：146-148.

# 第三章　钻井液材料和处理剂

钻井液材料和处理剂是指在石油钻井过程中，用于配制钻井液及维护钻井液的性能，以及用于处理钻井过程中出现漏失、井壁失稳、卡钻等复杂情况，防止或减缓钻具腐蚀等问题，以获得良好的钻井液性能，保证钻井作业的顺利进行所使用的化学品。它通常包括矿物材料、无机化合物、有机化合物和高分子化合物。

## 第一节　钻井液基础材料

### 一、配浆材料

1. 膨润土

膨润土是水基钻井液的重要配浆材料。有的文献将膨润土定义为具有蒙脱石的物理化学性质，含蒙脱石不少于85%的黏土矿物。一般要求1t膨润土至少能够配制出黏度为15mPa·s的钻井液16$m^3$，即造浆率为16$m^3$/t。钠膨润土的造浆率一般较高，而钙膨润土则需要通过加入纯碱使之转化为钠膨润土后方可使用。目前我国将配制钻井液所用的膨润土分为三个等级：一级为符合API标准的钠膨润土；二级为改性土，经过改性符合OCMA标准要求；三级为较次的配浆土，仅用于性能要求不高的钻井液。

由于无机盐对膨润土的水化分散具有一定的抑制作用，因此膨润土在淡水和盐水中的造浆率不同，盐水造浆率一般要低一些。将膨润土先在淡水中预水化，然后再加入盐水中，可以提高其在盐水中的造浆率。

膨润土在淡水钻井液中具有增加黏度和切力，提高井眼净化的能力；可形成低渗透率的致密泥饼，降低滤失量；对于胶结不良的地层，可改善井眼的稳定性以及防止井漏等作用。

2. 抗盐土

海泡石、凹凸棒石和坡缕缟石是较典型的抗盐、耐高温的黏土矿物，主要用于配制盐水钻井液和饱和盐水钻井液。用抗盐黏土配制的钻井液一般形成的泥饼质量不好，滤失量较大，因此，必须配合使用降滤失剂。海泡石有很强的造浆能力，用它配制的钻井液具有较高的热稳定性。此外，海泡石还具有一定的酸溶性（在酸中可溶解60%左右），因此，在保护油气层的钻井液中，还可用做酸溶性暂堵剂。

3. 有机膨润土

有机膨润土，别名有机蒙脱土、有机陶土、简称OMMT，是一种无机矿物/有机铵复合物，以膨润土为原料，利用膨润土中蒙脱石的层片状结构及其能在水或有机溶剂中溶胀分散成胶体级黏粒特性，通过离子交换技术插入有机覆盖剂而制成。白色或灰白色粉末，相对密度1.7~1.8g/cm$^3$，无味。有机膨润土在各类有机溶剂、油类、液体树脂中能形成凝胶，具有良好的增稠性、触变性、悬浮稳定性、高温稳定性、润滑性、成膜性、耐水性及化学稳定性，是油基钻井液的重要组分。

## 二、加重材料

1. 重晶石

重晶石是以硫酸钡（$BaSO_4$）为主要成分的非金属矿产品，化学式$BaSO_4$，相对分子质量233.39，莫氏硬度3.0~3.5，密度4.0~4.6g/cm$^3$。是应用最广泛和用量最大的加重剂。纯重晶石显白色、有光泽。重晶石化学性质稳定，不溶于水和盐酸，无磁性和毒性。不易吸水，但受潮后易结块。作为钻井液加重剂，其密度应达到4.2g/cm$^3$以上。重晶石一般用于加重密度不超过2.50g/cm$^3$的水基和油基钻井液。近年来，实践表明，通过对重晶石粒径进行优化，采用重晶石可以使钻井液密度加重到2.80g/cm$^3$以上。

本品广泛用于钻井液加重剂，但在甲酸盐和磷酸盐钻井液中慎用。

2. 活性重晶石

活性重晶石是通过对普通重晶石粉颗粒表面进行化学改性而成的一种性能更优良的加重剂。由于其黏度效应低，悬浮稳定性好，用活性重晶石加重，同等密度的钻井液浆具有更好的流动性、流变参数、热稳定性和沉降稳定性（即密度长时间稳定）。一般可将钻井液加重至2.60g/cm$^3$而具有较好的流变性。用于高密度或超高密度钻井液加重剂，具有悬浮稳定性好，黏度效应小的特点。

3. 石灰石粉

石灰石粉是一种以碳酸钙为主要成分的天然矿石，经过机械加工而成的粉末产品。分子式$Ca_2CO_3$，相对分子质量100.1。碳酸钙的莫氏硬度3~4，密度2.7~2.9g/cm$^3$，纯品为白色粉末，不溶于水，不易吸水，但受潮后易结块。一般用于配制密度<1.68g/cm$^3$的钻井液和完井液。由于$CaCO_3$可溶于酸，可以酸化解堵，用于防止油气层损害，其颗粒尺寸应由产层孔隙尺寸的大小来确定。

石灰石粉主要用作完井液及修井液的加重剂，不同粒径级配的产品可以用作油层漏失的暂堵剂、固相降滤失剂，尤其对聚合物钻井液降低瞬时滤失量较为有效。

4. 钛铁矿粉

钛铁矿粉，化学成分为$FeTiO_3$。颜色铁黑或呈钢灰色，条痕钢灰或黑色，当含有赤铁矿包体时，呈褐或褐红色。硬度 5~6，密度 4.4~5.0g/$cm^3$，密度随成分中 MgO 含量的降低或 FeO 含量的增高而增高，具弱磁性。在氢氟酸中溶解度较大，缓慢溶于热盐酸。溶于磷酸并冷却稀释后，加入过氧化钠或过氧化氢，溶液呈黄褐色或橙黄色。钛铁矿经过机械加工而成的适宜细度的粉末，即为钛铁矿粉，为褐色。不溶于水，能部分地和盐酸发生反应。不易吸水，但受潮后易结块。

主要用于配制高密度钻井液，具有一定的酸溶性，可用于需要酸化作业的产层，对储层伤害低。

5. *赤铁矿粉*

赤铁矿粉是粉碎得很细的铁矿石粉末，主要成分为三氧化二铁，分子式 $Fe_2O_3$，相对分子质量 159.69。为具有金属色泽的黑色粉末，密度 4.9~5.3g/$cm^3$，有天然磁性。不溶于水，能部分地和盐酸发生反应。不易吸水，但受潮后易结块。作为加重材料，用来提高钻井液密度，可溶于酸，主要用于加重密度为 1.8~3.1g/$cm^3$ 的钻井液。因为其硬度较高，所以用赤铁矿粉加重的钻井液对钻具、套管和泵的缸套等具有较强的研磨冲蚀作用。同时，用赤铁矿粉加重的盐水钻井液对钢材具有较强的电化学腐蚀作用，如果用于加重的钻井液悬浮能力不强或护胶不好，很可能产生沉降。

由于可以酸溶，可以用作完井液、修井液加重剂和暂堵剂，有利于储层保护。将本品经过表面处理可以得到性能更优的活性赤铁矿粉，用其加重钻井液体系可以获得更好的流动性、流变参数、热稳定性和悬浮稳定性，用于特高密度钻井液加重，最高可以达到 3.1g/$cm^3$。

6. *锰矿粉*

软锰矿主要由沉积作用形成。锰矿粉是由软锰矿经过粉碎得到，其成分是二氧化锰，分子式 $MnO_2$，相对分子质量 86.94。密度 4.7~5.0g/$cm^3$。钢灰至黑色，条痕蓝黑至黑色，半金属光泽。加过氧化氢剧烈起泡放出大量氧气；缓慢溶于盐酸放出氯气，并使溶液呈淡绿色。用于钻井液加重剂，由于可以酸溶，也可以用作完井液、修井液加重剂，对储层伤害小，适用于产层。

7. *方铅矿粉*

方铅矿粉是一种主要成分为 PbS 的天然矿石粉末，分子式 PbS，相对分子质量 239.26。一般呈黑褐色，难溶于酸，不溶于水，不溶于碱。由于其密度高达 7.4~7.7g/$cm^3$，因而可用于配制超高或特高密度钻井液，以控制地层出现的异常高压。由于该加重剂的成本高、货源少，一般仅限于在地层孔隙压力极高的特殊情况下使用。

## 第二节　钻井液处理剂

钻井液处理剂是指在钻井液配制和处理过程中所用的化学剂，它是重要的油田化学品，约占油田化学品总量的 50%。它与钻井和钻井液技术的发展密切相关。本节重点介

绍处理剂分类与作用，以及不同作用的处理剂。

## 一、钻井液处理剂的分类与作用

### （一）钻井液处理剂分类

钻井液处理剂可以根据用途（或功能）及化学性质进行分类。

1. 按照用途或功能分类

根据用途或功能可将钻井液处理剂分为杀菌剂、缓蚀剂、除钙剂、消泡剂、乳化剂、絮凝剂、起泡剂、降滤失剂、堵漏剂、润滑剂、解卡剂、pH值调节剂、表面活性剂、页岩抑制剂、降黏剂、高温稳定剂、增黏剂和加重剂等。

API/IADC将钻井液处理剂分为碱度控制剂、杀菌剂、除钙剂、缓蚀剂、乳化剂、降滤失剂、絮凝剂、起泡剂、堵漏剂、润滑剂、解卡剂，页岩抑制剂、表面活性剂、合成基油、高温稳定剂、降黏剂或分散剂、增黏剂、加重剂。

中国石化Q/SH 0242—2015《油田化学剂分类及命名规范》将钻井液处理剂分为降滤失剂、增黏剂、降黏剂、防塌剂、抑制剂、乳化剂、絮凝包被剂、堵漏剂、润滑剂、解卡剂、消泡剂、发泡剂、加重剂、屏蔽暂堵剂、缓蚀剂、杀菌剂、水合物抑制剂、其他等18类。

2. 按照化学性质分类

按化学性质可将钻井液处理剂分为无机处理剂和有机处理剂。

1）无机处理剂

无机处理剂分为天然矿物和无机化合物，其中：

天然矿物包括黏土矿物、重晶石、铁矿、石灰石等。这些材料主要用于配浆材料、加重剂和暂堵剂、封堵剂等。

无机化合物包括氧化物、碱、盐、无机高分子等。主要用于pH值调控剂、除钙剂、抑制剂、防塌剂、絮凝剂、增黏剂、高温稳定剂、缓蚀剂、除氧剂、除硫剂、水合物抑制剂等。

2）有机处理剂

有机处理剂可分为有机化合物和高分子化合物，其中：

有机化合物包括矿物油、植物油、有机盐、表面活性剂等。在钻井液中，主要用于润滑剂、防卡剂、抑制剂、防塌剂、乳化剂、润湿剂、起泡剂、消泡剂、缓蚀剂、杀菌剂、高温稳定剂、储层保护剂、加重剂、暂堵剂等。

高分子化合物包括天然高分子及其衍生物和合成高分子化合物。在钻井液中主要用于絮凝剂、包被剂、降滤失剂、增黏剂、降黏剂、润滑剂、页岩抑制剂、防塌剂、流型调节剂、防漏堵漏剂、润滑剂、乳化剂、暂堵剂、防卡解卡剂、储层保护剂、水合物抑制剂等。

## （二）钻井液处理剂的作用

广义上讲，钻井液处理剂的作用是用于配制能够满足安全、快速、高效钻井、油气层保护、环境保护等需要的钻井液体系，并在钻井过程中维护和调整钻井液的性能，解决钻井过程中出现的与钻井液相关的复杂问题等，它是保证钻井液性能稳定的基础，没有优质的钻井液处理剂及处理剂作用的充分发挥，就不可能得到性能良好的钻井液体系。

由于性质不同，无机处理剂和有机处理剂的作用通常有不同的侧重，一般情况下，其作用可以概括如下。

### 1. 无机处理剂的作用

无机处理剂主要起离子交换作用、pH 值调节作用、沉淀作用、络合作用，与有机处理剂生成可溶性盐的作用、抑制盐溶作用、抑制黏土和页岩水化作用、防塌作用、絮凝作用、密度调节作用、封堵（暂堵）作用、缓蚀作用等。

1）离子交换吸附作用

主要是黏土颗粒表面的 $Na^+$ 与 $Ca^{2+}$ 之间的交换。这一过程对改善黏土造浆性能、配制钙处理钻井液以及防塌等方面都很重要，对钻井液性能的影响也较大。例如，在配制预水化膨润土浆时，常加入适量的纯碱，其目的是通过 $Na^+$ 浓度的增加，使之能够与钙蒙脱土颗粒表面的 $Ca^{2+}$ 发生交换，从而使黏土的水化和造浆性能提高，分散成更小的颗粒，表现为钻井液的黏度、切力升高，滤失量降低；相反，若在分散钻井液中加适量的氢氧化钙和石膏等处理剂，随着滤液中 $Ca^{2+}$ 浓度的提高，一部分 $Ca^{2+}$ 会与吸附在黏土颗粒上的 $Na^+$ 发生交换，致使钻井液体系转变为适度絮凝的粗分散态，从而控制黏土的水化与分散。

2）调控钻井液的 pH 值

每种钻井液体系均有其合理的 pH 值。然而在钻进过程中，钻井液的 pH 值会由于发生处理剂高温分解、盐侵、盐水侵、水泥侵和井壁吸附等各种原因而发生变化，其中 pH 值趋于下降的情况更为常见。因此，为了使钻井液性能保持稳定，应随时对体系的 pH 值进行调整。添加适量的烧碱等无机处理剂是提高 pH 值的最简单的方法，而使用酸式焦磷酸钠，石膏或氯化钙等无机处理剂时，则会使钻井液的 pH 值有所下降。

3）沉淀作用

当有过多的钙或镁侵入钻井液时，将会削弱黏土的水化和分散能力，破坏钻井液的性能。此时，可先加入适量烧碱除去镁，然后用适量纯碱除去钙。这种沉淀作用还可用来使某些因受到污染而失效的有机处理剂恢复其作用，例如褐煤碱液和水解聚丙烯腈，如遇钙侵会分别生成难溶于水的腐殖酸钙和聚丙烯酸钙。此时，可以加入适量纯碱，使上述处理剂恢复其作用效果，这是由于所生成的 $CaCO_3$ 的溶解度比腐殖酸钙和聚丙烯酸钙的溶解度小得多，因而可使处理剂的钙盐重新转变为钠盐。

4）分散作用

淡水钻井液钙侵或水泥侵后，由于黏土颗粒之间相互黏结成网状结构，切力和黏度上升，在钻井液出现稠化的同时，滤失量也增大。此时如加入烧碱水或纯碱，通过离子交换可增大黏土表面上 $Na^+$ 与 $Ca^{2+}$ 之比，从而增强黏土颗粒的水化，黏土颗粒之间的网状结构就被削弱或变得易拆散。这种分散作用改善了钻井液的流动性，降低了滤失量。

在用钙膨润土配浆时，加适量纯碱也可以增加黏土表面水化，加速黏土的分散，提高黏土的造浆率。

5）控制絮凝作用

控制絮凝作用是指将钻井液中的黏土颗粒控制在适度絮凝状态，即黏土既不高度分散成细小的颗粒，又不高度絮凝成团块，而是絮凝成由细小颗粒黏结成的较粗颗粒。因此，控制絮凝实际上是有机高分子的降黏和保护作用与电解质的絮凝作用互相配合的结果。如，钙处理钻井液体系中的无机絮凝剂石灰、石膏、氯化钙和氯化钠等都是在有机处理剂配合下共同起控制絮凝作用的。它们的作用，一方面在于使黏土细小颗粒絮凝成较粗的颗粒，减少钻井液中的颗粒浓度或增大颗粒之间的间隔，同时适当减小黏土颗粒表面的水化；另一方面，在于能抑制井壁泥岩和泥岩钻屑的水化、分散和膨胀，既能巩固井壁，阻止剥蚀掉块和坍塌，又能抑制造浆和黏土侵，防止钻井液稠化；此外，控制絮凝还可以提高钻井液的抗侵污染性能。

6）络合作用

利用某些无机处理剂的络合作用，同样可以有效地去除钻井液中的钙、镁等污染离子。例如，在受到钙侵的钻井液中加入足量的六偏磷酸钠，则可通过六偏磷酸钠的络合反应去除钙。

对于用褐煤碱液或铁铬木质素磺酸盐等处理的钻井液，还可以利用络合反应提高其抗温性能。例如，加入少量重铬酸盐可使上述钻井液的热稳定性明显提高，其主要作用机理是氧化和络合。通过络合能有效地抑制腐殖酸钠和铁铬木质素磺酸盐的热分解。

7）与有机处理剂生成可溶性盐

由于许多有机处理剂，如丹宁、腐殖酸等在水中的溶解度很小，不易吸附在黏土颗粒上，因而不能有效地发挥作用。只有通过加入适量烧碱，使之转化为可溶性盐，如单宁酸钠和腐殖酸钠，才能充分发挥其作用，这也是钻井液应始终保持碱性环境的一个重要原因。

8）形成可溶性盐作用

凡是通过吸附而起作用的处理剂，必须先溶解才能吸附。例如单宁、栲胶、褐煤等都是水溶性较差的有机酸类物质，不易被黏土颗粒吸附。如果加适量烧碱和水先配成单宁碱液、栲胶碱液和煤碱液，使它们先变成水溶性的单宁酸钠和腐殖酸钠后，再加入钻井液中，就可以迅速吸附到黏土颗粒表面上起降黏和降滤失作用。

9）水解作用

为了把某些含有可以水解的极性基团（如氰基、酰胺基等）的有机物变成水溶性的钻井液处理剂或变成水化基团，常用无机处理剂作为催化剂和中和剂进行水解和中和反应，例如含有腈基（–CN）的聚丙烯腈，在水中不溶解，经过在烧碱水溶液中加热水解和中和后，生成水溶性的水解聚丙烯腈，水解聚丙烯腈可用作抗温降滤失剂。将 PAM 经水解后产生适量的羧基，可以降低其絮凝能力，提高护胶作用。

10）形成溶胶作用

某些无机处理剂能在钻井液中起化学反应，生成溶胶或黏稠性絮状沉淀，对钻井液中的钻屑和粗颗粒有促进沉淀作用（沉砂作用），并参与滤饼的形成，增加滤饼的强度和润滑性能，降低滤失量，亲水性的溶胶颗粒吸附于黏土颗粒表面，还可以增加水化，提高絮凝稳定性。例如，将 $FeCl_3$ 和 $Fe_2(SO_4)_3$ 加入水基钻井液中，可以反应生成亲水的 $Fe(OH)_3$ 溶胶或絮状沉淀；$AlCl_3$、$Al_2(SO_4)_3$、明矾在水基钻井液中，可以反应生成亲水性的 $Al(OH)_3$ 溶胶或絮状沉淀。

11）抑制溶解作用

即能够抑制可溶性盐溶解的作用。例如，在钻遇岩盐和石膏地层时，为了增强钻井液抗污染的能力，同时抑制和防止上述可溶性岩层的溶解，使井径保持规则，常使用盐水钻井液和石膏处理的钻井液，对于大段的盐膏层，甚至使用饱和盐水钻井液。

12）胶凝作用

某些无机盐在一定条件下起化学反应后，可以形成半固态的胶冻状物，叫做凝胶，这种变化叫做胶凝作用。例如，水玻璃可以配成 pH 值 5~8.5 之间的各种混合物，这些混合物的胶凝时间可随 pH 值的不同而有很大的差别。此外，水玻璃和石灰，水玻璃和硫酸铝，也可以形成凝胶。凝胶难流动，可用于堵漏。

13）调节密度作用

即能够使钻井液密度增加或降低。通常指增加钻井液密度。可以增加钻井液密度的材料称为加重剂。加重剂一般是密度大、使用条件下不易起化学反应、难溶于水的无机固体化合物，如重晶石、方铅矿、石灰石和铁矿粉等。为了加入后能迅速均匀地悬浮在钻井液中，一般研磨成细粉。

2. 有机处理剂的作用

有机处理剂的主要作用有：絮凝或选择性絮凝、包被、形成结构、增黏、防塌、流型调节、降滤失、降黏和稀释、高温稳定、胶凝和胶溶、乳化、破乳、起泡、消泡、润滑、防卡、杀菌、缓蚀、润湿、封漏、暂堵和清洁等。

不同类型钻井液处理剂的作用，既有相同点，也有不同点，但其目的是通过具有不同作用的钻井液处理剂之间的协同作用，来获得具有良好性能的钻井液完井液体系。

1）降滤失作用

即能够降低钻井液滤失量的作用。降滤失的途径主要是降低泥饼渗透率或提高泥饼形成能力，也就是改善泥饼质量。主要方法是降低泥饼渗透率、提高液相黏度、聚合物与黏土形成结构包裹自由水，但后者泥饼质量不一定好。

不同的降滤失剂其作用机理有所区别，如以腐殖酸类、纤维素类、淀粉类、树脂类天然高分子化合物及其衍生物、水解聚丙烯腈类、聚丙烯酸盐类合成高分子化合物及其改性产品等为主的高分子降滤失剂等，通过护胶作用达到降滤失的目的，其在钻井液中

的作用是通过吸附基吸附于黏土颗粒表面上，通过其水化基团使黏土颗粒表面形成吸附溶剂化水膜，同时，提高黏土颗粒的Zate电位，因而不仅增加了黏土颗粒的聚结稳定性，而且使钻井液中的黏土细颗粒含量增加，以致形成致密的泥饼，使滤失量降低。

磺化沥青类、乳化沥青、白炭黑（$SiO_2$粉末）和$CaCO_3$粉末等作为惰性降滤失剂，主要用于堵孔，它既不与黏土表面作用，也不与其他处理剂作用，是不溶解于水的物质。惰性降失水剂作用机理是其在水中能高度分散，形成亚微粒子，或者提供更多的亚微粒子，来提高钻井液中的亚微粒子比例，提高高分散度的填充粒子，实现堵孔目的，从而降低泥饼渗透率，最终降低滤失量。

在聚合物不分散钻井液中要降低滤失量，必须考虑造壁性、流变性、抑制性的协调统一，不能牺牲某一性能来弥补另一性能，所以，降低聚合物不分散钻井液滤失量时，一般是在加入主体降滤失剂的同时，加入辅助降滤失剂，如惰性降滤失剂，以帮助形成泥饼。

2）稀释作用

即能够降低钻井液黏度、切力，改善其流变性的作用。高分子稀释剂的作用首先是通过吸附基（如羟基）吸附在黏土颗粒的边缘断键处，同时，其水化基团给黏土颗粒边缘带来吸附溶剂化水膜，使其边缘的水化膜增厚，Zate电位提高，斥力增大，从而削弱了黏土颗粒间的边－面、边－边结合，削弱和拆散了黏土颗粒的空间网架结构，并放出大量自由水，使钻井液的黏度和切力下降，达到稀释的目的。

稀释剂在黏土颗粒上的吸附位置有两种，一是边上，一般是吸附基，如羟基以配位键或电价键与边缘断键上的铝离子结合；二是面上，一般是以氢键和黏土晶片上的氧结合。

多元共聚物类稀释剂通过与聚合物分子生成络合物产生稀释作用，能使聚合物－膨润土钻井液黏度降到单纯膨润土钻井液黏度之下，对钻井液的分散性小，是聚合物钻井液的理想稀释剂。

3）高分子提黏作用

即能够增加钻井液黏度、切力，提高钻井液悬浮能力的作用。高分子处理剂之所以具有增黏作用，一是由于高分子处理剂相对分子质量高，分子链具有一定的柔顺性等特性，可以显著地提高溶液的黏度。二是高分子处理剂上所带有的诸多亲水基团会吸附许多水分子，形成吸附水化膜，与高分子一起流动，从而使高分子流动时的能量消耗增加，黏度升高。

高分子处理剂上的吸附基可以吸附在黏土颗粒上。一个高分子链上可以同时吸附多个黏土颗粒，一个黏土颗粒也可以吸附多个高分子链，这样就会形成网状结构。网状结构的形成不仅使黏度提高，而且使切力上升。

对于聚合物增黏剂，由于其相对分子质量高，分子链长，在受到外力作用时形变和流变都需要一定时间才能达到平衡。也就是说，其流变性和形变是随时间而发展的。这种流变性质的时间依赖性对钻井液的触变性有很大的影响。

4）抑制作用

即在钻井液中能够抑制黏土、钻屑等水化分散的作用。处理剂的抑制能力是指处理剂抑制黏土水化分散膨胀的能力，一方面它对钻井液中的黏土、钻屑等颗粒起包被作用，另一方面阻止或抑制黏土、钻屑等颗粒水化分散膨胀，其结果既保证钻井液有良好的抑制性，又保证钻井液有良好的流变性和失水造壁性。

处理剂的防塌能力与处理剂的抑制能力虽无本质区别，但其主要应用目的有所不同。处理剂的防塌能力是指处理剂加入钻井液中能有效地封堵裂缝，防止井壁坍塌、保证井壁稳定的能力。这种情况一般针对破碎性（硬脆性）地层，采用防塌封堵剂较为有效。而抑制能力则重点考虑其抑制钻井液中的黏土、岩屑的水化分散，有利于钻井液清洁。

高分子抑制剂是通过吸附在页岩表面而起到抑制作用的。聚合物吸附在页岩表面上后，会产生一种固结作用和疏水作用，从而降低页岩的表面水化作用。

对于阳离子聚合物和两性离子聚合物来说，由于分子中均带有阳离子基团，能够以静电引力、氢键、范德华力牢固地吸附在黏土、页岩等表面上，能够有效地抑制黏土、页岩的水化分散，且其抑制能力优于阴离子聚合物。

5）润滑作用

不同类型的润滑剂，通常表现出不同的作用机理，其中：

惰性固体：固体润滑剂能够在两接触面之间产生物理分离，其作用是在摩擦表面上形成一种隔离润滑薄膜，从而达到减小摩擦、防止磨损的目的。多数固体类润滑剂类似于细小滚珠，可以存在于钻柱与井壁之间，将滑动摩擦转化为滚动摩擦，从而可大幅度降低扭矩和阻力。

沥青类处理剂：沥青类处理剂主要用于改善泥饼质量和提高泥饼润滑性。沥青类物质亲水性弱，亲油性强，可有效地涂敷在井壁上，在井壁上形成一层油膜。这样，既可减轻钻具对井壁的摩擦，又可减轻钻具对井壁的冲击作用。

液体润滑剂：矿物油、植物油、表面活性剂等主要是通过在金属、岩石和黏土表面形成吸附膜，使钻柱与井壁岩石接触产生的固－固摩擦，改变为活性剂非极性端之间或油膜之间的摩擦，或者通过表面活性剂的非极性端还可再吸附一层油膜。

极压（EP）润滑剂在高温高压条件下可在金属表面形成一层坚固的化学膜，以降低金属接触界面的摩阻，从而起到润滑作用。故极压（EP）润滑剂更适用于水平井中高侧压力情况下钻柱对井壁降摩阻的需要。

6）堵漏作用

即能够封堵漏失通道，控制钻井液漏失的作用。防漏堵漏就是通过钻具将堵漏材料输送到漏层，到达漏层的体积较小的材料能够在漏层处形成一定强度的较大材料，封闭漏失通道。当钻井过程中可能发生井漏时，为了堵住漏层，必须加入各种堵漏材料（又称堵剂），使之在距井筒很近范围的漏失通道里建立一道堵塞隔墙，用以隔断钻井液的漏失通道。

7）起泡与消泡作用

表面活性剂（如木质素磺酸钙、十二烷基磺酸钠、癸烷醇聚氧乙烯硫酸醋钠盐等）分子由亲水和憎水基团两部分组成。由于液相表面张力低，通过搅拌或空气压缩机将气体带入液相，从而形成泡沫。而发泡剂在泡沫形成过程中，在泡沫的液膜上形成定向排列，伸向气相的碳氢链段（憎水基团）之间相互吸引，使发泡剂分子形成相对稳定的膜；同时伸入液相的极性基团（亲水基团）由于水化作用，具有阻止液膜液体流失的作用，保证泡沫的稳定性。

作为消泡剂的表面活性剂，在液面上应能取代（即挤走）泡沫剂分子，使其所形成的液膜强度变差，不能维持液膜固定，从而降低泡沫的稳定性。当体系加入消泡剂后，其分子杂乱无章地分布于液体表面，抑制形成弹性膜，即终止泡沫的产生。当体系大量产生泡沫后，加入的消泡剂分子立即散布于泡沫表面，快速铺展，形成很薄的双膜层，进一步扩散、渗透，层状入侵，从而取代原泡膜薄壁。低表面张力的消泡剂分子在气液界面间不断扩散、渗透，使其膜壁迅速变薄，泡沫同时又受到周围表面张力大的膜层强力牵引，致使泡沫周围应力失衡，从而导致其“破泡”。不溶于体系的消泡剂分子，再重新进入另一个泡沫膜的表面，如此重复，即可达到消除泡沫的目的。

8）桥联与包被作用

聚合物在钻井液中颗粒上的吸附是其发挥作用的前提。当一个高分子同时吸附在几个颗粒上，而一个颗粒又可同时吸附几个高分子时，就会形成网络结构，聚合物的这种作用称为桥联作用。当高分子链吸附在一个颗粒上，并将其覆盖包裹时，称为包被作用。桥联和包被是聚合物在钻井液中的两种不同的吸附状态。在钻井液体系中，这两种吸附状态不可能严格分开，一般会同时存在，只是以其中一种状态为主而已。吸附状态不同，产生的作用也不同，如桥联作用易导致絮凝和增黏等，而包被作用对抑制钻屑分散有利。

9）絮凝作用

高分子絮凝剂的主要作用是：一方面通过吸附把固体颗粒桥接在一起变大，同时降低固相颗粒的亲水性，促使它们互相联结变大。至于某些阳离子表面活性剂的絮凝作用，则主要是通过吸附引起黏土表面憎水化而互相连接。当聚合物在钻井液中主要发生桥联吸附时，会将一些细颗粒聚结在一起形成粒子团，这种作用称为絮凝作用，相应的聚合物称为絮凝剂。形成的絮凝块易于靠重力沉降或固控设备清除，有利于维持钻井液的低固相。所以，絮凝作用是钻井液实现低固相和不分散的关键。

根据絮凝效果和对钻井液性能的影响，絮凝剂又可分为两类：一是全絮凝剂，如PAM，能同时絮凝钻屑、劣质土和蒙脱土；二是选择性絮凝剂，如PHPA、VAMA等，只絮凝钻屑和劣质土，不絮凝蒙脱土。当絮凝剂能提高钻井液黏度时，称为增效型选择性絮凝剂，而对黏度影响不大时称为非增效型选择性絮凝剂。

10）乳化作用

乳化作用是指乳化剂使不相容的油、水两相乳化形成相对稳定的乳状液的过程。形成乳状液所用的乳化剂绝大多数是表面活性剂，其分子结构中包含有亲水部分与疏水部分。混合两种不相容的液体时，通过高剪切力可以混合均匀，但这种分散状态是不稳定的，加入乳化剂可以大大降低不相容相界面间的自由能，同时通过立体位阻或静电排斥防止分散粒子之间的聚结，从而稳定乳液。

*HLB* 值可以反映乳化剂在连续相中的溶解性，是选择乳化剂的重要指标，通常 *HLB* 值为 3~6 的乳化剂适用于制备油包水的乳液，而 *HLB* 为 8~18 的乳化剂可以制备水包油的乳液。

## 二、基本无机和有机化学剂

### （一）无机化学剂

1. 氢氧化钠

氢氧化钠别名为烧碱、火碱、苛性钠。分子式 NaOH，相对分子质量 40.00。纯品为白色透明晶体，相对密度 2.130，常温密度 2.0~2.2g/cm$^3$，熔点 318.4℃，沸点 1390℃。易吸湿，从空气中吸收 $CO_2$ 变成 $Na_2CO_3$。强碱，浓溶液对皮肤有强腐蚀性。易溶于水，溶解时放热，水溶液呈碱性，有滑腻感。溶于乙醇和甘油，不溶于丙酮、乙醚。腐蚀性极强，对纤维、皮肤、玻璃、陶瓷等有腐蚀作用。固体烧碱吸湿性很强，暴露在空气中，吸收空气中的水分子，最后会完全溶解成溶液。

在钻井液中主要用作 pH 值调节剂，可使钻井液中的钙膨润土转变为钠膨润土，有利于提高钻井液的胶体稳定性，但它也可以使井壁的页岩膨胀、分散，不利于井壁稳定。可以降低钻井液中钙镁离子含量，使难溶的有机酸成为易溶于水的盐（如，配制栲胶碱液和褐煤碱液），还可以用于控制钙处理钻井液中 $Ca^{2+}$ 含量，是最基本的无机处理剂之一。

2. 氢氧化钾

氢氧化钾别名苛性钾，分子式 KOH，相对分子质量 56.10，为白色半透明晶体，有片状、块状、条状和粒状，常温密度 2.044g/cm$^3$ 左右，熔点 360℃，沸点 1320~1324℃，折射率（20℃）1.421，蒸汽压 0.132kPa（719℃）。极易吸收潮气和 $CO_2$ 而结成硬块及变质。强碱性，浓溶液对皮肤有腐蚀性。易溶于水，也可溶于酒精和甘油，难溶于醚及烃类。易从空气中吸收 $CO_2$ 和水分而生成 $K_2CO_3$。

在钻井液中除与氢氧化钠相同的一些作用外，还可以用于提供钾离子，钾离子可抑制页岩水化膨胀、分散，有利于提高井壁稳定性。用于调节钾基钻井液的 pH 值。它一般用于高密度情况下需对膨润土含量控制要求较高的钻井液中。

3. 氧化钙

氧化钙，别名生石灰，分子式 CaO，相对分子质量 56.077，白色或带灰色块状或颗粒。溶于酸类、甘油和蔗糖溶液，几乎不溶于乙醇。相对密度 3.32~3.35，熔点

2572℃，沸点 2850℃，折光率 1.838。具有吸湿性，易从空气中吸收二氧化碳和水分。与水反应生成氢氧化钙并产生大量热，有腐蚀性。

可用于钻井液 pH 值控制剂，清除钻井液中的碳酸根和碳酸氢根。在钙处理钻井液中氧化钙可以提供钙离子，控制膨润土的分散能力使之保持适度的粗分散。氧化钙还可以配成氧化钙乳堵漏浆以封堵漏层，也可以用于复合堵漏剂、高失水堵漏剂制备的原料。

氧化钙是油基钻井液的必要成分，在油基钻井液中未溶解氢氧化钙的量一般应控制在 0.43~0.72kg/$m^3$，或者将钻井液的甲基橙碱度控制在 0.5~1.0$cm^3$，当遇到 $CO_2$ 和 $H_2S$ 污染时应提高至 2.0$cm^3$。

4. 氢氧化钙

氢氧化钙别名熟石灰、消石灰，分子式 $Ca(OH)_2$，相对分子质量 74.10，为白色碱味粉末，常温密度 2.08~2.24g/$cm^3$。吸湿性强，从空气中吸收 $CO_2$ 变成 $CaCO_3$，加热至 580℃时去水生成氧化钙。氢氧化钙溶于酸、甘油，不溶于醇，难溶于水，在水中溶解度小，难溶于醚及烃类。氢氧化钙是中强碱，对皮肤、织物有腐蚀作用。

在钻井液中，用于调节水基钻井液体系的 pH 值，提供钙离子，配制钙处理钻井液，是配制堵漏剂的活性材料。可以作为碳酸根、碳酸氢根去除剂。

5. 碳酸钠

碳酸钠别名纯碱、苏打，分子式 $Na_2CO_3$，相对分子质量 105.99，为白色粉末或细粒结晶，味涩，常温密度 2.5g/$cm^3$ 左右，相对密度 2.532，熔点 851℃，吸潮气后会结成硬块。微溶于乙醇，不溶于丙醇和乙醚。易溶于水，在 35.4℃时其溶解度最大，水溶液呈强碱性，有一定的腐蚀性，能与酸进行中和反应，生成相应的盐并放出二氧化碳。高温下可分解，生成氧化钠和二氧化碳。在空气中易风化，长期暴露在空气中，吸收空气中的水和 $CO_2$ 生成碳酸氢钠，并结成硬块。

可用于调节水基钻井液的 pH 值，降低钙镁离子含量（处理石膏和水泥侵），提高其他处理剂的性能。能使钙质膨润土转化为易水化的钠质膨润土，从而有效地改善膨润土的水化分散能力，有利于提高钻井液的稳定性，因此，加入适量的纯碱能使新浆滤失量下降，黏度、切力增加。但过量的纯碱会导致黏土颗粒发生聚结，使钻井液性能受到破坏，而且造成碳酸根污染；其合适的加量要通过造浆实验来确定。

含羧酸钠官能团（–COONa）的有机处理剂因钙侵或钙离子浓度较高而导致其处理效果下降时，一般可以加入少量的纯碱来除去钙恢复其作用。

6. 碳酸氢钠

碳酸氢钠别名小苏打、重碳酸钠、酸式碳酸钠、重碱，分子式 $NaHCO_3$，相对分子质量 84.01，为白色粉末或不透明单斜晶系微细结晶，无臭，味咸。相对密度 2.159，常温密度 2.20g/$cm^3$ 左右，在热空气中会慢慢失去部分 $CO_2$，270℃下全部失去 $CO_2$。微溶于乙醇，可溶于水，其水溶液因水解呈微碱性，易被弱酸分解。受热易分解放出 $CO_2$。100℃时变成倍半碳酸钠（$Na_2CO_3 \cdot NaHCO_3 \cdot 2H_2O$），在 270~300℃下加热 2h，完全失去 $CO_2$ 而成碳酸钠。在干燥空气中缓慢分解。

可以降低钻井液中的钙镁离子含量（处理水泥侵，pH 值不升高）。主要用于钻水泥塞时对钻井液进行预处理和处理水泥污染，也可以作为配浆材料，提高钙膨润土的水化造浆能力，还可用作处理剂检验用基浆的配制。

7. 碳酸钾

碳酸钾分子式 $K_2CO_3$，相对分子质量 138.21，无水物为白色粒状粉末，结晶品为白色半透明小晶体或颗粒，无臭，有强碱味。相对密度 2.428（19℃），熔点 891℃，在水中溶解度为 114.5g/100mL（25℃）。溶于 1mL 水（25℃）和约 0.7mL 沸水，饱和水溶液冷却后有玻璃状单斜晶体水合物析出，相对密度 2.043，在 100℃时失去结晶水，10% 水溶液的 pH 值约为 11.6，不溶于乙醇和乙醚。吸湿性很强，吸水后潮解溶化。

用于调节水基钻井液，特别是钾基钻井液体系的 pH 值，降低钙镁离子含量（处理石膏和水泥侵），分散和活化黏土，提高其他处理剂的性能，提供钾离子，具有防塌和抑制作用。

用于配制碳酸钾钻井液体系，用碳酸钾代替氯化钾，因为它是强碱弱酸盐，水解后呈碱性（pH≥11），故不需要再加入 KOH 或 NaOH 来调节 pH 值；由于 pH 值较高，还可以控制 $H_2S$ 和 $CO_2$ 等酸性气体的侵入和污染；对金属的腐蚀很小，不需加入缓蚀剂；钻井液不需要更多的维护处理。其费用相对高于氯化钾。

8. 碱式碳酸锌

碱式碳酸锌分子式 $Zn_2CO_3 \cdot 2Zn(OH)_2 \cdot H_2O$，相对分子质量 342.23，白色微细无定形粉末，无臭、无味，相对密度 4.42~4.45。在水中 pH 值 9~11.5 时溶解度较小，pH 值小于 9 或大于 11.5 时，微溶于水，不溶于醇，微溶于氨中，能溶于稀酸和氢氧化钠中。150℃开始分解，300℃即释出 $CO_2$ 而成氧化锌。在 250~500℃，按不同时间加热冷却至室温时，可发生荧光现象。与 30%过氧化氢作用，释出 $CO_2$，形成过氧化物。

在钻井液中主要用作除硫剂。可除掉钻井液中的硫化氢，减缓对钻具的腐蚀，使用时钻井液的 pH 值保持在 9~11，否则钻井液中的 $Zn^{2+}$ 太多，会使黏土絮凝，影响钻井液性能。当钻井液中 $H_2S$ 含量为 $0 \sim 100 \times 10^{-6}$ 时，加入 0.8%~1.0% 时可使腐蚀速度减缓 90%。作为除硫剂一般加量 1.0%~2.0%。

9. 氯化钠

氯化钠别名食盐，分子式 NaCl，相对分子质量 55.45，为白色立方晶体或细小结晶粉末。相对密度 2.159，常温密度 2.17g/cm$^3$ 左右，熔点 801℃。纯品不潮解，含 $MgCl_2$、$CaCl_2$ 等吸湿性杂质易吸潮。溶于水和甘油，几乎不溶于酒精，在水中的溶解度受温度的影响不大。

可用于配制盐水和饱和盐水钻井液；用作无固相清洁盐水钻井液加重剂。适当粒度的盐粒可以作为保护油气层的暂堵剂，还可以用作天然气水合物抑制剂。

10. 氯化钾

氯化钾为无色立方晶体或白色结晶体。分子式 KCl，相对分子质量 74.55，相对密度 1.984，熔点 770℃，加热至 1500℃则升华。易溶于水，微溶于乙醇，稍溶于甘油，不溶

于浓盐酸、丙酮。有吸湿性，易结块。在水中的溶解度随温度的升高而迅速增加。

在钻井液中是一种常用的无机盐页岩抑制剂，具有较强的抑制页岩和黏土水化膨胀分散的能力，可以用于配制 KCl 防塌钻井液完井液、聚磺钾盐钻井液、氯化钾－硅酸盐钻井液等。用于配制 KCl 钻井液或作为抑制剂时，其用量一般不低于 7%。KCl 还可以与有机化合物配合用作天然气水合物抑制剂。

11. 氯化钙

无水氯化钙为白色立方结晶或粉末，分子式 $CaCl_2$，相对分子质量 120.983，熔点 782℃，沸点 1635.5℃，相对密度 2.15。无臭、味微苦，有强吸湿性，暴露于空气中极易潮解。易溶于水，同时放出大量的热，其水溶液呈微酸性，溶于醇、丙酮、醋酸。无水氯化钙生成热（18℃）–7190kJ/kg，熔融热（775℃）256 kJ/kg。水溶液冰点低，质量分数 32% 的 $CaCl_2$ 溶液冰点为 –28.61℃。

在水基钻井液中，$CaCl_2$ 主要用作配制防塌性能强的高钙钻井液，$CaCl_2$ 也用于增加无固相盐水钻井液的密度。饱和 $CaCl_2$ 钻井液可抑制盐岩井段盐溶，还可以用于配制 $CaCl_2$ 钻井液完井液等，去除碳酸根，将亲水的脂肪酸钠皂变成亲油的脂肪酸钙皂。

$CaCl_2$ 还广泛用于活度平衡的油包水乳化钻井液中，作为水相可以有效地避免在页岩地层钻进时出现的各种复杂问题，使井壁稳定。

12. 氯化铁

无水氯化铁分子式 $FeCl_3$，相对分子质量 162.5，为六角形暗色片状结构，有金属光泽，在透色光下显红色，折射光下显绿色，有时呈浅褐色至黑色。熔点 304℃，并开始升华，沸点 332℃，相对密度（25℃）2.90。吸湿性强，能生成二水物和六水物。$FeCl_3 \cdot 6H_2O$ 为黄褐色晶体，易潮解，常为湿而松的结晶物，熔点 37℃，具强烈苦味。易溶于水、乙醇、甘油、丙酮，微溶于液体二氧化硫、乙胺、苯胺。不溶于乙酸乙酯。水溶液呈酸性。

水解生成溶胶和盐酸（降低 pH 值），与碱反应生成 $Fe(OH)_3$ 溶胶或絮凝状沉淀。利用这些反应，可以制备铁胶泥钻井液（氢氧化铁溶胶沉淀作用），由于 $Fe(OH)_3$ 胶核能在较宽的 pH 值范围内存在而不溶解，故钻井液体系稳定，$Fe(OH)_3$ 溶胶粒的水化能力较强，别的离子从它夺取水化水较困难，表现出强的抗污染能力，$Fe(OH)_3$ 溶胶能够降失水，生成的 NaCl 有絮凝作用。溶胶颗粒可以填紧滤饼中的孔隙，而 $Fe(OH)_3$ 这种水化较强的胶性沉淀，既可以在滤饼中胶结黏土颗粒，又有润滑泥饼的作用，溶胶沉淀的可压缩变形作用，有利于泥饼密实。与栲胶、木质素磺酸盐等生成络合物，提高栲胶和木质素类处理剂的稳定性。

用于抑制泥页岩水化膨胀，提高钻井液的黏度和切力，絮凝钻屑。可以降低钻井液 pH 值，也可以与硅酸钠等配合用于堵漏。用作钻井废水絮凝剂，废钻井液脱水剂等，还可以除去钻井液中的 $H_2S$。

13. 硫酸钠

硫酸钠别名元明粉、无水芒硝，分子式 $Na_2SO_4$，相对分子质量 142.04，白色单斜晶系结晶或粉末，相对密度 2.68。熔点 884℃。溶于水，水溶液呈碱性。溶于甘油，不溶于乙醇。暴露于空气中易吸湿成为含水硫酸钠。241℃时转变成六方形结晶。极易溶于水。有凉感。味清凉而带咸。在潮湿空气中易水化，转变成粉末状含水硫酸钠覆盖于表面。在钻井液中用于沉淀钙离子，絮凝钻屑和提高钻井液的切力和黏度，对钻井液的滤失量影响不大。

14. 硫酸钾

硫酸钾分子式 $K_2SO_4$，相对分子质量 174.24，通常状况下为无色或白色结晶、颗粒或粉末，密度 $2.66g/cm^3$，熔点 1069℃。无气味，味苦，质硬，化学性质不活泼，在空气中稳定。易溶于水，水溶液呈中性，常温下 pH 值约为 7。不溶于乙醇、丙酮、二硫化碳。氯化钾、硫酸铵可以增加其水中的溶解度，但几乎不溶于硫酸铵的饱和溶液。

在钻井液中用于提供钾离子，也可用于除清除钻井液中的钙镁离子。用于配制硫酸钾钻井液，如，以硫酸钾作为加重剂和抑制剂与聚合物类处理剂一起组成无固相硫酸钾钻井液体系，具有腐蚀性小，防塌效果较好等优点，对气层岩心的渗透率恢复值可高达 90% 以上，同时可消除 $Cl^-$ 的不利影响，是实现无 $Cl^-$ 钾盐钻井液的重要钾源。

15. 硫酸钙

硫酸钙别名硬石膏，分子式 $CaSO_4$，相对分子质量 136.14，无水硫酸钙晶体无色透明，密度 $2.9g/cm^3$，莫氏硬度 3.0～3.5。$CaSO_4$ 溶解度不大，其溶解度呈特殊的先升高后降低状况。如 10℃溶解度为 0.1928g/100g 水（下同），40℃为 0.2097，100℃降至 0.1619。

在钻井液中可提供钙离子，用于配制石膏或钙处理钻井液，其作用与石灰相似，都用于提供适量的钙离子。其差别在于石膏提供的钙离子浓度比石灰高一些，此外石膏处理可以避免钻井液 pH 值过高。也可以用作凝胶堵漏的成分。

16. 硫酸亚铁

硫酸亚铁别名为绿矾、铁矾，分子式 $FeSO_4 \cdot 7H_2O$，相对分子质量 278.01，为蓝绿色单斜晶系结晶或颗粒，无臭气味，相对密度 1.89，熔点 64℃。溶于水（50℃时 48.6g/100mL 水），微溶于醇，溶于无水甲醇。在湿空气中易被氧化变成棕黄色，在干空气中风化变成白色粉末，加水可再现蓝绿色，有腐蚀性。

硫酸亚铁在钻井液中的作用机理与氯化铁相近。可用作钻井废水或废钻井液絮凝剂，也可清除 $CO_3^{2-}$ 和 $HCO_3^-$，调整钻井液 pH 值，用于制备铁铬木质素磺酸盐和钛铁木质素磺酸盐。

17. 硫酸铝

硫酸铝分子式 $Al_2(SO_4)_3$，相对分子质量 342.15。工业品为灰白色片状、粒状或块状，因含低价铁盐带淡绿色，又因低价铁盐被氧化而使表面发黄。有无水物和十八水合物。无水物为无色斜方晶系晶体。溶于水，水溶液显酸性，微溶于乙醇。在水中的溶解度随温度的上升而增加。十八水合物（$Al_2(SO_4)_3 \cdot 18H_2O$）为无色单斜晶体，溶于水，不溶于乙醇，水溶液因水解而呈酸性；相对密度（水 =1）$2.71g/cm^3$，水合物不易风化而失去结晶水，比较稳定，加热会失水，高温会分解为氧化铝和硫的氧化物，水解后生成氢氧化铝。

用于废钻井液脱水及钻井废水絮凝剂。在钻井液中水解生成的胶态 $Al(OH)_3$ 凝胶，具有类似正电胶的结构和性能特征，不仅可抑制黏土和泥页岩水化膨胀，还可以提高钻井液的黏度和切力，改善钻井液的剪切稀释能力，增强触变性。清水快钻中用作絮凝剂，与 PAM 配伍效果更好。

在水泥浆中加入硫酸铝水溶液（体积比 2∶1）可用于封堵出水层和钻井液漏失。其特点是：水泥浆与硫酸铝混合时，产生的塑性物质具有良好的结构力；初凝快，静止状态的初凝时间仅为 5min，但流动状态下不凝固；切力高，经 15min 搅拌后，堵漏浆 1min 切力是水泥的 19 倍，5min 切力是水泥的 80 倍；配方简单，硫酸铝用量低，成本低，技术措施简便，每次作业平均消耗水泥 10～12t，硫酸铝 0.8～1t。

18. 无水亚硫酸钠

无水亚硫酸钠别名硫氧，分子式 $Na_2SO_3$，相对分子质量 126.04，白色粉末或六方菱柱形结晶，相对密度 2.633，溶于水，水溶液呈碱性。微溶于醇，不溶于液氯、氨，为强还原剂，与二氧化硫作用生成亚硫酸氢钠，与强酸反应生成相应盐并放出二氧化硫。

在钻井液中用作除氧剂，提高处理剂及钻井液的热稳定性，减缓溶解氧对钻具的腐蚀等。

19. 六偏磷酸钠

六偏磷酸钠别名玻璃状偏磷酸钠、格雷姆盐、六偏、六钠，分子式（$NaPO_3$）$_6$，相对分子质量 611.17，为透明玻璃片状或白色粉状结晶体。相对密度（20℃）2.484，熔点 616℃（分解），沸点 1500℃。吸湿性较强，露置于空气中能逐渐吸收水分而呈黏胶状物。易溶于水，在温水、酸或碱溶液中易水解为正磷酸盐。不溶于有机溶剂。能与钙、镁等金属离子生成可溶性络合物。溶解度随温度升高而增大，10%（$NaPO_3$）$_6$ 水溶液的 pH 值为 6.8。

用作钻井液处理剂，具有分散、除钙等作用。不仅对高黏土含量引起的絮凝，而且对 $Ca^{2+}$、$Mg^{2+}$ 引起的絮凝均有良好的稀释作用。遇较少量 $Ca^{2+}$、$Mg^{2+}$ 时，可生成水溶性络离子；遇大量 $Ca^{2+}$、$Mg^{2+}$ 时，可生成钙盐沉淀。特别对消除水泥和石灰造成的污染有很好的效果，因为其既能除去 $Ca^{2+}$，又能使钻井液的 pH 值适度降低。

20. 磷酸钾

磷酸钾，别名磷酸三钾、正磷酸钾、无水磷酸钾，分子式 $K_3PO_4$，相对分子质量 212.27，无色或白色斜方晶系结晶。相对密度（17℃）2.564，熔点 1340℃。有无水物、七水合物及九水合物，常见者为无水物。有潮解性。易溶于水，不溶于乙醇。1% 水溶液的 pH 值约为 11.5，水溶液呈碱性，有强腐蚀性。

用作钻井液处理剂，具有分散、除钙等作用。也可以用于提供钾离子，具有防塌作用，与氯化钾相比对钻井液性能影响小，电阻率高，且腐蚀性降低，也可以用于配制无固相钻井液、完井液和压井液。

21. 硅酸钠

硅酸钠别名水玻璃、泡花碱，分子式 $Na_2O \cdot nSiO_2 \cdot x\ H_2O$，相对分子质量 122.054（$Na_2SiO_3$）。无色、淡黄色或青灰色透明的黏稠液体。溶于水呈碱性。遇酸分解（空气中的二氧化碳也能引起分解）而析出硅酸的胶质沉淀。无水物为无定形，天蓝色或黄绿色，为玻璃状。其相对密度随模数的降低而增大，无固定熔点。

作为钻井液处理剂，现场使用硅酸钠的密度一般为 1.5~1.6g/cm$^3$，pH 值为 11.5~12，能溶于水和碱性溶液，能与盐水混溶，可用饱和盐水调节硅酸钠的黏度。用硅酸钠配制的钻井液一般抗钙能力较差，也不宜在钙处理钻井液中使用。但它可在盐水或饱和盐水中使用。研究表明，利用硅酸钠这个特点，可使裂缝性地层的一些裂缝发生愈合或提高井壁的破裂压力，从而起到化学固壁的作用。用于钻井液处理剂具有良好的防塌、封堵和固壁作用，同时也可用于堵漏、除去钻井液中的钙、镁离子。采用硅酸钠可以配制硅酸盐钻井液。

22. 硅酸钾

硅酸钾别名钾水玻璃，无水硅酸钾，分子式 $K_2SiO_3$，相对分子质量 154.28。无色或微黄色半透明至透明玻璃状物，熔点 976℃，有吸湿性。有强碱性反应。在酸中分解而析出二氧化硅。慢溶于冷水或几乎不溶于水（依其成分组成而不同），不溶于乙醇。稳定状态时为透明质黏稠状液体，呈蓝绿色。易溶于水和酸，并析出胶状硅酸，钾含量越高则越易溶。不溶于醇。

作为钻井液处理剂除具有硅酸钠相同的性能外，还可以提供钾离子，提高钻井液的防塌抑制能力。

23. 铝酸钠

铝酸钠别名偏铝酸钠，化学式 $Na_2Al_2O_4$ 或 $NaAlO_2$，相对分子质量 163.94（$Na_2Al_2O_4$）、81.97（$NaAlO_2$）。白色、无臭、无味，呈强碱性的固体，熔点 1650℃。高温熔融产物为白色粉末，溶于水，不溶于乙醇，在空气中易吸收水分和二氧化碳，水中溶解后易析出氢氧化铝沉淀，氢氧化铝溶于氢氧化钠溶液也生成偏铝酸钠溶液。

在钻井液中可以直接用作抑制剂、堵漏剂，也可以与其他材料反应制备钻井液防塌剂和井壁稳定剂等，具有较强的封堵和固壁作用。也可以调节水基钻井液的 pH 值。

24. 重铬酸钠

重铬酸钠别名红矾钠，分子式 $Na_2Cr_2O_7 \cdot 2H_2O$，相对分子质量 298.00，橙红色单斜菱晶或细针状结晶。熔点 356.7℃（无水物），相对密度 2.52。易溶于水，其水溶液呈酸性，不溶于醇。加热到 84.6℃时失去结晶水形成铜褐色无水物。约 400℃分解为铬酸钠和三氧化铬。易潮解、粉化，为强氧化剂。与有机物接触摩擦、撞击能引起燃烧。有腐蚀性和毒性。

用于钻井液处理剂，常与有机处理剂起复杂的氧化还原反应。铬酸盐起氧化作用生成的 $Cr^{3+}$ 能强吸附在黏土表面起钝化作用，又能与多官能团有机处理剂形成络合物，提高处理剂的效果和高温稳定性。可用于配制铁铬木质素磺酸盐和铬腐殖酸，防止钻井液老化，提高某些降滤失剂和减稠剂的热稳定性能。在抗高温深井钻井液中，常加入少量重铬酸盐以提高钻井液的热稳定性，有时也用作防腐剂。但铬酸盐有毒，因而在使用应根据废弃钻井液或钻井废水排放要求控制其用量。

25. 重铬酸钾

重铬酸钾别名红矾钾，分子式 $K_2Cr_2O_7$，相对分子质量 294.18，是一种有毒且有致癌性的强氧化剂，室温下为橙红色三斜晶体或粉末，常温密度 2.676g/cm$^3$，相对密度 2.676（25℃）。加热到 241.6℃时三斜晶系转变为单斜晶系，熔点 398℃，加热到 500℃时则分解放出氧。微溶于冷水，易溶于热水，其水溶液呈酸性，不溶于醇。

用于钻井液处理剂，具有与重铬酸钠相似的作用和用途。

### （二）有机化学剂

1. 甲酸钾

甲酸钾分子式 HCOOK，相对分子质量 84.11。液体产品为无色透明，饱和溶液密度为 1.58 g/cm$^3$。固体产品为白色结晶，极易吸潮，具有还原性，能与强氧化剂反应，密度为 1.9100g/cm$^3$，易溶于水，无毒无腐蚀，稍有甲酸气味。易溶于水和甘油，微溶于甲醇。25℃时溶解度为 310g/100g 水，熔点 253℃（无水物）。

在钻井液方面，由于甲酸钾具有较强的抑制黏土和页岩水化分散的能力，用于配制无固相钻井液、完井液、修井液。用甲酸钾配制的钻井液体系，具有强抑制、配伍性好、环境保护、油层保护等突出优点。

2. 醋酸钾

醋酸钾，别名乙酸钾，分子式 $CH_3COOK$，相对分子质量 98.14，为白色结晶粉末，无臭或略带有醋酸气味，有咸味，易吸潮，低毒，可燃。熔点 292℃，密度（25℃）1.570g/cm$^3$，折射率（20/D）1.370，溶解度 2694g/L（25℃）。极易溶于水、甲醇和乙醇，不溶于乙醚。属于重要的钻井液完井液用有机盐之一。

在钻井液中可以用作黏土和页岩水化抑制剂，用于配制钾基钻井液，即醋酸钾钻井液体系，也可以用于配制无固相有机盐钻井液完井液。

3. 十二烷基二甲基苄基氯化铵

十二烷基二甲基苄基氯化铵，别名 1227，苯扎氯铵、杀藻胺 DDBAC，分子式 $C_{21}H_{38}NCl$，相对分子质量 339.5，是一种阳离子表面活性剂，属非氧化性杀菌剂，具有广谱、高效的杀菌灭藻能力。微溶于乙醇，易溶于水，水溶液呈弱碱性，摇振时产生大量泡沫。长期暴露于空气中易吸潮。静止贮存时，有鱼眼珠状结晶析出。其性质稳定，耐光、耐压、耐热、无挥发性。通常工业品是含 40% 或 50% 有效成分的水溶液，呈无色或浅黄色黏稠液体，有芳香气味并带苦杏仁味。含有效成分 50% 的产品相对密度为 0.980，黏度为 60mPa·s，pH 值为 6~8。

在钻井液中主要用作水基钻井液杀菌剂，兼具黏土稳定剂。

4. 双十六烷基二甲基氯化铵

双十六烷基二甲基氯化铵，也称氯化双十六烷基二甲基铵，分子式 $C_{34}H_{72}NCl$，相对分子质量 530.40，外观呈白色或淡黄色膏体，溶于热水，易溶于极性溶剂。具有良好的化学稳定性、抗静电性、吸附性、柔软性和生物活性，与非、阴离子表面活性剂配伍性好。

作为阳离子表面活性剂，在钻井液中主要用作抗高温油包水乳化钻井液的乳化剂、润湿剂，也可以用作水基钻井液的黏土稳定剂、杀菌剂，用作制备有机膨润土的原料。

5. 十六烷基三甲基氯化铵

十六烷基三甲基氯化铵，分子式 $C_{19}H_{42}NCl$，相对分子质量 320.001，白色粉末或白色膏体，可溶于水，易溶于甲醇、乙醇、异丙醇等醇类溶剂。震荡时产生大量泡沫，与阳离子、非离子、两性表面活性剂有良好的配伍性。化学稳定性好，耐热、耐光、耐压、耐强酸强碱。具有优良的渗透、柔化、乳化、抗静电、生物降解性及杀菌等性能。

氯化十六烷基三甲基铵可以作为钻井液杀菌剂、黏土稳定剂等，还可以制备有机膨润土。

6. 十八烷基三甲基氯化铵

十八烷基三甲氯化铵，别名硬脂基三甲基氯化铵，氯化十八烷基三甲基铵，三甲基十八烷基氯化铵，1831，分子式 $C_{21}H_{46}NCl$，相对分子质量 348.13，为白色或黄色固体或膏状体，*HLB* 值 15.7，闪点（开杯）180℃，表面张力（0.1% 溶液）$34\times10^{-3}$N/m。易溶于异丙醇，可溶于水。1% 水溶液的 pH 值为 6~8，震荡时产生大量泡沫。与阳离子、非离子、两性离子表面活性剂有良好的配伍性，协同效应显著。化学稳定性好，耐热、耐光、耐压、耐强碱强酸。具有优良的稳定性、渗透、柔化、抗静电及杀菌性能。

在钻井液中主要用作水基钻井液黏土稳定剂、杀菌剂，用作制备有机膨润土的原料。

## 三、降滤失剂

### （一）纤维素衍生物

1. 羧甲基纤维素

羧甲基纤维素钠（Na-CMC 或 CMC）是由许多葡萄糖单元构成的长链状高分子化合物，属阴离子型纤维素醚类，外观为白色或微黄色絮状纤维粉末或白色粉末，无臭无味，无毒；易溶于冷水或热水，形成具有一定黏度的透明溶液。溶液为中性或微碱性，不溶于乙醇、乙醚、异丙醇、丙酮等有机溶剂，可溶于含水 60% 的乙醇或丙酮溶液。固体 CMC 对光及室温均较稳定，在干燥的环境中，可以长期保存。一般认为取代度在 0.6~0.7 时乳化性能较好。而随着取代度的提高，其他性能相应得到改善，当取代度大于 0.8 时，其耐酸、耐盐性能明显增强。

主要用作钻井液增黏剂、降滤失剂等。高黏度、高取代度的 CMC 适用于低密度钻井液，具有良好的增黏能力，而低黏度、高取代度的CMC适用于高密度钻井液，具有良好的降滤失作用。CMC一般可以抗温130~150℃，若加入抗氧化剂可使抗温能力进一步提高，可以用于150℃以上。当与乙烯基磺酸聚合物配伍使用时，可以用到170℃。

2. 聚阴离子纤维素

聚阴离子纤维素（PAC）是一种聚合度高、取代度高、取代基团分布均匀的阴离子型纤维素醚，白色至淡黄色粉末或颗粒，无味无毒，吸湿性强，易溶于冷水和热水中，具有与羧甲基纤维素（CMC）相同的分子结构。PAC热稳定性好，耐酸碱抗盐，具有良好的相溶性、溶解性、稳定性，较低的使用量和较高的性价比优势。

在钻井液中具有比CMC更优良的提黏切、降滤失能力、防塌和耐盐、耐温特性，适用于各种水基钻井液体系。在低固相聚合物钻井液中，PAC能够显著地降低滤失量并减薄泥饼厚度，提高泥饼质量，并对页岩水化分散具有较强的抑制作用。

3. 羟乙基纤维素

羟乙基纤维素（HEC）是纤维素分子中羟基上的氢被羟乙基取代的衍生物，外观为白色至淡黄色纤维状或粉末固体，无毒、无味。密度（25℃）0.75g/cm$^3$，软化温度135~140℃，表观密度0.35~0.61g/cm$^3$，分解温度205~210℃，燃烧速度较慢，属于非离子型的纤维素醚类。易吸潮，易溶于水，不溶于醇，溶于甲酸、甲醛、二甲基亚砜、二甲基甲酰胺、二甲基乙酰胺等溶剂中。HEC在水中不发生电离，耐酸、耐碱性好，不与重金属反应发生沉淀，当pH<3时，会因酸解而使其水溶液的黏度下降。在强碱作用下，HEC会发生氧化降解，并因热和光线的作用使其水溶液黏度下降，pH值为6.5~8.0时稳定。

用作钻井液降滤失剂，在钻井液中具有较好的降滤失、增稠作用和一定的耐温能力，可用于各种类型的水基钻井液体系。由于盐敏感性弱，在盐水钻井液中增黏能力优于CMC等阴离子型纤维素醚。

### （二）淀粉衍生物

1. 预胶化淀粉

预胶化淀粉是用化学法或机械法将淀粉颗粒部分或全部破裂，得到的具有水溶性的淀粉改性产物，系白色或类白色颗粒或粉末，无臭、微有特殊口感，在油田化学中，是早期应用的钻井液降滤失剂之一。产品抗温能力较低，一般适用于100℃以内。其优点是抗盐能力强，成本低，来源广，可生物降解。

作为钻井液处理剂，可以用作淡水、盐水和饱和盐水钻井液的降滤失剂，但其在使用中容易发酵，需要配合杀菌剂使用，温度一般不超过90℃。在淡水钻井液中为防止其发酵，需使体系的pH值提高到12左右。多聚甲醛、异噻唑酮等是预胶化淀粉的有效防腐剂。预胶化淀粉还有轻微的乳化作用，可用作混油钻井液的乳化剂。

2. 羧甲基淀粉

羧甲基淀粉（CMS）是一种阴离子型的淀粉醚。工业用羧甲基淀粉的取代度一般在0.9以下，取代度大于0.1的产品可溶于冷水，得到透明的黏稠溶液。通常使用的是它的钠盐，又称 CMS-Na，为白色或黄色粉末，无臭、无味、无毒，易吸潮，溶于水形成胶体状溶液，对光、热稳定。不溶于乙醇、乙醚、氯仿等有机溶剂。水溶液在碱中较稳定，在酸中较差，生成不溶于水的游离酸，黏度降低。水溶液在 80℃以上长时间加热，黏度会降低。与 CMC 不同的是，其水溶液会被空气中的细菌部分分解（产生 α- 淀粉酶），使黏度降低，在淡水钻井液中使用时易发酵。

CMS 作为钻井液处理剂，具有降低滤失量、提高钻井液中黏土颗粒的聚结稳定性的作用。一般使用温度不能超过 130℃，故在深井中不宜使用，但在饱和盐水钻井液中，使用温度可达到 140℃，配合乙烯基磺酸盐共聚物，可将使用温度提高至 150℃。也可以加入适量的防腐剂或杀菌剂提高其稳定性。

3. 羟丙基淀粉

羟丙基淀粉（HPS）是一种非离子型的淀粉醚，羟丙基取代度 0.1 以上可溶于冷水，用作钻井液处理剂时一般要求其取代度大于 0.2。由于其分子链节上引入了羟基，其水溶性、增黏能力和抗微生物作用的能力都得到了显著的改善。对酸、碱稳定，对高价阳离子不敏感，抗盐、抗钙污染能力很强。在处理 $Ca^{2+}$ 污染的钻井液时，比 CMC 和 CMS 效果更好。在阳离子型或两性离子型聚合物钻井液中，HPS 可有效地降低钻井液的滤失量，是理想的饱和盐水钻井液降滤失剂，也可用作阳离子聚合物钻井液和正电胶钻井液的降滤失剂。

4. 抗温淀粉

抗温淀粉，即阳离子化羟丙基淀粉，是一种白色或淡黄色的颗粒，分子链节上同时含有阳离子基团和非离子基团，而不含阴离子基团。季铵基的存在一定程度上还提高了产品的抗菌能力。抗温性能较好，在 4% 盐水钻井液、饱和盐水钻井液中可以稳定到 140℃，并且可与几乎所有水基钻井液体系和处理剂相配伍。适用于降低淡水、NaCl、KCl 和饱和盐水钻井液的滤失量和改善泥饼质量，提高钻井液胶体稳定性。

5. 淀粉 /AM-AA 接枝共聚物

淀粉 /AA-AM 接枝共聚物降滤失剂是一种阴离子型聚电解质，可溶于水，它既有淀粉类产品的耐盐性，又具有聚合物产品的抗温性。由于分子中含有羟基、酰胺基和羧基等基团，在淡水钻井液、盐水、饱和盐水钻井液和复合盐水钻井液中均具有较强的降滤失能力，以及较好的抗盐抗温能力。其抗温能力和降滤失效果远远优于 CMS，与 P（AA-AM）共聚物接近。使用温度可以达到 150℃以上。适用于各种水基钻井液。

6. 淀粉 /AM-AMPS 接枝共聚物

AM、AMPS 与淀粉的接枝共聚物是一种阴离子型的淀粉接枝共聚物，可溶于水，水溶液为黏稠乳白色胶体，既具有淀粉类产品的抗盐性，又具有聚合物类产品的耐温性。分子中含有羟基、酰胺基和磺酸基及少量的羧基（聚合和干燥中酰胺基水解产生），用作钻井液处理剂，在淡水钻井液、盐水钻井液和饱和盐水钻井液中均具有较好的护胶和较强的抗钙能力，可以有效地降低滤失量，且具有一定的增黏、包被和抑制作用。适用于多种类型的水基钻井液体系，在钻井液中最高使用温度 160℃。

## （三）腐殖酸类

1. 腐殖酸钠

腐殖酸钠，代号 NaHm，为自由流动的黑色粉末，无毒，无味，可溶于水，水溶液为弱碱性。最早是将褐煤、烧碱和水配成煤碱液直接使用。配制煤碱液时，腐殖酸中的 –COOH 变成 –COONa，pH 值高时，酚羟基也会变成 –ONa 基。腐殖酸钠抗钙能力以 $Ca^{2+}$ 计可达 500~600mg/L，抗 NaCl 可达 4%~5%，故腐殖酸钠或煤碱液可以用于处理钙含量和盐含量在上述范围以下的钙基钻井液和含盐钻井液。腐殖酸分子中含有较多的吸附基团，特别是含有邻位双酚羟基，又含有水化作用较强的羧酸基，使腐殖酸钠既有降滤失作用，又有减稠作用。再加上腐殖酸分子结构中的主链骨架都是碳链和碳环结构，热稳定性较强，抗温可达 190℃。

腐殖酸钠可用作钻井液的降黏剂和滤失量控制剂，并能改善钻井液的高温稳定性，适用于淡水钻井液，也可以用于钙处理钻井液。配合磺酸盐聚合物，可以有效地控制钻井液的高温高压滤失量。

2. 硝基腐殖酸钠

腐殖酸钠的氧化、硝化产物，是一种耐温钻井液处理剂，为黑褐色粉末，易溶于水，水溶液呈弱碱性。在保持腐殖酸分子中酚羟基、羧酸基、醇羟基、醌基、甲氧基和羰基等的基础上，由于硝酸的氧化和硝化作用，使腐殖酸的平均相对分子质量降低，羧基增多，并将硝基引入分子中，使产品的抗温、抗盐和水化能力进一步改善，抗温可达 200℃以上，在含盐 20%~30%的情况下仍能有效地控制钻井液的滤失量和黏度。硝基腐殖酸钠具有良好的降滤失和降黏作用，泥饼薄而坚韧。如果用氢氧化钾替代氢氧化钠、可得到硝基腐殖酸钾。硝基腐殖酸钾除具有硝基腐殖酸钠的作用外，还具有较强的防塌作用。

作为水基钻井液体系的抗高温的降滤失剂和降黏剂，适用于高温深井钻井液体系，具有价格低廉的特点。其抗钙能力也较强，可用于配制不同 pH 值的石灰钻井液。硝基腐殖酸钾还用作防塌剂。

3. 磺化褐煤

磺化褐煤，也称磺甲基褐煤、磺甲基腐殖酸，代号 SMC，是一种耐温抗盐的钻井液处理剂，为黑褐色粉末，易溶于水，水溶液呈弱碱性。用作深井、超深井钻井液，可以有效地控制钻井液的滤失量和流变性，与 SMP 配伍使用，可以显著降低钻井液的高温高压滤失量，是应用最早、用量较大的处理剂之一，是聚磺和“三磺”钻井液的重要组分。

磺化褐煤用于水基钻井液体系的抗高温的降滤失剂，可抗温达 200~220℃，兼具一定的降黏作用，与常用处理剂配伍性好，适用于高温深井钻井液体系，具有价格低廉的特点。在 200℃单独使用时抗盐能力较差，一般只耐 3% 以内的盐，不适用于盐含量较高的钻井液体系，但与磺甲基酚醛树脂配合处理时，磺化褐煤的抗盐能力可大大提高。与 AMPS 多元共聚物配伍也可以有效地控制钻井液的高温高压滤失量。

4. 磺化褐煤磺化酚醛树脂

腐殖酸磺化产物和磺化酚醛树脂缩合物，是一种耐温抗盐的钻井液处理剂，常用代号SCSP或SPC，为黑褐色粉末，易溶于水，水溶液呈弱碱性，兼具SMP和SMC双重作用。具有降滤失、降黏作用，抗温能力强（大于180℃）、抗盐性强（8%NaCl），热稳定性好，成本低，其效果明显优于SMP及SMP与SMC的复配物。国外商品名称为Resinex。

用于水基钻井液体系的抗高温抗盐的高温高压降滤失剂，兼具一定的降黏和防塌作用，适用于高温深井钻井液体系，也是重要的高温稳定剂之一。与乙烯基磺酸聚合物配合使用，可以配制适用于200℃高温的钻井液体系。

5. SPNH钻井液高温稳定降滤失剂

磺化酚醛树脂、磺化褐煤和水解聚丙烯腈复合物，是一种复合型产品，常用商品代号为SPNH，为黑褐色粉末，易溶于水，水溶液呈弱碱性。习惯称抗温抗盐降滤失剂和高温稳定剂。分子中含有羟基、亚甲基、羰基、酰胺基、磺酸基、羧基和腈基等多种官能团，在降滤失的同时，还具有一定的降黏作用，具有较强的抗温和抗盐能力，用于控制水基钻井液的滤失量，有广泛的pH使用范围，可抗温200℃以上，抗盐达到$1.1\times10^5$mg/L，在钙离子含量3000mg/L的情况下仍能够保持钻井液的稳定性，高温不会发生胶凝，适宜深井高温钻井液中使用。

6. 超高温降滤失剂

磺化酚醛腐殖酸树脂、AMPS、丙烯酰胺和N，N–二甲基丙烯酰胺接枝共聚物，为既具有链状聚合物特征又具有磺化酚醛树脂结构特征的多功能降滤失剂，可溶于水，水溶液呈黑褐黏稠液体。接枝共聚的结果是既提高了链状聚合物侧链的热稳定性，又改善了磺化酚醛树脂的抗盐能力，保证产品在高温（220℃）高盐（饱和盐水）条件下具有良好性能。由于引入了价格低廉的腐殖酸，降低了处理剂的原料成本，利于推广。在超高温条件下既能够有效地控制钻井液的流变性，又具有降低钻井液高温高压滤失量的功能。

用作钻井液高温高压降滤失剂，可用于各种类型的水基钻井液体系，特别适用于高温深井的钻井作业中，可以有效地降低钻井液的高温高压滤失量。

### （四）丙烯酸多元共聚物

1. 水解聚丙烯腈金属盐

水解聚丙烯腈金属盐，是由聚丙烯腈废料在碱金属氢氧化物存在下水解而得到的阴离子聚合物，包括水解聚丙烯腈钠盐、钾盐、钙盐，是最早应用的聚合物类处理剂之一。目前尽管很少直接使用，但大多数抗高温钻井液处理剂，如SPNH、高温稳定剂等，都是由水解聚丙烯腈盐为主要材料制备的。

产品外观为灰白色粉末，代号为HPAN。易溶于水，水溶液呈弱碱性。分子链上含有酰胺基（$-CONH_2$）、羧基（$-COO^-$）和腈基（–CN）等基团，相对分子质量$8\times10^4$~$11\times10^4$，水解度60%左右，用作钻井液处理剂，具有较强的耐温抗盐能力。抗温可以达到 200℃以上，但抗钙能力较弱，当 $Ca^{2+}$ 浓度过大时，会产生絮状沉淀。

腈基在井底的高温和碱性条件下，通过水解可转变为酰胺基，进一步水解则转变为羧钠基。因此，在配制水解聚丙烯腈钻井液时，可以少加一点烧碱，以便保留一部分酰胺基和腈基，使吸附基团与水化基团保持合适的比例。实际使用中也证明水解聚丙烯腈的水解接近完全时，降滤失性能会下降。水解聚丙烯腈处理钻井液的性能，主要取决于聚合度和分子中的羧钠基与酰胺基之比（即水解程度）。聚合度较高时，降滤失性能比较强，并可增加钻井液的黏度和切力；而聚合度较低时，降滤失和增黏作用均相应减弱，直至表现出降黏作用。

作为一种价廉的钻井液降滤失剂，与其他处理剂配伍性好，适用于各种类型的水基钻井液体系。

2. 丙烯酸多元共聚物降滤失剂 A–903

丙烯酸钠、丙烯酸钙和丙烯酰胺的共聚物，属于阴离子型聚合物，易吸潮，可溶于水。相对分子质量 $120\times10^4\sim180\times10^4$，其分子链上吸附基和水化基团比例为6∶4~5∶5，抗盐、抗温能力强。

作为钻井液降失水剂，A–903 在淡水钻井液、盐水和饱和盐水中能够有效地控制钻井液的滤失量，对钻屑有较强的抑制、包被和絮凝作用，抗钙、镁至 1500mg/L 以上，抗盐至饱和，抗温 180℃ 以上。

3. 复合离子型聚丙烯酸盐 PAC–142

丙烯酸钠、丙烯酰胺、丙烯腈和丙烯磺酸钠的多元共聚物，是一种水溶性阴离子型丙烯酸多元共聚物，可溶于水，水溶液呈弱碱性。作为钻井液降滤失剂，它在降滤失的同时，其增黏幅度比 PAC141 小，主要是在淡水、海水、饱和盐水钻井液中做降滤失和降黏剂，是聚合物钻井液体系的传统处理剂之一。

主要用于低固相不分散水基钻井液的降滤失剂，兼有降黏作用，同时具有抗温抗盐和高价金属离子的能力，可适用于淡水、海水、饱和盐水钻井液体系。通常与 PAC–141，143 配合使用。

4. 复合离子型聚丙烯酸盐 PAC–143

PAC–143 是丙烯酸钠、丙烯酸钙和丙烯酰胺等的多元共聚物，作为水溶性阴离子型丙烯酸多元共聚物，可溶于水，水溶液呈弱碱性。相对分子质量 $150\times10^4\sim200\times10^4$，分子链中含有羧基、羧钠基、羧钙基、酰胺基等多种官能团，是 PAC 系列处理剂之一。

用于低固相不分散水基钻井液的降滤失剂，兼有增黏作用，还有较好的包被、抑制和剪切稀释特性。具有抗温抗盐和高价金属离子的能力，可适用于淡水、海水、饱和盐水钻井液体系。与 PAC–141 等配伍可以形成低固相不分散聚合物钻井液，是聚合物钻井液的关键处理剂之一。

5. 复合离子型聚丙烯酸盐 JT–888

JT–888 是由丙烯酸、丙烯磺酸钠、丙烯酰胺和阳离子单体等共聚得到的水溶性两性离子型多元共聚物，相对分子质量 $10\times10^4\sim30\times10^4$，可溶于水，水溶液呈弱碱性。抗钙、镁至 $1500\times10^{-6}$，抗盐到饱和，抗温大于 150℃。

主要用于低固相不分散水基钻井液的不增黏降滤失剂，有一定的剪切稀释作用，且加量小、配伍性好，使用方便，对环境无污染。用于控制地层造浆、絮凝、包被钻屑，改善钻井液的流型，可适用于淡水、海水、饱和盐水钻井液体系。

6. SIOP–E 钻井液降滤失剂

SIOP–E 由丙烯酰胺、丙烯酸和无机物等共聚得到的一种含有羧酸基的无机–有机单体聚合物，可溶于水，水溶液呈黏稠乳白色液体，其与现场常用的处理剂具有较好的配伍性，降滤失效果和抗污染能力明显优于丙烯酸丙烯酰胺聚合物处理剂，且成本低。

用作钻井液降滤失剂，抗温、抗盐能力强，在淡水钻井液、饱和盐水钻井液和海水钻井液中均有较强的降滤失作用；适用于深井和饱和盐水钻井液体系，也可以用作配制温度低于 120℃的无土相或无固相钻井液完井液，是组成无机–有机聚合物钻井液体系的主要处理剂之一。

7. P（AM–AA）聚合物反相乳液

化学成分为 P（AM–AA）聚合物、白油、表面活性剂等，乳白色黏稠液体，可以迅速分散于水或钻井液中，与相同成分的粉状产品的用途相同，可以直接加入钻井液，同时乳液中的油相及表面活性剂对钻井液具有润滑作用。聚合物反相乳液用作水基钻井液处理剂，根据其相对分子质量和基团组成不同，可以分别用作包被抑制剂、增黏剂、絮凝剂和降滤失剂等。能够有效地絮凝包被钻屑、抑制黏土水化分散，控制钻井液滤失量，改善钻井液流变性和润滑性。P（AM–AA）反相乳液聚合物包括低黏和高黏两种规格，低黏的主要用作降滤失剂，高黏产品不仅具有降滤失作用，还具有较强的提黏、包被和絮凝作用。现场应用表明，产品溶解速度快，可直接加入钻井液循环池中，使用时无粉尘污染。

### （五）含磺酸基多元共聚物

1. PAMS601 高温降滤失剂

PAMS601 是由丙烯酰胺和 2–丙烯酰胺基–2–甲基丙磺酸等共聚得到的一种含磺酸基团的阴离子型聚合物，相对分子质量为（200~300）$\times10^4$，易溶于水，水溶液呈黏稠透明体，在含钙的钻井液中不产生沉淀，是 20 世纪 90 年代末才开始应用的乙烯基磺酸聚合物处理剂。由于分子中的水化基团主要为磺酸基团，使其具有较强的抗温抗盐，特别是抗钙镁污染的能力。与丙烯酰胺、丙烯酸共聚物相比，表现出了明显的优势。PAMS601 共聚物降滤失剂在淡水钻井液、饱和盐水钻井液和海水钻井液中不仅具有较强的降滤失能力和提黏切能力，且抗温、抗盐和抗钙、镁污染的能力强，同时具有较好的抑制、絮凝和包被作用，可有效地控制地层造浆、抑制黏土和钻屑分散，有利于固相控制。

可用于各种类型的水基钻井液体系，也适用于海洋和高温深井钻井作业。以其为主剂（絮凝、抑制、包被）形成的磺酸盐聚合物钻井液可用于盐膏层井段和深井、超深井

钻井，以及地热井钻井。

2. 两性离子磺酸盐聚合物 CPS-2000

CPS-2000是由丙烯酰胺、环氧氯丙烷和二甲胺或三甲胺反应物与2-丙烯酸氧基-2-甲基丙磺酸、丙烯酸钾等共聚得到的一种含有磺酸基和季胺基团的两性离子共聚物，可溶于水，水溶液呈黏稠乳白色液体。由于分子中含有羧酸基、磺酸基、酰胺基和阳离子基团，且各基团比例已经优化，用作钻井液防塌降滤失剂，抗温、抗盐能力强，在淡水钻井液、饱和盐水钻井液和海水钻井液中均有较强的降滤失、包被絮凝作用，特别具有较强的抗高价金属离子的能力。适用于各种水基钻井液体系。以其为主剂的两性离子磺酸聚合物钻井液体系，热稳定性好，抗污染能力强，能够有效地解决水敏性地层井壁稳定问题，适用于易塌和易造浆地层及深井钻井。

3. P（AM-AMPS）反相乳液聚合物

化学成分为P（AM-AMPS）聚合物、白油、表面活性剂等。P（AM-AMPS）聚合物反相乳液与相同组成的粉状产品性能相同，唯一不同的地方是反相乳液在钻井液液中分散速度快，可以直接加入钻井液，同时乳液中的油相及表面活性剂对钻井液具有润滑作用。P（AM-AMPS）聚合物反相乳液用作水基钻井液处理剂，根据其相对分子质量和基团组成不同，可以分别用作包被抑制剂、增黏剂、絮凝剂和降滤失剂等，能够有效地絮凝包被钻屑、抑制黏土水化分散，控制钻井液滤失量，改善钻井液流变性和润滑性。由于主要水化基团为磺酸基团，其抗温抗盐能力优于P（AM-AM）聚合物反相乳液，抗温200℃以上，适用于深井高温钻井液和盐水、饱和盐水钻井液，以及高钙钻井液。与SMC、SMP等配伍可以有效地控制钻井液在超高温条件下的滤失量和流变性。

4. 两性离子型P（AM-AMPS-DAC）聚合物反相乳液

主要成分是P（AM-AMPS-DAC）聚合物、白油、表面活性剂等。两性离子型P（AM-AMPS-DAC）聚合物反相乳液与相同组成的粉状产品性能相同，不仅在钻井液中分散速度快，可以直接加入钻井液，同时乳液中的油相及表面活性剂对钻井液具有润滑作用。由于分子中含有磺酸基、酰胺基和阳离子季铵基，故两性离子型P（AM-AMPS-DAC）聚合物反相乳液用作水基钻井液处理剂，能够有效地絮凝包被钻屑、抑制黏土水化分散，控制钻井液滤失量，改善钻井液流变性和润滑性，适用于深井高温钻井液和盐水、饱和盐水钻井液，以及高钙钻井液体系。乳液加量可以根据应用目的来确定，作为包被、絮凝剂时，加量一般为0.3%~0.5%，作为抑制剂时加量一般为0.5%~1.5%，作为降滤失剂时加量一般为1.0%~3.5%。

### （六）合成树脂类

1. 磺甲基酚醛树脂

磺甲基酚醛树脂（SMP），别名磺化酚醛树脂，是一种阴离子水溶性聚电解质，具有很强的耐温抗盐能力，产品为棕红色粉末，易溶于水，水溶液呈弱碱性。磺甲基酚醛树脂分子的主链由亚甲基桥和苯环组成，又引入了大量磺酸基，故热稳定性强，可抗 180~200℃的高温。因引入磺酸基的数量不同，抗无机电解质的能力会有所差别。目前使用量很大的 SMP-Ⅰ型产品可用于矿化度小于 $1\times10^5$mg/L 的钻井液，按氯化钠计算 15%，而 SMP-Ⅱ型产品可抗盐至饱和，同时具有一定的抗钙能力，是用于饱和盐水钻井液的降滤失剂，SMP-Ⅲ型产品进一步改善了抗温抗盐能力。此外，磺甲基酚醛树脂还能改善滤饼的润滑性，对井壁也有一定的稳定作用。

用作耐温抗盐的钻井液降滤失剂，可以有效地降低钻井液的高温高压滤失量，与 SMC、SMT（SMK）、SAS 等共同使用可以配制“三磺钻井液”体系，是理想的高温深井钻井液体系之一。

SMP 与褐煤类降失水剂，如 SMC 或褐煤碱液共同使用可大大增强其降失水效果。这一方面是由于复配后 SMP 在黏土表面的吸附量可增加 5~6 倍，第二是褐煤类处理剂与 SMP 发生交联，表观相对分子质量增加，增强降失水效果。因此建议在井底温度超过 130℃以后，才开始使用 SMP，并配合褐煤类降失水剂以免造成浪费。

2. 磺化木质素磺化酚醛树脂

磺化木质素磺化酚醛树脂（SLSP）为水溶性阴离子聚电解质，是一种抗温抗盐抗钙的钻井液降滤失剂，为棕褐色粉末，易溶于水，水溶液呈弱碱性。SLSP 与磺甲基酚醛树脂有相似的性能，由于木质素磺酸盐的引入，使产品在降低钻井液滤失量的同时，还有优良的稀释特性。在加量为 5% 的情况下，钻井液抗温达到 200℃，滤失量在 10mL 以内。在 185℃下抗氯化钙可达到 1%（质量分数），抗盐达到 10%，同时还表现出较好的润滑性和一定的防塌能力，缺点是在钻井液中比较容易起泡，必要时需配合加入消泡剂。适用于高温深井钻井液体系。

3. 磺化栲胶磺化酚醛树脂

磺化栲胶磺化酚醛树脂（SKSP）是一种阴离子水溶性聚电解质，为黑褐色粉末，易溶于水，水溶液呈弱碱性。产物分子中的单宁结构单元赋予产品一定的降黏作用，与 SMP 相比，分子中不仅有羟基、磺酸基，还增加了羧酸基、醚键等，同时分子中羟基的数量进一步提高，用作水基钻井液体系的抗高温抗盐的降滤失剂，兼具一定的降黏作用，有利于维护钻井液的胶体稳定性，控制钻井液的高温高压滤失量和流变性。与磺化酚醛树脂相比，可降低钻井液的处理费用，适用于各种水基钻井液体系，一般加量为 1%~5%。

4. 两性离子磺化酚醛树脂

两性离子磺化酚醛树脂（CSMP）是在磺化酚醛树脂的基础上，通过引入阳离子基团而制得。为黑褐色粉末，易溶于水，水溶液呈弱碱性。由于分子中引入了阳离子基团，增加了产品的防塌作用，而且改善了产品的降滤失能力，是适用于高温深井的钻井液处理剂。其降滤失性能优于磺化酚醛树脂，并具有较强的抗盐、抗温及抑制页岩水化分散的能力。相对于磺甲基酚醛树脂，由于两性离子型磺甲基酚醛树脂分子中含有阳离子基团，使其在黏土颗粒表面的吸附能力有明显改善，提高了产物的抑制性。两性离子型磺化酚醛树脂在黏土上的吸附量远大于 SMP。

用于降低钻井液的高温高压滤失量，兼有一定的抑制黏土分散和控制地层造浆等作用，适用于各种水基钻井液体系。

## 四、降黏剂

1. 铁铬木质素磺酸盐

铁铬木质素磺酸盐俗称铁铬盐，代号为FCLS，是由含有大量木质素磺酸盐的纸浆废液制成，属于阴离子性，易吸潮，可溶于水，水溶液呈弱酸性。FCLS的分子大小不一，但主要部分为高分子化合物，其相对分子质量为20000~100000。因为分子中磺酸基的硫原子直接与碳原子相连，$Fe^{2+}$和$Cr^{3+}$与木质素磺酸之间有螯合作用，铁和铬基本上不电离，所以铁铬盐的热稳定性很高，可以抗170~180℃的高温。能用于淡水、海水和饱和盐水钻井液及各种钙处理钻井液中。由于铁铬盐具有弱酸性，加入钻井液时会引起钻井液的pH值降低，因此需配合烧碱使用。一般情况下，应将铁铬盐钻井液体系的pH值控制在9~11。FCLS的降黏作用主要是其具有能优先吸附于黏土颗粒边缘的多官能团结构，当吸附于黏土断键边缘后能增大该处的水化，从而削弱或拆散钻井液中黏土颗粒间的网状结构，这样既放出被网状结构所包住的自由水，又减弱了黏土颗粒间的流动摩擦阻力，从而降低钻井液的黏度和切力。

用作钻井液处理剂，具有较好的降黏、抗盐和抗温能力，兼具一定的降滤失作用。但使用时需要保持体系pH值大于10，故不利于井壁稳定。另外铁铬盐含重金属铬，在制造和使用过程中如果控制不当易污染环境，对人体造成伤害，因此其应用逐步受到限制。

2. 无铬木质素磺酸盐降黏剂

本品是木质素磺酸的钛铁络合物，代号TFLS，属于无铬的钻井液降黏剂，无毒、无污染，是铁铬木质素磺酸盐的替代品种之一。属于阴离子性，易吸潮，可溶于水，水溶液呈弱碱性。用作钻井液降黏剂，具有良好的降黏效果，抗盐达饱和，抗温大于150℃，适用于多种水基钻井液体系。使用时，为防止钻井液pH值降低，需同时加入稀氢氧化钠水溶液。适用于高pH值的钻井液体系，不适用于不分散低固相抑制性钻井液体系。

3. 单宁酸钠

单宁酸钠（NaT）为棕褐色粉末或细粒状，易吸潮结块，易溶于水，水溶液呈碱性。其中除主要成分单宁外，还有非单宁和不溶物。由于原料不同，其组成也不同，性能略有差别，如橡碗栲胶、落叶松树皮栲胶、红根栲胶等。单宁酸钠遇高浓度的NaCl、$Na_2SO_4$、$CaCl_2$、$MgCl_2$等会盐析或生成沉淀（钻井液受饱和盐水及高钙侵污时，单宁酸会失效）。其主要作用是减稠，即降低稠化钻井液的黏度和切力，提高钻井液的流动性，同时也具有一定的降滤失作用，可以形成致密的滤饼。

主要用作钻井液降黏剂，具有一定的降滤失作用，抗温可达180~200℃。其适用的pH值在9~11。抗$Ca^{2+}$可达1000g/L，而抗盐性较差，当含盐量超过1%时稀释效果就会明显下降。

4. 磺甲基单宁

磺甲基单宁（SMT），别名磺化单宁，是一种以五倍子单宁酸为原料的天然材料改性产品，属于阴离子性，易吸潮，可溶于水，水溶液呈弱碱性。与单宁酸钠相比，由于分子链上引入了磺酸基团，且不含糖类，水溶性和抗温抗盐能力进一步提高。其适用的pH值在9~11，可以抗钙至$Ca^{2+}$含量$1000\times10^{-6}$，在盐水、饱和盐水钻井液中保持良好的降黏能力，抗温180~200℃，是一种抗高温抗盐的钻井液降黏剂，适用于各种水基钻井液，可用于高温深井的钻探中。

5. 磺甲基栲胶

磺甲基栲胶（代号SMK）俗名磺化栲胶，为棕褐色的粉末或细粒状，属于阴离子性，易吸潮，可溶于水，水溶液呈弱碱性。作为钻井液的稀释剂，与栲胶相比，磺化栲胶的性能更稳定，水溶性更好，并且使用温度范围广，由于分子中含有对盐不敏感的磺甲基，使产品具有较强的耐温抗盐能力。用作钻井液降黏剂在各种类型的水基钻井液体系中都有显著的稀释（降黏）能力，能有效地降低钻井液的黏度和切力。作为抗高温（180℃）的稀释剂，能改善钻井液的高温稳定性，控制高温下钻井液的流变性能。与其他常用钻井液处理剂有很好的配伍性。

6. 钻井液稀释剂GX-l

本品为有机硅、腐殖酸等的反应物，黑色粉末，易吸潮，可溶于水，水溶液呈碱性。分子中的有机硅与黏土颗粒有极强的吸附结合能力，因而对黏土的水化膨胀具有强抑制能力。不仅是一种很好的稀释剂，而且具有显著的抑制黏土和页岩水化膨胀分散的效果，与其他处理剂复配使用时，稀释能力强，热稳定性好，抗温150℃以上。可作为有机硅钻井液降黏切稳定剂使用，作为聚合物不分散钻井液的泥饼改善剂使用时，有明显的稀释效果和抑制能力。有良好的抗盐污能力，在淡水和盐水钻井液中均能降低黏切、改善钻井液流型。

7. 钻井液用硅氟降黏剂

本品是一种由有机硅氟聚合物与腐殖酸等反应得到的机硅类处理剂，常用商品代号SF260。作为钻井液降黏剂具有良好的降黏作用，同时具有一定抑制防塌、润滑、消泡作用。抗温达230℃，适用于深井高温、高固相、高密度钻井液，以及不分散聚合物钻井液、分散钻井液、有机硅钻井液等。具有加量少、配伍性好、维护处理期长，无毒，无污染等特点。其抗高温能力和高温下稳定钻井液性能的能力优于传统的有机硅处理剂，且维护处理简单，维护周期长。

8. 聚丙烯酸钠

聚丙烯酸钠（PAA-Na）是一种低相对分子质量的阴离子型聚电解质，极易吸潮，可溶于水。典型的商品代表是X-A40，是最早应用的聚合物降黏剂之一。其平均相对分子质量为5000左右。在钻井液中加量为0.3%时，可抗0.2% $CaSO_4$和1% NaCl，并可抗150℃的高温。

用作不分散聚合物钻井液的降黏剂，兼具降低滤失量、改善泥饼质量的作用，适用于水基钻井液体系。

9. VAMA 钻井液高温降黏剂

乙酸乙烯醋－顺丁烯二酸共聚物（VAMA）是一种阴离子型的低相对分子质量的聚电解质，无毒、无污染，易溶于水，水溶液为中性。分子中含有羧基、酯基及少量的羟基（醋酸乙烯酯结构单元水解得到），热稳定性好，200℃时仅出现微弱分解，250℃时热失重只有 5.76%。具有多种用途，它可以用于处理地热水，改良土壤等。在钻井液方面，可以用作选择性絮凝剂、降黏剂，也可以用作解卡剂。小相对分子质量 VAMA 对 PAM 钻井液具有良好的降黏作用。适用于淡水钻井液、盐水钻井液和饱和盐水钻井液体系。产品配伍性好，应用范围广，使用方便。

10. 两性离子降黏剂 XY-27

由丙烯酰胺、丙烯酸、丙烯磺酸钠、烯丙基三甲基氯化铵等共聚得到的一种相对分子质量较小（10000 以内）的两性离子型线性聚电解质，白色或灰白色粉末，极易吸潮，易溶于水，水溶液近中性。由于分子链中同时具有阳离子基团（10%~40%）、阴离子基团（20%~55%）和非离子基团（5%~40%），与阴离子型聚合物降黏剂相比，在降黏的同时，具有较强的抑制作用。

既是降黏剂又是页岩抑制剂。与分散型降黏剂相比，在加量较少的情况下（通常为 0.1%~0.3%）就能获得较好的降黏效果，同时还有一定的抑制黏土水化膨胀的能力。XY-27 经常与两性离子包被剂 FA-367 及两性离子降滤失剂 JT-888 等配合使用，构成目前国内广泛使用的两性复合离子聚合物钻井液体系。同时，在其他钻井液体系，包括分散钻井液体系中也能有效地降黏。XY-27 降黏剂还兼有一定的降滤失作用，同其他类型处理剂配伍性好，可以配合使用磺化沥青或磺化酚醛树脂类等处理剂，以改善泥饼质量，提高封堵效果和抗温能力。适用于各种水基钻井液。

11. XB-40 降黏剂

XB-40 是由丙烯酸和丙烯磺酸钠共聚得到的一种含磺酸基的共聚物，是早期使用的钻井液降黏剂之一，无毒、无污染，极易吸潮、易溶于水。其平均相对分子质量为 2000~7000。由于分子中含有磺酸基团，其抗温抗盐能力比 XA-40 有了明显提高，可抗 180℃高温，但在盐水钻井液中的降黏效果仍然较低。由于丙烯磺酸钠聚合活性低，产物中除共聚物外还含有一部分 PAA、PAS 和 AS 等。

作为水基钻井液的降黏剂，具有较强的抗温、抗盐和抗钙污染的能力，适用于不分散聚合物钻井液，兼具降滤失、改善泥饼质量的作用。

12. SSMA 高温降黏剂

磺化苯乙烯－顺丁烯二酸共聚物（SSMA），别名磺化苯乙烯－马来酸共聚物、水解磺化苯乙烯－马来酸酐共聚物，为低相对分子质量的阴离子型聚电解，易吸潮，可溶于水。水溶液淡黄色透明，呈弱碱性。是一种抗高温（热分解温度大于 400℃）的解絮凝剂，相对分子质量 1000~5000，对环境无污染。

作为钻井液降黏剂具有很高的抗高温、抗盐、抗钙能力，是最有效的高温降黏剂之一，抗温可达 260℃。适宜的 pH 值为 8 左右，适用于各种水基钻井液体系，用于深井、超深井和地热钻探。

13. P（AMPS–AA）共聚物降黏剂

P（AMPS–AA）共聚物降黏剂，国外同类产品 CPD（为 50% 水溶液），是一种低相对分子质量的阴离子型聚合物，易吸潮，可溶于水，水溶液呈弱碱性。其相对分子质量 1500~5000，抗温大于 260℃，抗钙能力强，钙离子高达 $1800\times10^{-6}$ 时，它所处理的钻井液仍然保持良好的流变性，对不同 NaCl 含量的褐煤 –FCLS 钻井液具有较好的稀释效果，无分散作用，能很好地稳定井壁，有效地控制高温下静止老化后钻井液的稠化。由于分子中 AMPS 结构单元的引入，使产物具有较好的钙镁容忍度，与 XB–40 相比，提高了抑制性、抗温抗盐和抗钙能力。

作为抗高温抗盐的钻井液降黏剂，同时还具有较强的抗钙、镁污染的能力，适用于各种水基钻井液，可用于高温深井的钻探中。

14. 有机硅降黏剂

本品是以三甲基氯硅烷等原料经水解、醇解而成的有机硅钻井液降黏剂，为水溶液，无毒、无味、不挥发、不易燃、不含有毒挥发性物质。有机硅分子中的硅 – 氧键易吸附于黏土颗粒表面形成牢固化学吸附层，使黏土表面发生润湿反转，阻止和减缓黏土表面的水化作用，从而可以有效地抑制黏土或页岩水化膨胀分散，稳定井壁等。故，本品在降黏的同时，具有较强的抑制防塌作用，能改善钻井液的流变性及滤饼质量，具有良好的抗温能力，抗温可达 180℃。

用作钻井液降黏剂和抑制剂，适用于各种类型的水基钻井液，尤其是可以用于高密、高固相度水基钻井液体系，

15. 氮川三甲叉膦酸

氮川三甲叉膦酸，也称次氮基三亚甲基三膦酸、氨基三亚甲叉膦酸，代号 NTF 或 ATMP，分子式 $N(C_2PO_3H_2)_3$，相对分子质量 299.0，为无色或微黄色透明液体，低毒或无毒，热稳定性好，具有较好的化学稳定性，不易被酸、碱破坏，也不易水解。作为钻井液降黏剂，抗温能力可达 200℃以上，其降黏效果远远优于无机磷酸盐。适用于各种水基钻井液，使用时为了防止钻井液 pH 值降低，需配合稀碱液或纯碱。

## 五、增黏剂

1. 高黏羧甲基纤维素

高黏羧甲基纤维素（HV–CMC）是常用增黏剂之一，在钻井液中用作增黏剂，具有降滤失和改善滤饼质量的作用，适用于各种水基钻井液，温度超过 140℃后，增黏能力降低。其在淡水钻井液中加量一般为 0.1%~0.4%，盐水或饱和盐水钻井液中加量一般为 0.3%~1.0%。

2. 高黏聚阴离子纤维素

高黏聚阴离子纤维素（HV-PAC）在钻井液中作为增黏剂，与HV-CMC相比，加量少，通常淡水钻井液加量0.1%~0.3%，盐水钻井液加量0.4%~0.6%即可达到较高的增黏效果，并兼有降滤失作用。一般适宜温度120~140℃。在高钙镁或高矿化度水基钻井液中，提高黏度特别是动切力的能力较差。

3. 复合离子型聚丙烯酸盐PAC-141

PAC-141是一种水溶性阴离子型丙烯酸多元共聚物，是丙烯酸、丙烯酰胺、丙烯酸钠、丙烯酸钙的共聚物。可溶于水，水溶液呈弱碱性。抗温180℃，抗盐至饱和。PAC-141作为增黏包被剂，兼具降滤失作用。在钻井液中可以提高黏度和切力，改善钻井液的剪切稀释能力，随着加量的增加，其黏度、切力也升高，流型指数降低，稠度系数增加。

主要用于低固相不分散水基钻井液的增黏降滤失剂，有较好的胶体稳定性、包被、抑制和剪切稀释特性，同时还具有抗温抗盐和高价金属离子污染的能力。可适用于淡水、海水、饱和盐水钻井液体系。通常与PAC-142、PAC-143等配伍使用。

4. 两性复合离子型聚合物包被剂FA-367

FA-367由丙烯酸钾、丙烯酸钙、丙烯酰胺和有机胺类阳离子单体等共聚得到，分子中含有阳离子、阴离子、非离子等多种官能团的水溶性两性离子多元共聚物。白色或微黄色粉末，属于PAC-141的改进产品。由于FA-367高分子的链节中引入了阳离子基团，使其与黏土的吸附由单一的氢键吸附变为氢键吸附和静电吸附，增加了对黏土的吸附强度和吸附量，对钻屑的包被作用和抑制分散作用大大增强。FA-367分子中大侧基有一定的憎水性，提高了其降滤失效果，增强了剪切稀释能力和抗剪切降解能力。由于聚合物分子中阴离子基团是用钾、铵等阳离子中和的，它们在钻井液中解离出$K^+$、$NH_4^+$等离子，有利于防塌，FA-367是组成两性复合离子聚合物钻井液体系的关键处理剂之一。

主要用于低固相不分散水基钻井液的增黏降滤失剂，有较好的胶体稳定性和耐温抗盐能力，还有较好的包被、抑制和剪切稀释特性，既可用于阴离子钻井液、两性离子钻井液，也可以用于阳离子钻井液。可适用于淡水、海水、饱和盐水钻井液体系。在淡水钻井液中加量0.1%~0.3%，在盐水钻井液中加量0.5%~1%。

5. PAMS603抗温抗盐增黏剂

PAMS603是由丙烯酸钠、丙烯酰胺和2-丙烯酰胺基-2-甲基丙磺酸等共聚得到的一种含酰胺基、羧基和磺酸基团的阴离子型聚合物，具有很强的抗温、抗盐和抗钙能力，易溶于水，水溶液呈黏稠透明体。抗温200℃，抗盐至饱和。其适用范围和在主体作用上与PAC-141相同，不同的是由于分子中引入AMPS结构单元，抗温抗盐能力进一步提高。

用作钻井液增黏剂，具有较好的降滤失、絮凝和改善钻井液剪切稀释的能力，能有效地控制地层造浆、抑制黏土和钻屑分散，与常用的处理剂具有良好的配伍性，可用于各种类型的水基钻井液体系，也可以用于无固相或无土相钻井液完井液增黏剂。

6. 两性离子磺酸聚合物增黏剂 CPAMS

CPAMS 是由二甲基二烯丙基氯化铵与丙烯酰胺、2–丙烯酰胺基–2–甲基丙磺酸共聚得到的一种含磺酸基的两性离子型聚合物，属于 PAMS 系列处理剂之一，在功能上与 FA–367 相近，但抗温抗盐能力进一步提高。分子中含有酰胺基、磺酸基、羧酸基和季铵基等基团，吸附和水化能力强，抗温抗盐能力强，抗温可以达到 200℃，抗盐达到饱和。由于分子中极性吸附基占 70% 左右，故产品以包被、絮凝和增黏为主。在钻井液循环过程中随着酰胺基的水解，会逐渐表现出良好的降滤失作用，因此不会由于包被、絮凝作用而影响钻井液的胶体稳定性。用作水基钻井液增黏包被剂，具有较好的抗温、抗盐和抗钙、镁污染的能力，能有效地控制地层造浆、抑制黏土和钻屑水化分散，保持钻井液清洁。与阴离子型处理剂和阳离子型处理剂均有良好的配伍性，可用于各种类型的水基钻井液体系，也可以用作无固相钻井液的增稠剂，尤其适用于甲酸盐无固相钻井液、硅酸盐钻井液和硅–铝防塌钻井液，抗温可以达到 180℃以上。

7. 正电胶 MMH

正电胶（MMH），也称混合层状金属氢氧化物，是由二价和三价金属离子组成的具有类水滑石层状结构的凝胶状无机金属氢氧化物，可分散于水中。这类化合物也叫层状二元氢氧化物。我国油田现场大量应用的 MMH 正电胶产品主要是铝镁氢氧化物（Al–Mg MMH）正电胶，也可称为氢氧化铝正电胶。主要成分是 $Mg^{2+}$、$Al^{3+}$、$OH^-$ 和 $Cl^-$。

MMH 作为钻井液添加剂，具有显著的增黏和提高剪切稀释能力的作用，同时还具有较强的抑制页岩和黏土水化膨胀的能力。

8. 黄原胶

黄原胶，又名黄胞胶、汉生胶、黄单胞多糖等，代号 XG 或 XC，是一种由假黄单孢菌属（Xanthononas Campertris）发酵产生的单孢多糖水溶性生物聚合物，相对分子质量可高达 $500\times10^4$，水溶液呈透明胶状。一般认为，在钻井液中生物聚合物抗温可达 120℃，在 140℃温度下也不会完全失效。国外曾在井底温度为 148.9℃的钻井中使用过。其抗盐、抗钙能力也十分突出，是配制饱和盐水钻井液的常用处理剂之一。有时为了防止在一定条件下，空气和钻井液中的各种细菌使其发生酶变而降解失效，需与三氯酚钠等杀菌剂配合使用。

用作钻井液增黏剂，在淡水钻井液、盐水钻井液、饱和盐水钻井液、海水钻井液和氯化钙钻井液中具有较好的增稠和流型调节作用，可用于各种类型的水基钻井液体系，特别适用于配制无固相钻井液和射孔液。

## 六、页岩抑制剂

1. 水解聚丙烯酰胺钾盐

水解聚丙烯酰胺钾盐（K–HPAM），俗称大钾，是一种阴离子型聚合物，易溶于水，水溶液为黏稠状透明体，呈弱碱性，高温下会进一步发生水解和降解。分子中含有

酰胺基和羧酸钾基团，相对分子质量在 $300\times10^4\sim500\times10^4$，由于其具有足够长的分子链，较多的吸附基和相当数量的钾离子，因此用于钻井液处理剂，它能防止强水敏性页岩和黏土的水化膨胀分散，同时对剥落掉块的伊利石等胶结力较弱的松散组分进行多点吸附，而达到较强的井壁稳定效果，使井径规则。其较强的抑制地层造浆能力，易于控制钻井液密度，保证钻井液良好的性能，有利于提高机械钻速、测井顺利和缩短建井周期，大幅度降低钻井液处理费用和钻井成本。同时还具有良好的抗温、抗盐性能和一定的降滤失能力，与阴离子和两性离子型处理剂有良好的配伍性，可用于不同类型的水基钻井液体系。

2. 水解聚丙烯腈铵盐

水解聚丙烯腈铵盐（$NH_4$–HPAN）为黄褐色粉末，可溶于水，水溶液呈中性。相对分子质量 $2\times10^4\sim11\times10^4$，聚合度 235～376，水解度 60% 左右，是不分散聚合物钻井液的良好处理剂。抑制能力强，不提黏，耐高温（大于 200℃），抗盐能力强，而抗钙能力弱，对于中等钙离子浓度的钙基钻井液可以使用，也有抗石灰、石膏等能力，但遇到高浓度 $CaCl_2$ 时会产生絮状沉淀，是应用最早和用量最大的小分子聚合物处理剂之一。

用作钻井液处理剂具有良好的抑制性和降滤失能力，同时还有一定的降黏能力，能有效防止井壁坍塌，减少井下复杂情况，可用于阴离子型和两性离子型水基钻井液体系，也可以用于正电胶钻井液体系。使用时钻井液体系的 pH 值不宜过高。

3. 腐殖酸钾

腐殖酸钾，代号 HmK，是一种高分子非均一的芳香族羟基羧酸盐，外观为黑色颗粒或粉状固体，易溶于水，水溶液的 pH 值为 9～10，含有羧基、酚羟基等活性基团。

腐殖酸钾作为一种无定形的改性天然有机高分子化合物，它具有很大的内表面和很强的吸附能力，其分子结构中的羧基、酚羟基等基团，以及可以离解出的 $K^+$，吸附能力和水化能力都很强，能够很容易地吸附于黏土颗粒的表面上，有利于在井壁上形成薄而坚韧的泥饼，有利于降低滤失量，并使井壁页岩免受钻井液的冲蚀，加之 $K^+$ 的稳定作用，能够有效地稳定井壁。此外，呈胶体状态的腐殖酸颗粒或腐殖酸中的沥青质挤入页岩的裂缝中，也可起到稳定井壁的效果。用作淡水钻井液的页岩抑制剂，能够控制地层造浆，保持井壁稳定，并兼有降黏和降滤失作用。抗温 180℃以上，适用于各种水基钻井液，更适用于淡水钻井液，也可以用于钾石灰钻井液。

4. 硝基腐殖酸钾

硝基腐殖酸钾为黑褐色粉末，易溶于水，水溶液的 pH 值为 8～10。其性能与腐殖酸钾相似。由于经过氧化使水化基团的数量进一步增加，且引入了硝基，抗温抗盐能力有明显改善。用作水基钻井液的页岩抑制剂，能够有效地降低钻井液的滤失量，改善泥饼质量，抑制页岩和钻屑分散，改善钻井液流变性和稳定井壁。无荧光，可用于探井。对油基钻井液有良好的乳化作用。

5. 有机硅腐殖酸钾

有机硅腐殖酸钾（代号 GKHm 或 OSAM-K）是一种黑色粉末，可溶于水，水溶液呈弱碱性。用作钻井液处理剂，产品分子中的有机硅结构单元上的吸附基团与黏土颗粒有极强的吸附结合能力，因而对黏土的水化膨胀具有强抑制作用，是一种良好的页岩抑制剂，同时兼有降低钻井液黏度和滤失量的作用。能有效地抑制水敏性地层的膨胀、垮塌，保证井眼安全，降低钻井液的黏度和切力，控制钻井液的流变性能，同时有良好的高温稳定性，能改善高温下钻井液的失水造壁性。

6. 无荧光防塌剂 HMP

HMP 是硝基腐殖酸钾、磺化酚醛树脂的反应复合物，为黑色粉末状，可溶于水，水溶液呈弱碱性。HMP 还是一种无荧光防塌剂，具有降滤失作用，兼具硝基腐殖酸和 SMP 双重作用。用作水基钻井液的页岩抑制剂，具有降低钻井液的高温高压滤失量，改善泥饼质量和稳定井壁等作用，且无荧光，对地质录井无干扰，因而可用于生产井、探井等。

7. 络合铝防塌剂

络合铝防塌剂一般是腐殖酸与多羟基铝的有机络合物，也称络合铝防塌剂。无荧光，为黑色粉末，可溶于水，水溶液呈弱碱性。用作钻井液防塌剂，可抑制页岩和黏土水化膨胀，并通过在地层孔隙和微裂缝中形成不溶性复合铝盐，达到封堵固壁作用，强化井壁稳定性。其特点是有效抑制黏土水化膨胀，控制泥页岩剥落掉块；提高井眼的清洁和稳定性，减少钻头泥包和各种卡钻的风险；抗污染能力强，适用于各种盐水、饱和盐水和海水钻井完井液；有效保护油气层；无毒，对环境无污染；与处理剂配伍性好。用于氯化钾钻井液、硅酸盐钻井液和氯化钙钻井液中，可以起到强化井壁的作用，与硅酸盐配伍具有良好的封固效果。

8. 磺化沥青

磺化沥青（SAS）是一种黑色粉末状水分散或部分水溶性阴离子型改性沥青产品，常用产品代号 FT-1。SAS 的水溶性成分是带负离子的大分子，当吸附到带正电的黏土边缘上时，可阻止页岩颗粒分散。吸附在井壁微裂缝上，能够阻止水渗入页岩孔隙，减少剥蚀掉块。其非水溶性部分能够提供适当大小的颗粒帮助造壁，改进滤饼质量。水不溶物覆盖在页岩表面，可以抑制页岩分散。用 SAS 处理的钻井液滤饼薄而韧，可压缩性增强，故滤失量下降，同时能够增加滤饼润滑性，降低钻具的阻力和扭矩，延长钻头使用寿命，有防卡和解卡作用，在高温高压下可以维持钻井液低切力，低滤失量，是最有效和应用最广的页岩抑制剂之一。如果用氢氧化钾代替氢氧化钠，可以得到磺化沥青钾盐，其抑制能力优于磺化沥青钠盐。

用作钻井液处理剂能有效封堵地层微裂缝，防止剥落性页岩坍塌，抑制页岩水化，同时还具有良好的润滑、乳化、封堵、降滤失和高温稳定等作用，可用于水基钻井液和油基钻井液。

9. 改性磺化沥青 FT-342

FT-342 是磺化沥青、腐殖酸钾和表面活性剂等的复合物，黑色粉末，可溶于水，

水溶液呈弱碱性，兼具腐殖酸钾和沥青双重作用。由于产品中的磺化沥青组分含有磺酸基，水化作用很强，当吸附在页岩表面上时，可阻止页岩颗粒的水化分散，起到防塌作用，同时不溶于水的部分又能填充孔喉和裂缝，起到封堵作用，并可覆盖在页岩界面，改善泥饼质量，提高泥饼的润滑性，起到降低钻具的摩擦阻力和稳定井壁的作用。在钻井液中还起到降低高温高压滤失量的作用，是一种集封堵、防塌、润滑、减阻、抑制等多功能于一体的钻井液处理剂。与其他处理剂配伍性好，可用于水基钻井液。

10. 氧化沥青粉

氧化沥青粉由氧化沥青、氧化钙等组成，黑色均匀分散的粉末，难溶于水，多数产品的软化点为150~160℃，细度为通过0.25mm筛的部分占85%。用不同的原料并通过控制氧化程度可制备出软化点不同的氧化沥青产品（120~190℃）。氧化沥青粉是表面含有极性基的固态颗粒，用表面活性剂可使其分散悬浮在烃类分散介质中。在油基钻井液中，氧化沥青作为分散相，除起降滤失作用外，还有巩固井壁和减阻、悬浮重晶石等作用。由于氧化沥青粉具有两亲性，也可以用于水基钻井液中，能够增加滤饼润滑性，有防黏卡作用。能堵塞滤饼孔隙和调节滤饼中固相颗粒间的黏结力，有降滤失和防塌作用。但这些作用都和氧化沥青的性质和软化点或氧化程度密切有关，使用时应该注意选择。

本品是物理封堵型页岩抑制剂，在水基钻井液中兼有润滑作用，高软化点沥青也可以用于水基钻井液高温高压降滤失剂。在油基钻井液中作增黏剂、降滤失剂和悬浮稳定剂，也是油基解卡剂的重要成分。

11. 沥青、阳离子腐殖酸钾复合防塌剂

本品由氧化沥青、阳离子腐殖酸钾等组成，也称阳离子沥青粉，黑色粉末，可在水中分散和溶解，兼具氧化沥青和阳离子腐殖酸双重功能。其作用机理是水溶性部分起抑制作用，油溶性部分起封堵作用。属于沥青、腐殖酸类复合页岩抑制剂和暂堵剂，具有填充地层孔隙和裂缝，防止井壁坍塌、抑制页岩和黏土水化膨胀分散作用，同时具有降低钻井液高温高压滤失量和润滑作用，可用于水基钻井液。

12. 钻井液用中、低软化点沥青粉

由低软化点沥青，腐殖酸钾（钠）和表面活性剂等组成，黑色颗粒或粉末，可在水中均匀分散。具有沥青类产品的特征，根据软化点不同，可适用于不同井段，多软化点复配时，可以提高现场适应性。

用作页岩抑制剂和暂堵剂，能任意嵌入不规则的地层裂缝，可以封堵地层微裂缝，防止井壁坍塌，还可以有效地改善滤饼质量，降低钻井液高温高压滤失量，提高润滑性，同时具有较好的屏蔽暂堵作用，能较好地保护油气层，可用于各种水基钻井液体系。

13. 钻井液用乳化沥青

本品是由水和多种阳离子表面活性剂及一定范围软化点的沥青经高温乳化而成的一种黑色乳状液，可在水中分散。其微米级的带正电的沥青微粒极易吸附在带负电的黏土或固体颗粒上，参与泥饼的形成，提高泥饼质量。其微粒及阳离子页岩抑制剂可以进入井壁微裂缝中，产生黏附及相互聚集，从而起到封堵、桥接、防膨、防塌、降滤失及保护油气层等作用，可稳定井壁并兼有润滑、降低高温高压滤失量、改善泥饼质量和调整钻井液流型的作用。在钻井液中阳离子乳化剂可以起到乳化、润滑和抑制页岩和黏土水化分散的作用，尤其适用于破碎性地层和煤层的防塌护壁。防塌效果优于粉状沥青。作为储层保护暂堵剂几乎不受油气层渗透率、温度的影响，且对钻井液流变性影响较小。同时具有防塌和降低高温高压滤失量的作用。可用于各种水基钻井液体系。

14. 乳化石蜡

乳化石蜡是由石蜡、乳化剂、水等组成，灰白色均质半透明液体，用特殊中性非离子或阳离子或阴离子乳化剂乳化，密封放置阴凉处可以存放两年不分层、不破乳、不结块。乳化石蜡对钻井液的密度和流变性能影响极小，同时具有很好的润滑和页岩抑制能力。通过选择石蜡的熔点，可以得到适用于不同温度井段的产品。由于无荧光，可以在一定范围内代替沥青类产品。但由于熔点的限制，其效果远不如沥青。根据熔点不同，可以分别起到润滑、封堵等作用，熔点越高，防塌封堵效果越好。适用于各种水基钻井液体系。

15. 聚合醇

本品是一种非离子表面活性剂，为低碳醇与环氧乙烷、环氧丙烷的低聚物，常温下为黏稠状淡黄色液体，溶于水，其水溶性受温度的影响很大，当温度升到聚合醇的浊点温度时，聚合醇从水中析出，当温度低于聚合醇的浊点温度时，聚合醇又能溶于水。正是利用这一特点，用于封堵地层微裂缝，改善泥饼润滑性。

用作钻井液处理剂，能有效抑制页岩水化，封堵岩石孔隙和微裂缝，防止水分渗入地层，从而稳定井壁，同时还具有良好的润滑、乳化、降低滤失量和高温稳定等作用，用于水基钻井液，可以降低钻具扭矩和摩阻，防止钻头泥包，可以有效地保护油气层。是组成聚合醇钻井液的主要成分，也可以与铝、硅酸盐等配伍配制聚合醇－硅铝防塌钻井液体系。

16. 胺基聚醚

端氨基聚醚（PEA），别名多醚胺、聚醚胺、聚醚多胺，胺基聚醇，是一类主链为聚醚结构，末端活性官能团为胺基的聚合物。溶于乙醇、乙二醇醚、酮类、脂肪烃类、芳香烃类等有机溶剂。结构和相对分子质量不同时，其性能略有差别。相对分子质量为230时溶于水，相对分子质量为400时部分溶于水，相对分子质量为2000时不溶于水。研究表明，相对分子质量为400以内的适用于钻井液处理剂。

在钻井液中用作抑制剂和井壁稳定剂，是高性能抑制性胺基钻井液的主要处理剂。作为抑制剂使用时，其用量一般为0.15%~0.50%，用于配制抑制性胺基钻井液时，用量一般在1.0%~2.5%，或视具体要求而定，使用时及时测定钻井液中胺基聚醚的含量，适时补充，以保证钻井液中胺基聚醚的有效含量。

17. HT−201 黏土岩稳定剂

HT−201 黏土稳定剂主要成分为3−（N−丙酰胺基）二甲基铵−2−羟基丙基三甲基氯

化铵，分子式 $C_{11}H_{27}O_2N_3Cl_2$，相对分子质量 304.2，是一种有机阳离子化合物。分子中既含有阳离子基团，又含有亲水的极性基团酰胺基，与阴离子处理剂具有较好的配伍性，是适用于水基钻井液的黏土稳定剂，可明显改善钻井液的抑制性，降低钻井液中膨润土含量，絮凝清除低密度固相，保持钻井液清洁，有利于固相控制。在合适的加量范围内，对钻井液性能影响小，有利于减少其他处理剂的用量。

18. NW-1 泥页岩抑制剂

NW-1 泥页岩抑制剂的主要成分是亚乙基双三甲基氯化铵，分子式 $C_8H_{22}N_2Cl_2$，相对分子质量 217.14，是一种有机阳离子化合物。产品为棕红色溶液，水溶液呈弱碱性。热稳定性好，抑制性强，对黏土和页岩稳定周期长。用作水基钻井液的黏土稳定剂，具有较强的抑制黏土和钻屑分散能力，可明显改善钻井液的抑制性，有利于固相控制和井壁的稳定。可用于淡水、盐水及高密度水基钻井液体系。

19. 聚醚胺基烷基葡萄糖苷

聚醚胺基烷基葡萄糖苷（NAPG）是一种特殊结构的非离子表面活性剂，分子中具有烷基糖苷、聚醚胺等结构单元，兼具烷基糖苷和胺基抑制剂等特点。具有很强的抑制性、稳定性和表面活性。无毒，作为单剂使用，其抑制能力接近胺基聚醚和聚胺抑制剂，而成本较低。用于配制烷基糖苷钻井液时，抗温可以达到 160℃。

聚醚胺基烷基糖苷与常用处理剂配伍性好，且具有明显的协同增效作用，适用于强水敏、易坍塌泥页岩地层及页岩气水平井的钻井。可以直接作为作用抑制剂使用，也可以作为主体和其他材料配伍形成烷基糖苷钻井液体系。

20. 甲基硅醇钠

甲基硅醇钠，分子式 $CH_5NaO_3Si$，相对分子质量 116.124，为无色或略带黄色透明液体，呈碱性，无毒，无味，不挥发，不燃烧。作为钻井液处理剂，在钻井液中，其分子中含有亲油的烷基疏水基团，与黏土吸附后裸露于外端，发生润湿反转，改善黏土表面的水化膜，起到保护黏土的作用，具有较强的防塌和抑制黏土造浆的能力，保持钻井液良好的流变性，且泥饼质量好。由于作用性能稳定，有利于减少钻井液的处理次数，减少钻井液的排放，利于环境保护。

用于钻井液处理剂，具有较强的抑制防塌能力和降黏作用，适用于各种类型的水基钻井液。

## 七、润滑剂

1. 油酸甲酯

油酸甲酯，又名顺式 -9- 十八烯酸甲酯，9- 十八烯酸甲酯，分子式 $C_{19}H_{36}O_2$，相对分子质量 296.49，为无色至淡黄色油状液体，折光率 1.4522（20℃），可燃，不溶于水，与乙醇，乙醚等有机溶剂互溶，是一种不饱和高级脂肪酸酯，具有脂肪酸酯的常见反应性质。作为重要的化工原料，广泛用于制备表面活性剂、皮革添加剂、纺织助剂等，还用作杀虫剂助剂等。

用作钻井液润滑剂，可以单独使用，也可以与其他材料配合使用，润滑效果好，抗温抗盐能力强，也可以作为合成基钻井液的基液。

2. 脂肪酸甘油酯

通常指由甘油和脂肪酸（饱和的和不饱和的）经酯化所生成的酯类。化学成分为饱和或不饱和脂肪酸与甘油酯化产物，化学式 $C_3H_5O_3(COR)_3$。高碳数脂肪酸（俗称高级脂肪酸）的甘油酯是天然油脂的主要成分，其中最重要的是甘油三酸酯。甘油酯是中性物质，不溶于水，溶于有机溶剂。会发生水解。熔点 33~35℃，酸值 1.0mgKOH/g，在氯仿、乙醚或苯中易溶，在石油醚中溶解，在水或乙醇中几乎不溶。可以用作水基钻井液乳化剂、润滑剂，热稳定性好（抗温 205℃），容易在钻井液中分散，维护周期长，无荧光，无污染，不发泡，且抗钙、镁等高价离子污染能力强，可适用于海水和高 pH 值钻井液，具有降低扭矩和摩阻的效果，适用于海洋、深井、定向井、大斜度井和水平井，也可以用作油基钻井液的乳化剂。

3. 妥尔油沥青磺酸钠

妥尔油沥青磺酸钠，也称磺化妥尔油沥青（STOP），为棕黑色粉末，溶于水，部分溶于油。用作钻井液处理剂，主要用于改善泥饼质量和提高其润滑性。STOP 亲水性弱，亲油性强，可有效地涂敷在井壁上，形成一层油膜，既可减轻钻具对井壁的摩擦，又可减轻钻具对井壁的冲击作用。由于 STOP 类处理剂的作用，使井壁岩石由亲水转变为憎水，可阻止滤液向地层渗透。主要用作水基钻井液极压润滑剂和防卡剂，具有良好的润滑、防卡作用，同时对稳定泥页岩，巩固井壁，降低高温高压滤失量和改进环空流型有一定效果。

4. 磺化妥尔油

妥尔油又称液体松香，是从减法制木浆时所残余的黑色溶液制得，主要成分是脂肪酸和松香酸，妥尔油经磺化和成盐可以制得磺化妥尔油，磺化妥尔油（ST）为黑色黏稠液体，无毒，不易燃。可抗 200~240℃高温。用作水基钻井液的防卡润滑剂或极压润滑剂，能降低泥饼摩阻系数，对防止压差卡钻有一定的作用。

5. 硫化脂肪酸酯

硫化脂肪酸酯是一种金黄色透明、低黏度、低气味的非活性硫化极压抗磨剂，具有黏度小、流动性好、润滑性优、极压性高的特点。用于水基钻井液极压润滑剂，具有良好的润滑和防卡作用。也作为配制复合型压润滑剂的主要成分。如，通过植物油硫化并与多种表面活性剂复配而成的弱荧光润滑剂，硫化油作为抗温抗挤压的极压润滑成分，使其润滑效果得以提高，能够有效地提高钻井液的润滑性，特别是降低钻井中高温高压下的扭矩和摩阻，清洗钻头，抗温 140℃以上。具有很强的极压抗磨效果，能在摩擦的金属钻具表面形成坚固的极压润滑膜，对钻具起有效保护作用，延长钻头寿命，减少下钻次数，降低钻杆扭矩，提高钻速，有效减轻对钻杆和钻头的磨损，大幅度提高钻井效率。可以提高水基钻井液的润滑性，减少扭矩和摩阻，防止压差卡钻，改善水平井的润

滑性。对环境和录井无影响。同时对混油钻井液具有较好的乳化作用。

适用于各种水基钻井液，可以单独使用，也可以与其他处理剂配伍使用，其用量一般为0.5%~1.5%。

6. 磺化植物油

油酯的磺化产物，是植物油经过硫酸或三氧化硫磺化得到的一种阴离子表面活性剂，棕色黏稠液体，可溶于水。具有渗透、润湿、乳化、分散、润滑、匀染、助溶等性能。磺化油通常包括磺化棉籽油和磺化蓖麻油（别名太古油、土耳其红油）。磺化油可以作为抗温抗挤压的极压润滑剂使用，适用于高密度、高固相钻井液。磺化棉籽油还可增加矿物油的活性，使其润滑效果得以提高。

钻井液中用作润滑剂和防卡剂，可以用于高密度水基钻井液，也可以与其他材料复配制备复配型润滑剂。

7. RH-2润滑剂

本品由植物油、十二烷基苯磺酸钠、非离子表面活性剂等组成，为棕色液体，可以在水中很好地分散。产品不仅荧光级别低，且具有较好的润滑作用，抗温抗盐能力强，适用范围广，是应用最早的润滑剂产品之一。加入钻井液中有利于改善钻井液性能，改善滤饼质量，耐高温。

用作水基钻井液润滑剂具有低荧光干扰，不影响地质录井测试，能显著降低滤饼黏附系数等特点，可广泛用于探井、斜井、资料井及生产井的钻井，预防压差卡钻，并兼有乳化作用。与其他处理剂配伍性好，对钻井液的流变性无不良影响。

8. RH-3润滑剂

本品由阴离子、非离子表面活性剂、极压剂等组成，为棕褐色液体，可以在水中很好地分散。用作水基钻井液的极压润滑剂，弱荧光，对地质录井无干扰。形成的润滑膜强度高，可以耐温200℃，主要用作探井及定向井的防卡剂，具有较大的极压膜强度，对降低扭矩和摩阻系数都有明显效果。与RH-2配合，可广泛用于大斜度井、定向井和深井。与其他处理剂配伍性好，对钻井液的流变性无不良影响。

9. RH-4润滑剂

本品由SP-80、十二烷基苯磺酸钠、OP-10、油酸酯等复配而成，为水乳化型浅黄色液体，可以在水中很好地分散。可以有效地清洁钻具，防止钻头泥包，故也叫清洁剂。

适用于钻进泥页岩，易泥包地层井段，能有效地清洁钻具，防止钻具泥包，并可改善钻井液的润滑性。用量一般为0.5%~1.0%，高密度钻井液可适当地增加用量，也可以与其他润滑剂配伍使用，对钻井液的流变性、滤失量等无不良影响。

10. RT-441润滑剂

本品由磺化植物油、阴离子表面活性剂和非离子表面活性剂等组成，为棕红色液体，可以在水中很好地分散，为弱荧光水基润滑剂。具有较强的乳化、润滑作用，能显著降低摩阻系数，防止钻头泥包和压差卡钻，并有较好的高温稳定性，可抗温200℃。

适用于各种类型水基钻井液，且对地质录井无荧光干扰，可以用于探井，对混油钻井液具有一定的乳化作用。

11. RT-443 润滑剂

本品由矿物油、改性植物油、阴离子表面活性剂和非离子表面活性剂等复配而成，为棕红色液体，可以在水中很好地分散。直照荧光为5级，对地质录井无干扰。主要用作探井及定向井的防卡润滑剂，可以有效地降低扭矩，防止压差卡钻。本品与其他处理剂配伍性好，对钻井液的流变性无不良影响。

12. 润滑剂 DR-1

本品由白油、阴离子和非离子表面活性剂等组成，为棕褐色液体，可以分散于水，水溶液呈碱性，有滑腻感。产品中矿物油、表面活性剂等成分，通过协同作用在金属、岩石和黏土表面形成吸附膜，降低钻具回转阻力，起到润滑防卡作用。用作水基钻井液润滑剂，降摩阻效果好，并具有一定的抗钙能力，适用于各种水基钻井液体系。

13. 无荧光液体防卡剂 RH8501

本品由无毒矿物油、表面活性剂等组成，为棕黄油状液体，易分散于水中。其特点是：无荧光干扰，不影响地质录井，使用范围广，可用在深井、资料井及特殊作业井；润滑性好，在各种类型的水基钻井液中都能显著降低滤饼黏附系数，耐温可达200℃。用于较高密度钻井液中也能够有效地降低泥饼黏附系数，其加量要随密度的增加而提高；对钻井液性能无不良影响，在pH值7~12均适用。

用作钻井液无荧光润滑剂，适用于各种类型的水基钻井液，能显著地降低泥饼黏附系数，热稳定性好，对钻井液流变性无不良影响。

14. 防卡剂 CP-233

本品由十二烷基苯磺酸、二乙醇胺、油酸、三乙醇胺，聚氧乙烯醚等组成，为棕褐色液体，可以在水中很好地分散。产品中油酸胺、表面活性剂等成分具有协同增效作用，它们通过在金属、岩石和黏土表面形成吸附膜，使钻柱与井壁岩石接触（或水膜接触）产生固-固摩擦，改变活性剂非极性端之间或油膜之间的摩擦，降低钻具回转阻力，并可以改善滤饼质量，提高滤饼润滑性，从而起到润滑防卡作用。适用于各种类型水基钻井液中作防卡润滑剂，可广泛用于大斜井、定向井和深井。本品与其他处理剂配伍性好，对钻井液的流变性无不良影响。对混油钻井液具有一定的乳化作用。

15. 油酸酯复合润滑剂

本品是以油酸酯或硝化油酸酯为主，通过添加一些其他材料得到的一种复配体系，通常为棕黑色油状液体。油酸酯分子中的长碳链直链烷基（$C_{12}$~$C_{18}$之间）有利于形成致密的油膜，分子中的羰基可以牢固地吸附在黏土和金属表面上，以防止油膜脱落。用作钻井液处理剂，可以提高钻井液的润滑性，降低泥饼的摩擦系数。在浅井和深井中，均能降低钻具、钻头和地层之间的摩阻，减少黏附卡钻几率，提高钻井施工的安全性。抗温可达220℃，同时还具有一定的消泡作用。

适用于水基钻井液体系，在定向井、水平井等各类井的钻井施工中和电测、下套管作业时使用，均有良好的效果。

16. 玻璃润滑小球

玻璃润滑小球是一种圆球形的钢化玻璃润滑剂，玻璃小球能降低扭矩与阻力。在现场实验中，钻井液中含量为1.14kg/m$^3$，直径44~88μm的玻璃小球能使阻力从16761kg降至11325kg。玻璃小球可起到类似球轴承的作用，埋入泥饼，可降低泥饼的摩擦系数。由于受固体尺寸的限制，玻璃小球固体润滑剂在钻井过程中很容易被固控设备清除，而且在钻杆的挤压或碰撞下，会有部分破坏、变形，因此在使用上受到了一定的限制。优点是抗温能力强。现场实践表明，将玻璃球制成椭圆形，其机械性能高于圆形。椭圆形玻璃球的长半轴比短半轴长1.25~2倍，则应力负荷比圆球减少65%，而接触面积增加4~5倍，防卡、抗磨性能进一步增强。

用作钻井液润滑剂，可以提高所有类型钻井液的润滑性，减少扭矩和摩阻，防止压差卡钻，尤其有利于改善水平井的润滑性。

17. 塑料小球固体润滑剂

本品为白色或半透明球体，系苯乙烯－二乙烯苯共聚物，无毒、无污染，化学性质稳定，不溶于酸、碱、油、水及多种溶剂。润滑小球属于圆球形的润滑剂，在钻井液中起到类似滚珠的润滑作用，在高压力下不破碎，但高温下会软化，使用温度不能超过其软化点。能够提高水基钻井液的润滑性，减少扭矩和摩阻，防止压差卡钻，改善水平井的润滑性。化学惰性、抗温性好，对钻井液性能无不良影响。使用时会受到振动筛目数的限制。

用作钻井液润滑剂，具有较好的防止压差卡钻，降摩阻，降扭矩等效果，且无荧光干扰，与各类钻井液配伍性好，对钻井液流变性无不良影响，是定向井、斜井和水平井良好的防卡润滑剂。其用量可视具体情况而定。回收后剔除破损小球，可以重复使用。

18. 石墨粉固体润滑剂

主要成分是高碳鳞片石墨，为黑色鳞片流动粉末，质软，有油腻感，可污染纸张。硬度为1~2，沿垂直方向随杂质的增加其硬度可增至3~5。密度1.9~2.3g/cm$^3$。在隔绝氧气条件下，其熔点在3000℃以上，是最耐温的矿物之一。石墨粉常温下化学性质比较稳定，不溶于水、稀酸、稀碱和有机溶剂。石墨粉作为润滑剂具有抗高温、无荧光、降摩阻效果明显，加量小，对钻井液性能无不良影响等特点。尤其是弹性石墨无毒、无腐蚀性，在高浓度下不会阻塞泥浆马达；即使在高剪切速率下，也不会在钻井液中发生明显的分散。此外，它不会影响钻井液的动切力和静切力，与各种纤维质和矿物混合物具有良好的配伍性。弹性石墨的独特结构使其能够用于各种钻井液中，具有降低扭矩、摩阻和减少磨损的作用。弹性石墨作为固体润滑剂，尤其适用于使用常规液体润滑剂效果不大的石灰基钻井液。

石墨粉能牢固地吸附（包括物理和化学吸附）在钻具和井壁岩石表面，从而改善摩擦件之间的摩擦状态，起到降低摩阻的作用；同时当石墨粉吸附在井壁上，可以封闭井壁的微孔隙，因此兼有降低钻井液滤失量和保护储层的作用。

用作钻井液润滑剂，可以提高水基钻井液的润滑性，减少扭矩和摩阻，防止压差卡钻。弹性石墨还可以用于油基钻井液的防漏、堵漏剂。本品可以单独使用，也可以与其他润滑剂配伍使用。

## 八、堵漏剂

1. 果壳粉

产品是不同粒径果壳颗粒和粉末的混合物，为金黄色或褐红色粉末，具有硬度高，耐酸碱，耐浸泡的特性。高温下会发生碳化而降低其性能。对孔隙及微裂漏失，堵漏速度快，效果好。能迅速形成具有一定强度的非渗透性屏蔽带，而阻止作业流体中的液、固相侵入储层，使储层免遭损害，屏蔽带通过射孔反排可以解除。细颗粒果壳粉能显著降低钻井液的滤失量，又不影响钻井液的流变性能，耐温性能优良。不受电解质污染影响，无毒，无害。作为堵漏材料，比较适用的果壳有核桃壳、山杏壳、樱桃壳、大（小）枣壳等果壳，其中以核桃壳应用最多。

果壳粉是石油钻井堵漏中应用面最广，用量最大的桥堵材料之一，因颗粒粒径不同而应用于不同类型地层漏失的堵漏，可以单独使用，也可以与其他颗粒材料和活性凝胶材料等配合使用。

2. 植物纤维粉

本品是由植物秸秆、棉纤维、棉籽壳等经过研磨、粉碎、筛分等工艺加工得到的天然植物纤维复合材料。用作堵漏材料，具有良好的水溶胀桥接封堵功能，黏附性强，适用于各种钻井液体系，既可用于封堵漏失层，也可用于保护低压产层（油、气、水等）。产品加入钻井液中后，对各种渗透性漏失可以起到良好的封堵效果，随钻堵漏使用方便，配伍性好，不影响钻井液性能。超细纤维粉还可以作为钻井液降滤失剂和储层保护暂堵剂。本品可以单独使用，也可以复配使用。

3. 木纤维素粉

木质纤维粉是天然木材经过化学处理得到的有机纤维。通过筛选、分裂、高温处理、漂白、化学处理、中和、筛分成不同长度和粗细度的纤维，以适应不同应用目的的需要。由于处理温度达 260℃以上，在通常条件下是化学上非常稳定的物质，耐一般的溶剂和酸、碱腐蚀。用天然原料生产的木质素纤维具有无毒、无味、无污染、无放射性的优良特性。由于纤维微观结构是带状弯曲、凹凸不平、多孔，且交叉处呈扁平，有良好的韧性、分散性和化学稳定性，吸油、吸水能力强，有非常好的增稠抗裂性能。用于钻井堵漏，其作用与植物纤维相同。可用于水基钻井液，也可用于油基钻井液。

4. 楠木粉

楠木粉是从赣西山区特有的一种野生植物中提取的天然植物高分子复合材料，外观为灰白色粉末，易吸潮，可溶于水，不受电解质污染影响。固态时分子链呈卷曲状态，遇水后，水分子进入植物胶分子内。具有无毒、无害，不污染环境等优点。由于具有良好的水溶胀桥接封堵功能，黏附性强，不受粒径匹配限制，可以用作钻井堵漏材料。

适用于各种水基钻井液体系，用于封堵漏失层，保护低压产层（油、气、水）等，具有一定的降滤失作用。可以单独使用，也可以与其他材料配伍使用，也是复合堵漏剂的主要成分。

5. 甘蔗渣

甘蔗渣是制糖的主要副产物。经过榨糖之后剩下的甘蔗渣，约有 50% 的纤维可以用来造纸。甘蔗渣纤维长度为 0.65～2.17mm，宽度是 21～28μm。其纤维形态虽然比不上木材和竹子，但优于稻、麦草纤维。作为堵漏材料以提供纤维为主，由于具有较强的吸油性，可以用作油基钻井液漏失封堵剂。

6. 花生壳粉

花生壳粉是由花生壳（花生外壳）经过粉碎机粉碎之后形成的粉状颗粒或者粉末。花生壳中含有大量的有机化合物，如木质素、纤维素、蛋白质、谷甾醇、皂苷等。花生壳作为农产品的下脚料，来源丰富。用作钻井液颗粒堵漏剂，优点是价廉易得，缺点是容易发酵，易漂浮，不抗温。可以单独使用，但多数情况下与其他堵漏材料配伍使用。

7. 稻壳粉

稻壳粉是由稻壳经过去杂、粉碎得到的产物。基于稻谷品种、地区、气候等差异，其化学组成会有差异。稻壳堆积密度为 96～160kg/m$^3$，粉碎后，堆积密度可达 384～400kg/m$^3$。稻壳中硅含量愈高，则愈坚硬，耐磨性能愈强。稻壳中约含 40% 的粗纤维（包括木质素纤维和纤维素）和 20% 左右的五碳糖聚合物（主要为半纤维素）。另外，约含 20% 灰分及少量粗蛋白、粗脂肪等有机化合物。作为堵漏材料粉碎程度不同，形状不同，可以为片状、颗粒状等，多数情况下和其他材料配伍使用。

8. 棉籽壳

棉籽壳，也称棉皮，是棉籽经过剥壳机分离后剩下的外壳。根据剥壳机械的类型、棉花籽品种、产地、含水量、剥壳后碎棉仁粉过筛程度等的不同，加工出来的棉籽壳的大小、颜色、棉绒长度和含量等也不同。脱短绒加工工艺或程度不同，棉籽残留棉绒多少不同。作为堵漏材料，残留棉绒越多越好，棉籽壳既可以提供纤维材料，也可以提供片状材料，是最理想的价廉堵漏材料。也可以将棉籽壳用稀酸处理后粉成微粉，用作暂堵剂和无固相钻井液降滤失剂。可以单独使用，也可以与其他材料复配使用。

9. 玉米穗心颗粒

玉米穗心颗粒是由成熟的玉米穗脱粒后剩下中间的花轴部分即玉米棒芯粉碎得到。用作钻井液堵漏剂，具有来源广，效果好的优势，适用于裂缝性和孔洞型漏失堵漏。由于其吸水性强，可以封堵大于玉米穗颗粒 50 倍的空穴漏失，对钻井液性能影响小。作为堵漏剂，其粒径分布为：粒度 8～1.4mm 的颗粒 10%～60%、粒度 1.4～0.4mm 的颗粒 10%～60%、粒度 0.4～75μm 的颗粒 10%～60%。

10. 蚌壳渣（粉）

以蛤蚌等有壳动物的外壳制成。蚌壳渣为不规则畸形碎片，贝壳粉是贝壳经粉碎得到的粉末，其 95% 的成分是碳酸钙，还有少量氨基酸和多糖物质。在石油钻井中，是应用最早的堵漏材料之一，可以与其他纤维和颗粒桥堵材料配伍用于严重漏失地层堵漏，其特点是具有不规则碎片状结构、且有尖角，可以嵌入地层，达到快速封堵有效驻留。

11. 蛭石

蛭石是一种层状结构含镁的水铝硅酸盐次生变质矿物，原矿外形似云母，通常主要由黑（金）云母经热液蚀变作用或风化而成。因其受热失水膨胀时呈挠曲状，形态酷似水蛭，故称蛭石。一般为褐、黄、暗绿色，有油一样的光泽，加热后变成灰色。蛭石片经过高温焙烧其体积可迅速膨胀6~20倍，膨胀后的密度为60~180kg/m$^3$。膨胀蛭石不溶于水，pH值7~8，无毒、无味，无副作用。作为堵漏剂，抗温能力强，堵漏强度高，承压能力强。适用于裂缝和溶洞漏失的封堵。

12. 云母片

天然云母片是一种非金属矿物，含有多种成分，其中主要有$SiO_2$（含量一般在49%左右）、$Al_2O_3$（含量在30%左右）。片状云母在矿石中的片径为2~10mm，是最早应用的片状堵漏材料，可以嵌入地层，提高堵漏剂或堵漏浆的驻留能力，防止重复漏失，且承压能力高。可以单独使用，也可以与其他材料配伍使用。

作为桥堵材料，常用于比较严重的裂缝性或缝洞型漏失封堵，也可以用于配制复合堵漏剂。

13. 矿物纤维

矿物纤维是从纤维状结构的矿物岩石中获得的纤维，主要组成物质为二氧化硅、氧化铝、氧化镁等氧化物，其主要来源为各类石棉，如温石棉，青石棉等。纤维的化学成分为40%~60%的$SiO_2$、15%~25%的$Al_2O_3$、3%~7%的$Fe_2O_3$、25%~30%的CaO+MgO、3%~6%的$Na_2O$+$K_2O$。

在钻井中可以作为堵漏剂或钻井液携砂剂，与其他材料配伍进行复合堵漏，可以有效地提高堵漏成功率。

14. 天然沥青粉

天然沥青又称地沥青或矿物沥青，为石油的转化产物。石油原油渗透到地面，其中轻质组分被蒸发，进而在日光照射下被空气中的氧气氧化，再经聚合成为沥青矿物。主要由沥青质、树脂等胶质，以及少量的金属和非金属等其他矿物杂质组成。

用于堵漏剂，当地层温度低于沥青的软化点时，可以作为桥堵材料，而当地层温度接近或稍高于沥青的软化点时，可以作为变形粒子挤入地层孔隙或裂缝，从而达到有效封堵。当地层温度高于沥青的软化点时，堵漏效果会降低，但可以有效地改善滤饼质量，提高滤饼的润滑性，同时可以防止井壁坍塌。在钻井液中，大颗粒可以作为颗粒桥堵剂，配合其他材料用于桥塞堵漏。细颗粒或粉状产品可以作为钻井液高温高压滤失量控制剂、井壁稳定剂、润滑剂等，用作油基钻井液的增黏剂和降滤失剂。

15. 酚醛树脂

固体酚醛树脂为黄色、透明、无定形块状物质，因含有游离酚而呈微红色，易溶于醇，不溶于水，对水、弱酸、弱碱溶液稳定。液体酚醛树脂为黄色、深棕色液体。通常可分为热固性和热塑性两类。在钻井液中，可以与其他材料配伍用于严重或复杂漏失地层堵漏。适用于高温深井堵漏。

也可以采用热固性酚醛树脂或热固性酚醛树脂与增强材料等经过高压层压制成不同粒径（层片平均 1~10mm）的不规则热固性片状物堵漏剂，其不溶于水，不溶于油，耐酸碱，抗温 250℃以上。与矿物片状材料相比，具有强度高、柔韧性好的特点。作为片状堵漏材料，可以直接使用，也可以与纤维状、颗粒状堵漏材料共同使用。由于酚醛树脂的特性，使产品在高温高压下不仅具有良好的封堵强度，而且化学稳定性较好，与钻井液的配伍性好，适用于各种类型的水基钻井液，也适用于油基钻井液。片状材料对裂缝性漏失层易入，且入地层后不易返吐，可以有效地封堵裂缝性地层漏失、次生张开性漏失及不规则小溶洞性漏失等。

16. 脲醛树脂

脲醛树脂又称脲甲醛树脂（UF），是尿素与甲醛在催化剂（碱性或酸性催化剂）作用下，缩聚反应得到。用于钻井液堵漏剂的脲醛树脂通常为 N 型，其对钻井液性能影响小，堵漏效果好，堵漏成功率高，施工安全。可以单独使用，也可以与无机胶凝材料、桥堵材料复合使用。可以根据漏失情况，采用脲醛树脂、桥堵材料等配伍配制堵漏浆，将堵漏浆泵入漏层进行堵漏，也可以直接加入钻井液中实施循环堵漏。

17. 含磺酸基交联聚合物堵漏剂

本品是由丙烯酰胺、2- 丙烯酰胺基 -2- 甲基丙磺酸等单体，亚甲基双丙烯酰胺交联剂和无机支撑剂等，经引发聚合形成的具有空间网状结构的高分子复合材料，也称凝胶堵漏剂，为颗粒状固体。通过合成原材料种类、配比和生产工艺的改变，能有效控制产品的粒径、膨胀能力、适用温度、柔韧性、强度等性能指标，以便使产品适应不同储层条件下的调剖、堵水、堵漏等工艺过程的需要。吸水后的凝胶颗粒，既能有效封堵高渗透带，又可以保持可变形、可扩散的特征，在地层压力和流体动力的作用下向地层深部运移。本品吸水后具有极好的黏弹性和柔韧性，抗压强度是普通吸水树脂的十几倍甚至几十倍，吸水倍数为 3~30 倍。经 150℃老化后形态保持完整、不溶解、吸水倍数增加、保持足够的强度，且 150℃下的高温稳定性达到 30d 以上，可以满足 150℃高温下现场堵漏要求。

本品可直接或与其他材料配伍用作复杂漏失地层堵漏，细颗粒产物可以用作钻井液降滤失剂。作为堵漏剂时，其加量根据漏失情况确定，一般为 1%~5%；作为降滤失剂时，用量一般为 0.5%~1.5%。也可以采用热融性材料将本品包覆，以延迟其吸水时间，便于操作。

18. 水解聚丙烯酰胺颗粒堵漏剂

本品主要成分是丙烯酰胺、丙烯酸交联聚合物和膨润土复合物。土黄色或浅红色固体颗粒，不溶于水，遇水膨胀。除抗温能力低于含磺酸交联聚合物外，其他性能及作用机理均与之相同。适用地层温度不超过 120℃。细颗粒粉状产品可用于钻井液随钻封堵剂和降滤失剂，有利于改善滤饼质量，提高井壁稳定性。也可以制成封装的吸水树脂。

在上述产品的制备中，通过引入阳离子单体，可以得到两性离子交联聚合物堵漏剂

（凝聚），由于含有阳离子基团，吸附后颗粒外层的阳离子可以与地层或其他材料表面吸附，可以提高堵漏效果。

19. 高失水堵漏剂

本品是由水泥、植物纤维、矿物纤维和其他助剂复合而成。用其所配制的堵漏浆，通过迅速失水沉积，可以快速形成堵塞而封堵大漏失，堵漏成功率高，是应用最早、用量最大的堵漏剂之一。堵漏剂中的纤维状材料在高失水堵漏浆中既起悬浮作用，又能在形成的堵塞中纵横交错，相互拉扯，起到强有力的拉筋作用，增强了堵塞物的强度。水泥的固结作用，保证堵塞物的后期强度，以达到有效封堵的目的。

本品主要用于钻井过程中封堵大孔道、多孔隙和裂缝性漏失，是最常用的钻井液堵漏剂之一。使用时根据漏失情况确定配制堵漏浆的量，在配制堵漏浆时，可以采用具有悬浮能力的新配浆，也可以采用部分井浆，并将其性能调整至要求，然后加入堵漏剂。为了使堵漏浆滤失速度快，也可以在基浆中加入部分氯化钠，将堵漏浆下光钻杆输送至滤失层位，进行堵漏作业。为了提高堵漏成功率，必要时需要加入一部分不同粒径和不同类型的桥堵材料。

20. 狄赛尔堵漏剂

本品是由碎纸屑、硅藻土、石灰等复合而成的一种复合堵漏材料，属于高失水堵漏材料，在漏失层段通过快速失水，形成具有强驻留、耐冲刷的堵塞物，以达到快速堵漏作业的目的。主要用于钻井过程中封堵大孔道、多孔隙和裂缝性漏失，是最常用的钻井液堵漏剂之一，可直接注入漏层。使用方法同高失水堵漏剂。

21. 单向压力封堵剂

本品是不同粒径或长度的植物纤维、木质素纤维等经过粒径和组分优化的复配物，又称随钻堵漏剂、暂堵剂等，常用代号 DF-1。不溶于水，可以酸溶。其作用机理是含有纤维材料的钻井液深入地层时，会在井壁表面沉积成一层薄而致密的基体，防止大颗粒进入地层，使钻井液液柱的静压力不能压裂地层，以至于砂岩地层或裂缝性地层与非裂缝性地层一样承受静水压力。它可以封堵砂岩、裂缝性地层、断裂的煤夹层和石灰岩地层。主要用于降低井壁渗透性，密封排空的砂岩和微裂缝，防止滤失损失，也可以用于封堵微裂缝性地层的漏失，配合水泥和大颗粒堵漏剂可用于封堵大孔洞的漏失。用于无土相或无固相钻井液与完井液的降滤失剂。适用于水基钻井液和油基钻井液。

22. 随钻堵漏剂 SD-1、SD-2

本品由花生壳、稻壳粉等农副产品加工而成，为颗粒材料、片状材料和纤维材料共存。具有原料来源丰富，价格低廉、绿色环保的特点，且适应性强，封堵效果好。主要用于微裂缝性和孔隙性地层漏失的封堵，对钻井液的性能影响小，可实施边钻边堵，适用于水基钻井液，也可以与胶凝性堵漏材料和桥塞堵漏材料配伍使用，用于裂缝性和孔洞性漏失地层堵漏作业。

23. 酸溶性桥塞堵漏剂

本品是系列不同粒度的碳酸钙粉或颗粒组成，难溶于水，可酸溶。既可以用作堵漏

材料，也可以用作储层保护暂堵剂。在钻井液、完井液、修井液中，可以用作酸溶性桥塞剂，可以有效地降低盐水钻井液、完井液、修井液的滤失量，减少对油层的损害。在聚合物钻井液中，作为惰性降滤失剂。此外，在MMH正电钻井液体系中，也能有效地降低体系的滤失量。作桥塞堵漏剂加量为1.5%~2.5%，在聚合物钻井液及MMH正电钻井液中作惰性降滤失剂加量为0.5%~2%。

## 九、絮凝剂

1. 聚丙烯酰胺

聚丙烯酰胺（PAM）是一种水溶性非离子型聚合物，完全干燥的聚丙烯酰胺是脆性的白色固体，易吸附水分和保留水分，密度为1.302g/cm$^3$（23℃），玻璃化温度为188℃，软化温度近于210℃。在210℃以上时，酰胺基会逐渐脱水，转变为腈基；在500℃以上时，会逐渐炭化为黑色粉末。PAM易溶于水，可以溶于醋酸、丙烯酸、乙二醇、丙三醇和胺少数强极性有机溶剂，而不溶于甲醇、乙醇、丙酮、乙醚、脂肪烃和芳香烃。

用作钻井液处理剂，具有絮凝、抗污染、抗剪切、剪切稀释性能好等特点，可有效地调节钻井液流型，亦可用作钻井液增稠剂，适用于各种类型的水基钻井液体系。可以与其他材料配伍生产交联聚合物，用作堵漏材料，也可以用于钻井作业废水絮凝剂。

2. 水解聚丙烯酰胺

水解聚丙烯酰胺（PHP或HPAM）由聚丙烯酰胺水解得到，为白色粉状固体，溶于水，几乎不溶于有机溶剂。在中性和碱性介质中呈聚电解质的特征，对盐类电解质敏感，与高价金属离子能交联成不溶性的凝胶体，絮凝效果好。

主要用于低固相不分散聚合物钻井液的絮凝剂，并兼有改善钻井液的流变性、降低摩阻等性能。水解聚丙烯酰胺钻井液以独特的抑制性，被广泛应用于易造浆的泥岩、水敏性页岩、石灰岩地层。

3. 丙烯酰胺与丙烯酸钠共聚物80A51

本品是丙烯酸、丙烯酰胺共聚物，易溶于水，水溶液呈弱碱性，在空气中易吸水结块。相对分子质量$400\times10^4$~$700\times10^4$，分子中丙烯酸链节约占40%，它比常规的水解聚丙烯酰胺（相对分子质量$300\times10^4$，水解度30%）更适用于钻井液絮凝和增黏。在钻井液中具有增黏、包被和絮凝钻屑、抗温、抗盐，以及改善流变性和防塌等特点，可有效地调节淡水、海水钻井液流型，亦可用作钻井液防塌剂和增稠剂，不仅适用于低固相不分散聚合物钻井液体系，也可用于分散型钻井液体系，是聚合物钻井液体系的重要处理剂，也是用量较大的聚合物处理剂之一。

4. 抗温抗盐聚合物絮凝剂PAMS800

本品为水溶性阴离子型聚合物，由丙烯酰胺和2–丙烯酰胺基–2–甲基丙磺酸（AMPS）共聚而得。其中AMPS所占比例为30%（物质的量比）左右。产品呈白色粉末状，易溶于水，水溶液为黏稠状透明体，呈弱碱性。聚合物中的酰胺基与钻井液中的黏土颗粒吸附，而磺酸基电荷密度高，提高聚合物的分散能力和抗二价金属离子的能力，因而抗钙污染能力强。它与酸接触不产生沉淀，提高钻井液的钻屑容量，且抗水泥污染能力强，它与地层原生水中的离子不产生沉淀反应，减轻对油气层的损害。其絮凝机理同水解聚丙烯酰胺，其絮凝能力与聚丙烯酰胺相近，而抑制泥页岩水化分散的能力优于水解聚丙烯酰胺。

PAMS800 用作钻井液处理剂，能在高温、高盐条件下提高钻井液的黏度，同时还具有良好的降滤失、絮凝和包被作用，能有效控制地层造浆、防止井壁坍塌。与阴离子和两性离子型钻井液处理剂有良好的配伍性，适用于水基钻井液体系。

5. 钻井液固相化学清洁剂 ZSC-201

本品是 3-（N- 丙酰胺基）二甲基 -2- 羟基丙基三甲基氯化铵和聚合物的混合物，为黄色粉末状，易溶于水，水溶液呈弱酸性。具有较强的抑制性，可以有效地抑制黏土水化分散、保证钻井液清洁，在钻井液体系中不仅与阴离子型、阳离子型和两性复合离子型钻井液处理剂具有良好的配伍性，同时具有较好的抑制增效作用，在有效的加量范围内对钻井液的滤失量和流变性等影响小。能有效抑制泥页岩的水化膨胀分散，清除钻井液中的有害固相，减少钻井液中亚微粒子含量，保证钻井液清洁。可以解决水敏性或易塌地层的水化膨胀、缩径问题，有效控制固相含量（尤其是低密度固相），大大提高机械钻速。现场应用方便，加量少，还可减少其他处理剂的用量，节约钻井液成本。可用于各种类型的水基钻井液体系。

6. 丙烯酰胺、甲基丙烯酰氧乙基三甲基氯化铵共聚物

本品由丙烯酰胺、甲基丙烯酰氧乙基三甲基氯化铵共聚得到。为固体粉末，易溶于水，有很强的吸湿性及很强的絮凝沉降作用。在钻井液循环过程中会发生水解反应，最终会起到防塌滤失作用。作为钻井液絮凝剂，一般用于上部快钻或清水大循环钻进。水解产物具有絮凝、包被、防塌、降滤失作用。

7. 聚丙烯酰胺反相乳液

本品主要成分是水解聚丙烯酰胺、白油和表面活性剂等，为乳白色黏稠液体。可以在钻井液中迅速分散，因此可以直接加入钻井液，同时乳液中的油相及表面活性剂对钻井液具有润滑作用。其基本性能同水解聚丙烯酰胺。

作为钻井液絮凝剂，具有絮凝速度快，絮凝效果好，可以改善钻井液的剪切稀释能力，有利于降低钻井液水眼黏度，发挥钻头水马力，提高破岩效率，同时还具有一定的增黏和润滑作用。

## 十、乳化剂

1. 快速渗透剂 T

顺丁烯二酸二仲辛酯磺酸钠，又称快速渗透剂 T、快 T，分子式 $C_{20}H_{37}O_7SNa$，相对

分子质量 444.25；为淡黄色至棕黄色黏稠状液体。易溶于水，水溶液呈乳白色，可显著降低表面张力。1% 的水溶液 pH 值 6.5～7.0，不耐强酸、强碱、金属盐和还原剂。具有很高的渗透力，渗透性快速均匀，润湿性、乳化性、起泡性均较好。用于钻井液乳化剂，其润滑、乳化和起泡性良好，温度 40℃以下，pH 值 5～10 之间效果最好，也是配制解卡剂的主要成分。

2. 乳化剂 OP−10

乳化剂 OP−10，别名壬基酚聚氧乙烯醚 −10，曲拉通 X−100，OP 乳化剂，乳化剂 TX−10，辛基苯酚聚氧乙烯（10）醚，聚乙二醇辛基苯基醚等，无色至淡黄色透明黏稠液体。折光率（D25/4）1.060，凝固点 −3℃，*HLB* 值 14.5。易溶于水、乙醇、乙二醇，可溶于苯、甲苯、二甲苯等，不溶于石油醚。化学性质稳定，浊点 61～67℃。在石油钻井中用于水基钻井液乳化剂和润滑剂，油基钻井液的辅助乳化剂。

3. OP−30

OP−30 为辛基酚与环氧乙烷缩合物，化学式 $C_8H_{17}C_6H_4O(CH_2CH_2O)_{30}H$（30 为平均值），室温下为乳白至淡黄色固体。易溶于水，具有优良的抗硬水性、耐酸碱性、乳化性、润湿性、分散性、增溶性、去污能力和渗透能力。因此，作为乳化剂、润湿剂、分散剂、清洗剂、增溶剂等在民用洗涤剂和各个工业领域中均有着极为广泛的应用。在钻井液中可作为混油钻井液乳化剂和防黏卡剂，能提高钻井液的抗温性能，也可以作为复合润滑剂制备的主要成分。

4. 吐温 −80

吐温 −80 又称聚氧乙烯失水山梨醇脂肪酸酯，聚氧乙烯失水山梨醇油酸酯，Tween−80，为淡黄色至琥珀色油状黏稠液体，密度（20℃）1.06～1.10 g/cm$^3$，相对蒸汽密度（空气 =1）1.00 ± 0.05，沸点（常压）>100℃，折射率 1.4756，*HLB* 值 15。无毒无刺激，易溶于水、甲醇、乙醇、异丙醇等多种溶剂，不溶于动、矿物油，溶于玉米油、石油醚、棉籽油、丙酮、四氯化碳等。在水、乙醚、乙二醇中呈分散状，具有乳化、扩散、增溶、稳定等性能。用于钻井液乳化剂，分子中聚氧乙烯部分可以吸附于黏土颗粒表面，而亲油的憎水基可与油形成润滑性油膜，提高钻井液的润滑性，用于钻井液混油，能够提高钻井液的稳定性，并保持适当的低黏度，也可用于油基钻井液的辅助乳化剂。

5. 吐温 −60

吐温 −60 即脱水山梨醇单硬脂酸酯聚氧乙烯醚，又叫 TW−60，聚环氧乙烷山梨糖醇单硬质酸酯，聚乙氧基硬脂酸山梨糖醇，为黄色蜡状固体，密度（25℃）1.044 g/cm$^3$，折射率（*n20/D*）1.474，闪点 >110℃。溶于水（溶解度 100g/L），硫酸及稀碱，*HLB* 值为 9.6，在某些盐存在下具有分散能力。用作水基钻井液的乳化剂和润滑剂，以及油基钻井液的辅助乳化剂。

6. 斯盘 −80

斯盘 −80，别名 SP−80，为黄色油状液体，密度（20℃）0.994g/cm$^3$，折射率（*n20/D*）

1.48，闪点 >110℃，不溶于水，能分散于温水和乙醇中，溶于丙二醇、液体石蜡、乙醇、甲醇或醋酸乙酯等有机溶剂中，*HLB*=4.3，常用作油包水型乳液的乳化剂。在石油钻井中可以作为钻井液的乳化剂和高温稳定剂，用于混油钻井液，可以降低钻井液滤失量和增加滤饼润滑性，有防黏卡作用，也有利于提高钻井液的热稳定性，也可作为油基钻井液的乳化剂。

7. 斯盘 –60

斯盘 –60，别名失水山梨醇硬脂酸酯、十八酸山梨醇酯、失水山梨醇硬脂酸酯、清凉茶醇硬脂酸酯、脱水山梨醇单十八酸酯、山梨糖醇酐硬脂酸酯。含脂肪酸 68.0%~76.0%，含山梨醇 27.0%~34.0%，为淡黄色至黄褐色蜡状固体。有轻微气味，溶于乙醇、甲苯、煤油，不溶于水、丙酮。相对密度 0.98~1.03，熔点 49~65℃，闪点 >110℃，*HLB* 值 4.7。钻井液中的作用同 SP–80，可以控制钻井液高温下的稳定性。可以用作钻井液的乳化剂和高温稳定剂以及油基钻井液的乳化剂。

8. 渗透剂 JFC

渗透剂 JFC，又称渗透剂 EA、润湿剂 JFC、浸湿剂 JFC、浸湿剂 JFCS。为环氧乙烷和高级脂肪醇的缩合物，无色至淡色透明液体，pH 值呈中性，浊点 40~50℃，属非离子型表面活性剂。具有良好的渗透、润湿和乳化性能，耐强酸、强碱，耐次氯酸钠，耐硬水及重金属盐。润湿性、再润湿性均好，并具有乳化及洗涤效果。水溶性好，5% 的水溶液加热至 45℃以上时呈混浊状。在石油钻井中可以改善水基钻井液的润滑性和稳定性，也是解卡剂的重要成分。

9. 环烷酸酰胺

环烷酸酰胺，别名 YNC–1，褐色油状液体，密度（17℃）0.986~0.988g/cm$^3$，系油包水型乳化剂，具有良好的乳化性。与油酸、ABS 等配伍，用作油基钻井液乳化剂，所配制的油包水乳化钻井液性能稳定，抗污染力强，耐 170℃高温，并有控制金属腐蚀和增加水基钻井液润滑性的作用，是一种性能优良的钻井液防卡、润滑剂，也解卡剂的重要组分。

10. 聚酰胺乳化剂 PAEF

本品是多元胺与多元酸缩合反应的产物，代号 PAEF，也称油基钻井液主乳化剂，为无色至浅黄色至棕红色黏稠液体。不溶于水，可以溶于苯、甲苯、柴油、白油等。属于非离子表面活性剂，是油基钻井液专用乳化剂。具有良好的表面活性，乳化能力强，所形成的油包水乳状液稳定性好。适用于混油、油包水、油基钻井液，合成基钻井液。采用不同的多元胺、多元酸时，可以得到不同性能的乳化剂，目前常用的为已二胺和油酸生成的酰胺化产物再与柠檬酸反应得到的产物，其乳化能力远优于 SP–80、油酸等，抗温可以达到 180℃。无毒、环保。

作为专用的油基钻井液乳化剂，具有较强的表面活性，乳化能力强，能够有效地增黏、提切、提高破乳电压，加量少，所配制的乳状液稳定。适用于柴油、白油等油基钻井液，以及合成基油（气制油）钻井液中作主乳化剂。

## 十一、解卡剂

1. 油基液体解卡剂

本品主要成分是氧化沥青、石灰粉、表面活性剂、矿物油等。为黑灰色黏稠液体，润湿、润滑性能好，滤失量小，泥饼黏滞系数小，泥饼薄而韧，渗透能力强，能根据需要调节密度，具有较好的悬浮稳定性，对水基钻井液泥饼有一定的渗透破坏作用，流变性能好，用于解除压差卡钻。

2. 含原油的油基液体解卡剂

本品主要成分是氧化沥青、石灰粉、表面活性剂、柴油、原油等。为黑灰色黏稠液体，润湿、润滑性能好，滤失量小，形成的泥饼黏滞系数小，泥饼薄而韧，渗透能力强，能根据需要调节密度，流变性能好，悬浮稳定性好，对水基钻井液泥饼有较强的渗透破坏作用。用于解除压差卡钻。

3. 粉状解卡剂

本品由氧化沥青、石灰粉、表面活性剂等组成。为黑灰色自由流动的固体粉末，系不同组分的混合物，将其分散于柴油中配制的解卡液具有润滑性好、滤失量低，泥饼薄，流变性、抗温性能好等特点，能较长期存放不结块，不失效，所配制解卡液解卡效率高，在井下高温高压下稳定性好，与柴油、水搅拌可配成各种密度的解卡液。具有操作简单，配制方便的特点。常用的粉状解卡剂有 DJK–Ⅱ和 SR–301 两种代号。用于深井、复杂井以及泡油未能解卡的井压差卡钻时的解卡作业。使用时，首先在现场或工厂配制成解卡液，然后再根据需要进行加重，配制的解卡液不宜长期保存，一般随配随用。

## 十二、泡沫剂

1. 烷基磺酸钠

烷基磺酸钠（AS）是一种阴离子表面活性剂，为白色或淡黄色固体，有臭味，密度 $1.09g/cm^3$。溶于水而成半透明液体，对酸碱和硬水都比较稳定，无毒，耐热性好，温度在 270℃以上才分解。具有优良的润湿性、表面活性、去污性及泡沫性，对皮肤刺激性低，生物降解性好。

在钻井中可用作泡沫剂或泡沫钻井液的发泡剂，也可以作油包水乳化钻井液的乳化剂。

2. 烷基苯磺酸钠

烷基苯磺酸钠为白色或浅黄色粉末或片状固体。溶于水呈半透明溶液。属于烷基芳基磺酸钠的一类，对碱、稀酸和硬水都比较稳定。为具有去污、湿润、发泡、乳化、分散作用的表面活性。生物降解度 >90%，是优良的洗涤剂和泡沫剂。钻井中可用作泡沫或泡沫钻井液的发泡剂，也可以作油包水钻井液的乳化剂。

3. 十二烷基苯磺酸钠

十二烷基苯磺酸钠（ABS），分子式 $C_{18}H_{29}NaO_3S$，相对分子质量 348.48，为白色或淡黄色粉状或片状固体。*HLB* 值 10.638，分解温度为 450℃，失重率达 60%，易吸潮结块，临界胶束浓度（CMC 值）1.2mmol/L。难挥发，易溶于水而成半透明溶液。对碱、稀酸、硬水化学性质稳定，微毒，是常用的阴离子型表面活性剂。具有良好的去污、润湿、发泡、乳化、分散等性能。

在钻井中可以用作起泡剂、润滑剂，以及油包水乳化钻井液的辅助乳化剂。

4. 十二烷基硫酸钠

十二烷基硫酸钠（SDS），别名椰油醇（或月桂醇）硫酸钠、K12 等，化学式 $C_{12}H_{25}OSO_3Na$，相对分子质量 288.39，为白色或淡黄色粉状，密度 $1.09g/cm^3$，熔点 204～207℃，*HLB* 值 40.0。易溶于热水，溶于热乙醇，微溶于醇，不溶于氯仿、醚。对碱和硬水不敏感。具有去污、乳化和优异的发泡力，是一种无毒的阴离子表面活性剂。其生物降解度 >90%，用于钻井液泡沫剂。

5. 油酸钠

油酸钠，别名十八烯酸钠，化学式 $C_{17}H_{33}CO_2Na$，相对分子质量 304.44，为白色至略带黄色粉末或淡褐黄色粗粉末，熔点 232～235℃，闪点 200℃。在空气中可缓慢氧化着色，使颜色变暗，并产生腐臭。为憎水基和亲水基两部分构成的化合物，有优良的乳化力，渗透力和去污力，在热水中有良好溶解性，用作阴离子型表面活性剂和织物防水剂。在钻井液中可以用作起泡剂、乳化剂、润湿剂等，但遇高价离子易产生沉淀，不适合于矿化水中应用。可以用作油基钻井液乳化剂。

6. 月桂酰二乙醇胺

月桂酰二乙醇胺，别名 N，N–二（2–羟乙基）十二烷基酰胺，化学式 $C_{16}H_{33}NO_3$，相对分子质量 287.440。分散于水，溶于一般的有机溶剂，具有良好的起泡性、稳定性、增稠性、渗透性、防锈性和洗涤性，与其他活性物配伍性好。在水中具有较强的起泡作用，能抗钙，但遇酸会降低性能。可用作钻井液乳化剂和泡沫剂。

7. 十二烷基二甲基甜菜碱

十二烷基二甲基甜菜碱，别名十二烷基二甲胺乙内酯、N–羧甲基–N，N–二甲基–十二烷基铵内盐、月桂基甜菜碱、BS–12，分子式 $C_{19}H_{39}NO_2$，相对分子质量 313.52，属两性离子表面活性剂，兼有阴、阳离子两种表面活性剂性质。在酸性溶液中呈阳离子性，在碱性溶液中呈阴离子性，因此可与阳离子、阴离子和非离子表面活性剂共用。对硫酸盐还原菌（SRB）及腐生菌（TGB）等细菌杀菌力较强，对硬水和热的稳定性好，而且还有优良的起泡力和分散作用。本品可以用作水基钻井液起泡剂，具有一定的杀菌作用。

8. 椰油酰胺丙基甜菜碱

椰油酰胺丙基甜菜碱，化学式 $C_{19}H_{38}N_2O_3$，相对分子质量 342.52，是一种两性离子表面活性剂。在酸性及碱性条件下均具有优良的稳定性，并分别呈现阳和阴离子性，与阴、阳离子和非离子表面活性剂配伍性良好。刺激性小，易溶于水，对酸碱稳定，泡沫多，去污力强，具有优良的增稠性、柔软性、杀菌性、抗静电性、抗硬水性。在钻井液中用作起泡剂。

## 十三、消泡剂

1. 正辛醇

正辛醇别名1-辛醇、伯辛醇、亚羊脂醇、正辛烷醇，分子式$CH_3(CH_2)_6CH_2OH$，相对分子质量130.23。无色液体，有强烈的芳香气味。密度0.83g/cm$^3$，折射率1.430，熔点-16℃，沸点196℃，闪点81℃。饱和蒸汽压0.13（54℃）kPa，燃烧热5275.2kJ/mol。不与水混溶，但与乙醇、乙醚、氯仿混溶。在钻井液中作消泡剂和抑泡剂，是应用最早的消泡剂产品之一。

2. 2-乙基己醇

2-乙基己醇，别名异辛醇，无色液体，分子式$C_8H_{18}O$，相对分子质量130.23。凝固点-75℃，沸点184.7℃，84~86℃（2.0kPa），相对密度0.8344（20℃），折光率1.4300（20℃），闪点77℃，能与醇、醚及氯仿混溶，20℃时在水中的溶解度0.1%，与水形成共沸物，水为20%，共沸点99.1℃。主要用作各类水基钻井液的消泡剂，用来消除各种泡沫，消泡，抑泡能力强。

3. 甘油聚醚

甘油聚醚即甘油聚氧乙烯醚，为无色黏稠状透明液体，微有特殊气味，难溶于水，能溶于苯、乙醇等有机溶剂。具有优良的稳泡、润湿、渗透、润滑、增溶和保湿能力。可以用作溶剂，主要用作各类水基钻井液的消泡剂，是普遍使用的钻井液消泡剂之一。

4. 硬脂酸铝

硬脂酸铝别名三硬脂酸铝，十八酸铝，分子式$C_{54}H_{105}O_6Al$，相对分子质量878.41，为白色或黄白色粉末，可燃。密度1.01g/cm$^3$，熔点103℃。不溶于乙醇，微溶于水，能溶于碱液和煤油等。用作各类水基钻井液的消泡剂，使用时应先溶于少量柴油或煤油中。也可以用作水基钻井液润滑防卡剂，油基钻井液乳化剂。

5. 二甲基硅油

二甲基硅油，也称聚二甲基硅氧烷（PDMS），是一种透明液体，熔点-35℃，密度1.0 g/cm$^3$（20℃）。无毒、无腐蚀，具有生理惰性和良好的化学稳定性，以及优良的耐冻、耐热、耐氧化性，可在-50~200℃温度下长期使用。另外，还具有较强的抗剪切性及良好的透光性，表面张力低，憎水防潮性好，挥发性小等特性，常用作工业消泡剂。用作钻井液消泡剂，具有消泡速度快、消泡能力强的特点，同时还具有一定的抑制能力。

6. 甲基乙氧基硅油

甲基乙氧基硅油为无色或淡黄色透明油状液体，是在硅氧烷主链中引入活性基团的甲基硅油，具有优良的疏水性，润滑性，表面张力低，无腐蚀性，无毒无害，同时还具有硅酸盐的某些特性。用作工业消泡剂，消泡能力强，毒性低。用于各类水基钻井液的消泡剂，可以消除各种泡沫，且消泡，抑泡能力强。

7. 消泡剂 AF-35

本品主要成分是聚醚、硬脂酸铅、三乙醇胺等，为棕黄色黏稠状体，不溶于水，能溶于油类。由于不同性质的消泡成分复配，适应性较强。主要用作各种类型的水基钻井液消泡剂。

8. 消泡剂 DSMA-6

本品主要成分是硅油、脂肪酸、非离子表面活性剂等，为乳黄色黏稠液体，可分散于水中。由于可与各种性质的消泡剂配伍使用，与单一成分的消泡剂相比，适用性更强，消泡效果更好。主要用作各类水基钻井液的消泡剂。

## 十四、缓蚀剂和杀菌剂

### （一）缓蚀剂

1. 碱式碳酸锌

其性能可以参见本节无机化学剂中关于碱式碳酸锌的介绍。在钻井液中主要用作除硫剂。

2. 碱式碳酸铜

碱式碳酸铜，化学式 $Cu_2(OH)_2CO_3$，相对分子质量 221.076，呈孔雀绿颜色，所以又叫孔雀石。它是铜与空气中的氧气、二氧化碳和水蒸气等反应产生的物质，又称铜绿，颜色翠绿。在空气中加热会分解为氧化铜、水和二氧化碳。在自然界中以孔雀石的形式存在，为孔雀绿色细小无定型粉末，密度 3.85g/cm$^3$，熔点 220℃，不溶于水和醇，溶于酸、氨水及氰化钾，溶于酸并生成相应的铜盐。

钻井液中用作除硫剂，以脱除硫化氢，减缓钻井液对钻具的腐蚀。

3. 磁铁矿粉

磁铁矿为氧化物类矿物磁铁矿的矿石，化学成分是 $Fe_3O_4$，晶体属等轴晶系的氧化物矿物，完好单晶形呈八面体或菱形十二面体。呈菱形十二面体时，菱形面上常有平行该晶面长对角线方向的条纹。集合体为致密块状或粒状。颜色为铁黑色，条痕呈黑色，金属光泽或半金属光泽，不透明，无解理，硬度 5.5～6.5，密度 5.16～5.18g/cm$^3$，具强磁性，无臭，无味。粉状产品无结焦、结块与黏结现象。去磁后磁性很少，加入钻井液中除增加密度外不影响其他性能，与钻井液中的 $H_2S$ 反应生成 $FeS_2$ 沉淀而除去。

在钻井液中，本品可以用作除硫剂，一般加量 3%～12%，pH 值小于 7 时除硫效果很好，pH 值 8～12 时除硫效果仅为 20%～35%。也可以用作酸溶性加重剂。

4. 咪唑啉衍生物缓蚀剂

本品是一种两性离子型表面活性剂，为咪唑啉衍生物，呈浅黄色透明状，无毒，无味，对皮肤无刺激，水溶性好，是一种吸附成膜型缓蚀剂。本品能在金属表面形成定向排列的分子膜，阻止钻井液对钻具的腐蚀，且与其他杀菌剂具有较好的配伍性。

在钻井液中作缓蚀剂，减缓钻井液对钻具的腐蚀。用量一般为0.05%~0.25%。

5. 咪唑啉季铵盐

本品由油酸、二亚乙基三胺、氯化苄等反应得到，为乳白色黏稠液体。缓蚀效果较好，在高浓度时还有一定的杀菌、抑菌作用，而且生产成本较低，主要用作钻井液缓蚀剂。

### （二）杀菌剂

1. 甲醛

甲醛俗名福尔马林，分子式HCHO，相对分子质量30.03，无色气体，有特殊的刺激气味。凝固点–92℃，沸点–19.5℃，着火温度300℃，气体相对密度1.067（空气为1），液体相对密度0.815（–20℃），临界温度137℃，临界压力65.6MPa，临界体积0.266 g/mL。易溶于水和乙醚。水溶液的含量最高可达55%。工业品通常是质量分数40%（含8%甲醇）的水溶液，无色透明，具有窒息性臭味，呈中性及弱酸性反应。能燃烧。蒸汽与空气形成爆炸混合物，爆炸极限的体积分数为7%~73%。甲醛自身能缓慢进行缩合反应，特别容易发生聚合反应。

用于杀菌剂和防腐剂，可以提高淀粉、纤维素、生物聚合物、植物胶等处理剂的使用温度，抑制淀粉钻井液发酵。

2. 戊二醛

纯戊二醛为带有刺激性特殊气味的无色透明油状液体，分子式$CHO(CH_2)_3CHO$，相对分子质量100.12。熔点–14℃，沸点188℃（分解），折射率（$n_D^{25}$）1.4330，蒸汽压（20℃）2.27kPa。不易燃，可随蒸汽挥发。不易溶于冷水，但与热水可混溶，易溶于乙醇、乙醚等有机溶剂。25%戊二醛水溶液相对密度1.066（20℃），熔点–5.8℃，沸点101℃，有强烈的刺激性。

在水基钻井液中，可用于杀菌剂和防腐剂，能够提高淀粉、纤维素、瓜胶类等天然或天然改性处理剂的使用温度，防止发酵。

3. 多聚甲醛

多聚甲醛别名聚蚁醛、聚合甲醛、仲甲醛、固体甲醛、聚合蚁醛，化学式$HO(CH_2O)_nH$，$n$=10~100。低相对分子质量的为白色结晶粉末，具有甲醛味。相对密度（水=1）1.39，蒸汽压0.19kPa/25℃，闪点70℃，熔点120~170℃，不溶于乙醇，微溶于冷水，溶于稀酸、稀碱。

在水基钻井液中，可用于杀菌剂和防腐剂。

4. 两性季铵内盐杀菌剂

本品主要成分是（十二~十六）烷基二甲基（2–亚硫酸）乙基铵盐，为分子中含有长链烷基和亚硫酸酯基团的两性季铵内盐表面活性剂，单个分子呈电中性。固态产品外观为淡黄色至白色蜡状晶体，液态则为无色透明液体，具有优良的杀菌、缓蚀性能。水溶性好，毒性远远小于 1227。本品的两性结构特点使得其作为杀菌剂具有杀菌能力受 pH 影响小，对铁金属具有一定的缓蚀作用，不会产生有毒的副产物，不会造成环境污染。可用作水基钻井液杀菌剂。

## 十五、水合物抑制剂

水合物抑制剂是指一些能够抑制天然气水合物生成的化学剂，主要有无机化合物和有机化合物，具体内容可以参见本节基本化学剂。

### （一）无机化合物

无机化合物，如，NaCl、KCl、$CaCl_2$ 等。

### （二）有机化合物

用于水合物抑制剂的有机化合物主要包括一些多元醇和聚合醇，以及乙烯基己内酰胺、乙烯吡咯烷酮等单体的均聚物或共聚物。

## 十六、油气层保护剂

用于配制无固相盐水和 / 或无黏土钻井液完井液的盐及处理剂等，都可以看作油气层保护剂。具体内容可以参见本节有关处理剂介绍。

### （一）盐

盐包括无机盐和有机盐。无机盐有氯化铵、氯化钠、氯化钾、氯化钙、溴化钠、溴化钙、溴化锌、磷酸盐和焦磷酸盐等。有机盐有甲酸盐、醋酸盐、柠檬酸盐等。

### （二）加重剂

加重剂主要有碳酸钙、碳酸铁等。

### （三）暂堵剂

分水溶性暂堵剂、酸溶性暂堵剂、油溶性暂堵剂。

常用的水溶性暂堵剂有细目氯化钠和复合硼酸盐（$NaCaB_5O_9 \cdot 8H_2O$）、硼砂等。这类暂堵剂可在油井投产时，用低矿化度水溶解盐粒而解堵。正是由于投产时储层会与低矿化度的水接触，故该类暂堵剂不宜在强水敏性的储层中使用。理想的酸溶性暂堵剂 $CaCO_3$ 极易溶于酸，化学性质稳定，价格便宜，颗粒有较宽的粒度范围。当油井投产时，可通过酸化而实现解堵，恢复油气层的原始渗透率，但不宜在酸敏性油气层

中使用。一般使用200目（0.074mm）的$CaCO_3$颗粒，其平均粒径为60μm，最大粒径为160μm。

常用的油溶性暂堵剂为油溶性树脂，可被产出的原油或凝析油自行溶解而得以清除，也可通过注入柴油或亲油的表面活性剂将其溶解而解堵。油溶性暂堵剂则分为两类，一类是脆性油溶性树脂，在钻井液中主要用于架桥颗粒，如油溶性的聚苯乙烯、改性酚醛树脂和二聚松香酸等；另一类是可塑性油溶性树脂，其微粒在一定压差作用下可以变形，主要用作充填颗粒。

### （四）增黏剂

增黏剂主要有羟乙基纤维素、生物聚合物、瓜胶、羟基铝、氢氧化铁、羟基镁等。

### （五）降滤失剂

降滤失剂主要有淀粉醚、纤维素醚、聚多糖、生物聚合物等。

## 参 考 文 献

[1] 王中华. 钻井液处理剂实用手册 [M]. 北京：中国石化出版社，2016.

[2] 王中华，何焕杰，杨小华. 油田化学品实用手册 [M]. 北京：中国石化出版社，2004.

[3] 王平全，周世良. 钻井液处理剂及其作用原理 [M]. 北京：石油工业出版社，2003.

# 第四章　钻井液体系

钻井液是钻井过程中以其清洗、携砂、冷却、润滑和保持井壁稳定等多种功能满足钻井作业需要的各种循环流体总称，俗称钻井的“血液”。钻井液工艺技术是油气钻井工程的重要组成部分。随着钻井难度的逐渐增大，钻井液在确保安全、优质、快速钻井中起着越来越重要的作用。钻井液的组成成分主要为水、油、配浆材料、处理剂和气体等。由于这些成分在各类钻井流体中所形成的分散体系不同，因此所起的作用也不同。从物理化学的角度看，钻井液是一种多相不稳定体系，包括悬浮体（如重晶石、钻屑、黏土悬浮体等）、胶体（如高分子聚合物溶液、水化膨润土等）和真溶液（如氯化钠、氯化钙、甲酸盐的水溶液）。其中起主要作用的是胶体成分，是保证钻井液稳定性的关键。

清水是使用最早的钻井液，无须处理，使用方便，适用于完整岩层和水源充足的地区钻井。为了满足松散、裂隙发育、易坍塌掉块、遇水膨胀剥落等各种地层安全钻井的需要，钻井液得到了不断发展与完善。由自然造浆，经过细分散钻井液、粗分散钻井液逐步发展到不分散体系的低固相钻井液和无固相钻井液，进而发展到现在的诸如正电胶、硅酸盐、甲酸盐、多元醇、烷基糖苷、胺基抑制等各种强抑制钻井液体系。与此同时，油基钻井液也在不断发展，即从开始用原油发展为柴油，到矿物油，从全油基发展为油包水乳化钻井液，从有毒有污染的油基钻井液发展为低毒或无毒的油基钻井液、合成基钻井液等。近年来气体和气液混合钻井流体也逐步得到发展和广泛应用。

本章重点介绍一些常用钻井液体系的组成、性能和应用情况，对于一些特殊的现代钻井液技术将另有著作专门介绍。

## 第一节　膨润土钻井液

膨润土钻井液是最简单的分散钻井液，它是由膨润土、分散性处理剂等组成，是最基本的钻井液体系，也是水基钻井液的基础。膨润土钻井液材料种类少，配制工艺简单，成本低。最突出的特点是悬浮、携岩能力强，主要适用于表层、造浆性差以及含鹅卵石和砾石等浅地层钻井。

## 一、膨润土钻井液的组成与性能

膨润土钻井液的基本组成见表 4–1，钻井液性能要求见表 4–2。

**表 4-1　膨润土钻井液推荐配方**

| 材料名称 | 功用 | 用量 /（$kg/m^3$） |
|---|---|---|
| 膨润土 | 增黏、提切力 | 25～50 |
| 烧碱 | 促进膨润土水化、除 $Mg^{2+}$ 和控制 pH 值 | 0.7～1.5 |
| CMC（选用） | 增黏、降滤失 | 1.0～3.0 |
| 纯碱 | 促进膨润土水化和控制 $Ca^{2+}$ 含量 <150mg/L | 2.0～3.0 |

**表 4-2　膨润土钻井液性能**

| 项目 | 要求 | 项目 | 要求 |
|---|---|---|---|
| *FV*/s | 30～55 | *Gel*/Pa/Pa | 2～6/5～15 |
| *PV*/mPa·s | 8～12 | $FL_{API}$/mL | 不控制（通常 <20） |
| *YP*/Pa | 5～10 | pH 值 | 8～10 |

膨润土不仅是膨润土钻井液的主要材料，也是分散钻井液中重要的配浆材料。其主要作用是提高体系的塑性黏度、静切力和动切力，以增强钻井液对钻屑的悬浮和携带能力；同时降低滤失量，形成致密泥饼，增强造壁性。

膨润土逐渐分散在淡水中而使钻井液的黏度、切力不断增加的过程称为造浆，通常将处理剂加入之前的预水化膨润土浆称作原浆或基浆。由于蒙脱石含量和阳离子交换容量不同，其造浆效果往往有很大差别。实验表明，所有各类黏土的造浆曲线都有一个共同点，即表观黏度较低时，其值随膨润土含量的增加增长缓慢；当达到 15mPa·s 左右时，其值才随膨润土含量的增加而明显上升。因此，常将每吨黏土能配出表观黏度为 15mPa·s 的钻井液体积称作黏土的造浆率。造浆率是衡量配浆土质量的重要指标。实验表明，配制 $1m^3$ 表观黏度为 15mPa·s 的钻井液只需 57kg 优质膨润土，如使用低造浆率黏土，则需 570kg，两者的用量为 1∶10。经换算，用 1t 优质膨润土可配制出表观黏度为 15mPa·s 的钻井液约 $16m^3$，而 1t 低造浆率黏土只能造浆约 $1.6m^3$，相差亦近 10 倍。使用优质膨润土配浆，即使钻井液密度仅为 1.03～$1.04g/cm^3$ 时，表观黏度即可达到 10～15mPa·s；而使用低造浆率黏土配浆，钻井液密度必须增至 1.35～$1.40g/cm^3$ 时，其表观黏度才能达到同样的数值。因此，尽可能选用优质膨润土配浆，有利于减少体系中的固相含量，提高机械钻速。

配制原浆时，还需加入适量纯碱，以提高膨润土的造浆率。纯碱的加量要依膨润土中钙离子的含量而异，通常可通过小型实验确定，一般约为配浆土质量的 5%。加入纯碱的目的是除去黏土中的部分钙离子，将钙质土转变为钠质土，从而使黏土颗粒的水化作用进一步增强，分散度进一步提高。因此，在原浆中加入适量纯碱后，一般会使表观黏度增大，滤失量降低。如果随着纯碱加入滤失量反而增大，则表明加入的纯碱已过量。

## 二、膨润土钻井液的特点

膨润土钻井液的主要特点是黏土在水中高度分散，正是通过高度分散的黏土颗粒使钻井液具有所需的流变和降滤失性能。除配制方法简便、成本较低之外，其优点还体现在：①可形成较致密的泥饼，而且其韧性好，具有较好的护壁性，API 滤失量和 HTHP 滤失量均相应较低；②可容纳较多的固相，较适于配制高密度钻井液，密度可高达 2.00g/cm$^3$ 以上；③抗温能力较强，若在膨润土钻井液的基础上加入磺化栲胶、磺化褐煤和磺化酚醛树脂等处理剂，所得到的分散钻井液体系，抗温可达 160～200℃。

但膨润土钻井液在使用、维护过程中往往又存在着一些难以克服的缺点和局限性，主要表现在：①性能不稳定，容易受到钻井过程中进入钻井液的黏土和可溶性盐类的污染；②因滤液的矿化度低，容易引起井壁附近的泥页岩水化、松散、垮塌，并使井壁的岩盐溶解，即抑制性能差，不利于防塌；③由于体系中固相含量高，特别是粒径小于 1μm 的亚微米颗粒所占的比例较高，因此使用时对机械钻速有明显的影响，尤其不宜在强造浆地层中使用；④滤液侵入易引起黏土膨胀，不能有效地保护油气层，所以钻遇油气层时必须加以改造才能达到有关要求。

在实际应用中，为了将膨润土钻井液中亚微米颗粒所占比例减至最低，一方面应控制膨润土的加量，另一方面应通过固控设备的使用，尽可能降低体系的总固相含量。膨润土的含量应随钻井液密度和井温的高低加以调整。密度和井温越高，膨润土含量应该越低。分散剂和 NaOH 的加量亦不宜过高，体系的 pH 值一般应控制为 9.5～11.0。此外，由于大多数分散剂的抗盐性不够强，故膨润土钻井液中应保持较低的无机盐含量。

## 三、钻井液的配制

### （一）地层自然造浆

在易造浆地层，开钻前在放有清水的钻井液罐内加入适量纯碱，在钻进过程中利用地层自然造浆，就可以逐渐由清水转化为膨润土钻井液。

### （二）钻井液配制

（1）软化配浆水。若配浆水中含有较多的 $Ca^{2+}$ 和 $Mg^{2+}$ 时，可用纯碱和烧碱预处理，以提高造浆率，使所配制的膨润土浆达到理想的黏度。

（2）膨润土预水化。将所需量的膨润土、水和烧碱或纯碱通过混合漏斗加入配浆水中，搅拌并用泵循环 2～4h，然后将其静置 16～24h，以达到充分水化。

（3）如果必要，在膨润土浆中加入一定量的处理剂，以提高钻井液的性能。

（三）维护与处理要点

（1）钻进过程中若钻井液的黏切不能满足携带和悬浮钻屑的需要时，可以加入膨润土、纯碱、增黏剂（CMC）等。

（2）钻进过程中若出现黏土和泥页岩岩屑侵入，造成黏切增高时，可以放掉部分老浆或加水稀释，也可以加入适量的电解质，如 NaCl、CaO、KCl 或石膏等，或加入一定量的高分子聚合物絮凝剂，如 HPAM 等，以清除固相，并使用好固控设备。

（3）当出现滤失量增加时，可加入 CMC、HPAN 或淀粉类降滤失剂等，以降低滤失量。

（4）钻进中若发生井漏，可以加入膨润土或结构形成剂、增稠剂或电解质，提高钻井液的动切力和塑性黏度，降低泵排量，加入堵漏剂。

（5）在将膨润土浆转化成下一开次使用的钻井液时，先将膨润土浆用水稀释，将膨润土含量降至尽可能低（$20\sim25kg/m^3$），然后进行必要的处理，使膨润土浆的性能达到要求后可用于正常钻进。

# 第二节　钙处理钻井液

钙处理钻井液属于分散钻井液范畴。但从分散的角度讲，与分散度高的细分散淡水膨润土钻井液相比，其分散程度要低得多，故称之为粗分散钻井液。配制该类钻井液常用的提供钙离子的材料有石灰、氯化钙、硫酸钙等，在 60℃时，以氯化钙溶解度最大，可达 1368g/L；石膏次之，为 2.00g/L；而石灰溶解度最小，只有 1.16g/L。其絮凝能力亦是如此，即氯化钙 > 石膏 > 石灰。

## 一、钙处理钻井液的配制原理及特点

对于 $Ca^{2+}$ 改变黏土分散度的作用机理，可以从两方面来理解。一方面，$Ca^{2+}$ 通过 $Na^+/Ca^{2+}$ 交换，可将钠土转变为钙膨润土。钙膨润土水化能力弱，分散度低，故转化后体系分散度明显下降。转化的程度取决于黏土的阳离子交换容量和滤液中 $Ca^{2+}$ 的浓度。

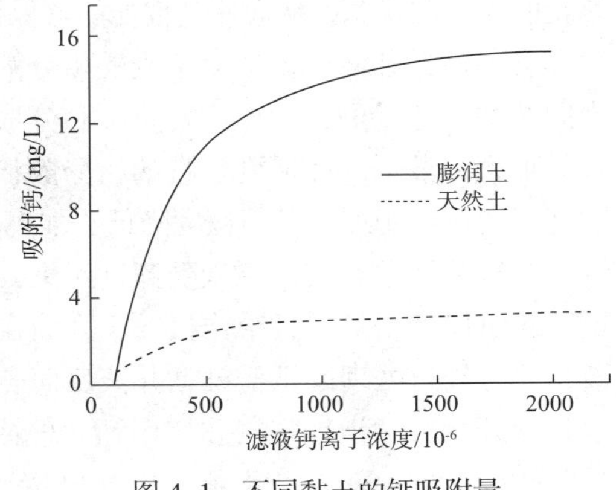

图 4–1　不同黏土的钙吸附量

实验表明，黏土的阳离子交换容量越高，所吸附 $Ca^{2+}$ 的量就越大。如图 4–1 所示，膨润土与一般黏土吸附 $Ca^{2+}$ 的量与滤液中 $Ca^{2+}$ 的浓度有关。可见，通过控制滤液中 $Ca^{2+}$ 的浓度，可以控制钠膨润土转变为钙膨润土的数量，从而控制钻井液中黏土的分散度。

另一方面，由于 $Ca^{2+}$ 本身是一种无机絮凝剂，它会压缩黏土颗粒表面的扩散双电层，使水化膜变薄，Zate 电位下降，从而引起黏土晶片面 – 面和端 – 面聚结，造成黏土颗粒分散度下降。但是，如果只加入 $Ca^{2+}$，就相当于细分散膨润土钻井液受到钙侵，使其流变性和滤失性能均受到破坏。因此，钙处理钻井液在加入 $Ca^{2+}$ 的同时，还必须加入 NaT、FCLS 和 CMC 等分散剂。由于这类分散剂的分子中含有大量的水化基团，当吸附在黏土颗粒表面后，会引起水化膜增厚，Zate 电位增大，从而阻止黏土晶片之间的聚结和分散度降低。为了把游离 $Ca^{2+}$ 的浓度控制在所需的范围，不至于对钻井液的滤失量和黏度产生过大的影响，必须掌握 $Ca^{2+}$ 的浓度对钻井液的滤失量和黏度影响规律。如图 4–2、图 4–3 所示，随着游离 $Ca^{2+}$ 浓度的增加，膨润土浆的滤失量逐渐增加，而黏度却随钻井液固相含量不同而发生不同的变化。低固相钻井液先增加后降低，而高固相钻井液却只增加不降低，但均在 $Ca^{2+}$ 浓度达到 300mg/L 后不再变化。所以在井浆转化为钙处理钻井液时必须做到：一是转化前降低固相含量；二是预先加入适量的降黏剂。

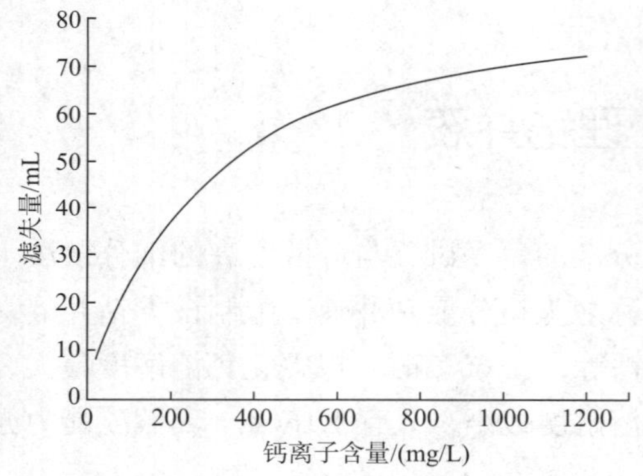


图 4–2　不同钙离子浓度对 6% 膨润土浆滤失量的影响

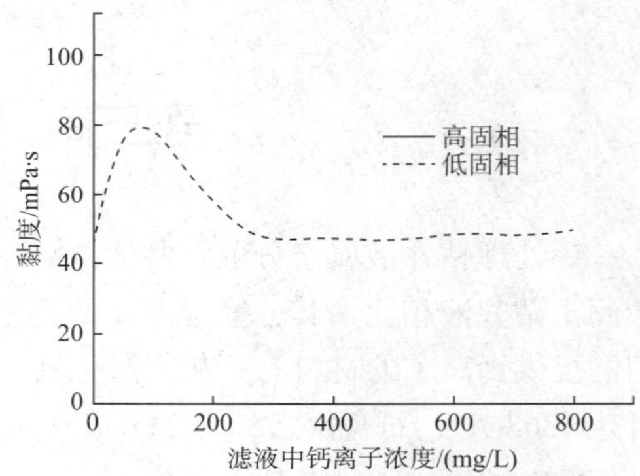


图 4–3　$Ca^{2+}$ 的浓度对钻井液黏度的影响

钙处理钻井液的配制原理是通过调节 $Ca^{2+}$ 和分散剂的相对含量，使钻井液处于适度絮凝的粗分散状态，从而使其性能能够保持相对稳定，并达到满足钻井工艺要求的目的。

若要使钻井液处于适度絮凝的粗分散状态可通过如下途径实现：一是在分散钻井液中同时加入适量的钙盐（或石灰）和分散剂；二是在受钙侵后处于絮凝状态的钻井液中及时加入分散剂。在适度絮凝的粗分散状态中，其絮凝和分散程度也有所区别。加入分散剂可使颗粒变细，絮凝程度降低；加钙盐则使颗粒变粗，絮凝程度提高。

对于分散钻井液，一旦受到钙污染，便会立即失去其良好的流动性，并且滤失量剧增，泥饼厚度增加，且结构松散。人们在处理钙污染的过程中发现，与原来的分散钻井液相比，经过处理的钙污染钻井液反而表现出抑制性和抗盐类污染的能力增强等现象，于是就开始有意识地配制和使用钙处理钻井液。最初使用石灰低钙含量钻井液（$Ca^{2+}$ 含量为 120～200mg/L），后来又相继出现了石膏中钙含量钻井液（$Ca^{2+}$ 含量为 300～500

mg/L）和氯化钙高钙含量钻井液（$Ca^{2+}$ 含量为 500mg/L 以上）。

与分散钻井液相比，钙处理钻井液性能较稳定，具有较强的抗钙、抗盐和抗黏土污染的能力；固相含量相对较少，容易在高密度条件下维持较低的黏度和切力，有利于提高钻速；能在一定程度上抑制泥页岩水化膨胀；滤失量较小，泥饼薄且韧性好，有利于井壁稳定；由于钻井液中黏土细颗粒含量较少，对油气层的损害程度相对较小。

## 二、石灰钻井液

以石灰作为钙源的钻井液称为石灰钻井液，又称为低钙含量钻井液。影响石灰钻井液体系性能的关键因素是 $Ca^{2+}$ 浓度，而 $Ca^{2+}$ 浓度主要取决于石灰溶解度。通常根据石灰用量和 pH 值的不同，将石灰钻井液分为高石灰钻井液和低石灰钻井液。当在盐、钙污染或在造浆地层钻进时，经常用高石灰钻井液。

石灰钻井液通常是在原有分散钻井液基础上经转化而形成。首先加水稀释井浆，使膨润土含量降至适宜范围。然后加入降黏剂和降滤失剂，使钻井液获得良好的流变性能。最后加入石灰，使钙离子浓度达到需要的值。

### （一）石灰钻井液的配方与性能

石灰钻井液典型配方见表 4-3，其性能要求见表 4-4。

**表 4-3　石灰钻井液的典型配方**

| 材料名称 | 用量 /（$kg/m^3$） | 材料名称 | 用量 /（$kg/m^3$） |
|---|---|---|---|
| 膨润土 | 根据需要① | 石灰 | 5～15 |
| 纯碱 | 土量的 5% | CMC 或淀粉 | 6～9 |
| 栲胶或磺化栲胶 | 4～12 | 烧碱 | 根据需要 |
| 铁铬盐或褐煤 | 5～10 | | |

注：①随密度、黏度的增高，膨润土加量应递减。

**表 4-4　石灰钻井液的性能**

| 项目 | 要求 | 项目 | 要求 |
|---|---|---|---|
| 密度 /（$g/cm^3$） | 1.15～2.0 | $FL_{HTHP}$ /mL | <20 |
| $FV$/s | 25～30 | 滤饼 /mm | 0.5～2 |
| $Gel$/Pa/Pa | 0～1/1～4 | pH 值 | 11.5～12.8 |
| $FL_{API}$/mL | 5～10 | 含砂量 /% | <2.0 |

### （二）石灰钻井液的使用要点

1. 钻井液配制

如果以原井浆转化，其过程为：在井浆中先加入一定量的水以降低固相含量，并使膨润土含量控制在合适范围，然后同时加入石灰、烧碱和稀释剂。以上各组分的加量均需通过室内实验确定，整个处理过程大约在一个循环周期内完成。若需要，再补充适量降滤失剂。

2. 维护处理

在维护工艺上，要特别注意掌握好几个关键指标，包括滤液中 $Ca^{2+}$ 浓度、pH 值和储备碱度（即钻井液中未溶解的石灰含量），做到每班必查。此外，还应注意避免出现高温固化问题。钻进中当井底温度超过 135℃时，钻井液中的各种黏土会与石灰、烧碱发生反应，生成水合硅酸钙等类似于水泥凝固后的物质，会导致钻井液急剧增稠。这种情况下，必须将石灰含量、钻井液碱度和固相含量降低，转化为低石灰低固相钻井液。

（1）钻进过程中，按要求检测钻井液性能，及时补充处理剂。处理剂应配成胶液均匀加入，保持性能稳定，并控制 pH 值为 11~12，$Ca^{2+}$ 含量 120~200mg/L。

（2）由于石灰钻井液可承受的盐侵约为 50000mg/L，随着盐的侵入，钻井液的 pH 值降低，石灰溶解度提高，此时应适当加大烧碱的用量，以控制体系中的 $Ca^{2+}$ 浓度，并使用铁铬盐等控制钻井液的流变性能。

（3）石膏侵对石灰钻井液的性能一般不会有大的影响。但在钻遇大段石膏地层时，钻井液的黏度、切力及滤失量都会有所增加。因此，在钻遇石膏层之前可先加适量烧碱进行预处理，以维持所需的 pH 值（滤液的酚酞碱度）。

（4）当钻遇石膏层后，一般先不急于加石灰，待 *Pm* 值（钻井液的酚酞碱度）开始出现下降时再行加入。此时若流变性和滤失量出现较大变化，可通过加入铁铬盐、SMT 和 CMC 等处理剂进行控制。

（5）有效使用固控设备，保持尽可能低的固相含量，保证石灰钻井液在高温下稳定。

现场应用表明，一种 KHm-CaO 基钻井液体系在万 13 井中的堵漏工艺及维护处理中，很好地解决了万 13 井严重井漏及漏喷并存的问题，保证了钻井、测井、固井作业的顺利进行，且有效地保护了储层。

## 三、石膏钻井液

以石膏作为钙离子来源的钻井液称为石膏钻井液，也属于低钙含量钻井液。在石膏钻井液体系中，石膏作为絮凝剂，以铁铬盐或 SMT（SMK）和 CMC 等作为稀释剂和降滤失剂，并维持 pH 值在 9.5~10.5，滤液中 $Ca^{2+}$ 含量约为 600~1200mg/L。

### （一）石膏钻井液的特点

（1）由于石膏的溶解度比石灰大得多，因此石膏钻井液具有比石灰钻井液更高的 $Ca^{2+}$ 含量。这种情况下，钻井液的絮凝程度必然增大，相应地所需稀释剂和降滤失剂的加量也应有所增加，才能使性能达到设计要求并保持稳定。显然，与石灰钻井液相比，石膏钻井液具有更强的抗盐污染和石膏污染的能力。石膏钻井液可承受的盐侵约为 100000mg/L。如图 4-4 所示，随着 NaCl 浓度的增加，水溶液中 $Ca^{2+}$ 含量增加。

（2）与石灰相比，石膏的溶解度受 pH 值的影响较小，但随着碱量的增加，石膏水溶液中的 $Ca^{2+}$ 含量逐渐降低，直到碱浓度达到 6kg/m³ 后变化趋缓（图 4–5）。这样，石膏钻井液的 pH 值和碱度可维持较低，又由于 $Ca^{2+}$ 含量较高，因而更有利于抑制黏土的水化膨胀和分散，即防塌效果明显优于石灰钻井液。因此，该类钻井液可用于钻厚的石膏层和容易坍塌的泥页岩地层。

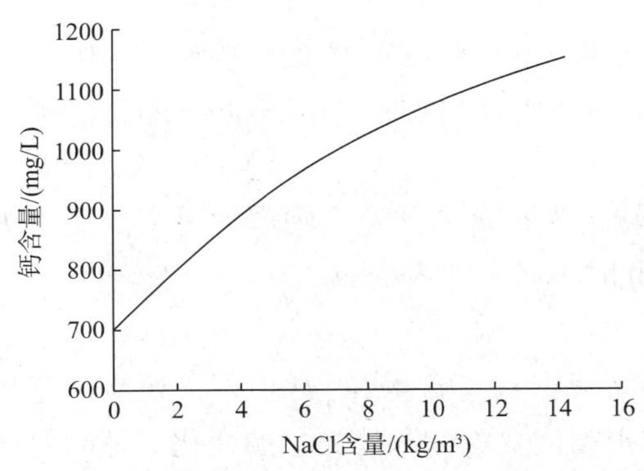


图 4–4　氯化钠含量对钙离子浓度的影响

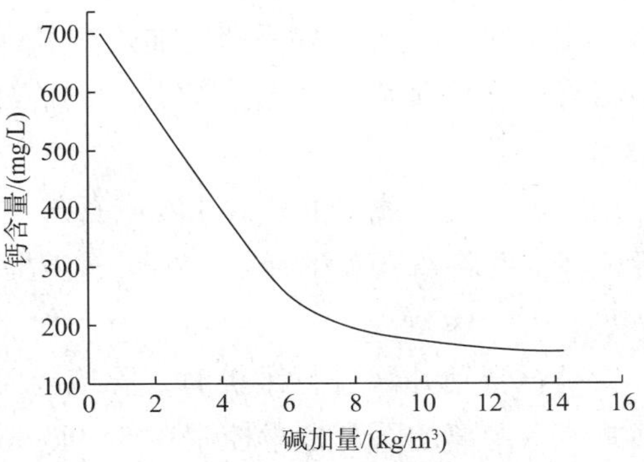

图 4–5　碱加量对钙离子含量的影响

（3）与石灰钻井液相比，石膏钻井液具有抗高温、抗盐侵、抗石膏侵、防塌和保护油气层等优点。石膏钻井液具有更高的抗温能力，其发生固化的临界温度在 175℃左右，明显高于石灰钻井液。它可以在井深超过 5000m 的井段使用。

### （二）石膏钻井液配方及性能

石膏钻井液的典型配方见表 4–5，性能要求见表 4–6。

**表 4-5　石膏钻井液的典型配方**

| 材料名称 | 用量 /（kg/m³） | 材料名称 | 用量 /（kg/m³） |
|---|---|---|---|
| 膨润土 | 根据需要① | CMC | 3～4 |
| 纯碱 | 土量的 5% | 磺化栲胶 | 根据需要 |
| 铁铬盐 | 12～18 | 石膏 | 10～20 |
| 烧碱 | 根据需要 | 重晶石 | 根据需要 |

注：①随密度、黏度的增高，膨润土加量应递减。

**表 4-6　石膏钻井液的性能**

| 项目 | 要求 | 项目 | 要求 |
|---|---|---|---|
| 密度 /（g/cm³） | 1.15～2.0 | $FL_{HTHP}$/mL | <20 |
| *FV*/s | 25～30 | 滤饼 /mm | 0.5～1 |
| *Gel*/Pa/Pa | 0～1/1～5 | pH 值 | 9.5～10.5 |
| $FL_{API}$/mL | 5～8 | 含砂量 /% | 0.5～1 |

### （三）石膏钻井液的使用要点

1. 钻井液配制

与石灰钻井液相似，石膏钻井液也常由分散钻井液转化而成。转化方法如下：

（1）首先在原井浆中加入适量淡水，以防止钻井液过稠，所需水量可根据小型实验结果确定。

（2）在1~2个循环周期内加入约4kg/$m^3$的烧碱、10~15kg/$m^3$的铁铬盐和12~18kg/$m^3$的石膏。在添加以上处理剂之后，再在1~2个循环周期内加入3~4.5kg/$m^3$的降滤失剂CMC。

（3）若要将高pH值钻井液或石灰钻井液转化为石膏钻井液，则需加更多的淡水进行稀释，并将石膏和稀释剂的加量适当提高，此时不必再加入烧碱。

2. 维护处理

对石膏钻井液进行维护时，除应经常检测滤液中$Ca^{2+}$含量和pH值外，还应注意将钻井液中游离的石膏含量控制在5~9kg/$m^3$，并根据流变参数和滤失量的变化，随时对性能进行必要的调整。

（1）在钻进过程中，按要求检测钻井液性能，及时补充处理剂，处理剂应配成胶液均匀加入，保持性能稳定。

（2）将pH值控制在9.5~10.5，$Ca^{2+}$含量在600~1200mg/L，并根据流变参数和滤失量的变化，随时对性能进行必要的调整。

（3）钻遇石膏或无水石膏层时，只要固相含量符合要求，对石膏钻井液的性能一般影响较小。若遇盐侵时，钻井液的pH值会随着盐的侵入而降低，石膏溶解度升高，此时应适当加大烧碱的用量，以控制体系中的$Ca^{2+}$浓度，并使用SMT控制流变性能。

（4）有效使用固控设备，保持尽可能低的固相含量。

## 四、氯化钙钻井液

氯化钙钻井液是以$CaCl_2$作为钙离子来源的钙处理钻井液体系。在这类钙处理钻井液中，使用$CaCl_2$作为絮凝剂，一般仍选用铁铬盐和CMC等作稀释剂和降滤失剂，并用石灰调节pH值，使pH值保持在9~10。美国和俄罗斯都使用过这种高钙钻井液体系，多用于易卡钻、易坍塌的泥页岩地层，其滤液中的$Ca^{2+}$浓度一般在1000~3500mg/L。我国成功地将褐煤碱液应用于该类钻井液中，形成了具有特色的褐煤–$CaCl_2$钻井液体系。

由于氯化钙钻井液体系中的$Ca^{2+}$含量很高，因此与石灰和石膏类钙处理钻井液相比，它具有更强的稳定井壁和抑制泥页岩坍塌及造浆的能力。能够有效解决泥页岩地层水化剥落、硬脆性地层的坍塌掉块问题，较好地抗无机盐污染的能力，可抑制岩盐溶解，避免形成大肚子井眼，解决泥膏盐地层的坍塌掉块问题。钻井液中固相颗粒絮凝程

度较大，分散度较低，因而流动性好，固控过程中钻屑比较容易清除，有利于维持较低的密度，有利于提高机械钻速及油气层保护。适用于高难度复杂井、高温深井、探井、开窗侧钻井，高密度、超高密度的井，含厚盐膏层地层的井钻井。

由于体系中 $Ca^{2+}$ 含量高，严重影响了黏土悬浮体的稳定性，黏度和切力容易上升，滤失量也容易增大，从而增加了钻井液的维护处理的难度。

对于褐煤 $-CaCl_2$ 钻井液体系在组成上有一个突出的特点，即褐煤粉的加量很大。褐煤中含有的腐殖酸与体系中的 $Ca^{2+}$ 发生反应，生成非水溶性的腐殖酸钙（可用符号 $CaHm_2$ 表示）胶状沉淀。这种胶状沉淀一方面使泥饼变得薄而致密，滤失量降低，提高钻井液的动塑比，其作用与膨润土相似；另一方面，它起着 $Ca^{2+}$ 储备库的作用，使滤液中浓度不至于过大，即：

$$CaHm_2 \approx Ca^{2+} + 2Hm^- \qquad (4\text{–}1)$$

在钻进过程中，当滤液中 $Ca^{2+}$ 消耗以后，电离平衡会自动向右移动，使 $Ca^{2+}$ 及时得到补充，从而保证钻井液的抑制能力和流变性能稳定。

氯化钙钻井液流变性好，性能稳定，可配制高密度、超高密度钻井液体系。

### （一）氯化钙钻井液配方及性能

氯化钙钻井液的典型配方见表 4–7，钻井液性能见表 4–8。

**表 4-7　氯化钙钻井液配方及性能**

| 处理剂 | 用量 /（$kg/m^3$） | 处理剂 | 用量 /（$kg/m^3$） |
|---|---|---|---|
| 氢氧化钠 | 根据需要 | 固相化学清洁剂 | 3～5 |
| 膨润土 | 根据需要 | 羧甲基纤维素钠盐 | 2～4 |
| 有机 – 无机单体共聚物 | 3～15 | 磺化酚醛树脂 | 20～35 |
| 两性离子磺酸盐共聚物 | 2～10 | 磺化褐煤 | 20～35 |
| 聚合铝 | 5～15 | 氯化钙 | 10～30 |

注：数据引自 Q/SH1025 0729—2010《高钙盐钻井液工艺技术规程》。

**表 4-8　氯化钙钻井液性能**

| 项目 | 要求 | 项目 | 要求 |
|---|---|---|---|
| 密度 /（$g/cm^3$） | 1.10～2.00 | *Gel*/Pa/Pa | 2～6/6～15 |
| 漏斗黏度 /s | 35～90 | 游离 $Ca^{2+}$ 含量 /（mg/L） | ≥800 |
| $FL_{API}$/mL | ≤10 | 膨润土含量 /（g/L） | 30～60 |
| $FL_{HTHP}$/mL | ≤20 | 含砂量 /% | ≤0.3 |
| *PV*/mPa · s | 15～50 | 低密度固相含量 /% | ≤10 |
| *YP*/Pa | 5～15 | pH 值 | 8～10 |

注：数据引自 Q/SH1025 0729—2010《高钙盐钻井液工艺技术规程》。

### （二）氯化钙钻井液使用要点

1. 钻井液配制

氯化钙钻井液可以用老浆转换，也可以直接配制新浆。如果在原钻井液基础上转化，应先进行小型实验，以确定处理剂及氯化钙加量。然后对井浆先加水稀释，使膨润土含量降至适宜值。加入处理剂胶液，充分搅拌或循环后加入氯化钙溶液，使钙离子浓度达到需求值，并测定钻井液性能，如果钻井液性能达不到要求，则加入处理剂复合胶液进行处理，直至达到要求为止。

2. 维护处理

（1）钻进过程中，按要求检测钻井液性能，及时补充处理剂，处理剂应配成胶液均匀加入，保持性能稳定。

（2）控制体系的 pH 值在 9.5~10。

（3）定期检测钙离子含量，并根据钙离子含量测定情况及时补充，保持钙离子含量不低于 800mg/L。补充钙离子时，为保持钻井液的性能稳定，应同时加入聚合物复合胶液，并按循环周加入。

（4）必要时可加入磺化沥青、石墨粉、超细目碳酸钙等封堵剂，确保滤饼质量良好，防止井漏的发生。

（5）有效使用固控设备，保证钻井液清洁。

中原油田的白庙、河岸、文东和卫城等地区存在着大段易分散、膨胀的泥页岩，为解决井壁稳定问题，应用了高钙盐钻井液体系。现场应用表明，高钙盐钻井液较好地保护了油气层，成功地解决了泥页岩膨胀分散和垮塌问题。

针对塔河油田第三系地层易缩径、阻卡，三叠系、石炭系地层井壁易坍塌扩径的特点，应用了高钙盐钻井液体系。现场应用表明，该钻井液体系具有极强的抑制性和防塌能力，可有效解决浅层泥岩吸水缩径、砂岩段厚泥饼缩径和深部（三叠系、石炭系）泥页岩剥蚀掉块垮塌等问题。实验井三叠系、石炭系平均井径扩大率小于 6%，完井电测及下套管固井等作业顺利，且该体系在同样地层钻进中的密度低于常规钻井液体系，有利于油气层保护。

## 五、钾石灰钻井液

钾石灰钻井液是在石灰钻井液基础上发展起来的一种防塌能力更强的钙处理钻井液。针对石灰钻井液使用中存在高温下容易发生固化，pH 值较高以及强分散剂的使用不利于提高钻井液的抑制性等缺点，将钾离子引入石灰钻井液中，形成了钾石灰防塌钻井液体系。该体系适用于层理裂缝发育的中深层井段泥页岩地层钻井。

钾石灰钻井液基本组成是 KOH（或 $K_2CO_3$）、石灰、聚合物、SMP-1、磺化沥青等。典型配方：膨润土浆 +1%FCLS+0.8% 的石灰 +1% 的 $K_2CO_3$+0.1% 聚合物 +1.5% 磺化沥青 +

1.5%SMP-1+ 超细碳酸钙，用质量分数 20% 的氢氧化钾溶液调整 pH 值至 10.5。

在上述钻井液组成的基础上得到了改进的钾石灰钻井液，改进包括以下两方面：

（1）用改性淀粉取代了原石灰钻井液中使用的强分散剂铁铬盐，使钻井液中黏土和钻屑的分散程度减弱。改性淀粉在井壁上的吸附有利于增强防塌效果。由于 pH 值和石灰含量均有所降低，从而克服了石灰钻井液的高温固化问题。

（2）用 KOH 控制钻井液的碱度，而不再使用 NaOH。其优点是通过引入 $K^+$，减少了体系中 $Na^+$ 的含量，提高了钻井液的抑制性。

美国和俄罗斯均在某些地区推广使用了这种钻井液体系。1986 年我国在辽河油田首先使用，后来在大港、玉门油田也普遍推广使用，均有效地降低了井径扩大率，解决了井下的各种复杂问题。

现场应用表明，钾基聚合物石灰钻井液体系不仅具有控制泥页岩成岩性差、水敏性强、极易水化剥落地层的井壁稳定，而且能有效阻止地层中 $CO_2$ 气体的侵入，适当提高钻井液的 pH 值，有利于消除 $CO_2$ 的污染。

在常规钾石灰钻井液的基础上，通过引入 KCl 和阳离子处理剂形成了钾钙基阳离子钻井液体系，利用同离子效应和阳离子的强抑制作用，进一步改善了防塌能力。现场应用表明，该体系有效地解决了长段泥岩、膏质泥岩、硬脆性地层的垮塌问题。

钻井液配方：基浆 +0.2%KOH+7%KCl+1%CaO+0.2%～0.5%NW-1+0.3%～0.5%CHM+1%K-HPAN + 1%～2%HS-1+3%PSC+2%SPNH+2%～5%YRF（FT-1、SMP-2）。

钻井液性能：密度 1.35～1.45g/cm$^3$，黏度 45～55s，API 滤失量小于 4mL，pH 值 9.5，塑性黏度 20～30mPa · s，动切力 7～15Pa，初切力 3～7Pa，终切力 7～15Pa，固相含量小于 17%，MBT<35g/L，高温高压滤失量 <8mL，$K_f$<0.10、$Cl^-$ 含量 <50000mg/L，$Ca^{2+}$ 含量 <800mg/L，$K^+$ 含量 <50000mg/L。

维护处理要点：

（1）用 FCLS、PSC、SMT 与 KOH 配成不同浓度的胶液，控制钻井液黏度 45～55s，塑性黏度 20～30mPa · s，动切力 7～15Pa，保持钻井液有较好的流变性。

（2）使用 SMP-2、FT-1、SPNH 控制钻井液的滤失量，使 API 滤失量小于 4mL，高温高压滤失量<8 mL，并用 YRF-1、QS-2 改善滤饼质量，增强造壁能力，维持井壁稳定。

（3）在基浆中加入 7%KCl，并用 NW-1、CHM 维护，在维护中采用滴冲生石灰的方法补充 $Ca^{2+}$，在此基础上增加 3%YRF-1 和 HS-1，强化钻井液的抑制能力。

（4）使用好固控设备，充分发挥该体系的低固相特性，保持钻井液良好的流动性。

## 六、钙醇聚合物钻井液

钙醇聚合物钻井液体系是由聚合醇、复合盐、流型调节剂和失水调节剂等组成的改进的钙处理钻井液体系。该体系通过无机盐调整聚合醇的浊点，使聚合醇的胶体颗粒粒度分布发生变化，与黏土颗粒间的空隙相匹配，使聚合醇胶体颗粒紧密镶嵌在黏土颗粒之间，在黏土表面形成致密层，从而阻止水分进入，达到抑制页岩分散的作用。

## （一）钻井液配方与性能

钙醇聚合物钻井液体系配方见表4–9。钻井液性能为：所用聚合醇浊点60~120℃可调，膨胀量≤2mm，页岩回收率≥95%，摩擦系数 $K_f$ ≤0.03，API失水≤5mL。

**表4-9　钙醇络合水基钻井液配方**

| 处理剂 | 用量 /（kg/m³） | 处理剂 | 用量 /（kg/m³） |
|---|---|---|---|
| 膨润土 | 20.0~30.0 | 聚合醇 | 20.0~30.0 |
| 聚合物 | 1.0~3.0 | 抗盐抗钙降失水剂 | 5.0~15.0 |
| 改性淀粉（或胺盐） | 5.0~10.0 | $CaCl_2$ | 10.0~50.0 |

钙醇聚合物钻井液的主要特点是，通过调整无机盐加量，使聚合醇的浊点在60~120℃间可调，具有强抑制防塌性；根据需要，可用 $CaCl_2$ 或其他加重剂加重，温度达150℃时，仍能保持良好的悬浮性及较低的滤失量；具有良好的抗污染性能；渗透率恢复值高，具有良好的保护油气层特性；毒性低，有利于环境保护。

## （二）钙醇聚合物钻井液使用要点

### 1. 钻井液配制

采用井浆转化时，要点如下：

（1）转化前，先通过固控设备，尤其是离心机，清除劣质固相，必要时可以加入适量的清水，将膨润土含量控制在适当范围内，一般在30~45g/L。

（2）配制抗盐抗钙降滤失剂、抗盐抗钙防塌剂等处理剂胶液，按计算值配制 $CaCl_2$ 溶液。

（3）将处理剂胶液和处理后的基浆混合，加入聚合醇，充分搅拌或循环。

（4）取钻井液样加入一定量的 $CaCl_2$ 做小型实验，并测试全套性能。结合设计要求，根据室内小型实验确定的 $CaCl_2$ 溶液浓度和加量，将 $CaCl_2$ 溶液按循环周均匀加入上述钻井液中，充分搅拌、循环后测定钻井液性能。若不符合设计要求，则需进一步调整后再按上述要求加入 $CaCl_2$ 溶液。

### 2. 维护处理

（1）钻进过程中，按要求检测钻井液性能，及时补充处理剂（处理剂应配成胶液均匀加入），以保持钻井液性能稳定。

（2）控制体系的pH值9.5~10。

（3）定期检测钙离子和聚合醇含量，并及时补充，保持钙离子和聚合醇含量达到设计要求，并视井深选用不同浊点的聚合醇。补充钙离子时，应同时加入聚合物处理剂复合胶液，并按循环周加入。

（4）必要时加入磺化沥青、纤维素粉、超细目碳酸钙等封堵剂，确保滤饼质量，防止井漏的发生。

（5）有效使用固控设备，保证钻井液清洁。

# 第三节　盐水钻井液

通常将 NaCl 含量超过 1%（质量分数，$Cl^-$ 含量约为 6000mg/L）的钻井液称为盐水钻井液。盐水钻井液一般分为三种类型。

（1）一般盐水钻井液，其含盐量自 1% 直至饱和之前均属此类。

（2）饱和盐水钻井液，是指含盐量达到饱和，即常温下浓度为 $3.15\times10^5$mg/L（$Cl^-$ 含量为 $1.89\times10^5$mg/L）左右的钻井液。

（3）海水钻井液，是指用海水配制而成的含盐钻井液。体系中不仅含有约 $3\times10^4$mg/L 的 NaCl，还含有一定量的 $Ca^{2+}$ 和 $Mg^{2+}$。

根据含盐量的多少，在国外又将盐水钻井液分为以下几种类型：含盐量在 1%~2% 时为微咸水钻井液，在 2%~4% 时为海水钻井液，在 4% 与近饱和之间时为非饱和盐水钻井液，当含盐量达最大值 31.5% 时则为饱和盐水钻井液。

## 一、盐水钻井液的配制原理及特点

在钻井过程中，经常钻遇大段岩盐层、盐膏层或盐膏与泥页岩互层。若使用分散钻井液，则将会有大量的 NaCl 和其他无机盐溶解于钻井液中，致使钻井液的黏度、切力升高，滤失量剧增。同时，盐的溶解还会造成井径扩大，影响井眼质量，不仅会给继续钻进带来困难，而且也会严重影响固井质量。有时钻遇高压盐水层时，盐水的侵入也会对钻井液性能产生很大影响。为了对付上述复杂地层，人们采取在钻井液中同时加入工业食盐和分散剂的方法，使水基钻井液具有更强的抗盐和抑制能力。实践表明，盐水钻井液和饱和盐水钻井液经过不断发展和完善，已成为独具特色的钻井液类型。

### （一）配制原理

与钙处理钻井液的配制原理相同，盐水钻井液也是通过人为地添加无机阳离子来抑制黏土颗粒的水化膨胀和分散，并在分散剂的协同作用下，形成抑制性粗分散钻井液体系。在使用中一般应根据含盐的多少来决定所选用分散剂的类型和用量。盐水钻井液的 pH 值一般随含盐量的增加而下降，一方面是由于滤液中的 $Na^+$ 与黏土矿物晶层间的 $H^+$ 发生了离子交换；另一方面则是由于工业食盐中含有的 $MgCl_2$。杂质与滤液中的 $OH^-$ 反应，生成 $Mg(OH)_2$ 沉淀，从而消耗了 $OH^-$ 所导致的结果。因此，在使用盐水钻井液时应注意及时补充烧碱，以便维持一定的 pH 值。一般情况下，盐水钻井液的 pH 值应保持在 9.5~11.0 之间。

#### （二）盐水钻井液的特点

盐水钻井液具有较强的抑制性，能有效地抑制泥页岩水化，保证井壁稳定；抗盐、抗钙和抗高温能力强，适于钻含岩盐地层或含盐膏地层，以及在深井和超深井中使用；由于其滤液性质与地层原生水比较接近，故对油气层的损害较轻；由于岩屑不易在盐水中水化分散，在地面容易被清除，因而有利于保持较低的固相含量；能有效地抑制地层造浆，流动性好，性能较稳定。

但该类钻井液的维护工艺比较复杂，对钻柱和设备的腐蚀性较大，钻井液配制成本也相对较高。由于钻井液中的盐含量高，废弃钻井液的无害化处理也比较困难。

### 二、一般盐水钻井液

一般盐水钻井液主要用于配浆水本身含盐量较高，钻遇盐水层时淡水钻井液体系不可能继续维持，钻遇含盐地层或厚度不大的岩盐层以及为了抑制强水敏泥页岩地层的水化等。在选择盐水钻井液时，可能只涉及以上某些因素，但也可能包含所有因素。

多数情况下盐水钻井液只用于某一特定的井段。比如，当预先已知在某一深度有一较薄的岩盐层时，可在进入之前有准备地将盐和处理剂一并加入钻井液中，使之转化为盐水体系。当钻过盐层并下入套管之后，又可通过稀释与化学处理，逐步恢复至淡水体系。盐水钻井液中含盐量的多少一般根据地层情况来决定。一般来说，含盐越多，钻井液的抑制性越强，对岩盐层的溶解量越小，即越有利于井壁稳定，但护胶的难度亦同时增大，配制成本也会相应增加。因此，确定含盐量十分重要。

#### （一）盐水钻井液的组成

盐水钻井液常用的处理剂有铁铬盐、CMC、褐煤碱液和羧甲基纤维素或聚阴离子纤维素等。由于各地区使用的配方及对性能的要求不尽相同，因此难以总结出其典型的配方及性能参数。目前国内使用的最简单的体系为铁铬盐盐水钻井液，其基本成分为 1.5%~3% 的膨润土、5% 的固体食盐、5% 的铁铬盐、1.5% 的 NaOH 及一定量的重晶石。按以上配方配制的钻井液可达到以下性能指标：密度 1.20g/cm$^3$、漏斗黏度 20~50s、滤失量 3~6mL。另一种体系为 CMC- 铁铬盐 - 表面活性剂盐水钻井液，主要用于井底温度达 150℃左右的深井中。

#### （二）盐水钻井液配方及性能

以聚合物盐水钻井液为例，其配方见表 4-10，性能见表 4-11。

表 4-10　聚合物盐水钻井液配方

| 处理剂 | 用量 /（kg/m³） | 处理剂 | 用量 /（kg/m³） |
|---|---|---|---|
| 膨润土 | 30～50 | 中分子聚合物降滤失剂 | 10.0～15.0 |
| 氢氧化钠 | 根据需要 | LV-CMC 或 LV-PAC | 10.0～15.0 |
| 碳酸钠 | 1.5～2.5 | 磺化沥青 | 20～30.0 |
| 聚合物增黏剂或 HV-PAC | 3.0～5.0 | 工业盐 | 根据需要 |

注：数据引自 Q/SH1025 0110-2004《聚合物盐水钻井液工艺技术规程》。

表 4-11　聚合物盐水钻井液性能

| 项目 | 要求 | 项目 | 要求 |
|---|---|---|---|
| 密度 /（g/cm³） | 依地层压力系数而定 | pH 值 | 8～10 |
| *FV*/s | 40～80 | 氯离子含量 /（mg/L） | ≥10000 |
| *PV*/mPa·s | 15～25 | 含砂量 /% | ≤0.3 |
| *YP*/Pa | 4～12 | 低密度固相含量 /% | ≤8 |
| *Gel*/Pa/Pa | 1～5/2～15 | 膨润土含量 /（g/L） | 30～50 |
| $FL_{API}$/mL | ≤8.0 | | |

注：数据引自 Q/SH1025 0110-2004《聚合物盐水钻井液工艺技术规程》。

### （三）盐水钻井液的使用要点

1. 钻井液配制

一般情况下盐水钻井液采用井浆作为基浆转化。

（1）在采用井浆转换时，首先要通过小型实验确定现场钻井液转化配方。

（2）预留井浆经离心机净化后，测定原井浆的膨润土含量，根据膨润土含量和钻井液基本配方做室内配方实验，确定原井浆与新配胶液的比例。

（3）按照要求配制复合胶液。

（4）将地面循环系统清理干净，按实验配方加入所需清水，通过混合漏斗加入所需处理剂，充分循环均匀。

（5）然后使用钻井泵将预留的原钻井液与配制的复合胶液混合均匀。

（6）加氯化钠，加入时要均匀，并控制速度，防止速度过快造成沉淀。

（7）调整密度，根据设计，计算加重剂加量，加重时要控制速度，防止速度过快造成加重剂沉淀，充分循环均匀。

（8）配制完成后，测定性能合格后方可使用，否则，用所需处理剂调整钻井液性能到设计要求。

若配制新浆，应事先配制预水化膨润土浆，其余步骤与井浆转化相同。

在配制盐水钻井液时，最好选用抗盐黏土（海泡石、凹凸棒石等）作为配浆土，这是由于抗盐黏土在盐水中可以很好地分散而获得较高的黏度和切力，因而配制方法比较简单。若用膨润土配浆，则必须先在淡水中经过预水化，再加入各种处理剂，最后加盐至所需浓度。膨润土所配成原浆的表观黏度通常随含盐量的变化情况是，一开始随着盐含量增加，表观黏度不断降低，但当盐含量增至37000mg/L左右时，表观黏度不再随盐含量增加而明显降低，最后基本保持恒定，这表明膨润土在较高盐含量的盐水中已不再容易发生水化，而是类似于一种惰性固体，无法再起到造浆和降滤失的作用。实验表明，如果先将膨润土在淡水中经过预水化，并在加盐之前用适量分散剂进行处理，则膨润土仍表现出一定的水化性能，从而能有效地起到提高黏度、切力和降滤失的作用。

2. 维护处理

保持所需的含盐量是盐水钻井液维护处理的关键。为此，钻进中需经常向钻井液中补充盐或盐水，并用$AgNO_3$滴定法定时检测滤液中的NaCl浓度。在维护过程中，应根据含盐量的高低和钻井液性能的变化及时对钻井液进行降黏和护胶处理，使盐水钻井液的流变参数和滤失量保持在合理的范围，以满足钻井工程的要求。一般是含盐量越低，降黏问题越突出，含盐量越高，护胶问题越重要。常用的降黏剂有铁铬盐、单宁酸钠和磺化栲胶等，需要护胶时则选用高黏CMC、聚阴离子纤维素及其他抗盐聚合物降滤失剂和包被剂等。具体的维护处理过程如下：

（1）钻进中按时测量钻井液性能，并根据性能测定结果及性能变化情况进行及时处理。通常采用配制盐水复合胶液的形式维护，胶液浓度可根据钻井液性能调节，按循环周均匀加入，保持钻井液性能稳定。若需要加干粉时，必须通过混合漏斗按循环周加入，同时控制加入速度，保证钻井液均匀稳定。同时还应根据$Cl^-$变化不断补充NaCl，保持钻井液中$Cl^-$含量不低于10000mg/L。

（2）盐膏层钻进过程中以聚合物、LV-CMC降滤失为主，提高钻井液的抗盐和抑制盐膏层的溶解，处理剂的量一定要加足。

（3）钻遇坍塌地层除增加磺化沥青、石墨粉、纤维素粉、超细目碳酸钙等防塌封堵剂的用量外，适当调整钻井液密度。

（4）钻进中根据摩阻系数和井下情况加入润滑剂，提高膨润土含量时应加入预水化膨润土浆，严禁将膨润土直接加入。

（5）使用好固控设备，保证钻井液清洁。

## 三、饱和盐水钻井液

饱和盐水钻井液是指NaCl含量达到饱和时的盐水钻井液体系。它主要用于钻大段岩盐层和复杂的盐膏层，也可在钻开储层时配制成清洁盐水钻井液使用。由于其矿化度极高，因此抗污染能力强，对地层中黏土的水化膨胀和分散有很强的抑制作用。钻遇岩盐层时，可将盐的溶解减至最低，避免大肚子井眼的形成，保证井径规则。饱和盐水钻井液一般是在地面配好，在钻达岩盐层前将其替入井内，然后钻穿整个岩盐层。但也可以在上部地层使用淡水或一般盐水钻井液，然后提前在循环过程中进行加盐处理，使含盐量和钻井液性能逐渐达到要求，在进入岩盐层前转化为饱和盐水钻井液。

### (一)饱和盐水钻井液的组成与性能

饱和盐水钻井液有多种不同的配方。国外一般使用抗盐黏土(如凹凸棒石)造浆并调整黏度和切力，用淀粉控制滤失量。但目前倾向于用各种抗盐的聚合物降滤失剂(如聚阴离子纤维素)代替淀粉，以利于实现低固相。表 4-12 是一种典型的饱和盐水钻井液配方(聚磺饱和盐水钻井液)，其性能要求见表 4-13。

**表 4-12 聚磺饱和盐水钻井液配方**

| 处理剂 | 用量 /(kg/m$^3$) | 处理剂 | 用量 /(kg/m$^3$) |
|---|---|---|---|
| 膨润土 / 抗盐土 | 18~30 | 低黏羧甲基纤维素钠盐 | 5.0~10.0 |
| 碳酸钠 | 1.0~2.0 | 磺化酚醛树脂Ⅱ型 | 20.0~30.0 |
| 氢氧化钠 | 根据需要 | 磺化褐煤 | 20.0~30.0 |
| 高分子聚合物 | 3.0~5.0 | 磺化沥青 | 20~30.0 |
| 聚合物降滤失剂中分子 | 5.0~10.0 | 氯化钠 | 饱和 |

注：数据引自 Q/SH1025 0110–2004《聚合物盐水钻井液工艺技术规程》。

**表 4-13 聚磺饱和盐水钻井液性能**

| 项目 | 要求 | 项目 | 要求 |
|---|---|---|---|
| 密度 /(g/cm$^3$) | 依地层压力系数而定 | pH 值 | 9~11 |
| *FV*/s | 40~80 | 氯离子含量 /(mg/L) | ≥$1.8\times10^5$ |
| *PV*/mPa·s | 20~40 | 含砂量 /% | ≤0.3 |
| *YP*/Pa | 6~15 | 低密度固相含量 /% | ≤12 |
| *Gel*/Pa/Pa | 2~6/6~15 | 高温高压滤失量 /mL | ≤15 |
| $FL_{API}$/mL | ≤5 | 膨润土含量 /(g/L) | 20~50 |

注：数据引自 Q/SH1025 0110–2004《聚合物盐水钻井液工艺技术规程》。

### (二)饱和盐水钻井液的使用要点

使用饱和盐水钻井液时，需注意：①如果岩盐层较厚，埋藏较深，在地层压力作用下岩盐层容易发生蠕变，造成缩径。此时，应根据岩盐层的蠕变曲线，确定较合理的钻井液密度，以克服因盐层塑性变形而引起的卡钻或挤毁套管。盐层的蠕变曲线可通过岩石力学实验得到。②最好选用海泡石、凹凸棒石等抗盐黏土配制饱和盐水钻井液。如选用膨润土，则体系中总固相和膨润土含量均不宜过高，以防止在配制过程中出现黏度、切力过高的情况。膨润土一般应控制在 50kg/m$^3$ 左右。③若该体系由井浆转化而成，应在加盐前先将固相含量及黏度、切力降下来。④由于盐的溶解度随温度上升而有所增加，故在地面配制的饱和盐水，当循环到井底就变得不饱和了。为了解决因温差而可能引起的岩盐层井径扩大的问题，一种比较有效的方法是在钻井液中加入适量的盐重结晶抑制剂，这样在岩盐层井段的井温下使盐达到饱和，当钻井液返至地面时，又可以抑制盐的重结晶。

1. 钻井液配制

饱和盐水钻井液可以采用井浆转化，也可以新配浆。采用井浆转化时，与盐水聚合物钻井液井浆转化方法相同。对于新浆配制，其过程如下：

（1）根据基本配方使用现场水做配方实验，确定处理剂加量。配制饱和盐水钻井液时，应采取先护胶，后加盐的方法，以提高处理剂效能。

（2）根据配方配制膨润土浆，通过混合漏斗依次加入纯碱、膨润土，水化时间大于24h，分罐保存；循环罐放入所需清水，通过混合漏斗按现场实验配方加入所需处理剂，充分循环均匀，即得到处理剂复合胶液。

（3）使用钻井泵将膨润土浆与复合胶液混合均匀，然后加氯化钠，加入时要均匀，并控制速度。

（4）当需要调整密度时，根据设计，计算加重剂加量，加重时要控制速度，充分循环均匀，防止速度过快造成加重剂沉淀。

（5）配制完成后，测定钻井液性能，当性能合格后方可使用，否则，用所需处理剂调整钻井液性能至设计要求。

如果采用抗盐土配制饱和盐水钻井液，其过程如下：

（1）在0.159$m^3$淡水中加入56.75kg工业食盐，即可得到密度为1.13$g/cm^3$的饱和盐水。

（2）在饱和盐水中加入79.9～85.6$kg/m^3$优质抗盐黏土，即可配制成漏斗黏度为36～38s的原浆。

（3）然后向钻井液中加入淀粉，一定要边加边搅拌。当加入11.4～14.3$kg/m^3$的淀粉时可使滤失量降至15mL以下；而加入22.8～28.5$kg/m^3$时则可使滤失量控制在5mL以内。

2. 维护处理

由于在饱和盐水钻井液中黏土颗粒不易形成端－端或端－面连接的网架结构，而特别容易发生面－面聚结，变成大颗粒而聚沉，因此需要大量的护胶剂维护其性能，否则在使用中常会出现黏度、切力下降和滤失量上升的现象。保持饱和盐水钻井液的性能稳定是维护处理的关键，一旦出现黏切下降、滤失量升高等异常情况，应及时补充护胶剂。添加预水化膨润土也能起到提黏和降滤失作用，但加量不宜过大。具体维护处理过程如下：

（1）维护应以护胶为主、降黏为辅。为了保证处理剂快速分散和发挥作用，提高处理效果，一般采用复合胶液的形式维护，胶液浓度可根据钻井液性能调节，按循环周均匀加入，保持钻井液性能稳定；若需要加干粉时，必须通过混合漏斗按循环周加入，同时控制加入速度，保证钻井液均匀稳定，避免形成“鱼眼”。

（2）钻进过程中，定期检测钻井液中氯离子的含量，保持氯离子含量不低于$1.8\times10^5$mg/L。及时补充NaCl，避免氯离子过低造成盐溶，形成“大肚子”井眼。同时注意补充碱液，使体系pH值在9～10，以保证钻井液流动性好、滤失量小、性能稳定。

（3）必要时加入磺化沥青、油溶性树脂、超细目碳酸钙等防塌封堵剂，确保滤饼质量良好，防止井塌、井漏的发生。

（4）加重时要均匀，每个循环周不大于 0.02g/cm$^3$，防止速度过快压漏地层。

（5）钻进中根据摩阻系数和井下情况混入原油或加入润滑剂。

（6）使用好固控设备，保证钻井液清洁和性能稳定。

### （三）高密度饱和盐水钻井液

1. 配方一

基本配方：3% OCMA 土 +5%抗温降滤失剂 +6%抗盐降滤失剂 +0.6%高温稳定剂 +0.8% HTX+0．4% NaOH+6%封堵剂 +0.6%乳化剂 +0.2%表面活性剂 +5% $CaCO_3$（500 目）+0.2% $Na_2SO_3$+36% NaCl +$BaSO_4$。

按照上述配方所配制钻井液在 180℃条件下恒温热滚 16h 后，降温至 50℃测得钻井液密度 2.20g/cm$^3$，塑性黏度 41mPa · s，动切力 13Pa，初切力 2.5Pa、终切力 12Pa，API 滤失量 0、滤饼 0，高温高压滤失量 6mL、滤饼 2.5mm，$Cl^-$ 浓度 181800mg/L。

该钻井液体系在川西邓井关构造 DT1 井现场应用表明，能够很好地解决高温（200℃）、高密度（2.22g/cm$^3$）、饱和盐环境下钻井液流变性、抑制性和失水造壁性的技术难题。

2. 配方二

基本配方：清水 +1%～2%钠膨润土 +0.2%～0.4% $Na_2CO_3$+0.5% LV–CMC+0.5% LF–1+0.5% SD–17W+5% SMC+5% SMP–2+1%～2% FT–1+0.8%～1.2% NaOH+36% NaCl+5%～8%原油，重晶石加重。

钻井液在 180℃、24h 高温老化后的性能：密度 2.20g/cm$^3$，表观黏度 46.5mPa · s，塑性黏度 37mPa · s，动切力 9Pa，API 滤失量 4.3mL，高温高压滤失量 11.9mL，可以满足高温深井地层钻探的要求。

在濮深 18 井、文 408 井应用表明，钻井液性能指标符合钻井液设计要求，三开使用高密度抗高温饱和盐水钻井液体系，在保证井下安全的前提下钻井液密度和高温高压滤失量均控制在要求范围内，并且井壁稳定，润滑效果好，成功应对了大段文九井盐层，满足了各阶段钻井工艺的要求；高密度抗高温饱和盐水钻井液体系，抗温性好，携砂能力强，润滑性好，钻井液整体性能稳定，成功克服了密度高（濮深 18 井最高 2.02g/cm$^3$）、井温高、严重气侵等技术难题，做到了接单根正常、携砂正常、井下正常；不仅保证了钻井施工的安全、快速、高效、环保，还满足了地质录井的需要。2 口井中完电测、完井电测一次成功，三开井段平均井径扩大率分别为 10%、10.6%。

3. 配方三

配方：2%～2.5%抗盐土 +0.3%～0.5% PHP+0.2%～0.3% HV–CMC+2%～3% SMP–2+1.5%～2%井壁稳定剂 +2%～2.5%无水聚合醇 +2%～2.5% ZX–8+1.5%～2% JS–3+1.5%～2%石墨 + 加重剂 +NaCl 至饱和。

按照上述配方配制高密度钻井液在 150℃、16h 高温老化后的性能：密度 1.95g/cm$^3$，塑性黏度 54mPa · s，动切力 12Pa，初切力 2.5Pa、终切力 11Pa，API 滤失量 3.0mL，高温高压滤失量 12.5mL，pH 值 10，可以满足高温深井地层钻探的要求。

黑池 1 井在嘉陵江组钻遇大段盐岩及石膏层，且地层破碎、裂隙发育，钻进中钻井液流变性不稳定，起下钻遇阻严重。采用高密度饱和盐水钻井液体系，施工中其流变性及沉降稳定性好，润滑能力强，解决了盐岩及石膏的污染问题。钻进中井壁稳定，起下钻畅通无阻，无复杂事故发生，顺利穿过嘉陵江组。

## 四、海水钻井液

海水钻井液与一般盐水钻井液的不同之处是使用海水配浆。海水中除含有较高浓度的 NaCl 外，还含有一定浓度的钙盐和镁盐，其总矿化度一般为 3.3%～3.7%，pH 值为 7.5～8.4，密度为 1.03g/cm$^3$。主要用于海洋、近海等地区的钻井。一般用于上部大井眼段钻进，也可用于地层水敏性较弱的浅井作业。由于海水的主要成分是 NaCl，其矿化度处于不饱和范围，因此，海水钻井液的作用原理和配制、维护方法与一般盐水钻井液基本相同。不同之处仅在于海水钻井液体系中 $Mg^{2+}$ 的含量较高，因而会对钻井液性能产生较大影响。此外，一般盐水钻井液的含盐量可随时调整，比如钻穿盐层后可转化为淡水钻井液，而海水钻井液由于受施工条件的限制，其矿化度一般不做调整。

### （一）海水聚合物钻井液配方与性能

表 4–14 是一种海水聚合物钻井液配方，钻井液性能要求见表 4–15。

**表 4-14　海水聚合物钻井液配方**

| 材料 | 用量 /（kg/m$^3$） | 材料 | 用量 /（kg/m$^3$） |
|---|---|---|---|
| 预水化膨润土 | 20～40 | PAC–HV | 3～5 |
| 烧碱 | 3～5 | PF–FLO | 5～10 |
| 纯碱 | 1～3 | | |

**表 4-15　海水聚合物钻井液性能**

| 项目 | 要求 | 项目 | 要求 |
|---|---|---|---|
| 密度 /（g/cm$^3$） | 1.10～1.30 | pH 值 | 9～10 |
| *FV*/s | 40～60 | $FL_{API}$/mL | ≤10.5 |
| *YP*/Pa | 10～17.5 | 膨润土含量 /（g/L） | ＜70 |
| *Gel*/Pa/Pa | 1.5～5/4～10 | | |

表 4–16 是一种海水小阳离子聚合物钻井液配方，钻井液性能见表 4–17。该体系中的小阳离子聚合物对砂岩储层中的黏土矿物颗粒具有一定的抑制防膨作用，一般作为特殊钻井液用于水敏性砂岩储层井段钻进。

表 4-16　海水小阳离子聚合物钻井液配方

| 材料 | 用量 /（$kg/m^3$） | 材料 | 用量 /（$kg/m^3$） |
|---|---|---|---|
| 预水化搬土 | 20~30 | PF-FLO | 5~10 |
| 烧碱 | 3~5 | PF-JFC | 3~5 |
| PAC-HV | 3~5 | PF-TEX | 5~10 |

表 4-17　海水小阳离子聚合物钻井液性能

| 项目 | 要求 | 项目 | 要求 |
|---|---|---|---|
| 密度 /（$g/cm^3$） | 1.10~1.30 | pH 值 | 9~10 |
| *FV*/s | 40~5 | $FL_{API}$/mL | ≤5 |
| *YP*/Pa | 7.5~12.5 | 膨润土含量 /（g/L） | < 50 |
| *Gel*/Pa/Pa | 1.5~4/2.5~7.5 | | |

## （二）海水钻井液使用要点

海水钻井液的配制方法有两种。一种是先用适量烧碱和纯碱将海水中的 $Ca^{2+}$、$Mg^{2+}$ 清除，然后再用于配浆。这种体系的 pH 值应保持在 11 以上。其特点是分散性相对较强，流变和滤失性能较稳定且容易控制，但抑制性较差。另一种是在体系中保留 $Ca^{2+}$、$Mg^{2+}$，这种海水钻井液的 pH 值较低，由于含有多种阳离子，护胶的难度较大，所选用的护胶剂既要抗盐，又要抗钙、镁，但这种体系的抑制性和抗污染能力较强。

国外最初多使用凹凸棒石、石棉、淀粉配制和维护海水钻井液，而后来倾向于使用黄原胶和聚阴离子纤维素等聚合物。由于聚合物的包被作用，可使井壁更为稳定。通过合理地使用固控设备，机械钻速也可明显提高。我国使用的海水钻井液配方与一般盐水钻井液相似。比如，较常用的铁铬盐 -CMC 海水钻井液的 pH 值在 9~11 可维持其稳定的性能。当井较深时，可加入适量重铬酸钾以提高钻井液的抗温性能。必要时混入一定量的油品或润滑剂以改善泥饼的润滑性，并可在一定程度上降低滤失量。

以两种不同的海水钻井液为例，具体的维护处理过程如下。

1. 海水聚合物钻井液

（1）海水中加入烧碱和纯碱降低钙、镁离子含量，再加入需要量的预水化膨润土。

（2）调节预水化膨润土含量，加水稀释或用木质素磺酸盐、褐煤、PF-THIN 等处理可控制钻井液的黏切。

（3）若钻井液黏度和切力低时，可加入生物聚合物 XC 来提高钻井液的动切力和静切力，增大 PAC-HV 的加量来提高钻井液的黏度。

（4）若需要降低钻井液滤失量时，可使用铵盐 NPAN，当井温较高时，用抗温淀粉 PF-FLO HT 替代 PF-FLO，也可使用 SMP、SPNH 来控制滤失量。

（5）加入氯化钾和 PF-TEX 提高体系的抑制性能。

（6）加入 PF-LUBE 或 PF-BLA（塑料微球）提高体系的润滑性。

2. 海水小阳离子聚合物钻井液

（1）用烧碱控制体系的 pH 值。

（2）用于控制滤失量和泥饼质量的预水化膨润土浆，在加入前用稀释剂如 PF-THIN 等进行处理护胶。

（3）配制新浆时，先加其他处理剂对细分散的膨润土护胶，最后加小阳离子。

（4）用稀胶液稀释或用 PF-THIN 处理来控制钻井液的黏切。

（5）用生物聚合物 XC 来提高钻井液的动切力和静切力。

（6）用 PAC-HV 和 PF-FLO 控制钻井液的黏度和滤失量，当井温较高时，用抗温淀粉 PF-FLO HT 或 NPAN 替代 PF-FLO 来控制钻井液的滤失量。

（7）加入 PF-TEX 增强体系的防塌性能。

（8）加入 PF-LUBE 或 PF-WLD 提高体系的润滑性。

## 第四节　聚合物钻井液

聚合物钻井液是指由水溶性聚合物作为主处理剂的钻井液体系。早在 1960 年，人们就发现在钻井液中加入具有选择性絮凝作用的部分水解聚丙烯酰胺（简称 PHP 或 PHP）和醋酸乙烯酯 - 马来酸酐共聚物（简称 VAMA）等，可絮凝除掉钻井液中的劣质土和岩屑，而不絮凝优质造浆黏土。同时，它们对钻屑的分散具有良好的抑制能力，从而使钻井液体系中亚微米颗粒含量明显降低，这对提高钻井速度十分有益。引入这类聚合物的钻井液体系称为“不分散低固相聚合物钻井液”。现场应用表明，这种不分散低固相聚合物钻井液体系，可大幅度提高钻速。自 1966 年投入应用以来，在世界范围内逐步得到推广应用，经受了不同地层、不同井深和不同密度等方面的考验，在提高钻井速度和降低钻井成本等方面见到了显著的效果，也奠定了聚合物钻井液的发展基础，同时对钻井技术发展起到了显著的促进作用。

为进一步提高聚合物钻井液的防塌能力，20 世纪 70 年代后期发展了聚合物与无机盐（主要是氯化钾）配合的钻井液体系。应用表明，该体系对水敏性地层的防塌效果显著。之后，聚合物处理剂也得到了快速发展，除带阴离子基团的处理剂 PHPA、VAMA、水解聚丙烯腈铵盐（简称 NPAN）、聚丙烯酸盐等以外，20 世纪 90 年代以后开发出一系列分子中带阳离子基团的阳离子聚合物和分子链中同时带阴离子基团、阳离子基团和非离子基团的两性离子聚合物处理剂，使聚合物钻井液技术得到不断发展和完善。目前，根据聚合物处理剂的离子特性，可将聚合物钻井液分为阴离子聚合物钻井液、阳离子聚合物钻井液和两性离子聚合物钻井液。

## 一、聚合物钻井液的特点

实践表明，与其他水基钻井液相比，聚合物钻井液具有如下特点。

1. 固相含量低

由于聚合物处理剂选择性絮凝和抑制岩屑水化分散的作用，使聚合物钻井液体系不仅固相含量低，且亚微米粒子所占比例也低。对不使用加重材料的钻井液，密度和固相含量大约成正比。研究表明，纯蒙脱土钻井液中亚微米粒子含量为13%左右，用分散剂木质素磺酸盐处理后，亚微米粒子含量上升约为80%，而用聚合物处理后的体系亚微米粒子的含量降为约6%。实践表明，固相含量和固相颗粒的分散度是影响钻井速度的重要因素。

2. 良好的流变性

良好的流变性主要表现为较强的剪切稀释性和适宜的流型。聚合物钻井液体系中形成的结构由颗粒之间的相互作用、聚合物分子与颗粒之间的桥联作用以及聚合物分子之间的相互作用所构成。结构强度以聚合物分子与颗粒之间桥联作用为主。在高剪切作用下，桥联作用被破坏，因而黏度和切力降低，使聚合物钻井液具有较高的剪切稀释特性。由于这种桥联作用赋予聚合物钻井液具有比其他类型钻井液更高的结构强度，因而聚合物钻井液具有较高的动切力。同时，与其他类型钻井液相比，聚合物钻井液固相含量较低，粒子之间的摩擦作用相对较弱，因而聚合物钻井液具有较低的塑性黏度。由于聚合物水溶液为典型的非牛顿流体，所以聚合物钻井液 $n$ 值一般较低。

此外，聚合物钻井液具有较强的触变性。但如果触变性太大，形成的结构强度太高时，则开泵困难，易导致压力激动，可能会憋漏易漏地层。而由于聚合物钻井液的固相含量较低，结构主要是聚合物与颗粒间的桥联作用，既具有一定的结构强度，又不会太高，一般情况下，若触变性适宜，不会造成开泵困难。

3. 机械钻速高

如前所述，聚合物钻井液固相含量低，亚微米粒子比例小，剪切稀释性好，卡森极限黏度低，悬浮携带钻屑能力强，洗井效果好，可有效地减少钻屑的重复破碎，使钻头进尺明显提高。实践表明，在相同钻井液密度条件下，使用聚丙烯酰胺钻井时的机械钻速明显高于使用钙处理钻井液时的机械钻速。

4. 井壁稳定能力强

聚合物钻井液井壁稳定能力强，可以保持井径规则。通常只要钻井过程中始终加足聚合物处理剂，使滤液中保持一定的含量，聚合物可有效地抑制泥页岩的吸水分散作用，合理地控制钻井液的流型，可减少对井壁的冲刷，以有利于稳定井壁。一般情况下，在易坍塌地层，通过适当提高钻井液的密度和固相含量，可达到良好的防塌效果。

5. 有利于储层保护

聚合物钻井液对油气层的损害小，有利于发现和保护产层。这是由于聚合物钻井液的密度低，可实现近平衡压力钻井；同时由于固相含量少，可减轻固相的侵入，因而减小了损害程度。

6. 具有较强的防漏能力

对于漏失不十分严重的渗透性漏失地层，采用聚合物钻井液可使漏失程度减轻甚至完全得到控制。这是由于聚合物钻井液一般比其他类型钻井液的固相含量低，在不使用加重材料的情况下，钻井液的液柱压力就低得多，从而降低了漏失压力。同时，聚合物钻井液在环形空间的返速较低，且又具有较强的剪切稀释性和触变性，因此钻井液在环形空间具有一定的结构，一般处于层流或改型层流的状态，使钻井液不容易进入地层孔隙，即使进入孔隙，渗透速度也很慢，钻井液在孔隙内易逐渐形成凝胶而产生堵塞。同时，聚合物分子在漏失孔隙中可吸附在孔壁上，连同分子链上吸附的其他黏土颗粒一起产生堵塞；当水流过时，这些吸附在孔壁上的亲水性大分子有伸向空隙中心的趋势，形成很大的流动阻力。因此，聚合物钻井液具有良好的防漏作用。

当遇到较大的裂缝时，可向钻井液中加入水解度较高（50%~70%）的 PHPA 来提高钻井液的黏度，并适当提高钻井液的 pH 值，可使漏失停止，这种堵漏措施不影响钻进。当遇到严重漏层时，可同时将泥沙混杂的粗钻井液与聚合物强絮凝剂溶液混合挤入漏层，利用聚合物的强絮凝作用使粗钻井液完全絮凝，被分离出的清水很快漏走，絮凝物则可留下来堵塞漏层。这种方法称为聚合物絮凝堵漏。由于絮凝堵漏絮凝物强度较低，有时达不到预期的堵漏效果。这时可加入一些无机物或有机物交联剂，与聚合物产生交联形成不溶物，再与黏土结合可产生强度很高的堵塞物质，提高堵漏效果，也就是所谓的聚合物交联堵漏。

7. 有利于降低钻井成本

由于聚合物钻井液的处理剂用量较少，钻井速度高，有利于缩短完井周期，因此可大幅度降低钻井总成本。

与其他常规钻井液聚合物相比，尽管聚合物钻井液具有上述特点，而聚合物钻井液在现场应用中也存在一些不足，当钻速太快时，无用固相不能及时清除，难以维持低固相，尤其是在强造浆井段表现更为突出。有时对一些强分散地层，其抑制能力还满足不了需要，这时钻井液的流变性难以控制，比如由于切力太高，导致钻屑更不容易清除，产生恶性循环，不得不加入分散剂降低钻井液的结构强度，以改善流动性。20 世纪 90 年代发展的两性复合离子聚合物钻井液和阳离子聚合物钻井液在抑制性和流型调节方面得到了进一步改善。2000 年以来，AMPS 聚合物处理剂的应用，使聚合物钻井液的抗温抗盐能力进一步提高，抑制能力和综合性能也得到了加强。

## 二、不分散低固相聚合物钻井液的性能

对于不分散低固相聚合物钻井液而言，包含不分散和低固相两层含义。所谓不分

散，首先是指组成钻井液的黏土颗粒尽量维持在1～30μm，控制向小于1μm的方向发展；其次是指混入钻井液体系的钻屑不容易分散变细。而所谓低固相，是指低密度固相（主要指黏土矿物类）的体积分数要在钻井工程允许的范围内维持到最低水平。目前国内外对不分散低固相聚合物钻井液的性能指标要求不仅已有了明确的界定，且这些性能指标也基本上反映出这种钻井液的重要特性。

1. 固相含量

固相含量主要指除重晶石等加重剂之外的低密度的黏土和钻屑，一般情况下，这些固相的体积分数应维持在4%或更小，大约相当于密度小于1.06g/cm$^3$。对于不分散低固相聚合物钻井液而言，固相含量是核心指标，是提高钻速的关键，应有效地进行控制。

2. 钻屑与膨润土的比例

一般要求钻井液体系中钻屑与膨润土的比例不超过2：1。实践证明，虽然钻井液中的固相越少越好，但如果完全没有膨润土，则不能建立钻井液所必需的各项性能，特别是不能保证净化井眼所必需的流变性能，以及保护井壁和减轻储层污染所必需的造壁性能。所以，钻井液中应含有一定量的膨润土，其含量在保证良好钻井液性能的前提下越低越好。一般认为不能少于1%，1.3%～1.5%比较合适。

3. 动塑比

为了满足低返速（如0.6m/s）携砂的要求，保证钻井液在环形空间实现平板型层流，钻井液动塑比，即动切力与塑性黏度之比控制在0.48左右较好。

4. 动切力

动切力是钻井液携带钻屑的关键参数，为保证良好的携带能力，动切力必须首先满足携岩的要求。对于非加重钻井液的动切力一般应维持在1.5～3Pa。对加重钻井液则应注意保证重晶石的悬浮，保证钻井液静置条件下的稳定性。

5. 滤失量

滤失量控制应视具体情况而定。为有利于提高机械钻速，在稳定井壁的前提下，如果钻井液的抑制性足够强，则滤失量可以适当放宽。在易坍塌地层，可控制较低的滤失量。进入储层后，为减轻污染也应将滤失量控制得低一些。同时，可以引入一定量的惰性封堵剂通过改善滤饼质量而使滤失量降低。

6. 流变参数

为有效地发挥钻头水马力，若采用卡森模式，要求钻井液极限黏度（或水眼黏度）$\eta_\infty$控制在3～6mPa · s，$\tau_c$控制在0.5～3Pa，$I_m$（剪切稀释指数）为300～600较好。

7. 保持不分散特性

为了保持钻井液良好的不分散特性，在整个钻井过程中应尽量不用分散剂，并控制钻井液体系的pH值不超过8.5。

比较理想的不分散低固相聚合物钻井液的性能见表4–18。

表 4-18　不分散低固相聚合物钻井液的典型性能参数

| 密度 /（$g/cm^3$） | 膨润土含量 /（g/L） | 固相含量 /（g/L） | 岩屑：膨润土 | *YP*/Pa | *PV*/mPa · s | 动塑比 |
|---|---|---|---|---|---|---|
| 1.03 | 57.0 | 28.5 | 1 : 1 | 1.5 | 3 | 0.5 |
| 1.04 | 77.0 | 34.2 | 1.3 : 1 | 2.0 | 4 | 0.5 |
| 1.05 | 96.9 | 39.5 | 1.4 : 1 | 2.0 | 6 | 0.4 |
| 1.07 | 116.9 | 42.8 | 1.7 : 1 | 2.5 | 8 | 0.4 |
| 1.08 | 136.8 | 45.8 | 12 : 1 | 3.0 | 10 | 0.3 |

## 三、常用聚合物钻井液

### （一）淡水聚合物钻井液

1. 无固相聚合物钻井液

无固相聚合物钻井液是指体系中除必要的处理剂外，不含固相物质的钻井液体系。实验表明，使用无固相聚合物钻井液可达到最高的钻速，但要实现无固相的清水钻进，必须注意解决三个方面的问题：一是必须使用高效絮凝剂使钻屑始终保持不分散状态，在地面循环系统中发生絮凝而全部清除；二是要有一定的提黏措施，并能够按工程上的要求，实现平板型层流并能顺利携带岩屑；三是有一定的防塌措施，以保证井壁的稳定。生物聚合物和聚丙烯酰胺及其衍生物是配制无固相钻井液较理想的处理剂。

使用聚丙烯酰胺及其衍生物作无固相钻井液处理剂，一般要求其相对分子质量大于 $100 \times 10^4$，最好大于 $300 \times 10^4$，水解度小于 40%。非水解聚丙烯酰胺的优点是：一旦絮凝就不容易再度分散；缺点是消耗快，用量较大，提黏与防塌效果均较差。水解度在 30% 左右的 PHP 则相反，用量较少，提黏与防塌效果均比非水解聚丙烯酰胺好；缺点是絮凝物的结构比较疏松，对浓度敏感，浓度过大絮凝效果变差。尤其是遇到含蒙脱土较多的水敏性地层时，絮凝效果就更差。为了克服水解产物的缺点，常在钻井液中加入适量无机盐，如可溶性钙盐、钾盐、铵盐和铝盐等。这些无机盐有助于絮凝分散好的黏土，同时可提高防塌能力。

无固相钻井液现场配制与维护要点如下。

（1）先用纯碱将水中的 $Ca^{2+}$ 除去（每除掉 1mg/L 的 $Ca^{2+}$，需纯碱 4.29$g/m^3$），以增加聚合物的溶解度，然后加入聚合物絮凝剂，一般加量为 6 $kg/m^3$。

（2）将配好的聚合物溶液喷入清水钻井液中，喷入位置可以在流管顶部或振动筛底部。喷入速度取决于井眼大小和钻速。

（3）加适量石灰或 $CaCl_2$，以促进絮凝，通过储备池循环，避免搅拌，让钻屑尽量沉淀。

（4）在接单根或起下钻时，用增黏剂与清水配几立方米黏稠的清扫液打入循环，以便把环空中堆积的岩屑清扫出来。只要保证上水池内的清水清洁，即可获得最大钻速。

2. 不分散低固相聚合物钻井液

与无固相聚合物钻井液相比，不分散低固相聚合物钻井液的特点是：①高剪切速率下黏度低，密度低，压差小，固相含量低，有利于提高机械钻速；②具有较强的包被作用，可有效地抑制泥页岩的水化膨胀分散，保持井眼的稳定；③触变性好，剪切稀释性强，具有良好的悬浮携带钻屑能力；④较低排量下，有良好的洗井效果。

主要适用于上部松软地层以及使用密度较低的井。在该类钻井液中，由于使用的聚合物不同，钻井液的性能则不同，在配制和维护措施上也有差异。下面介绍一种典型的不分散低固相聚合物钻井液配方、配制和维护处理方法。

1）配方及性能

低固相聚合物钻井液典型配方见表 4–19，钻井液性能要求见表 4–20。

**表 4-19　低固相聚合物钻井液配方**

| 处理剂名称 | 用量 /（$kg/m^3$） | 处理剂名称 | 用量 /（$kg/m^3$） |
|---|---|---|---|
| 膨润土 | 20～30 | 水解聚丙烯腈铵盐 | 10～20 |
| 氢氧化钠 | 根据需要 | 聚合物降滤失剂 | 5～10 |
| 碳酸钠 | 1～2 | 低黏羧甲基纤维素钠盐 | 5～10 |
| 丙烯酸多元共聚物 | 5～10 | 聚合物降黏剂 | 2～5 |

**表 4-20　低固相聚合物钻井液性能**

| 项目 | 要求 | 项目 | 要求 |
|---|---|---|---|
| 密度 /（$g/cm^3$） | 依地层压力系数而定 | $FL_{API}$/mL | 5～10 |
| *FV*/s | 30～40 | pH 值 | 7.5～8.5 |
| *PV*/mPa · s | 5～15 | 含砂量 /% | ≤0.3 |
| *YP*/Pa | 2～8 | 低密度固相含量 /% | ≤7 |
| *Gel*/Pa/Pa | 0～4/2～10 | 膨润土含量 /（g/L） | 30～50 |

2）配制方法

若地层造浆，应采用清水聚合物开钻，只需在清水中加入聚合物，随着井深的增加，逐渐加入流型调节剂、降滤失剂和防塌封堵剂等。

若地层不造浆，通常是在一开钻井液的基础上配制。一开钻井液经过四级净化，清除其中部分固相，加入清水将膨润土含量降至30g/L以内，通过混合漏斗按配方（纯碱、膨润土除外）加入所需处理剂，搅拌循环均匀，使处理剂达到充分溶解，性能符合要求。

若配制新浆，则应彻底清除罐底沉砂。用纯碱除去配浆水中的 $Ca^{2+}$，按照 17～23$kg/m^3$ 的优质膨润土或用量相当的预水化膨润土浆，加适量的聚合物处理剂配制基浆。必要时，加入 0.3～1.5$kg/m^3$ 的纯碱，使膨润土充分水化，然后测定新配制的基浆性能，并调整到漏斗黏度 30～40s，塑性黏度 4～7mPa · s，动切力 4Pa，静切力 1～2/1～3Pa，API 滤失量 15～30mL。

3）钻井液的维护处理

①采用配制复合胶液的形式维护，胶液浓度可根据钻井液性能调节，按循环周均匀加入。为了维持钻井液体积和降低钻井液黏度以便于分离固相，要有控制地往体系中加水。尤其是上部地层由于进尺快、地层渗透性好，钻井液消耗量大，地面循环钻井液量要保持充足。若需要直接加水，必须按循环周均匀加入。

②每 5 根立柱掏一次振动筛下面的沉砂池，经常掏洗钻井液罐以清除沉砂，掏洗的次数根据钻速而定。

③把体系的 pH 值维持在 7~9。

④钻进过程中要不断补充聚合物，以补充沉除钻屑时聚合物的消耗。

⑤为了维持低固相，在化学絮凝的同时，应连续使用除砂器、除泥器，适当使用离心机。非加重钻井液应连续使用四级固控设备，加重钻井液适当使用离心机，及时清理锥形罐沉砂。

⑥若要求提高黏度，可使用膨润土和复合聚合物胶液，并通过小型实验确定其加量。

⑦为了降低动、静切力和滤失量，可使用小分子聚丙烯酸钠。通过小型实验确定其加量，或按 0.3kg/m$^3$ 的增量逐次加入小分子聚丙烯酸钠，必要时加水稀释，直至性能达到要求。

⑧若要用不分散聚合物钻井液钻水泥塞，在开钻前先用 1.4kg/m$^3$ 的碳酸氢钠进行预处理。如果钻遇石膏层（$CaSO_4$），应加入碳酸钠以沉除 $Ca^{2+}$，但应注意防止处理过度。

⑨若钻遇高膨润土地层，使用选择性絮凝剂比使用聚合物絮凝剂的效果好。选择性絮凝剂不会使膨润土或高膨润土地层黏土增效，因而不至于使黏度过高，黏土污染采用 NPAN 胶液或低浓度聚合物胶液处理。

⑩若有少量盐水侵入，或者当钻遇岩盐层时，只要盐浓度不超过 10000mg/L，不分散聚合物钻井液可以继续使用。若超过此浓度，为了维持所要求的钻井液性能，可能需要加入预水化膨润土。在极端条件下，应转化为盐水钻井液。盐膏污染采用抗盐膏能力强的复合胶液处理，$CO_2$ 污染用石灰或硫酸亚铁等处理。

3. 普通聚合物钻井液

普通聚合物钻井液是指不符合不分散低固相钻井液标准的聚合物钻井液。在某些地区，由于种种原因而缺乏优质配浆土，因而就比较难以配制出符合要求的低固相钻井液。也有一些井，由于地层原因使钻井液的固相含量偏高，或者由于各种污染（如黏土、岩盐及其他高价阳离子的侵入等）造成钻井液的塑性黏度和动切力偏高，这时也难以维持低固相状态。在这种情况下，经常使用强分散性降黏剂，如铁铬木质素磺酸盐（FCLS）或单宁酸钠等来降低钻井液的黏切，以满足钻井工程的需要。但对体系的不分散性有一定影响。

当缺少膨润土时，为尽量维持钻井液的不分散性，也可采用相对分子质量较高的 PHP 和相对分子质量较低的 PHP 混合处理的方法，利用它们的协同作用保持钻井液的低密度和低滤失量。混合液的一般配制方法为：将相对分子质量较高的 PHP（相对分子质

量大于 $100\times10^4$，水解度 30% 左右）配成 1% 的溶液；再将相对分子质量较低的 PHP（相对分子质量 $5\times10^4\sim7\times10^4$，水解度 30% 左右）配成 10% 的溶液；将七份相对分子质量较高的 PHP 溶液和三份相对分子质量较低的 PHP 溶液混合即成。其中相对分子质量较高的 PHP 主要起絮凝钻屑的作用，以维持低固相；而相对分子质量较低的 PHPA 主要稳定质量较好的黏土颗粒，以提供钻井液必需的性能。

4. 不分散聚合物加重钻井液

在用重晶石加重的不分散聚合物钻井液中，聚合物的作用主要是絮凝和包被钻屑、增效膨润土和包被重晶石，减少粒子间的摩擦。由于重晶石对聚合物的吸附，在处理加重钻井液时聚合物的加量应高于非加重钻井液，加入重晶石时一般也相应加入适量聚合物，加入的量一般应通过实验来确定。其基本组成与常规不分散聚合物钻井液基本相同。

1）钻井液的配制

钻井液可以由井浆直接转换，也可以新配制，若采用井浆转换时，一般要求待加重钻井液的钻屑含量以体积分数计不超过 4%，劣质土与膨润土之比接近于 1∶1。若待加重钻井液的性能不符合要求，又不能经济地处理到满足要求时，则需要放掉旧钻井液，另配新的加重钻井液。如果井浆性能符合要求，即没有受到钻屑严重污染时，转化成一定密度的不分散加重钻井液的步骤如下：①一般按每 1816kg 重晶石配 0.91kg 聚合物处理剂或选择性聚合物絮凝剂的比例向井浆中加入重晶石，直到密度符合要求；②再按照 $0.29kg/m^3$ 的量逐渐加入聚丙烯酸钠降黏剂，以调节动切力、静切力和滤失量，直到性能符合要求。

如果井浆的钻屑含量和劣质土与膨润土的比例不符合要求时，重新配制不分散加重钻井液的一般步骤为：①在彻底清洗钻井液罐之后，按计算的初始体积加水。用纯碱或烧碱处理配浆水以除去其中的钙、镁离子；②按每 227kg 膨润土配合加入 0.91kg 聚合物包被降滤失剂的比例，加入膨润土和聚合物，直到膨润土加量达到要求；③按每 1816kg 重晶石配合加入 0.91kg 聚合物包被降滤失剂或选择性聚合物絮凝剂的比例，加入重晶石和聚合物，直到达到所要求的密度。在加重过程中，需加入 $0.29\sim0.57kg/m^3$ 低相对分子质量的聚合物降黏剂，一般在钻井液密度达到要求后再补加低相对分子质量聚合物降黏剂，直至将钻井液性能调节到适宜范围。

2）钻井液的维护处理

维护好不分散加重聚合物钻井液的技术关键是通过加强固控以尽可能地清除钻屑。要实现这一目标，一是要选择合适的机械固控设备，并有效地使用；二是要重视化学处理，使用选择性絮凝剂包被钻屑、抑制分散，以便机械装置在地面上能更容易地清除钻屑。维护处理要点如下。

（1）钻进中为了保持钻井液的体积，应适当稀释钻井液以便于清除钻屑，可在钻进时适量加水，但切忌加水过量，以免造成重晶石悬浮困难。

（2）根据钻速快慢，按需要补加选择性絮凝剂。最好在钻井液槽中加入，调节加量使钻井液覆盖振动筛的 1/2～3/4。

（3）尽量利用固控设备清除钻屑，将掏沉砂池的次数减至最少。

（4）维持劣质土和膨润土的比例在 3：1 以下。

5. 磺酸盐聚合物钻井液

磺酸盐聚合物钻井液是以 AMPS 聚合物为主处理剂的聚合物钻井液，与以丙烯酸多元共聚物为主处理剂的聚合物钻井液相比，具有更好的抑制性，抗温和抗盐膏能力。磺酸盐聚合物钻井液配方除用 AMPS 聚合物取代常规聚合物外，其他处理剂与常规聚合物钻井液相同。其使用方法与常规聚合物钻井液相同。适用于含盐膏地层和深井钻井。

### （二）聚合物盐水钻井液

不分散低固相聚合物盐水钻井液在组成和性能上与前面所述聚合物钻井液基本相同。由于盐的存在，更容易清除固相、稳定井壁，但使用中要考虑处理剂的抗盐能力。该体系主要应用于含盐膏的地层中钻进以及海上钻井。滤失量控制是聚合物盐水钻井液性能控制的关键，通常采取以下措施：

（1）先配制预水化膨润土浆。由于黏土在盐水中不易分散，因此钻井前将膨润土预先用淡水充分分散，并同时加入足够的纯碱，以除去高价离子和使钙质膨润土转化成钠膨润土，以使膨润土充分水化。然后加入聚合物处理剂（如水解聚丙烯腈、聚丙烯酸盐及 CMC 钠盐等）使钻井液性能保持稳定，这样可以较好地控制钻井液在加入盐水时滤失量的上升幅度。在钻穿石膏层或其他盐层时，预先向钻井液中加入小苏打（$NaHCO_3$）或纯碱来抵抗阳离子的聚沉作用。对于滤失量控制有严格要求的井，也可以考虑加入适当的有机分散剂协同降低滤失量。

（2）采用耐盐的配浆材料，如海泡石、凹凸棒石等。

（3）采用耐盐的降滤失剂。目前耐盐较好的降滤失剂有 PAC–143、PAMS、磺化酚醛树脂、XY–27 及 CMC 钠盐等。

（4）对配浆水进行预处理。所用处理剂的种类及用量都要根据水型及含盐量而定。一般含 $Mg^{2+}$ 多的水用 NaOH 处理，含 $Ca^{2+}$ 多的水用 $Na_2CO_3$ 处理。

### （三）阳离子聚合物钻井液

阳离子聚合物钻井液是20世纪80年代以来发展起来的一种新型聚合物钻井液体系。这种体系是以高相对分子质量阳离子聚合物（简称大阳离子）作包被絮凝剂，以小相对分子质量有机阳离子（简称小阳离子）作泥页岩抑制剂，并配合降滤失剂、增黏剂、降黏剂、封堵剂和润滑剂等处理剂配制而成。由于阳离子聚合物分子带有大量正电荷，在黏土或岩石上的吸附除靠氢键外，更主要的是靠静电作用，比阴离子聚合物的吸附力更强。同时，阳离子聚合物能中和黏土或岩石表面的负电荷，因此其絮凝能力和抑制岩石分散能力也比阴离子聚合物强，可更好地实现低固相和保持井壁稳定。现场应用表明，阳离子聚合物钻井液具有优良的流变性、抑制性、稳定井壁能力、携带钻屑能力和防卡、防泥包等性能，在保证井下安全、提高钻速和保护油气层等方面都显示出优越性。

1. 阳离子聚合物钻井液的特点

阳离子聚合物钻井液的特点可归纳为：①具有良好的抑制钻屑分散和稳定井壁的能力；②流变性能比较稳定，维护间隔时间较长；③具有较好的防止起下钻遇阻、遇卡及防泥包等效果；④具有较好的抗高温、抗盐和抗钙、镁等高价金属阳离子污染的能力；⑤具有较好的抗膨润土和钻屑污染的能力；⑥与氯化钾－聚合物钻井液相比，它不会影响电测资料的解释。

2. 典型的海水阳离子聚合物钻井液

该钻井液体系适用于中下部井眼段、地层水敏性强的井作业。其基本配方见表4–21，钻井液性能见表4–22。

**表 4-21　海水阳离子聚合物钻井液配方**

| 处理剂名称 | 用量 /（$kg/m^3$） | 处理剂名称 | 用量 /（$kg/m^3$） |
|---|---|---|---|
| 预水化般土 | 20～30 | PF–FLO | 5～10 |
| 烧碱 | 3～5 | PF–CPS（小） | 2～3 |
| 石灰 | 1～2 | PF–CPB（大） | 1～2 |
| PAC–HV | 3～5 | | |

**表 4-22　低固相聚合物钻井液性能**

| ` 项目 | 要求 | 项目 | 要求 |
|---|---|---|---|
| 密度 /（$g/cm^3$） | 1.10～1.50 | *FL*/mL | ≤5.0 |
| *FV*/s | 45～60 | pH 值 | 9～10 |
| *YP*/Pa | 7.5～15 | 膨润土含量 /（g/L） | ≤50 |
| *Gel*/Pa/Pa | 2.5～5/4～7.5 | | |

维护处理要点如下：

（1）用烧碱和石灰控制体系的 $P_f$ 和 $P_m$。

（2）预水化膨润土用于控制滤失量和提高泥饼质量，可在配制新浆时加入，也可直接向井浆补充，加入前最好用稀释剂（如 PF–THIN 等）进行护胶处理。

（3）配制新浆时，先加其他处理剂对细分散的膨润土护胶，最后加阳离子聚合物；用稀胶液稀释或用 PF–THIN 处理来控制钻井液的黏切；用生物聚合物 XC 来提高钻井液的动切力和静切力。

（4）PAC–HV 和 PF–FLO 用于控制钻井液的滤失量，随井深增加井温较高时，用抗温淀粉 PF–FLO HT 替代 PF–FLO，PAC–LV 代替 PAC–HV，也可使用 SMP、SPNH 来控制滤失量。

（5）由于钻屑的吸附消耗，应经常向井浆中补充阳离子聚合物，保持足够的浓度以维持体系的强抑制性；加入 WFT–666 或 PF–GLA 来增加体系的抑制性能；加入 PF–LUBE 或 PF–BLA（塑料微球）提高体系的润滑性。

### （四）两性离子聚合物钻井液

两性离子聚合物是指分子链中同时含有阴离子基团和阳离子基团的聚合物，同时分子链上还含有一定数量的非离子基团。这类聚合物是20世纪80年代以来我国开发成功的一类新型钻井液处理剂。以两性离子聚合物为主处理剂配制的钻井液称为两性离子聚合物钻井液，是国内独有的钻井液体系之一。由于引入阳离子基团，聚合物分子在钻屑上的吸附能力增强，同时可中和部分钻屑的负电荷，因而具有较强的抑制钻屑分散的能力，对地层造浆比较严重的井段，可更好地实现聚合物钻井液不分散低固相的效果。适用于易造浆、易塌地层。

目前现场应用的两性复合离子聚合物处理剂主要有两种：一是降黏剂，主要为XY系列；二是絮凝剂，也称强包被剂，主要为FA系列或CPS-2000。

1. 两性离子聚合物钻井液的特点

以两性离子聚合物为主处理剂形成的钻井液，即为两性离子聚合物钻井液体系。实践表明，两性离子聚合物钻井液具有较强的抑制性，良好的剪切稀释特性。采用该体系能防止地层造浆，抗岩屑污染能力较强，为实现不分散低固相创造了条件。用这种体系钻出的岩屑成形，棱角分明，内部是干的，易于清除，有利于充分发挥固控设备的效率。

FA367和XY-27等两性离子聚合物与其他阳离子处理剂相容性好，可以配制成低、中、高不同密度的钻井液。该钻井液性能稳定的周期长，基本上解决了在造浆地层大量排放钻井液的问题，减轻了工人的劳动强度，并可节约钻井成本，提高经济效益。可用于浅、中、深不同井段。在高密度盐水钻井液中应用具有独特的效果。

但是，该体系在使用中还存在着一些不足，如钻屑容量限尚不够大。当钻屑含量超过20%时，钻井液性能就显著变坏，因此对固控的要求仍很高。抗盐能力有限。由于受聚合物特性的限制，若矿化度超过$1.0 \times 10^5$mg/L，钻井液性能就开始恶化。虽然现场已有用于饱和盐水钻井液的实例，但从性能和成本上考虑，并不十分理想。20世纪90年代发展起来的两性离子磺酸盐聚合物，使两性离子聚合物的钻屑容量限、抗盐和抗温能力得到了明显的提高，并在现场应用中获得了良好的效果。

2. 配方及性能

两性离子聚合物钻井液典型配方见表4-23，钻井液性能要求见表4-24。

**表4-23　两性离子聚合物钻井液推荐配方**

| 材料 | 用量/（$kg/m^3$） | 材料 | 用量/（$kg/m^3$） |
|---|---|---|---|
| 钠膨润土 | 10～40 | 两性离子降黏剂（XY27） | 1.0～5.0 |
| 工业碳酸钠 | 1.0～3.0 | 两性离子降滤失剂JT-888 | 3～20 |
| 工业氢氧化钠 | 0～4.0 | 羧甲基纤维素钠盐 | 0～10.0 |
| 两性离子包被剂（FA367或CPS-2000） | 0～5.0 | 聚阴离子纤维素 | 2.0～10.0 |

表 4-24 两性离子聚合物钻井液性能

| 项目 | 要求 | 项目 | 要求 |
|---|---|---|---|
| 密度 / ( $g/cm^3$ ) | 依地层压力系数而定 | *Gel*/Pa/Pa | 1 ~ 6/2 ~ 20 |
| *FV*/s | 30 ~ 70 | $FL_{API}$/mL | 5 ~ 15（上部地层）；≤5（中下部地层） |
| *PV*/mPa · s | 6 ~ 40 | pH 值 | 8 ~ 10 |
| *YP*/Pa | 3 ~ 15 | 高温高压滤失量 /mL | ≤18 |

3. 使用要点

两性离子聚合物钻井液可以采用地层自然造浆或井浆转换，也可以新配浆，具体操作与常规聚合物钻井液基本相同。

若钻地层胶结强度低，易水化分散，可以通过自然造浆的方法逐步得到两性离子聚合物钻井液。在清水中加入两性离子聚合物 FA367 或 CPS–2000、两性离子降滤失剂 JT–888、羧甲基纤维素（或聚阴离子纤维素）、两性离子降黏剂 XY27 等，随着钻进及时调整钻井液的黏度、切力和滤失量达到要求。

若地层造浆性较差，通常是在一开钻井液的基础上配制，具体步骤如下：

（1）一开钻井液经过四级净化，清除其部分固相，加入清水将膨润土含量降至 20~30g/L。

（2）按配方量经混合漏斗加入所需处理剂（两性离子聚合物 FA367 或 CPS–2000、两性离子降滤失剂 JT–888、低黏羧甲基纤维素钠盐或低黏聚阴离子纤维素、两性离子降黏剂 XY27），搅拌循环均匀，搅拌使其充分溶解，用氢氧化钠调节 pH 值。高相对分子质量的处理剂应先配成胶液。

（3）循环钻井液，加重至设计密度，测试钻井液性能，根据需要加入所需处理剂，并调整性能至设计要求。

为保证钻井液具有良好的性能，钻进过程中应维持低的膨润土含量和良好流型，利于固相清除和快速钻进。维护处理要点如下：

（1）采用胶液进行日常维护，处理剂加量根据钻井液性能调整。聚合物可以单一或复配使用，避免以干粉形式直接加入。

（2）按要求检测钻井液性能，根据性能变化对钻井液进行维护处理，保持钻井液性能稳定。钻进过程中，当返出的钻屑成团，且糊筛严重，说明钻井液抑制性不够，需提高抑制剂加量。在造浆严重地层、水敏性易失稳地层可加入适量胺基抑制剂、阳离子抑制剂等材料，以提高钻井液的抑制防塌性能。

（3）上部地层由于进尺快、地层渗透性好，钻井液消耗量大，地面循环钻井液量要保持充足。

（4）为了维持低固相，在化学絮凝的同时，非加重钻井液应连续使用四级固控设备，加重钻井液适当使用离心机，及时清理锥形罐沉砂。

（5）钻遇渗透性或微裂缝地层时，可使用超细碳酸钙等提高封堵性能。可以配合使用磺化沥青改善滤饼质量，提高封堵效果；随着井深的增加，可加入磺化酚醛树脂等处理剂提高抗温能力。

（6）钻井液黏度降低时，使用预水化膨润土浆和聚合物胶液提高黏度。

（7）发生黏土污染时采用低浓度聚合物胶液处理，$CO_2$ 污染用石灰或硫酸亚铁等处理，调整钻井液膨润土含量，并加入两性离子聚合物 FA–367 或 CPS–2000 和降滤失剂胶液恢复钻井液性能。

（8）加强钻井液固相控制、保持钻井液良好的滤饼质量，并可根据要求加入原油、润滑剂、聚合醇等提高钻井液润滑能力。加原油时要加入乳化剂使原油充分乳化，提高原油润滑效果。

## 第五节　抑制性钻井液

抑制性钻井液是在常规钻井液的基础上，通过加入强抑制剂而使抑制性得到强化的钻井液体系。该类体系具有抑制地层造浆的特性，即对泥页岩地层中的黏土有抑制水化、膨胀及分散的作用。其中具有抑制性的化学成分可以是无机的，也可以有机的，其作用机理可以是化学的，也可以是物理的。

### 一、聚合物钾盐钻井液

聚合物钾盐钻井液属于聚合物钻井液体系的范畴，它是以合成聚合物、磺甲基酚醛树脂等和 KCl 为主要处理剂，与降滤失剂、封堵剂、润滑剂、其他抑制剂等配制而成的一种抑制性钻井液，具有良好的防塌效果和一定的抗温能力。常用的有 KCl 聚合物钻井液、KCl 聚磺钻井液、KCl 硅酸盐聚合物钻井液等。

#### （一）KCl 聚合物钻井液

在聚合物钻井液的基础上，通过加入 KCl 并优化钻井液的性能而得到的一种钻井液体系，在配制和性能控制上与盐水聚合物钻井液相同。与聚合物钻井液相比，其抑制和絮凝能力明显提高。一般适用于井深 3000m 以内地层，以抑制黏土和泥页岩的水化膨胀、分散和裂解，保持井壁稳定。

1. 配方及性能

一种典型的 KCl 聚合物钻井液的配方见表 4–25，其性能要求见表 4–26。

**表 4-25　KCl 聚合物钻井液配方**

| 处理剂 | 用量 /（$kg/m^3$） | 处理剂 | 用量 /（$kg/m^3$） |
|---|---|---|---|
| 膨润土 | 30～50 | 中分子聚合物降滤失剂 | 10～15 |
| 碳酸钠 | 1.5～2.5 | LV–CMC | 10～15 |
| 氢氧化钾 | 根据需要 | 磺化沥青 | 20～30 |
| 聚合物包被絮凝剂 | 3～5 | 氯化钾 | 30～150 |

表 4-26　KCl 聚合物钻井液性能

| 项目 | 要求 | 项目 | 要求 |
| --- | --- | --- | --- |
| 密度 /（$g/cm^3$） | 依地层压力系数而定 | pH 值 | 8.5～9.5 |
| *FV*/s | 40～80 | 钾离子含量 /（mg/L） | ≥18000 |
| *PV*/mPa · s | 15～25 | 含砂量 /% | ≤0.3 |
| *YP*/Pa | 4～12 | 低密度固相含量 /% | ≤8 |
| *Gel*/Pa/Pa | 1～5/2～15 | 膨润土含量 /（g/L） | 30～50 |
| $FL_{API}$/mL | ≤8 | | |

2. 使用要点

在配制和维护处理上可以参考盐水聚合物钻井液，通常由上部使用的膨润土浆转化而成。转化过程是：将上部使用的钻井液加水稀释至膨润土含量为 25～36g/L；加入 PHP 或 KPAM；然后加入氯化钾至要求含量；测定钻井液性能，并根据测定结果，加入适量的处理剂复合胶液，直至钻井液性能达到设计要求。

钻进中可以参照盐水聚合物钻井液的维护处理方法，需要强调的是：要经常检测 $K^+$ 含量，并不断加入 KCl 以保证钻井液 $K^+$ 含量；保持钻井液中包被增稠剂（相对分子质量为 $3 \times 10^6$～$3 \times 10^7$ 的 PHP 或 KPAM）和降滤失剂的含量，以保证钻井液具有良好的流变性能和较低的滤失量；加入 KOH，保持 pH 值在 8.5～9.5。

### （二）氯化钾聚磺钻井液

氯化钾聚磺钻井液，也称聚磺钾盐钻井液，它是在氯化钾聚合物钻井液的基础上加入磺化褐煤、磺化酚醛树脂等处理剂或在聚磺钻井液的基础上加入 KCl 转化而成。与氯化钾聚合物钻井液相比，其抗温能力大幅度提高，适用于中深井水敏性易失稳的泥岩、泥页岩地层。对硬脆微裂缝页岩配合加入沥青类处理剂能取得较好的防塌效果。

1. 配方及性能

氯化钾聚磺钻井液典型配方见表 4–27，其性能要求见表 4–28。

表 4-27　氯化钾聚磺钻井液配方

| 处理剂名称 | 用量 /（$kg/m^3$） | 处理剂名称 | 用量 /（$kg/m^3$） |
| --- | --- | --- | --- |
| 碳酸钠 | 1～2 | 低黏羧甲基纤维素钠盐 | 5～10 |
| 氢氧化钾（氢氧化钠） | 根据需要 | 磺化酚醛树脂 | 20～50 |
| 膨润土 | 20～30 | 磺化褐煤 | 20～50 |
| 高分子聚合物 | 3～5 | 磺化沥青 | 20～30 |
| 聚合物降滤失剂中分子 | 5～10 | 氯化钾 | 30～150 |

注：数据引自 Q/SH1025 0120–2004《聚磺钾盐钻井液工艺技术规程》。

表 4-28 氯化钾聚磺钻井液性能

| 项目 | 要求 | 项目 | 要求 |
|---|---|---|---|
| 密度 / ( $g/cm^3$ ) | 依地层压力系数而定 | pH 值 | 8~10 |
| *FV*/s | 40~100 | 钾离子含量 / ( mg/L ) | ≥18000 |
| *PV*/mPa · s | 20~40 | 含砂量 /% | ≤0.3 |
| *YP*/Pa | 6~15 | 低密度固相含量 /% | ≤10 |
| *Gel*/Pa/Pa | 0~6/6~15 | 高温高压滤失量 /mL | ≤15 |
| $FL_{API}$/mL | ≤5 | 膨润土含量 / ( g/L ) | 视密度而定 |

注：数据引自 Q/SH1025 0120–2004《聚磺钾盐钻井液工艺技术规程》。

2. 使用要点

聚磺钾盐钻井液可以采用井浆转化，也可以新配。如果采用井浆转化，需要注意如下几点。

（1）首先测定原井浆的膨润土含量，加入清水或碱水溶液调整膨润土含量至要求范围，并通过小型实验确定处理后的井浆中需要加入的处理剂类型及加量。

（2）将地面循环系统清理干净，按实验配方加入所需清水，通过混合漏斗加入所需的处理剂，充分循环均匀，即得到复合胶液。

（3）将处理后的井浆与胶液混合，充分搅拌或循环后，加入所需量的氯化钾，测定钻井液性能，根据性能测定情况，加入适量的处理剂胶液，直至达到要求的性能。

（4）需要调整密度时，则根据设计计算加重剂加量。加重时要控制速度，防止速度过快引起加重剂沉淀，充分循环均匀。测定性能，通过加入处理剂胶液、碱液或预水化膨润土浆等调整钻井液性能直至达到设计要求。

如果配制新浆，则首先配制预水化膨润土浆，其他与井浆转化方法相同。

钻井过程中根据钻井液性能变化和井下情况及时对钻井液进行维护处理，要点如下：

（1）一般采用配制氯化钾复合胶液的形式维护，胶液浓度可根据钻井液性能调节，按循环周均匀加入；若需要加干粉时，必须通过混合漏斗按循环周加入，同时控制加入速度，保证钻井液均匀稳定。

（2）当钻井液黏度、切力明显降低时，可加入预水化膨润土、抗盐土及增黏剂胶液。

（3）如果出现黏度、切力升高，则配合使用降黏剂和降滤失剂，最好是各种低分子聚合物的钾盐或胺盐，既可达到降黏和降滤失，又可增强防塌能力的目的。

（4）钻进中定期检测钾离子含量，并及时补充，以维持所需的钾离子含量，并用 KOH 溶液调节 pH 值至设计范围。

（5）对于硬脆性微裂缝地层，可以添加适量沥青类处理剂和络合铝防塌剂等，以提高防塌效果。当 $Ca^{2+}$ 及 $Mg^{2+}$ 含量超过 400mg/L 时影响钻井液流变性，黏切下降，可以用适量的 $K_2CO_3$ 进行处理。如果出现碳酸钙或碳酸氢根污染时，可以加入适量的石灰处理。

## （三）KCl 硅酸盐聚合物钻井液

KCl 硅酸盐聚合物钻井液是一种强抑制防塌钻井液体系，具有很强的抑制泥岩、泥页岩分散的能力，主要在中深井使用。该钻井液的主要机理是，在一定条件下，进入地层中的硅酸根与岩石表面或水中的钙、镁离子发生胶凝作用，生成硅酸钙和硅酸镁沉淀，封堵井壁上的孔隙，阻止滤液侵入孔隙，有效减缓泥页岩的水化膨胀。在较高温度下，硅酸盐与黏土矿物之间会发生化学作用，使黏土粒子表面被硅酸钠包裹，水分子无法与黏土作用，从而达到稳定黏土的目的。

1. 配方与性能

KCl 硅酸盐聚合物钻井液的典型配方见表 4–29，其性能要求见表 4–30。

**表 4-29　KCl 硅酸盐聚合物钻井液配方**

| 处理剂名称 | 用量 /（$kg/m^3$） | 处理剂名称 | 用量 /（$kg/m^3$） |
|---|---|---|---|
| 碳酸钠 | 1～2 | JT888 | 1～3 |
| 氢氧化钾（氢氧化钠） | 根据需要 | PAC（低黏） | 3～5 |
| 膨润土 | 10～30 | XY–27 | 3～5 |
| XC | 1～3 | 硅酸钠 | 30～50 |
| PAC（高黏） | 4～6 | KCl | 根据需要 |

**表 4-30　KCl 硅酸盐聚合物钻井液性能**

| 项目 | 要求 | 项目 | 要求 |
|---|---|---|---|
| 密度 /（$g/cm^3$） | 1.09～1.11 | pH 值 | 11.5～12.0 |
| *AV*/mPa·s | 29～33 | 钾离子含量 /（mg/L） | ≥18000 |
| *PV*/mPa·s | 18～19 | 含砂量 /% | ≤0.3 |
| *YP*/Pa | 11～14 | 低密度固相含量 /% | ≤10 |
| *Gel*/Pa | 8～11/11～13 | 高温高压滤失量 /mL | ≤15 |
| *FL*/mL/ 滤饼厚度 /mm | 6～8/0.5～1.5 | 膨润土含量 /（g/L） | 20～50 |

2. 使用要点

KCl 硅酸盐聚合物钻井液可以采用井浆转化，也可以新配，如果采用井浆转化，需要做到如下几点。

（1）首先将原井浆经固控设备净化，测定原井浆的膨润土含量，加入清水调整膨润土含量至要求范围，并通过小型实验确定处理后的井浆中需要加入的处理剂及其加量。

（2）将地面循环系统清理干净，按实验配方加入所需清水，通过混合漏斗加入所需处理剂，充分搅拌循环均匀，即得到复合胶液。

（3）将处理后的井浆与胶液混合，充分搅拌或循环后，均匀加入所需量的氯化钾和硅酸钠，测定钻井液性能。根据性能测定情况，加入适量的处理剂胶液，直至达到要求的性能。

（4）需要调整密度时，则根据设计计算加重剂加量，加重时要控制速度，防止速度过快造成加重剂沉淀，充分循环均匀。然后测定性能，通过加入处理剂胶液、碱液或预水化膨润土浆等调整钻井液性能直至达到设计要求。

如果配制新浆，则首先配制预水化膨润土浆，其他步骤与井浆转化方法相同。

钻井过程中根据钻井液性能变化及时对钻井液进行维护处理，具体过程如下：

（1）钻进中应及时检测钻井液性能及膨润土含量。根据测定情况使用预水化膨润土浆，XY–27，PAC，XC 等处理剂进行维护处理，为防止性能出现较大波动，聚合物应配成胶液并均匀补充。

（2）由于硅酸钠所提供的页岩抑制程度随 pH 值增大而提高，所以应将体系的 pH 值维持在 11 以上。

（3）当钻井液黏度和切力出现降低时，可以加入预水化膨润土浆、PAC 胶液等，以提高黏度和切力。

（4）定期检测 KCl 和硅酸钠含量，根据地层需要及时补充，保持 KCl 和硅酸钠的含量在设计范围。硅酸钠需要以稀溶液形式慢慢加入。

（5）振动筛、除砂器、除泥器应 100% 使用，离心机应尽可能开动，以充分净化钻井液。振动筛最好使用 120 目（孔径 0.12mm）以上筛布。

### （四）海水 PF–PLUS 聚合物钻井液

该体系属于聚合物钾盐体系之一，适用于中下部井眼段、地层水敏性强，井下复杂的钻井作业。

1. 基本配方与性能

海水 PF–PLUS 聚合物钻井液的基本配方见表 4–31，其性能见表 4–32。

**表 4-31　海水 PF-PLUS 聚合物钻井液配方**

| 组分 | 用量 /（$kg/m^3$） | 组分 | 用量 /（$kg/m^3$） |
|---|---|---|---|
| 预水化搬土 | 20～30 | PF–FLO | 5～10 |
| 烧碱 | 1.5～3 | XC | 1～2 |
| 纯碱 | 1～2 | PF–PLUS | 3～5 |
| PAC–HV | 3～5 | KCl | 30～50 |

**表 4-32　海水 PF-PLUS 聚合物钻井液性能**

| 项目 | 要求 | 项目 | 要求 |
|---|---|---|---|
| $FV$/s | 45～60 | pH 值 | 8～9 |
| 密度 /（$g/cm^3$） | 1.10～1.50 | $FL_{API}$/ mL | <5 |
| $YP$/Pa | 7.5～15 | $MBT$ /（g/L） | <50 |
| $Gel$/Pa/Pa | 5～10/8～15 | $Ca^{2+}$ | $<200\times10^{-6}$ |

2. 使用要点

海水 PF-PLUS 聚合物钻井液可以采用井浆转化，也可以用海水新配，具体方法可以参考前述相关体系。钻井液配制和维护处理中要注意如下几点。

（1）用烧碱和纯碱控制体系的 pH 值和 $Ca^{2+}$、$Mg^{2+}$ 浓度，体系 pH 值不宜过高，防止 PF-PLUS 由于水解失效，$Ca^{2+}$ 应控制在 $200\times10^{-6}$ 以下，以避免对 PF-PLUS 性能的影响。

（2）预水化膨润土用于控制滤失量和提高泥饼质量，可在配制新浆时加入，也可直接向井浆补充，加入前最好用稀释剂（如铵盐 NPAN、PF-THIN 等）进行护胶处理。

（3）配制新浆时，先加其他处理剂对细分散的膨润土护胶，最后加入 PF-PLUS 和氯化钾。

（4）用稀胶液稀释或用 PF-THIN 来控制钻井液的黏切；用生物聚合物 XC 来提高钻井液的动切力和静切力；用 PAC-HV 和 PF-FLO 控制钻井液的滤失量，随井深增加井温较高时，用 NPAN 或抗温淀粉 PF-FLO HT 替代 PF-FLO，PAC-LV 代替 PAC-HV，也可使用 SMP、SPNH 来控制滤失量。

（5）PF-PLUS 和 KCl 用于提供体系的抑制性，由于钻屑的吸附消耗，应经常向井浆中补充 PF- PLUS 聚合物和氯化钾，保持足够的浓度以维持体系的强抑制性。

（6）加入 PF-TEX 或 PF-GLA 来增强体系的抑制性能；加入 PF-LUBE 或 PF-BLA（塑料微球）提高体系的润滑性。

（7）加强固控设备的使用，保持钻井液清洁。

## （五）KCl- 聚合物饱和 / 欠饱和盐水钻井液

该体系主要用于解决大段纯盐层、盐膏层以及盐、膏、泥复合地层钻进过程中出现的盐溶解造成井壁坍塌形成的大肚子井眼，膏泥岩吸水膨胀蠕变缩径，泥页岩的坍塌掉块等复杂情况。该体系具有较强的抑制性，良好的造壁性，滤失量易于控制，同时还具有一定的抗高温稳定性，在解决大段纯盐层、盐膏层以及盐、膏、泥复合地层方面优于其他类型的水基钻井液。

1. 配方与性能

KCl- 饱和 / 欠饱和盐水钻井液的基本组分为：膨润土、高、中、低相对分子质量聚合物、需要的盐类、抗盐降失水剂、抗盐防塌剂、润滑剂（包括油类及固体润滑剂）、缓蚀剂、重结晶抑制剂、加重剂等。KCl- 饱和 / 欠饱和盐水钻井液的基本配方见表 4-33。表 4-34 和表 4-35 分别是一种典型的 KCl- 欠饱和盐水钻井液配方和性能。

**表 4-33　KCl- 聚合物饱和 / 欠饱和盐水钻井液体系**

| 处理剂 | 用量 /（kg/m³） | 处理剂 | 用量 /（kg/m³） |
|---|---|---|---|
| 钠土浆 | 20.0 ~ 30.0 | 磺化沥青 | 5.0 ~ 20.0 |
| 抗盐土 | 20.0 ~ 40.0 | 聚合醇 | 10.0 ~ 30.0 |
| NaOH | 5.0 ~ 8.0 | NaCl | 80.0 ~ 350.0 |

续表

| 处理剂 | 用量 /（kg/m³） | 处理剂 | 用量 /（kg/m³） |
|---|---|---|---|
| PAM | 2.0～3.0 | KCl | 50.0～100.0 |
| SMC | 10.0～20.0 | 盐重结晶抑制剂 | 2.0～3.0 |
| SMP、JT、SPNH | 20.0～40.0 | 加重剂 | 按设计要求 |

**表 4-34　KCl- 聚合物欠饱和盐水钻井液体系**

| 处理剂 | 用量 /% | 处理剂 | 用量 /（kg/m³） |
|---|---|---|---|
| 抗盐土 | 2.0～4.0 | KCl | 7.0 |
| 抗盐聚合物 | 2.0 | NaCl | 28.0 |
| 抗盐防塌剂 | 3.0 | KCl | 50.0～100.0 |
| 抗盐降滤失剂 | 4.0 | 盐重结晶抑制剂 | 0.2 |
| CXC-1 | 3% | 加重剂 | 按设计要求 |
| 固体润滑剂 | 2.0 | | |

**表 4-35　KCl- 聚合物欠饱和盐水钻井液基本性能**

| 项目 | 要求 | 项目 | 要求 |
|---|---|---|---|
| 密度 /（g/cm³） | 1.8～2.2 | $FL_{HTHP}$/mL | 5～15 |
| *FV* /s | 70～100 | *MBT* /（g/L） | 20 |
| *PV* /mPa · s | 70～110 | pH 值 | 10～11 |
| *YP*/Pa | 7～15 | $Cl^-$/（mg/L） | 170000～190000 |
| $FL_{API}$/ mL | 5～15 | | |

2. 使用要点

1）钻井液转换

在套管内一次性转化成 KCl- 聚合物饱和盐水钻井液。首先利用固控设备将原井浆充分净化后，保持有效膨润土含量在 20～25mg/L，根据实际情况补充一定量的聚合物，然后按照循环周，先加入 5%～6% 的 KCl，后加入 20%～30% 的 NaCl，使体系中 $Cl^-$ 达到 165000～175000mg/L，保持近饱和状态，控制 pH 值 9～10。为了提高钻井液的抗高温、抗盐、抗污染能力和防塌能力，按照要求加入抗高温抗盐钙的处理剂（如 SMP-2，SPC，SJ-1，SPNH 等）以及防塌剂、润滑剂，盐结晶抑制剂。然后加重至设计要求，根据钻井液的流变性，补充一定量的稀释剂，调整钻井液性能达到设计要求。

KCl- 聚合物欠饱和盐水钻井液的转化类似于 KCl- 聚合物饱和盐水钻井液的转换，不同的是用 NaCl 控制 $Cl^-$ 在 40000～160000g/L，主要目的是解决高压盐水层和高压油气层同层时的油层保护问题，根据目的层的地层水的矿化度而定。

2）钻井液的维护处理

①钻进中，以胶液维护为主，及时补充抗高温降滤失剂、防塌剂、润滑剂，密度超过 1.60g/cm$^3$ 的钻井液最好采用置换法进行维护处理。当钻井液密度超过 1.80g/cm$^3$ 时，最好采用高密度铁矿粉加重。

②正常钻进中，勤测 $Cl^-$ 含量，及时用KCl，NaCl保持 $Cl^-$ 含量在165000～175000mg/L的近饱和状态，在井壁稳定的前提下，使盐层有适度的溶解，以达到平衡蠕变的目的。另外，要及时观察盐结晶情况，防止由于温度变化，盐结晶严重，堵塞钻具水眼。

③钻进中，用 NaOH 或 KOH 保持体系的 pH 值为 9～10。

④用好固控设备，及时清除固相，膨润土含量控制在 20～30g/L。

⑤根据盐膏层的蠕变速度，坚持划眼和短起下制度，及时消除由于蠕变产生的井眼缩径。

⑥完钻后，充分循环好钻井液，将井内钻屑清洗干净，同时进行两次短起下钻，来观察“软泥岩”井段蠕变情况和盐膏层的稳定性，确保完井作业的顺利进行。

## 二、硅酸盐钻井液

硅酸盐钻井液是采用硅酸钠或硅酸钾作为防塌抑制剂，硅酸盐加量达到2%（*m/V*）以上的钻井液，属于强抑制性钻井液体系，具有较强的抑制泥岩、泥页岩分散的能力。适用于水敏性泥页岩和微裂缝发育的易失稳地层以及中深井。

早在 20 世纪 30 年代，苏联和美国就开始研究硅酸盐钻井液，并应用在墨西哥湾地区大段易坍塌泥页岩地层，用于解决钻井过程中的卡钻等问题，使用含量（质量分数，下同）一般为 20%～30%，但由于此类钻井液的流变性与滤失性能控制困难、热稳定性不高（仅抗温 100℃），因而没有被广泛推广应用，美国甚至于 1949 年基本否定了此类钻井液。但苏联一直致力于此类钻井液的改进工作，成功研制了稀硅酸盐钻井液。在 20 世纪 60 年代研究利用硅酸盐提高羧甲基纤维素钠的抗温性。此后，稀硅酸盐（含量 5%～10%）钻井液开始在现场使用，并采用稀硅酸盐溶液加固潜在的不稳定泥页岩，达到了较好的稳定井壁效果。进入 20 世纪 90 年代以后，国外石油公司基本上已将硅酸盐体系作为成熟技术使用，并在北海、阿拉斯加、纽芬兰、墨西哥湾等地进行了数百口井的施工。MarquisFluids 公司自 1998 年起在加拿大西部、英国和哥伦比亚近 40 口大位移定向水平井、高温高压复杂深井中使用了强抑制性硅酸钠 / 钾环保钻井液体系，提高了机械钻速，抑制了页岩的水化膨胀。将硅酸盐钻井液应用于挪威的海上油田，控制了易膨胀水化的泥页岩。鉴于硅酸盐体系优异的抑制性能和膜封堵效应，我国从 20 世纪 90 年代开始对该体系进行系统研究，开发了多种复合型硅酸盐钻井液体系。

### （一）硅酸盐钻井液的特点及井壁稳定机理

钻井液体系中的硅酸盐具有良好的防塌、封堵和固壁作用，同时也可用于堵漏、除去钻井液中的钙、镁离子。硅酸盐钻井液是最重要的防塌钻井液体系之一，在国内外应用中均取得很好的效果。配制硅酸盐钻井液的成本较低，且对环境无污染。其井壁稳定机理有以下 4 个方面。

（1）硅酸盐进入地层孔隙形成三维凝胶结构和不溶沉淀物，在井壁处快速堵塞泥页岩孔隙和微裂缝，阻止滤液进入地层，同时减少了压力穿透作用；

（2）硅酸盐抑制泥页岩中黏土矿物的水化膨胀和分散。KCl– 聚合物 – 硅酸盐体系各处理剂间的协同作用，使黏土产生脱水而收缩，使泥页岩的结构强度提高。

（3）硅酸盐能与泥页岩中的黏土矿物发生反应，生成类似氟石的非晶质的联结非常致密的新矿物，增强井壁的稳定性。

（4）可溶性硅酸盐溶液还具有抗腐蚀性能，能有效地抑制非膨胀黏土矿物悬浮液 pH 值升高时界面上硅石的溶解，保持聚结晶体里的晶间凝结力。

### （二）钻井液基本配方及性能

硅酸盐钻井液基本配方见表 4–36，性能要求见表 4–37。

**表 4-36　硅酸盐钻井液推荐配方**

| 处理剂 | 用量 /（kg/m³） | 处理剂 | 用量 /（kg/m³） |
|---|---|---|---|
| 钠膨润土 | 10～30 | HV–PAC 或 HV–CMC | 4～6 |
| 碳酸钠 | 0.1～0.3 | 两性离子聚合物（JT888） | 1～3 |
| 硅酸钠或硅酸钾 | 20～50 | LV–PAC 或 LV–CMC | 3～5 |
| 氢氧化钠或氢氧化钾 | 根据需要 | 聚合物降黏剂（XY–27） | 3～5 |
| 黄原胶 | 1～3 | | |

**表 4-37　硅酸盐钻井液性能**

| 项目 | 要求 | 项目 | 要求 |
|---|---|---|---|
| 密度 /（g/cm³） | 视地层压力系数而定 | *Gel*/Pa/Pa | 0.5～5/2～10 |
| *FV*/s | 40～80 | $FL_{API}$ /mL | ≤5 |
| *PV*/mPa・s | 15～40 | $FL_{HTHP}$/mL | ≤15 |
| *YP*/Pa | 2～20 | pH 值 | 11～12.5 |

### （三）现场使用要点

1. 钻井液配制

硅酸盐钻井液可以采用井浆转化，也可以新配，如果采用井浆转换，需注意如下几点。

（1）测定原井浆膨润土含量，确定原井浆与新配胶液的比例，通过小型实验确定转换配方。

（2）经混合漏斗加入所需护胶剂配制处理剂胶液。

（3）将预留的原井浆与胶液混合均匀后加入硅酸钠或硅酸钾，用氢氧化钠或氢氧化钾调节 pH 值。

（4）循环钻井液，加重至设计密度，测试钻井液性能，根据需要加入所需处理剂调整性能至设计要求。

若配制新浆，则可以按照如下步骤进行。

（1）配制硅酸盐钻井液前，用清水将各罐及管线清洗干净，再配制硅酸盐钻井液。

（2）将所需要的纯碱或烧碱、膨润土通过混合漏斗加入配浆水中，搅拌并循环 2～4h 后，进一步水化 16～24h，得到预水化膨润土浆。

（3）经混合漏斗将所需处理剂（聚合物降滤失剂、低黏羧甲基纤维素钠盐、低黏聚阴离子纤维素等）加入已置有清水的配制罐中，搅拌使其充分溶解得到处理剂胶液。

（4）将预水化膨润土浆和处理剂胶液混合，充分搅拌循环后加入硅酸钠或硅酸钾，用氢氧化钠或氢氧化钾调节 pH 值。

（5）循环钻井液，加重至设计密度，测试钻井液性能，并根据需要加入所需处理剂调整性能至设计要求。

2. 维护处理

钻进中对钻井液性能要及时维护处理，具体要点如下：

（1）按要求检测钻井液性能，根据性能变化情况对钻井液进行维护处理，保持钻井液性能稳定。为了充分发挥硅酸盐的防塌效果，钻井液的 pH 值应保持在 11 以上。

（2）当硅酸盐浓度过高时，钻井液的流变性难以控制，过低时达不到理想的防塌效果，因此要定期检测硅酸盐含量，根据地层需要及时补充，保持硅酸钠或硅酸钾的有效含量。

（3）钻井液性能用聚合物稀胶液和硅酸盐稀溶液维护，处理剂加量根据钻井液性能变化情况进行调整。

（4）随着井深的增加，控制膨润土含量与低密度固相含量，保持钻井液具有良好的流变性，同时可添加磺化酚醛树脂等提高硅酸盐钻井液的抗温性。

（5）加入超细碳酸钙、超细纤维素粉和磺化沥青等材料，可以强化钻井液的封堵能力，并根据摩阻系数和井下情况调整钻井液的润滑性，可加入适量的润滑剂、聚合醇或原油。加原油时要加入乳化剂使原油充分乳化，以提高原油润滑效果。

（6）钻井过程中，保持固控设备的有效运行，以充分净化钻井液。振动筛最好使用 120 目（孔径 0.125mm）以上筛布。

## （四）典型的硅酸盐钻井液

1. KCl- 硅酸盐钻井液体系

配方：2%～4% 膨润土 +0.8%～1.2%PAC-SL+0.05%～0.1%KPAM+0.6%～0.8%XY-27+9%～12%（体积分数）硅酸钠（液体）+5%～8%KCl。

按照上述配方所配制钻井液性能：密度 1.10g/cm$^3$，表观黏度 35.0mPa·s，塑性黏度

23.0mPa·s，动切力 13Pa，初切 6Pa、终切 9Pa，API 滤失量 5.1mL、滤饼 0.5mm，pH 值 12.5，岩心回收率 99.0%。

KCl- 硅酸盐钻井液体系在苏丹六区 Moga-8 井和 FN-29 井的应用表明，该体系能够满足苏丹六区 Abu Gabra 层的钻井施工要求，使井壁稳定性大大提高。同时还在一定程度上降低了钻井液密度，有利于保护油气层，获得了良好的应用效果。

2. 硅酸盐 -APG 钻井液

基本配方：3%～7% $Na_2SiO_3$+3%～5% APG+0.1%～0.4% XC+1%～2% LV-PAC+2%～4%封堵剂 +1%～2%聚合醇 +1%～2%阳离子抑制剂 +5%～10% NaCl+5% KCl+0.2%～0.5% NaOH+ 重晶石。

按照上述配方所配制的钻井液性能：密度 1.10～1.4g/$cm^3$，塑性黏度 34.0～39mPa·s，动切力 13～15Pa，初切力 1.5～2.5Pa、终切力 2.5～3.5Pa，API 滤失量 2.8～3.2mL、高温高压滤失量 10～13mL，pH 值 11。

查干凹陷现场应用表明，采用硅酸盐 -APG 钻井液有效解决了火山岩井壁失稳、泥岩地层缩径、钻井液流变性难以控制以及钻井速度慢等技术难题，钻井液密度、井径扩大率、机械钻速、钻井周期等各项技术指标均明显优于该区块邻井。

3. 硫酸钾 - 硅酸盐钻井液

配方：1%～2%膨润土 +0.2%～0.6%流型调节剂 +0.1%～0.3% KPAM+1%～2%降滤失剂 +5%～8% $K_2SO_4$+8%～10%硅酸钠 + 重晶石粉。

按照上述配方所配制的钻井液 110℃、老化 16h 后性能：密度 1.26g/$cm^3$，漏斗黏度 51s，表观黏度 41mPa·s，塑性黏度 31mPa·s，动切力 10Pa，初切力 2.0Pa、终切力 4.5Pa，API 滤失量 5.4mL，pH 值 12，岩心滚动回收率 98.5%。

$K_2SO_4$/ 硅酸盐钻井液体系在 Prosopis E1-1 井的现场应用表明，钻井液携岩能力强，所钻井井径规则，表现出良好的抑制泥页岩水化膨胀能力和防止地层垮塌能力。

4. 稀硅酸盐钻井液体系

基本配方：2%～3.5%钠膨润土 +5%～7% $Na_2SiO_3$+0.1%～0.2% XC+1%～2% PAC-LV+1%～2% SMC+1%～2% SPNH+1%～2%微米级封堵材料 FGL+3% KCl+ 重晶石。

按照上述配方所配制的钻井液 120℃、老化 16h 后，于 60℃测定性能：密度 2.0～2.2g/$cm^3$，塑性黏度 41～48mPa·s，动切力 16～20Pa，API 滤失量 3.0～4.2mL，高温高压滤失量 10.0～10.8mL，pH 值 11。

该钻井液密度为 1.40～2.20g/$cm^3$ 可调，具有较强的防塌封堵能力。在 ZX31 井现场应用表明，实钻三开井径扩大率远低于邻井，解决了川西知新场地区井壁失稳问题。

一种饱和盐 - 稀硅酸盐钻井液配方为：4%膨润土浆 +0.2% Flowzan+8% SMP-2+5% FT-1+5% SPC+3%硅酸钾 +35% NaCl+0.1% SP-80+ 重晶石。

按照上述配方所配制的钻井液密度 2.0g/$cm^3$，塑性黏度 72mPa·s，动切力 21Pa，API 滤失量 2.6mL，高温高压滤失量 19mL。

室内实验和现场应用证明，该钻井液具有良好的抑制性能，能有效降低盐岩和石膏

的溶解；具有较好的流变性、滤失性、抗温性能和抗盐及抗石膏污染的能力。现场应用欠饱和盐－稀硅酸盐钻井液，很好地解决了巴楚地区复合盐膏层中潜在的复杂情况，大幅度降低了钻井液成本。

## 三、甲酸盐钻井液

甲酸盐钻井液是一种绿色环保型钻井液，在生态保护、油层保护、抑制地层以及抗高温抗污染方面都有显著特点。用于钻井液的甲酸盐主要有甲酸钠和甲酸铯等。甲酸盐钻井液体系由甲酸的碱金属盐、聚合物增黏剂和降滤失剂等组成。其中甲酸盐的碱金属盐为钻井完井液提供适当的密度，不需要固体加重剂，就可使该体系的相对密度达到 $1.7\sim2.3g/cm^3$。

甲酸盐钻井液是一种有利于发现和保护油气层的体系。2000 年以来甲酸盐钻井液在大庆油田开发井上得到了广泛的应用，钻井过程中有效地保护了油气层。截至 2005 年底已应用了 600 多口开发井，见到了很好的效果。甲酸盐钻井液在东部地区、西部地区等近百口井中应用均见到了明显的效果。甲酸盐基体系作为理想的绿色钻井液、完井液、隔离液等已受到普遍重视。

### （一）甲酸盐钻井液体系的特点

（1）甲酸盐钻井液滤液矿化度相对较高，表面张力小，与储层配伍性较好，与地层水接触时不会形成沉淀物，对储层损害程度低。

（2）生物毒性极低，对人体无害无毒，对水生物群落影响很小，生物富集性小。

（3）易于配置，维护简单，可生物降解，不污染环境，并且可回收，可重复利用。

（4）可为钻井完井液提供适当的密度，不需要固体加重剂，容易实现无固相钻进或低固相钻进，有利于提高机械钻速。

（5）黏度低，流动性好，循环压降小，润滑性好，摩阻压力损失小，适用于小井眼和易漏失地层钻进。

（6）性能稳定，抗污染、抑制、防塌能力强，井壁稳定，井径规则，有利于提高固井质量。

（7）pH 值容易调节，对金属、橡胶等腐蚀性小。

### （二）配方与性能

一种典型的甲酸盐钻井液配方见表 4–38。大港油田使用的甲酸盐钻井液配方为：清水 +0.5% 聚合物 + 甲酸盐 +1.5% 增黏降滤失剂 +2.0% 辅助降滤失剂 +3.0%$CaCO_3$。按照配方所配制的钻井液性能为：黏度 26s，塑性黏度 22mPa · s，动切力 5.0Pa，切力 0/0 Pa/Pa，滤失量 14.0mL，pH 值 9；在 120℃下老化 16h 后，黏度 29s，塑性黏度 27mPa · s，动切力 5.5Pa，切力 0/0.5Pa/Pa，滤失量 12.4 mL，pH 值 9。

表 4-38　甲酸盐钻井液

| 处理剂 | 用量 / （$kg/m^3$） | 处理剂 | 用量 / （$kg/m^3$） |
|---|---|---|---|
| 甲酸盐 | 根据需要确定 | CMC | 3.0~5.0 |
| 聚合物 | 1.0~3.0 | SMP | 20.0~40.0 |
| XC | 2.0~3.0 | NaOH | 3.0~5.0 |
| PAC | 5.0~8.0 | | |

### （三）现场使用要点

1. 钻井液配制

（1）配制前根据井眼容积和地面循环罐容积准备甲酸盐钻井液所需的处理剂，检查配浆用混合漏斗及配套设施，确保完好，做好配浆准备。

（2）清洗循环罐、钻井液循环槽，然后在罐内注入清水，开泵将套管内钻井液一次或逐段替净（测试清水密度为 $1.00g/cm^3$），最后根据情况补充罐内水量，确保钻井液配制质量和数量。

（3）从混合漏斗缓慢加入配浆所需的处理剂，加入顺序为：先加入包被抑制剂，然后加入增黏降滤失剂，再加入辅助降滤失剂和细粒碳酸钙，用甲酸盐加重至所需密度，再用增黏降滤失剂和辅助降滤失剂调整钻井液黏度和滤失量，用片碱调整体系的 pH 值为 8~9，如果泡沫较多，可加消泡剂消去体系表面泡沫。加料时保证钻具在套管内循环钻井液，确保所配钻井液性能均匀，处理剂溶解完全，避免未溶处理剂“鱼跟”堵钻头水眼或泵滤网。

2. 现场维护与处理

（1）根据钻井速度和体系性能按配浆比例补充包被抑制剂胶液，从混合漏斗加入提黏降滤失剂和辅助降滤失剂，钻进时定期检测甲酸盐含量，及时补充所消耗的甲酸盐，保证体系性能稳定。

（2）需要提高密度时，可直接用甲酸盐加重，并根据需要补充相应处理剂。需要提高体系黏度、降低滤失量、增强絮凝包被能力时，可分别加入增黏降滤失剂、辅助降滤失剂和包被抑制剂，以达到相应目的。

（3）对于定向井，在钻进过程中可根据需要加入适量的润滑剂，降低摩阻，防止卡钻。

（4）钻石膏层或水泥塞时，不需加入纯碱等处理剂，体系性能基本不受影响。

（5）配备 2 台高效振动筛，所用筛布孔径越小越好，一般不能大于 0.18 mm，除砂器、除泥器运转正常，离心机性能良好，处理量为 $80m^3/h$。确保使用时间和效果。

## 四、正电胶钻井液

自 1991 年以来，MMH 正电胶钻井液已在我国大部分油气田的浅井、深井、超深井、直井、斜井、水平井等各种类型共几千口井的钻井过程中使用。所使用的钻井液类型包括淡水钻井液、盐水钻井液和饱和盐水钻井液等。所钻进的地层包括未胶结或胶结差的流砂层与砾石层、软的砂泥岩互层、易坍塌的泥岩层、含盐膏地层、强地应力作用下裂隙发育的地层（包括砂岩、岩浆岩与灰岩）和煤系地层等。

正电胶钻井液的特点：①独特的流变性，主要表现在：较低的塑性黏度，较高的动切力和动塑比。旋转黏度计 3r/min 和 6r/min 的读数高，相应的静切力、卡森切力也较高，终切力随时间变化小。②很强的剪切稀释性，特别表现为卡森极限黏度低，具有固液双重特性，静止瞬间即成固体，加很小的力立即可以流动；具有较强的松弛能力。③较强的抑制性，主要表现在：钻屑回收率高，CST 值低，膨胀率低。钻井液黏土容量高，各种膨润土在正电胶胶液中不易膨胀，膨胀率低。较低的负电性，正电溶胶的粒子带有较高的正电荷，因而正电胶钻井液具有较低的负电性。

## （一）钻井液配方

对用于钻进一般地层的正电胶钻井液，多数情况下是在预水化膨润土浆中加入 MMH 正电胶、降滤失剂和降黏剂等配制而成。如果在易坍塌地层钻进，还应加入防塌剂；钻定向井或水平井时应加入润滑剂；钻深井时应加入抗高温处理剂；钻盐膏层时应使用抗盐膏处理剂。各油田所钻进的地层特点、井深、地层压力、井的类别等因素各不相同，因而具体的钻井液配方也有所区别。

例如，在浅层或中深井段软的砂泥岩互层中钻进时，浅井段可用正电胶胶液，至中深井段转化为正电胶钻井液。正电胶胶液使用清水加 0.1%～0.3% 正电胶配制而成。一般直井所用正电胶钻井液的典型配方为：3%～5% 预水化膨润土浆 +0.1%～0.5% 正电胶 +0.3%～1.5% 降滤失剂（LV–CMC、DFD、CMS、LS–1 或 JT8R8 等）+0.1%～0.3% 降黏剂（NPAN 或 XY–27 等）。表 4–39 是一种聚合物 –MMH 钻井液的配方。

**表 4-39 聚合物 -MMH 钻井液配方**

| 处理剂 | 用量 /（$kg/m^3$） | 处理剂 | 用量 /（$kg/m^3$） |
|---|---|---|---|
| K–PAM | 6～10 | XY–27 | 3～8 |
| PHPA | 6～10 | MMH | 3～5 |
| FA–367 | 6～10 | 烧碱 | 3～5 |
| HPAN | 3～6 | RH–3 | 15～20 |
| PAC | 3～6 | FT–1 | 5～20 |
| CMC | 3～6 | | |

## （二）现场使用要点

正电胶钻井液的结构是以正电胶 – 水 – 黏土方式形成的，这就要求黏土带足够多的负电荷，并有较厚的水化膜，因而要求使用优质的钠膨润土，并经过充分预水化后才能按要求加入正电胶，其配制顺序不能颠倒。基浆中必须保持一定含量的膨润土，才能形成正电胶 - 水 - 黏土复合体，获得所需的流变性能；但膨润土含量亦不能太高，否则钻井液流动困难，性能难以维持，一般膨润土含量应控制在 30~60g/L 为宜。

目前各油田对正电胶钻井液的处理方法有所不同，主要有以下两种：一种是将正电胶作为主处理剂，再用其他处理剂来调整钻井液性能，以满足钻井工程的需要。具体处理方法是在预水化膨润土浆中加入正电胶，然后再依据所钻地层的特点、井的类别、井深、井温、地层孔隙压力等情况，加入所需量的降滤失剂、降黏剂、防塌剂、润滑剂、加重剂等处理剂。钻井过程中按等浓度处理原则，将所需处理剂配成胶液，细水长流地加入，加入量依据钻井速度与地层特点而定。如果地层造浆性强，钻井液中固相含量高，黏切难以控制，则应充分利用固控设备清除无用固相或加水稀释，并可适量加入降黏剂。

另一种方法是将正电胶作为一般处理剂，用来调整钻井液的流变性能，提高钻井液动切力与动塑比。该处理方法主要在钻井过程中发生井塌、井漏、井眼净化不好、水平井或定向井存在岩屑床等情况下使用。

正电胶钻井液现场应用中还应注意：对造浆强的地层，加入其他处理剂共同抑制造浆；太厚的“滞留层”易造成黏附卡钻，注意控制；“滞留层”会影响水泥浆的顶替效果，从而影响固井质量。因此，固井前应清除滞留层；钻井液的 pH 值应控制在 8~10 之间，因 pH 值过高会引起黏切增大；使用好固控设备；使用阴离子降黏剂时，注意控制加量，以防动塑比过低。

## 第六节 抗高温钻井液

对于深井钻井而言，由于井底处于高温和高压条件下，钻进井段长而且有大段裸眼，还要钻穿许多复杂地层，因此其作业条件比一般井要苛刻得多，这便对钻井液的性能提出了更高的要求。在高温条件下，钻井液中的各种组分均会发生降解、发酵、增稠及失效等变化，从而使钻井液的性能发生剧变，并且不易调整和控制，严重时将导致钻井作业无法正常进行。伴随着高地层压力，钻井液必须具有高密度（常在 2.0g/cm$^3$ 以上），从而造成钻井液中固相含量很高。该情况下，发生压差卡钻及井漏、井喷等井下复杂情况的可能性会大大增加，维持钻井液良好的流变性和较低的滤失量困难加大。可见，深井钻井对钻井液的稳定性要求更高。一般用于深井钻井的钻井液应满足如下要求：①抗高温能力强，为了保证抗温能力必须优选出各种能够抗高温的处理剂；②在高温条件下对黏土的水化分散具有较强的抑制能力，有效地控制体系中膨润土含量；③具有良好的高温流变性，以保证钻井液在高温下具有很好的流动性和携带、悬浮岩屑的能力；④具有良好的润滑性，防止卡钻等复杂情况，尤其是当固相含量很高时，防卡尤为重要。

常用的抗高温钻井液主要有磺化褐煤钻井液、“三磺”钻井液和聚磺钻井液等。

## 一、磺化树脂类钻井液

磺化树脂类钻井液是以 SMC、SMP-1 和 SMT 或 SMK 等处理剂中的一种或多种为基础配制而成的钻井液。由于以上磺化树脂或磺化天然材料改性产物类处理剂均为分散性处理剂，因此磺化树脂类钻井液是典型的分散钻井液体系。其主要特点是热稳定性好，在高温高压下可保持良好的流变性和较低的滤失量，抗盐侵能力强，泥饼致密且可压缩性好，并具有良好的防塌、防卡性能，广泛用于深井钻井中。常用的磺化树脂类钻井液有以下几种类型。

### （一）磺化褐煤钻井液

磺化褐煤钻井液体系是以既是抗温稀释剂，又是抗温降滤失剂的磺化褐煤（SMC）为主剂而形成的一种抗温钻井液体系。该体系可以用膨润土直接配制，也可以用井浆转化得到。为进一步提高钻井液的热稳定性，一般需加入适量的表面活性剂，该类体系可抗 180~220℃的高温，但抗盐、钙的能力较弱。

磺化褐煤钻井液典型配方为：4%~7% 膨润土 +3%~7%SMC+0.3%~1% 表面活性剂（可从 AS、ABS、Span-80 和 OP-10 中进行筛选），并加入烧碱将体系的 pH 值控制在 9~10。必要时混入 5%~10% 原油或柴油以增强其润滑性。

在用膨润土配浆时，必须充分预水化，否则所配出钻井液的黏度、切力过低，不能达到满意的性能。但需注意膨润土不能过量，若一旦出现膨润土过度分散或含量过高时，可加入适量 CaO 降低其分散度，然后再加入 SMC 调整钻井液性能。

在现场维护方面，可以使用与井浆浓度相同的 SMC 胶液（一般 5%~7%）控制井浆的黏度上升，并保持膨润土含量在 100~130g/L。若因膨润土含量过低造成黏度达不到要求时，则可补充预水化膨润土浆，并相应加入适量 SMC。

### （二）SMC-FCLS 钻井液

SMC-FCLS 钻井液是以 SMC、FCLS 为主处理剂的钻井液体系。将 SMC 与 FCLS 复配使用可以提高磺化钻井液抗盐、钙污染的能力。实验表明，利用它们之间的相互增效作用，可有效地控制盐水钻井液的流变性和滤失造壁性。常使用重铬酸钠（$Na_2Cr_2O_7$）提高 FCLS 的抗温能力，使加重后的盐水钻井液在高温下具有良好的性能。该体系抗温可达 180℃，最高矿化度可达 $15\times10^4$mg/L，并能将钻井液密度提高至 2.0g/cm$^3$ 左右。

这种钻井液通常用井浆转化。膨润土的适宜含量为 80~100g/L，SMC 和 FCLS 的加量随体系中含盐量的增加而增大。其典型配方为：3%~4% 膨润土 +2%~7%SMC+1%~5%FCLS。与此同时，加入 0.1%~0.3%NaOH 调节 pH 值至 9~10，加入 0.1%~0.2% 重铬酸钠以提高抗温性。

通常需混入 5%~10% 原油或柴油以降低泥饼的摩擦系数。由于盐水钻井液的 pH 值在钻进过程中呈下降趋势，可以加入 0.2%Span-80 或 0.3%AS 以有利于稳定体系的 pH 值，并消除因使用 FCLS 而经常产生的泡沫。

## （三）“三磺”钻井液

“三磺”钻井液是指以 SMP、SMC 和 SMT 或 SMK 等为主处理剂配制而成的一种抗温钻井液体系。其中 SMP-1 与 SMC 复配使用，可以使钻井液的 HTHP 滤失量得到有效的控制，SMT 或 SMK 或 FCLS 用于调整高温下钻井液的流变性能，从而大大地提高了钻井液的防塌、防卡、抗温以及抗盐、抗钙侵的能力。该体系抗盐可至饱和，抗钙达 2000mg/L，钻井液密度可提至 2.25g/cm$^3$。若加入适量 $Na_2Cr_2O_7$，抗温可达 200～220℃。其缺点是亚微米颗粒含量高，对钻速有不利的影响。一般适用于温度超过 180℃的深井超深井。

### 1. 配方与性能

典型的“三磺”钻井液配方见表 4-40，性能要求见表 4-41。

**表 4-40 “三磺”钻井液推荐配方**

| 材料名称 | 加量 / (kg/ m$^3$) | 材料名称 | 加量 / (kg/ m$^3$) |
|---|---|---|---|
| 钠膨润土 | 10～60 | 磺化单宁或磺化栲胶 | 5～15 |
| 工业碳酸钠 | 1.0～3.0 | LV-CMC 或 LV-PAC | 10～15 |
| 工业氢氧化钠 | 根据需要 | 润滑剂 | 5～15 |
| 磺化褐煤 | 30～50 | 各种无机盐 | 根据需要 |
| 磺化酚醛树脂 | 30～50 | | |

**表 4-41 “三磺”钻井液性能**

| 项目 | 要求 | 项目 | 要求 |
|---|---|---|---|
| 密度 / (g/cm$^3$) | 1.15～2.0 | *PV*/mPa · s | 10～15 |
| *FV*/s | 30～60 | *YP*/Pa | 3～8 |
| $FL_{API}$/mL | ≤5 | $FL_{HTHP}$/mL | ≤15 |
| *Gel*/Pa/Pa | 0～5/2～15 | pH 值 | 9～11 |

### 2. 现场使用要点

配制三磺钻井液时，可先配成预水化膨润土浆，再加入各种处理剂，亦可直接用井浆转化。如果采用井浆转换，重点注意以下几点。

（1）测定原井浆膨润土含量，并用清水稀释至膨润土含量在要求范围，然后进行小型实验，以确定转换配方，即原井浆与新配胶液的比例。

（2）经混合漏斗加入所需量的磺甲基酚醛树脂、磺化褐煤、磺化单宁或磺化栲胶、纤维素类降滤失剂等材料配制复合胶液。

（3）将预留的原井浆与复合胶液混合均匀，用氢氧化钠调节体系的 pH 值设计要求。

（4）循环钻井液，加重至设计密度，测试钻井液性能，根据需要加入所需处理剂调整性能至设计要求。

如果配制新浆，则重点注意如下几点。

（1）配制预水化膨润土浆。

（2）经混合漏斗加入所需量的磺甲基酚醛树脂、磺化褐煤、磺化单宁或磺化栲胶、纤维素类降滤失剂等材料（也可以提前配成复合胶液，然后在加入基浆），搅拌使其充分溶解，用氢氧化钠调节 pH 值，充分循环钻井液。

（3）如果密度不够，可以用重晶石加重至设计密度，测试钻井液性能，并根据需要加入所需处理剂（最好是胶液）调整性能至设计要求。

钻进过程中要视具体情况及时对钻井液进行维护处理，要点如下：

（1）应随温度及密度变化调整膨润土含量，温度和密度越高，膨润土含量应越低，控制较低固相含量和合适的膨润土含量有利于提高钻井液的抗温性能，以有效地防止高温增稠。

（2）钻进过程中，按要求检测钻井液性能，根据性能变化对钻井液进行维护处理，保持钻井液性能稳定。处理剂的加入应采用配制复合胶液的方式均匀加入，确保性能稳定。

（3）若黏度、切力过高，可加入降滤失剂胶液或磺化单宁（或磺化栲胶）；若滤失量过高，可同时补充 SMP 和 SMC。

（4）将体系的 pH 值应控制在 9～11，有利于处理剂发挥作用。

（5）随着井深的增加，应加入适量的抗高温稳定剂或除氧剂，以提高钻井液的高温稳定性。

（6）在水敏性易失稳地层可加入适量胺基抑制剂、阳离子抑制剂等材料提高钻井液的抑制防塌性能。

（7）在渗透性地层、层理裂缝发育地层可加入超细碳酸钙、磺化沥青、聚合醇等材料强化钻井液封堵能力。

（8）根据摩阻系数和井下情况调整钻井液润滑性，可加入适量的润滑剂、聚合醇或原油。在加原油时要加入乳化剂使原油充分乳化，以提高原油润滑效果。

（9）使用好固控设备，尽可能降低钻井液的总固相含量。通过有效地进行固相控制来保持钻井液良好的滤饼质量和摩阻。

表 4–42 和表 4–43 是一种典型深井抗温钻井液的配方与性能，这种钻井液体系用于下部深井段、高温井段（＞150℃）作业。

**表 4-42　深井抗温钻井液配方**

| 组分 | 用量 /（kg/m³） | 组分 | 用量 /（kg/m³） |
|---|---|---|---|
| 预水化膨润土 | 10～20 | SPNH | 10～20 |
| 烧碱 | 3～5 | SMP | 10～20 |
| 纯碱 | 1～2 | PF–THIN | 3～5 |
| PAC–LV | 4～8 | PF–TEX | 5～10 |

表 4-43　深井抗温钻井液性能

| 项目 | 要求 | 项目 | 要求 |
|---|---|---|---|
| *FV* /s | 45～65 | pH 值 | 9～10 |
| 密度 /（g/cm³） | 1.20～1.80 | $FL_{API}$/ mL | <4 |
| *YP*/Pa | 5～10 | $FL_{HTHP}$/ mL | <15 |
| *Gel*/Pa/Pa | 5～10/8～20 | MBT /（g/L） | <45 |

其使用要点是：①用烧碱和纯碱控制体系的 pH 值和 $Ca^{2+}$、$Mg^{2+}$ 浓度；②控制体系的膨润土含量在较低水平，加入预水化膨润土用于控制滤失量和提高泥饼质量，加入前必须用稀释剂（如：PF-THIN 等）进行处理护胶；③用聚合物解絮凝剂［如：PF-THIN 或木质素磺酸盐（FCLS）、磺化褐煤（SMC）、磺化单宁（SMT）等］来控制钻井液黏切；④当由于体系的膨润土含量高引起过高黏切时，应优先使用稀胶液稀释的方法来处理；⑤ PF-JLX 和 PF-WLD 也可用于该体系来提高体系的抑制性，PF-JLX 加量必须达到 3% 以上；⑥加入 PF-TEX 增强体系的防塌能力；⑦加入 SMP、SPNH 用于控制 HTHP 滤失量。

## 二、聚磺钻井液

聚磺钻井液是将聚合物钻井液和磺化树脂类钻井液结合在一起而形成的一类抗高温钻井液体系。由聚合物降滤失剂和磺化酚醛树脂、磺化褐煤、磺化沥青类处理剂配制而成。聚磺钻井液既保留了聚合物钻井液的优点，又改善了其在高温高压下的泥饼质量和流变性，从而有利于深井钻速的提高和井壁的稳定。该类钻井液的抗温能力可达 200～250℃，抗盐可至饱和。适用于温度为 120～180℃的深井、超深井。

聚磺钻井液所使用的主要处理剂可大致地分成两大类：一类是抑制剂类，包括各种聚合物处理剂及 KCl 等无机盐，其作用主要是抑制地层造浆，从而有利于地层的稳定；另一类是分散降滤失剂，包括磺化酚醛树脂、磺化褐煤、磺化单宁或磺化栲胶等处理剂，以及纤维素、淀粉类处理剂等，其作用主要是降滤失和改善流变性，从而有利于钻井液性能的稳定。在深井的不同井段，由于井温和地层特点各异，对两类处理剂的使用情况应有所区别。上部地层应以增强抑制性和提高钻速为主，而下部地层应以抗高温降滤失为主。使用中通常将以上两类处理剂分别简称为“聚”类和“磺”类，结合实践，提出深井上部地层“多聚少磺”或“只聚不磺”，而下部地层“少聚多磺”或“只磺不聚”的实施原则，其分界点大致在井深 2500～3000m 处。依据这一原则，聚磺钻井液已在我国各油田得到广泛应用。

### （一）钻井液配方与性能

聚磺钻井液的配方和性能一般应根据井温、所要求的矿化度和所钻地层的特点，在室内实验的基础上加以确定。一般情况下膨润土含量为 40～80g/L，随井温升高和含盐

量、钻井液密度的增加，其含量应有所降低。

高相对分子质量聚丙烯酸、丙烯酰胺类聚合物，如 80A51、FA367、PACl41、PAMS 和 KPAM 等通常在体系中用作包被剂，其加量应随钻井液含盐量增加而增大，随井温升高而减少，一般加量为 0.1%~1.0%。

某些中等相对分子质量的聚合物处理剂，如水解聚丙烯腈的盐类，常在体系中起降滤失和适当增黏的作用，其加量为 0.3%~1.0%。

如 XY–27 等一些低相对分子质量的聚合物，在体系中主要起降黏、降切力的作用，其一般加量为 0.1%~0.5%。

磺化酚醛树脂类产品，如 SMP–1、SPNH 和 SLSP 等，常与 SMC 复配使用，用于改善泥饼质量和降低钻井液的 HTHP 滤失量。加量一般为 1%~3%，必要时可以加入 SMT 或 SMK，加量一般为 0.05%~2%。此外，还应加入 1%~3% 的磺化沥青用于封堵泥页岩的层理裂隙，增强井壁稳定性和进一步改善泥饼质量，必要时还需加入 0.1%~0.3%$Na_2Cr_2O_7$ 或 $K_2Cr_2O_7$，以提高钻井液的热稳定性。

典型的聚磺钻井液配方见表 4–44，钻井液性能要求见表 4–45。

**表 4-44　聚磺钻井液推荐配方**

| 处理剂 | 加量 /（kg/ m³） | 处理剂 | 加量 /（kg/ m³） |
|---|---|---|---|
| 钠膨润土 | 10~50 | 磺甲基酚醛树脂 | 20~30 |
| 碳酸钠 | 1.0~3.0 | 磺化褐煤或褐煤树脂 | 10~30 |
| 氢氧化钠 | 2.0~5.0 | 磺化沥青 | 0~30 |
| CMC 或 PAC | 5~10 | 水解聚丙烯腈铵盐 | 0~8.0 |
| 聚合物降滤失剂 | 5~10 | 磺化单宁 | 0~15.0 |

**表 4-45　聚磺钻井液性能**

| 项目 | 要求 | 项目 | 要求 |
|---|---|---|---|
| 密度 /（g/cm³） | 按地层要求 | 塑性黏度 /mPa · s | 15~40 |
| 漏斗黏度 /s | 40~80 | 动切力 /Pa | 3~15 |
| $FL_{API}$/mL | ≤5 | $FL_{HTHP}$/mL | ≤15 |
| *Gel*/Pa/Pa | 0~6/3~15 | pH 值 | 8~10 |

### （二）现场使用要点

1. 配制

聚磺钻井液大多由上部地层所使用的聚合物钻井液在井内转化而成，其基本过程如下：

（1）转化最好在技术套管中进行，可以先将聚合物和磺化树脂类处理剂分别配制成溶液或胶液，然后按配方要求与一定数量的井浆混合，或者先用清水将井浆进行稀释，使其中的膨润土含量达到一个适宜范围，然后再加入适量的磺化树脂类处理剂和聚合物处理剂。

（2）如果在裸眼中进行转化，则最好按配方将各种处理剂配成复合液，在钻进过程中逐渐加入井浆内，直至性能达到要求。

2. 维护处理

（1）通常使用与配方等浓度的各种处理剂的复合液来对井浆进行维护。若发现井浆性能发生变化，可适当调整复合液中各种处理剂的配比。

（2）钻进中控制适宜的膨润土含量，以保证聚磺钻井液的良好性能。

（3）如果泥饼质量变差，HTHP 滤失量增大，应及时增大 SMP-1、SMC 和磺化沥青的加量。

（4）若流变性能不符合要求，可调整不同相对分子质量聚合物所占的比例以及膨润土的含量。

（5）若抑制性较差，可适当增大高分子聚合物包被剂的加量或加入适量 KCl。

（6）随井温增加，适当增加 SMP 和 SMC 等处理剂的加量，可选用抗高温聚合物降滤失剂。

（7）在渗透性地层、层理裂缝发育地层可加入超细碳酸钙、磺化沥青等材料强化钻井液的封堵能力。

（8）加强钻井液固相控制、保持钻井液良好的滤饼质量，并根据摩阻系数和井下情况，加入原油、润滑剂、聚合醇等提高钻井液的润滑能力，加原油时要加入乳化剂使原油充分乳化，以提高原油润滑效果。

（9）水敏性易失稳地层可加入适量胺基抑制剂、阳离子抑制剂等提高钻井液的抑制防塌性能。

（10）钻井过程中保证四级固控设备的正常运转。

## 第七节　油基钻井液

油基钻井液主要有两大类，一类是纯油基钻井液，是氧化沥青、有机土、氧化钙、稳定剂及高闪点柴油或矿物油的混合物，通常只混 3%~5% 的水；另一类是油包水乳化钻井液（也称反相或逆乳化钻井液），通常使用各种添加剂用于使水乳化和保持乳化体系的稳定。一般情况下，这种体系最高含水可达 50%。

油基钻井液具有抗高温、抗盐、有利于井壁稳定、润滑性好和对油气层损害程度小等优点。国外早在 20 世纪 30 年代就开始使用原油作为钻复杂地层的钻井液，到 20 世纪 60 年代，就十分重视油基钻井液技术的开发与应用，并广泛作为深井、超深井、海上钻井、大斜度定向井、水平井和水敏性复杂地层钻井及储层保护的重要手段。

选用油基钻井液要有针对性。例如，用于钻高温深井时，油水比必须相应较高，并选用耐高温的乳化剂和润湿剂；用于钻泥页岩严重井塌层时，应选用活度平衡的配方；而对环保要求严格的地区和海上钻井，则必须选用以矿物油作为基油的油基钻井液配方，同时还应能满足地质、钻井工程和保护油气层对钻井液各项性能指标的要求。例如，随着高温条件下黏度、切力的降低，在配方中必须有足量的抗温性强的亲油胶体，以保证钻井液有较强的携岩能力。为提高钻速，可使用不含沥青类产品的低胶质油基钻井液配方，使滤失量适当放宽，而在钻遇油气层时，则应严格控制滤失量，并且不宜使用亲油性很强的表面活性剂。原料来源比较容易，且成本较低也必须作为考虑的因素。

## 一、全油基钻井液

全油基钻井液，也称纯油基钻井液，它是以油为分散介质，以有机土、氧化沥青等分散相组成，含水量一般小于 5%。对于全油基钻井液，水是应加以清除的污染物，但一般可以容纳 3%~5% 的水。全油基钻井液具有抗钻屑、抗水污染能力强、润滑性能好、抑制钻屑水化分散能力强及储层保护效果好等特点。与油包水乳化钻井液相比，全油基钻井液更有利于提高机械钻速、井壁稳定和储层保护。

### （一）基本配方

表 4–46 是国外典型的全油基钻井液配方及性能。表 4–47 是国内典型的全油基钻井液本配方，其性能要求见表 4–48。

**表 4-46　国外全油基钻井液配方及性能**

| 材料 | 加量 | | 项目 | 性能 | |
|---|---|---|---|---|---|
| | 柴油 | 矿物油 | | 柴油 | 矿物油 |
| 有机土 /（kg/m³） | 28.53 | 22.824 | 密度 /（g/cm³） | 0.9705 | 1.378 |
| 增黏剂 /（kg/m³） | 0.485 | 0.713 | *PV*/mPa·s | 13 | 12 |
| 表面活性剂 /（kg/m³） | 1.141 | 11.412 | *YP*/Pa | 8.5 | 5 |
| 聚合物降滤失剂 /（kg/m³） | – | 7.133 | *Gel*/Pa/Pa | 3/4 | 2.5/3.0 |
| 胶质降滤失剂 /（kg/m³） | 14.265 | – | $\varphi_6$ | 9 | 6 |
| 石灰 /（kg/m³） | 5.135 | 11.412 | $FL_{HTHP}$/mL | 12 | 10（148.9℃） |

注：流变参数测试温度 48.9℃。

**表 4-47　国内全油基钻井液配方**

| 组分 | 加量 /（kg/m³） | 组分 | 加量 /（kg/m³） |
|---|---|---|---|
| 有机土 | 40~60 | 润湿剂 | 0~15 |
| 降滤失剂 | 30~50 | 生石灰 | 30~50 |
| 主乳化剂 | 20~40 | 加重材料 | 视钻井液密度需要而定 |
| 辅乳化剂 | 15~20 | | |

注：基油为全油（含水量小于 5%）。

表 4-48　全油基钻井液性能

| 项目 | 指标 | 项目 | 指标 |
|---|---|---|---|
| 密度 /（$g/cm^3$） | 0.9 ~ 2.2 | *Gel*/Pa/Pa | （2 ~ 8）/（6 ~ 12） |
| *FV*/s | 50 ~ 120 | $FL_{API}$/mL | ≤2 |
| *YP*/Pa | 8 ~ 26 | $FL_{HTHP}$/mL | ≤4 |
| 动塑比 | 0.15 ~ 0.45 | 碱度 /（mg/L） | 1.5 ~ 2.5 |

注：HTHP 滤失量（150℃以下）测定，其他性能指标在 60℃ ±2℃条件下测定。

## （二）现场使用要点

1. 现场配制

现场配制设备应满足如下要求。

（1）循环罐、储备罐和循环槽应清洁、封闭，并配备防雨、防沙棚。

（2）循环罐和循环槽连接处应密封，搅拌机应运转正常。

（3）钻井泵及净化设备的橡胶密封件应符合相关规定（即保证具有耐油能力）。

（4）振动筛、除砂器、除泥器、离心机应运转正常。

（5）冬季施工，配制罐、储备罐、循环罐和外接管线应具保温功能。

（6）夏季施工，配制罐、储备罐和循环罐应具通风设备。

全油基钻井液配制要点如下：

（1）用清水清洗干净循环系统及上水管线。

（2）按配方在罐内加入基油，开动地面循环，经混合漏斗依次加入所需量的有机土、氧化沥青、石灰粉等，充分循环搅拌 1.5 ~ 2h 至全部均匀分散。

（3）加入乳化剂、润湿剂充分搅拌 2h 或根据实际情况确定时间。

（4）根据设计要求，加入加重材料以达到所要求的钻井液密度。

2. 维护处理

（1）按照配方设计性能要求进行性能维护，保持钻井液中有足量的乳化剂和润湿剂，保证固相的油润湿性。也可以根据具体情况加入适量的辅乳化剂，以达到乳化剂最佳的 *HLB* 值。

（2）用石灰维持钻井液合适的碱度范围，并随着井温增加适当提高碱度。

（3）根据钻井液密度变化调整油和加重剂的加量，保持钻井液良好的流变性。降低黏度、切力应加入柴油或白油。提高黏度、切力应加入有机土或适量的乳化剂。

（4）如发生水污染时，要定时测量钻井液的破乳电压，需要调整钻井液性能时加密测量，若破乳电压有下降趋势，且有破乳倾向时，应补充乳化剂和润湿剂，并视需要补充油。

（5）需加入重晶石提高钻井液密度时，同时补充润湿剂；需降低密度时，加入配制的未加重基浆。

（6）按配方设计及时补充钻井液，避免因消耗造成钻井液量不足。

(7)钻遇裂缝性地层时，可以加入适量的弹性石墨、聚合物凝聚微球或超细碳酸钙或超细纤维素粉等。

如所有化学品一样，若处理不当，油基钻井液可能会对人体健康造成一定的危害。尤其是用柴油配制全油基钻井液时，由于柴油具有一定的毒性，可导致人体皮肤不适。另外，来自油基钻井液的粉尘和蒸汽（尤其是振动筛附近区域）可造成呼吸道不适。因此，必须做好安全作业与防护。

在处理油基钻井液时应时刻谨慎，要戴长橡胶手套，以避免皮肤过敏和烧伤。振动筛及钻井液循环灌区附近有大量蒸汽，导致能见度降低，在此区域工作的人员做好个人防护，并经常换班，以减少直接暴露及对人的伤害。

## 二、油包水乳化钻井液

油包水（W/O）乳化液是由油、水和乳化剂混合形成，体系的形态是水以小液滴的形式分散于油中。水相是内相或分散相，油是外相或分散介质。乳化剂的作用对于乳化液的形成和稳定性至关重要，乳化剂分子一般是由非极性、亲油的碳氢链部分和极性、亲水的基团共同构成，具有又亲水又亲油的双重性质。乳化剂的加入可以大大降低油/水界面的张力，并在界面吸附形成界面膜，从而在一定程度上保证了乳化液的稳定性。

油包水乳化钻井液是以水滴为分散相，油为连续相，并添加适量的乳化剂、润湿剂、亲油胶体和加重剂等所形成的稳定的乳状液体系。与纯油基钻井液相比，乳化剂、胶凝剂等对体系的稳定性来讲更为重要，同时受所处环境情况的影响也更大，因此，在油包水乳化钻井液使用中对乳化剂、润湿剂等的要求比纯油基钻井液的要高。由于水的存在，处理剂在高温下的稳定性会比油基钻井液差。

### （一）配方

表 4–49 是基本的油包水乳化钻井液配方，其性能要求见表 4–50。

**表 4-49　油包水乳化钻井液配方**

| 材料名称 | 功能 | 用量 /（$kg/m^3$） | 材料名称 | 功能 | 用量 /（$kg/m^3$） |
|---|---|---|---|---|---|
| 基础油 | 连续相 | 700～900$L/m^3$ | 辅乳化剂 | 乳化 | 20～50 |
| $CaCl_2$ 或 NaCl 盐水 | 分散相 | 300～100$L/m^3$ | 润湿剂 | 润湿 | 6～12 |
| 亲油膨润土 | 形成胶体 | 30～80 | 降滤失剂 | 降滤失 | 30～50 |
| 氧化沥青 | 增黏、降滤失 | 20～60 | 石灰 | 碱度控制 | 30～80 |
| 主乳化剂 | 乳化 | 20～50 | 重晶石 | 加重 | 根据需要 |

注：$CaCl_2$ 或 NaCl 盐水质量分数根据活度要求确定。

表 4-50　油包水乳化钻井液性能

| 项目 | 指标 | 项目 | 指标 |
|---|---|---|---|
| 密度 /（$g/cm^3$） | 根据需要 | $FL_{API}$/mL | ≤5 |
| AV/mPa.s | 30～80 | $FL_{HTHP}$/mL | ≤10 |
| PV/mPa.s | 30～60 | 破乳电压 /V | >400 |
| YP/Pa | 5～15 | | |

## （二）配制与维护处理

1. 钻井液配制

严格按照油基钻井液配方、配制工艺进行配制，确保配制成的油基钻井液流变性和悬浮稳定性良好。如果初期检测有电稳定性低、HTHP 滤失量较高，分散相固相颗粒较大，体系不稳定等现象出现，主要是由于地面设备剪切不充分，钻井液经过入井循环后性能可以得到改善。具体配制工艺如下：

（1）按照需要准备好循环罐并清洗干净，各连接处密封、无跑、冒、滴、漏。

（2）在配制罐内配制所需浓度的 $CaCl_2$ 水溶液。

（3）按配方量在罐内加入基油，开动地面循环，经混合漏斗加入所需的有机土、氧化沥青、石灰粉，充分循环搅拌 1.5～2h 至全部均匀分散；然后加入乳化剂充分搅拌 2h。

（4）将配制好的 $CaCl_2$ 水溶液缓慢加入油相中，充分搅拌 1.5～2h。

（5）根据设计要求，加入重晶石达到所要求的钻井液密度。

（6）如果老浆再利用，按照小型实验结果确定新浆与老浆的混合比例，然后再进行混合。

2. 油包水钻井液的置换

为保证即快、又干净地顶替掉水基钻井液，置换前大排量循环两周，充分循环清洗井底及破坏水基钻井液结构。为避免混浆可使用柴油或盐水作为隔离液，置换时保持钻井液泵以最大的排量均匀稳定进行，避免中途停泵。返出的水基钻井液外排放掉，并在即将返出油基钻井液时，连续测量钻井液密度，以确定置换终点。置换完以后，防止原水基钻井液及钻屑对油基钻井液污染，快速清洁锥形罐、钻井液槽及相关循环罐。清洁完毕，建立全井循环两周以上，使油基钻井液充分剪切混合。

3. 维护与处理

（1）钻进过程中根据钻井速度和钻井液消耗量，及时补充新浆或基液，保证施工安全。钻进中及时检测钻井液各项性能指标，发现异常立即进行维护处理，保证钻井液的性能稳定。

（2）提高密度时使用重晶石按循环周均匀加重，同时根据钻井液稳定性变化补充乳化剂等处理剂。钻井过程中钻屑、重浆压钻具水眼引起的密度上升，要及时使用固控设备清除固相，或适当补充基液稀释。

（3）通过固控设备控制固相，保持良好的流变性。黏度异常时，首先检测钻井液的油水比、固相含量是否符合要求。根据情况调整油相与水相比例，并充分剪切乳化。加重剂、钻屑等固相引起的增黏，使用固控设备及时清除，同时补充乳化剂改变钻井液体系中固相的润湿性，以降低钻井液的黏度。保持钻井液具有适当的剪切速率，防止因钻井液长时间静止而造成的乳液不稳定。

（4）始终保持破乳电压大于400V。如出现异常，应考虑油水比、电解质的浓度、钻屑、处理剂、剪切状况、温度等因素影响，分析后有针对性进行调整。

（5）根据消耗情况及时补充适量石灰，保持体系碱度为1.5~2.5mg/L。

（6）钻进中保持HTHP滤失量小于10mL。如果大于10mL，应补充降滤失剂、氧化沥青、有机土或加入封堵剂。

（7）钻遇裂缝性地层时，可以加入适量的弹性石墨、聚合物凝聚微球或超细碳酸钙或超细纤维素粉等。

## 第八节 合成基钻井液

合成基钻井液是为了继承传统的矿物油基钻井液抑制性强、润滑性好的优点，克服其危害环境的缺点而开发的一种钻井液体系。是以合成基液为连续相，盐水为分散相，加上乳化剂、有机土、石灰等组成的合成基乳化钻井液，根据性能要求加入降滤失剂、流变性能调节剂和加重材料等。合成基钻井液在许多性能方面与油基钻井液相似。其区别在于，将油基钻井液中的基础油替换为可生物降解又无毒性的合成基液。最初的希望是合成基液的物理性质应与矿物油相似，毒性必须很低，无论在有氧或厌氧的条件下均可以生物降解。据不完全统计，在世界范围内已有上千口井使用了合成基钻井液，而国内合成基钻井液应用比较少。

### 一、基液的基本性能

合成基钻井液分为一代和二代（国外分为4代），第一代主要为酯类、醚类和聚烯烃（PAO）类；第二代主要为线性烯烃（LAO）类、内烯烃（IO）类、线性烷烃（LP）类和线性烷基苯类，以线性烯烃聚合物为主的第二代合成基钻井液与第一代相比，黏度较低，配制成本也较低，而且有更强的生物降解能力，且第二代合成基钻井液更适于在高温深井中使用。不同类型合成基液的性能见表4-51。

**表4-51 合成基液的基本性能**

| 基本性能 | 第一代合成基液 | | | | 第二代合成基液 | | | |
|---|---|---|---|---|---|---|---|---|
| | 酯 | PAO | 醚 | 缩醛（羧酸醛） | LAB | LP | LAO | IO |
| 密度/（$g/cm^3$） | 0.85 | 0.80 | 0.83 | 0.84 | 0.86 | 0.77 | 0.77~0.79 | 0.77~0.79 |
| 运动黏度/（$mm^2/s$） | 5.0~6.0 | 5.0~6.0 | 6.0 | 3.5 | 4.0 | 2.5 | 2.12.7 | 3.1 |

续表

| 基本性能 | 第一代合成基液 | | | | 第二代合成基液 | | | |
|---|---|---|---|---|---|---|---|---|
| | 酯 | PAO | 醚 | 缩醛（羧酸醛） | LAB | LP | LAO | IO |
| 闪点 /℃ | >150 | >150 | >150 | >135 | >120 | >100 | 113～135 | 137 |
| 倾点 /℃ | <-55 | <-15 | <-40 | <-60 | <-30 | <-10 | -14～-2 | -24 |
| 芳香烃 | 无 | 无 | 无 | 无 | 有 | 无 | 无 | 无 |

## 二、配方及性能

表 4-52 是典型的合成基钻井液配方，其性能见表 4-53。

**表 4-52　合成基钻井液配方**

| 组分 | 主要功能 | 加量 /% |
|---|---|---|
| 合成基液：盐水 =9：1～7：3 | 分散介质、分散相 | 基液 |
| 有机土 | 增黏、提切 | 1.0～2.0 |
| 主乳化剂 | 乳化 | 1.5～2.5 |
| 辅乳化剂 | 辅助乳化 | 0.5～1.0 |
| 增黏剂 | 增黏提切 | 0.5～1.0 |
| 生石灰 | 提供碱度 | 2.0～4.0 |
| 降滤失剂 | 降低滤失 | 4.0～6.0 |
| 润湿剂 | 润湿反转 | 1.0～2.0 |
| 加重剂 | 加重 | 视密度需要 |

**表 4-53　合成基钻井液性能**

| 项目 | 要求 | 项目 | 要求 |
|---|---|---|---|
| 表观黏度 /mPa·s | 90～110 | $\varphi_3$ | 17～23 |
| 塑性黏度 /mPa·s | 60～80 | 静切力 / Pa | （4～8）/（6～12） |
| 动切力 / Pa | 15～20 | API 滤失量 / mL | 1～2 |
| $\varphi_6$ | 20～25 | HTHP 滤失量 / mL | 6～10 |

## 三、现场使用要点

1. 钻井液配制

合成基钻井液配制所用的设备与油基钻井液相同，配制步骤如下：

（1）用清水清洗干净循环系统及上水管线。

（2）在配制罐内配制所需浓度的 $CaCl_2$ 水溶液。

（3）按配方量在罐内加入合成基液，开动地面循环，经混合漏斗依次加入所需有机土、降滤失剂、石灰粉，充分循环搅拌 1.5～2h 至全部均匀分散；然后加入乳化剂充分搅拌 2h。

（4）将配制好的 $CaCl_2$ 水溶液缓慢加入油相中，充分搅拌 1.5～2h。

（5）根据设计要求，加入加重材料达到所要求的钻井液密度。

2. 维护处理

（1）钻进过程中，要根据现场钻井液性能变化情况及时进行维护处理。为提高处理的针对性，处理前要先进行小型实验，按照所设计的性能要求进行性能维护处理，并按配方设计补充钻井液的消耗量。

（2）若出现黏度升高时，可通过加入合成基液降低钻井液的黏度、切力。

（3）若出现黏度和切力降低时，可以通过加入同浓度的氯化钙水溶液或有机土进行处理，以提高黏度、切力。

（4）一般情况下，应保证每 4h 测量一次破乳电压，需要调整钻井液性能时加密测量，若破乳电压有下降趋势，应补充乳化剂。

（5）当需加入重晶石提高钻井液密度时，应同时补充乳化剂和润湿剂；需降低密度时，可加入配制的未加重基浆、合成基液或使用离心机。

（6）钻遇渗透性地层或微裂缝地层时，可加入超细碳酸钙、弹性石墨、凝胶微球和矿物纤维类材料等进一步提高钻井液封堵能力。

（7）如果发生漏失进行堵漏施工后，由于堵漏材料的加入使钻井液乳化稳定性、悬浮稳定性和流变性变差，需及时补充乳化剂、流型调节剂等调整钻井液性能。

## 第九节　气体、充气和泡沫钻井液

气体和气液混合钻井流体包括空气、天然气、氮气、雾状钻井流体、泡沫钻井液、充气钻井液等，是实现欠平衡钻井的一种技术手段，对于保护和发现低压油气层，提高单井产量和采收率有重要的意义，还可用于严重漏失性地层的防漏。

采用气体或气液混合钻井流体钻进，由于钻井过程中钻井流体的液柱压力低于地层压力，因此具有减少储层损害，有效地保护油气层；实时评价地层，及时发现产层；防止或减少井漏、卡钻等；显著提高机械钻速；延长钻头使用寿命等优点。

本节简要介绍气体钻井流体、雾化钻井流、泡沫钻井液和充气钻井液等体系组成、性能。

### 一、气体钻井流体

气体钻井流体是指空气或氮气、天然气、二氧化碳等作为钻井循环介质的钻井流体。与常规钻井液相比，气体钻井的优点是：显著提高机械钻速，缩短钻井周期；井底清洗及冷却条件好，延长了钻头的使用寿命，节省了钻头用量；使用空气锤钻头，钻压小，转速低，扭矩小，防斜效果更加良好；可有效地避免井漏等井下复杂情况的发生，有利于环境保护等。然而气体钻井流体也存在一些缺点，如：空气钻井是欠平衡钻井，因而当遇到地层出水、油气侵显示时便不能够平衡地层压力，此时，要立即转换成钻井液钻井方式。所以即使在空气钻井时也要同时配制好压井钻井液，随时准备转换钻井方式；空气钻井每天的耗油量是 8~10t，费用高。

气体钻井一般适用于：所钻地层平缓，地层倾角 <30°，无力学不稳定性应力垮塌，地层坍塌压力低；所钻地层不出水，无浅层天然气，无膏盐层。

### （一）气流体的循环系统

空气钻井的流程大致是：空气→空压机→增压机→方钻杆→钻具→钻头→环空→井口→排砂管→排砂池。在空气钻井作业中，需要将压缩机系统的压缩空气输送到钻机的立管管汇，因此就需要连接较大直径（76~101.6 mm）的钢管或软管。这些连接管线的额定压力值应与增压机的最大压力相匹配或更高。

此外，在这些连接管线中应安装相应的单流阀、安全阀和球阀，以保护压缩机和便于泄压。在气体输入的主管线上要连接一根旁通管线（泄压管线），方便在接单根或需要时泄压，旁通管线可以直接导流到排砂管线。另外在旁通管线与立管之间也需安装一条泄压管线，用以在接单根前放掉立管和钻具内的压缩空气，以便压缩机在接单根期间保持运转。旁通管线和泄压管线的直径一般为 50.8mm。

### （二）工艺过程

空气供气处理系统：空气→空压机→增压机→高压空气。

如果用天然气，则其来源共分为三种，即：天然气输气管线→高压天然气；邻井高压天然气→高压天然气；邻井低压天然气→增压机→高压天然气。

以纯空气钻井为例，其工艺流程：以空气为工作介质用空压机对空气先进行初级压缩至 1.2MPa 后，再降温、除水，然后再用增压机将空气继续增压至钻井需要的工作压力，并将增压后的空气从立管三通压入钻具，利用压缩空气完成冷却钻头、携带岩屑的任务，在排砂管线上利用岩屑取样器取得砂样，利用除尘器消除钻屑粉尘。

## 二、雾化钻井流体

雾化或雾状流体是空气、发泡剂、防腐剂和少量水混合组成的循环流体，其中空气是连续相，液体是非连续相。其优点类同于空气钻井，缺点是需要的空气量比空气钻井多 20%~40%，否则井下不安全，且在超深井中，易腐蚀钻具。适用于气体钻井钻遇地层水后无法正常钻进的情况。

实践表明，用空气 / 雾化在老井中进行欠平衡开窗侧钻，可以明显减少地层伤害。如，国外使用空气 / 雾化在下套管的直井中进行欠平衡开窗侧钻，在钻井过程中，由于套管被挤扁，未钻到设计井深提前完钻。尽管如此，经对侧钻井段的裸眼流动测试，测得的产气量是原直井段综合产气量的10倍，效果显著。资料表明，空气雾化钻井机械钻速至少比常规钻井液钻井高4~10倍。中原油田在普光气田进行气体钻井地层出水的情况下，成功地应用了雾化钻井，与钻井液相比机械钻速提高3~5倍。

雾化钻井流体钻井的特点可以归纳为：①将气体和雾化基液混合作为钻井工作介质，具有一定的携水能力，能防止因地层出水而产生钻头泥包、泥饼环、卡钻以及井壁水敏坍塌等复杂事故，克服了干气体钻井遇水即转的难题；②能够提高机械钻速，延长钻头寿命；③易于发现和保护油气层，减少对低压储层的损害；④可以有效地治理井漏，消除低压漏失层的钻井液漏失、卡钻。

### （一）雾化空气钻井主体设备

雾化空气钻井的地面配套设备包括空压机、增压机、雾化泵、注入控制管汇、旋转防喷器等。雾化泵为气体钻井专用装置，它为气体钻井中的雾化钻井及泡沫钻井提供高压及指定流量的基液。雾化泵的基液来自混液罐，基液加压后输入高压气体管线，要求对其输出的基液压力及流量进行测量及控制。

### （二）雾化液基本配方

一种典型的、能够满足现场需要的雾化基液组成如表4-54所示。

**表4-54 雾化基液配方**

| 处理剂名称 | 功用 | 用量/% |
|---|---|---|
| 高相对分子质量两性离子聚合物 | 包被、絮凝 | 0.05~0.10 |
| 中等相对分子质量两性离子聚合物 | 吸附、抑制 | 0.3~0.7 |
| 小阳离子化合物 | 抑制 | 0.1~0.5 |
| 阴离子表面活性剂 | 雾化剂 | 0.1~0.2 |
| 非离子表面活性剂 | 抗盐雾化剂 | 0~0.15 |

### （三）使用要点

1. 现场施工要点

（1）实施雾化钻井时雾化基液排量控制在30~80L/min，基液配方和排量根据钻遇地层岩性、出水量、钻时情况及时进行调整。

（2）及时用潜水泵将岩屑池中的雾化液回收至钻井液储备罐中，并保持罐内有一定的液量，以便雾泵正常供液。

（3）注意观察返出的雾化质量和监测基液罐中的基液性能，及时从基液罐和雾泵补充发泡剂，保持基液中的发泡剂浓度，以确保雾化钻进效果。

（4）接单根时，应先上提再下划至井底，保持循环3~5min后，上提方钻杆，停止雾泵注液，保持空气循环2~3min，停气，待立管压力降至0后，开始接单根。单根接好后，按要求的排量供气供液，出口正常后再恢复钻进。

（5）中途进行单点测斜时、起下钻或终止雾化钻井前，应先进行循环携砂洗井，再停止雾化泵注液，增开空压机，以大排量气体将井筒内的雾化液吹出，并适当干燥井眼，尽量减少井内残余液体与水敏性泥页岩的接触时间，以保持井壁稳定。

2. 转换施工要点

1）转换为泡沫钻井

当井深小于1000m时，如出水量大于25m³/h，排砂口返液呈间断柱塞状喷出，可转换为泡沫钻井，提高携水效率。

当井深大于1000m时，在判断井眼正常的情况下，如出现返砂量减少、钻屑颗粒变小的现象，提高空气排量无明显改观时，可转换为泡沫钻井，以提高携砂效率。

2）转换为空气钻井

雾化钻进期间，在工程参数稳定、排气正常（环空畅通）的情况下，如出现排砂口出水减少至滴流且返出钻屑在缓冲筒堆积的现象，说明钻遇的水层已基本枯竭，可关闭雾化泵，循环干燥井眼至排砂口出现扬尘，恢复空气钻进。

3）转换为水基钻井液钻井

钻遇气层，点火、循环观察，如果全烃含量快速上升，气测全烃含量大于3%，则停止雾化钻进，将钻具起至套管内，用储备的钻井液注入井筒，重建井内压力平衡后，将钻具下至井底，恢复常规钻进。

如果监测设备发现$H_2S$气体，应立即停止雾化钻进，用储备的钻井液注入井筒，恢复常规钻进。

出现立压上升、钻盘扭矩增大等异常现象，如判断为地层坍塌，应立即停止雾化钻进，将钻具起至套管内，将储备的钻井液注入井筒，重建井内压力平衡后，将钻具下至井底，恢复常规钻进。

## 三、泡沫钻井流体

泡沫钻井液包括可循环泡沫钻井液和空气（或氮气）泡沫钻井液。其中可循环泡沫钻井液是由基浆、发泡剂、稳泡剂及其他处理剂等组成的一种液体为连续相、气体为分散相的稳定泡沫钻井液体系。对于地层压力系数低于1.0的低压油气层，使用常规水基钻井液会由于较大的压差而产生大量漏失，在钻遇油气层时，会产生严重的污染，不利于发现和保护油气层时，可以采用可循环泡沫钻井液进行欠平衡钻井，采用常规的钻井设备即可满足可循环泡沫钻井液的钻井作业要求，不需要特殊设备。研究表明，稳定泡沫钻井液密度随压力而增加，随温度上升而降低。泡沫钻井液的黏度是欠平衡钻井设计中应考虑的主要因素之一，泡沫钻井液的黏度随压力的升高先降低后增大，大约在压力为5~10MPa时达到最小值；随温度的升高先增大后减小，黏度极大值出现的温度基本在50~70℃。

空气或氮气泡沫钻井液是用于空气泡沫钻井的一种作业流体，是在注入压缩空气（或氮气）的同时注入一定量的泡沫液，使之形成蜂窝状泡沫。泡沫液的主要成分是发泡剂、稳泡剂及井壁稳定剂，在高压空气的冲击下形成均匀的泡沫，从而具有良好的举水和携岩效果。实践表明，空气泡沫钻井平均机械钻速比常规钻井液钻井高 4~8 倍。适用于气体钻井钻遇地层水（出水量高于 $10m^3/h$）后无法正常钻进、大尺寸井眼使用空气钻携岩困难又无法实施雾化钻井的情况。

由于泡沫钻井液黏度高、滤失量少、悬砂性能强、具有良好的助排能力等特性，故在钻井中应用泡沫钻井液具有钻速快，钻头寿命长，井眼规则，对油层伤害小，油气显示明显，安全、可靠，能满足特殊情况下钻井要求等优点。

### （一）泡沫钻井液的组成

以可循环硬胶泡沫钻井液为例，典型的泡沫钻井液配方见表 4–55。其密度在 0.60~0.90 可调。

**表 4-55 泡沫钻井液配方**

| 处理剂名称 | 用量 /（$kg/m^3$） | 处理剂名称 | 用量 /（$kg/m^3$） |
|---|---|---|---|
| 膨润土 | 10~30 | 稳泡剂 | 5.0~15.0 |
| 增稠剂 | 30~70 | 降滤失剂 | 10~20 |
| 发泡剂 | 8~12 | | |

### （二）使用要点

1. 设备准备

（1）配制罐应配有搅拌器，容积应满足现场要求。

（2）钻井液值班房应配备泡沫性能测定装置：高速搅拌机、密度计、分析天平、精密 pH 值试纸、秒表。

2. 泡沫钻井液配制

（1）在配制罐中按配方要求加入所需量的清水，通过混合漏斗加入所需量的膨润土、增稠剂和降滤失剂等处理剂，循环搅拌使其充分溶解，得到基浆。

（2）通过混合漏斗向基浆中加入配方量的发泡剂和稳泡剂，循环搅拌混合形成泡沫。

（3）充分循环搅拌后，取样测定泡沫钻井液性能，如果性能不能满足设计要求，加入一定量的水或发泡剂或稳泡剂等进行调节，直到达到设计要求。

3. 维护与处理

（1）钻进中，及时测定泡沫钻井液性能，通过加入适量的发泡剂、稳泡剂、降滤失剂或水等调节钻井液的密度和其他性能。

（2）补充降滤失剂、发泡剂和稳泡剂时，应将其配制成胶液，均匀加入。

（3）保持固控设备正常运转，以及时清除钻屑。

## 四、充气钻井液

充气钻井液是将空气或氮气注入常规钻井液中形成的一种低密度钻井流体。它是以气体作为分散相，液体作为连续相，并加入稳定剂而形成的气液混合体系。充气钻井液以液相为主，所以它既属于气体型钻井流体，又属于轻质水基钻井液。气体分散在钻井液中形成的稳定分散体系称作充气钻井液。其组成包括：气体（气泡）、黏土、起泡剂和稳泡剂、钻井液处理剂和水。密度较低，一般为 0.6~1.0g /cm$^3$。常用注入气体主要是空气和氮气，此外还有二氧化碳、天然气、柴油机尾气，但使用的较少。

用充气钻井液钻井时，环空速度要达到 0.8~8.0m/s，地面正常工作压力为 3.5~8.0MPa。在钻进过程中要注意空气的分离和防腐，防冲蚀等问题，要求有配套工艺和地面充气设备。

充气钻井液适用于低压和易漏失地层。由于其滤失量较小，黏度较高，有利于地层的稳定。

由于充气钻井液的特殊性，因此具有一定的适用范围。

（1）适用于低压、低渗透以及潜山等块状油气藏。

（2）适用于油层压力系数低于 1.0g/cm$^3$ 以下的低压油藏钻井过程中。

（3）因受其工艺技术装备限制，不宜长时间使用充气钻井方式钻进，故钻进井段不宜太长。

（4）因充气钻井结束后，采用下筛管完井，为防止不同压力层系的油层或水层相互窜漏，故只能打开一层油层。

（5）适用于预计油气层井段较为准确的井。

### （一）充气钻井工艺

充气钻井施工作业工艺流程如下：

空气→空压机→增压机→方钻杆→钻具→钻头→环空→井口→分离器→钻井液返至振动筛回收（气体通过排放管放空）。

柴油机尾气→降温、除尘、除水→空压机→增压机→方钻杆→钻具→钻头→环空→井口→分离器→钻井液返至振动筛回收（气体通过排放管放空）。

### （二）充气钻井液的组成

为了减少固相对油层的伤害，通常选择无固相体系作为充气钻井液的基液，为保证能将井底的钻屑携至地面，还需加入增黏剂。为了减少滤液对油层的伤害，加入降滤失剂和孔喉封堵剂。同时应注意防止泥页岩被水浸泡后，由于水化膨胀而垮塌，基液中应加入一定量的黏土稳定剂。此外，充气钻井液还必须有能满足钻井施工要求的流变参数等。充气钻井液基本配方见表 4–56，性能要求见表 4–57。

表 4-56 充气钻井液基本配方

| 处理剂 | 加量 / ( $kg/m^3$ ) | 处理剂 | 加量 / ( $kg/m^3$ ) |
|---|---|---|---|
| 膨润土 | 0～60 | 降滤失剂 | 0.2～0.5 |
| 增黏气液稳定剂 | 0.3～0.5 | 液体润滑剂 | 0～1.5 |
| 井壁稳定抑制剂 | 0.3～1 | 消泡剂 | 0～1 |
| 表面张力调节剂 | 0.3～3 | 抗高温稳定剂 | 0～3 |

表 4-57 充气钻井液性能

| 项目 | 指标 | 项目 | 指标 |
|---|---|---|---|
| 密度 / ( $g/cm^3$ ) | 0.4～1.0 | $FL_{API}$/mL | ≤8.0 |
| $PV$/mPa・s | 10～25 | 温度 /℃ | ≤120 |
| $Gel$/Pa/Pa | 1～5/2～12 | 综合性能 | 满足现场施工要求 |

## （三）使用要点

1. 基浆的配制

（1）清空所有地面循环罐，并用清水清洗干净。

（2）分析检测现场水离子浓度，矿化度如果达到普通清水标准即可满足配浆水要求，在地面罐中加入所需量的配浆水。

（3）根据钻井液量要求加入表 4–58 中的处理剂。在地面循环至处理剂溶解、混合均匀，泵入井筒，替出井内原钻井液，调整性能和液量，达到充气钻井的开钻要求。

2. 地面设备安装

（1）安装好旋转防喷器、充、混气管汇组、节流管汇并对其进行试压，合格后方可开钻。

（2）调试空气压缩机、增压机、液气分离器、气体流量控制器，使之能满足充气钻井需要。

（3）液气分离器要求按照设计最大气体分离能力选配，安装好点火装置。

（4）充气钻井计算软件根据设计调整，跟踪记录数据传感器连接到位，保证正常工作，录取数据准确。

3. 性能维护

（1）钻进过程中，可根据井下情况和钻井液的性能要求，以胶液或干粉形式加入钻井液进行维护处理。

（2）需要调节密度时，可通过调节泵排量、充气量改变气液比，满足井底循环当量密度要求；钻进过程中要尽量提高固控设备的运转效率，清除固相，控制钻井液密度。

（3）钻井液塑性黏度超过 25mPa・s 时，液气分离器分离效率变低，可通过调整黏度，降低表面活性剂（发泡剂）用量，使充气基液易脱气，重复使用；视井下情况调整钻井液膨润土、增加气液稳定剂加量，控制切力。

（4）视井底温度需要加入适量的抗高温稳定剂，以提高钻井液的抗温能力。

## 参 考 文 献

[1] 王中华 . 钻井液技术员读本［M］. 北京：中国石化出版社，2017.

[2] 鄢捷年. 钻井液工艺学［M］. 东营：石油大学出版社，2001.

[3] 钻井液技术手册［EB/OL］. http：//www.doc88.com/p-036414533999.html，2012-04-26/2019-04-15.

[4] 韩振平 . KHm-CaO 基钻井液在万 13 井的应用［J］. 石油钻探技术，2002，30（4）：36-37.

[5] 吴修宾，张和平，王后彦，等 高钙盐钻井液体系的研究与应用［J］. 钻井液与完井液，2002，19（6）：67-70.

[6] 刘庆来 . 高钙盐钻井液体系的研究与应用［J］. 石油钻探技术，2005，33（3）：026-28.

[7] 金军斌 . 钻井液 $CO_2$ 污染的预防与处理［J］. 钻井液与完井液，2001，18（2）：14-16.

[8] 艾贵成 . 钾钙基阳离子钻井液技术［J］. 石油钻采工艺，2007，29（4）：087-88.

[9] 罗宇峰. 抗高温高密度饱和盐水钻井液在川西地区的应用［J］. 钻采工艺，2017，40（5）：98-101.

[10] 李午辰，贠功敏，高小芃 . 东濮凹陷高密度抗高温饱和盐水钻井液［J］. 石油天然气学报，2012，34（5）：95-98.

[11] 邱春阳 . 高密度饱和盐水聚硅磺化润滑防塌钻井液体系在黑池 1 井的应用［J］. 承德石油高等专科学校学报，2013，15（3）：1-4，9.

[12] 韩祝国，徐加放，邱正松，等 . KCl- 欠饱和盐水钻井液技术在新疆探区的应用［J］. 西部探矿工程，2007，19（3）：55-58.

[13] 郭健康，鄢捷年，王奎才，等 . 强抑制性 KCl/ 硅酸盐钻井液体系及其在苏丹六区的应用［J］. 钻井液与完井液，2005，22（1）：14-18.

[14] 张麒麟，黄宁，宋士军，等 . 硅酸盐 -APG 钻井液在内蒙古查干凹陷火山岩地层中的应用［C］// 全国钻井液完井液学组工作会议暨技术交流研讨会 . 2012.

[15] 于志纲，吕宝，杨飞，等 . 川西知新场地区稀硅酸盐防塌钻井液技术［J］. 钻井液与完井液，2012，29（2）：32-34.

[16] 吕开河，朱金智 . 高密度饱和盐 - 稀硅酸盐钻井液技术［J］. 石油钻采工艺，2003，25（3）：16-18.

[17] 耿晓光 . 甲酸盐钻井液体系在大庆开发井的推广应用［J］. 钻井液与完井液，2007，24（2）：77-78.

[18] 黄达全，徐军献，周光正 . 甲酸盐钻井液体系的应用［J］. 钻井液与完井液，2003，20（2）：28-30.

[19] 王中华 . 油基钻井液技术［M］. 北京：中国石化出版社，2019.

[20] 中油长城钻井有限责任公司钻井液分公司 . 钻井液技术手册［M］. 北京：石油工业出版社，2005.

[21] 马文英，孙举，宋亚静 . 空气钻井雾化技术在高出水地层的应用［J］. 精细石油化工进展，2009，10（2）：15–18.

[22] 陈若铭，刘伟，屈志伟，等 . 气基流体钻井转换技术研究［J］. 石油钻采工艺，2010，32(增刊)：58–62.

[23] 周长虹，许期聪，蒲刚，等 . 雾化钻井技术的研究及其在四川龙岗地区的应用［J］. 钻井液与完井液，2010，27（3）：66–68.

[24] 邱正松，张锐，徐加放，等 . 泡沫钻井液高温高压密度特性模拟实验研究［J］. 石油钻探技术，2002，30（1）：6–8.

[25] 耿宏章，蒋莉，任旭明 . 泡沫钻井液黏度与温度压力关系特性研究［J］. 钻井液与完井液，2004，21（4）：18–20.

[26] 魏武 . 充气泡沫气体钻井工艺技术［J］. 钻井液与完井液，2002，19（6）：31–33.

# 第五章　钻井液受污染及有关复杂情况的预防与处理

钻井过程中，常会出现由于来自地层的各种污染物进入钻井液中，而引起钻井液性能恶化的现象，以至于不能满足钻井施工要求，这种现象常称为钻井液受侵，即受污染。在钻井液污染物中，有些污染物严重影响钻井液的流变和滤失性能，而有的则加剧对钻具的损坏和腐蚀。当污染严重时，只有及时地对钻井液配方进行有效的调整，或者采用化学方法予以清除，才能保证钻井作业的正常进行。其中最常见的污染是钙侵、盐侵和盐水侵，此外还有 $Mg^{2+}$、$CO_2$、$H_2S$ 和 $O_2$ 等造成的污染。

钻井是一项复杂的系统工程，受地层本身的复杂性、工程的多样性、工程施工者的经验和所掌握技术的差异性等诸多因素的影响，如果不切实提高预防和处理复杂情况的能力，则极易发生漏、塌、卡、喷等各类井下复杂情况乃至事故，其结果不仅对储层产生严重污染，危及安全生产，而且会造成巨大经济损失。可见，做好钻井过程中有关复杂情况的预防与处理对安全、顺利钻井及储层保护都非常重要。

本章结合实践对钻井液受污染的预防与处理，以及与钻井液相关的钻井井下复杂情况的预防与处理进行简要介绍。

## 第一节　钻井液受污染的预防与处理

凡进入钻井液中使其性能变坏的物质均称为污染物。污染物包括黏土、钻屑等固相物质，钙、钠、盐水等可溶性盐或溶液，以及水、油、气体等地层流体。本节简要介绍各种污染物对钻井液性能的影响及钻井液受污染的预防与处理。

### 一、黏土侵的预防与处理

在易造浆地层快速钻进时，如果钻井液的抑制性差，固控效果不好，处理不及时，或因条件限制应该大循环而没有大循环，以及特殊工艺井黏土颗粒反复研磨分散过细等均会导致黏土侵。

当钻井液发生黏土侵时会出现密度增加，黏度、切力急剧上升，流变性变差，滤失量略有降低，滤饼厚且疏松，含砂量上升较快。严重时会引起缩径，起下钻拔活塞，且钻井液中膨润土含量很高。钻进中为保持钻井液性能稳定，若钻井液一旦出现黏土侵污，应及时处理，但最有效的方法还是做到提前预防。

一般情况下，黏土侵的预防与处理措施如下：

（1）充分了解所钻地层的岩性特点和钻井施工工艺，搞好钻井液设计，选用高质量大分子聚合物处理剂，胶液配制比例合适，保证钻井液体系具有较强的絮凝、包被和抑制能力。

（2）要及时处理，最好提前处理。对于非加重钻井液应用大量清水在循环过程中按周加入，以降低密度，然后再加入降黏剂和降滤失剂进行处理，同时加入聚合物抑制黏土的水化分散；对于加重钻井液应先使用与钻井液组分相同的稀钻井液进行稀释处理，使黏土含量达到要求后再加重，调整钻井液密度达到设计范围，再用聚合物进行处理。

（3）要用好固控设备，振动筛目数尽可能高。除砂器、除泥器、离心机要全负荷运转，保证固相清除效果良好。

（4）若条件允许，可以放掉部分钻井液，补充新浆；如果条件不允许，则可以采用地面循环罐集中处理或逐步顶替置换的方式进行处理，需要使用稀释剂时应尽可能选用非分散型产品。

## 二、钙、镁离子的污染预防和处理

钻井液中的 $Ca^{2+}$、$Mg^{2+}$ 主要来源于硬水配浆、钻遇石膏层、钻遇盐水层、钻水泥塞等。除在钙处理钻井液和油包水乳化钻井液中需要一定浓度的 $Ca^{2+}$ 外，其他类型钻井液中 $Ca^{2+}$ 均属污染离子。虽然 $CaSO_4$ 和 $Ca(OH)_2$ 在水中的溶解度都不高，但都能提供一定数量的 $Ca^{2+}$ 影响钻井液性能的控制。实验表明，几万分之一的 $Ca^{2+}$ 就足以使钻井液的滤失性能和流动性改变。钻井液被钙镁污染后的性能变化情况如下：

（1）$Ca^{2+}$、$Mg^{2+}$ 离子会使钻井液处于过度絮凝状态，使钻井液黏度、切力、滤失量大幅度上升，pH 值下降，流动性变差。

（2）若 $Ca^{2+}$、$Mg^{2+}$ 含量过高，经过一定的时间后，钻井液中黏土上的 $Na^+$ 与 $Ca^{2+}$ 发生离子交换，此时黏土的层间距缩小，致使黏土颗粒的水化膜减薄，造成钻井液黏度、切力急剧下降，滤失量继续增大。

当钻井液遇钙侵后，一般有两种有效的处理方法。一是在钻达含石膏地层前转化为钙处理钻井液；二是使用化学剂将 $Ca^{2+}$ 清除。通常是根据滤液中 $Ca^{2+}$ 浓度，加入适量纯碱除去钻井液中的 $Ca^{2+}$。这种处理方法的好处是，既沉淀掉 $Ca^{2+}$，且多出的 $Na^+$ 又将钙蒙脱石转变为钠蒙脱石。但应注意，纯碱不要加量过多，以免引起 $CO_3^{2-}$ 污染。

对于水泥引起的污染，由于 $Ca^{2+}$ 和 $OH^-$ 同时进入钻井液中，致使钻井液的 pH 值偏高。这种情况下，最好用碳酸氢钠（$NaHCO_3$）或酸式焦磷酸钠（$Na_2H_2P_2O_7$）来清

除 $Ca^{2+}$。为了降低或避免 $Ca^{2+}$、$Mg^{2+}$ 污染，可以从以下几方面对 $Ca^{2+}$、$Mg^{2+}$ 进行预防与处理。

（1）配浆前，首先对配浆水进行化验，$Ca^{2+}$、$Mg^{2+}$ 离子含量高的水不能用于配浆或去除 $Ca^{2+}$、$Mg^{2+}$ 后再用于配浆。

（2）如果配浆水中 $Ca^{2+}$ 或地层溶解的 $Ca^{2+}$ 已对钻井液造成污染，一般可以用 $Na_2CO_3$ 进行处理。

$$Ca^{2+}+Na_2CO_3 \rightarrow CaCO_3\downarrow +Na^+ \tag{5-1}$$

（3）石膏（$CaSO_4/CaSO_4 \cdot H_2O$）污染时，可同时加入烧碱、纯碱进行处理。烧碱溶液使钻井液的 pH 值升高，纯碱可清除过量的 $Ca^{2+}$，根据所选择的钻井液体系使 $Ca^{2+}$ 的含量保持在适宜范围。反应式如下：

$$CaSO_4+Na_2CO_3 \rightarrow Na_2SO_4+CaCO_3\downarrow \tag{5-2}$$

$$Ca^{2+}+2OH^- \rightarrow Ca(OH)_2\downarrow \tag{5-3}$$

NaOH 和 $Na_2CO_3$ 配合使用，即可清除过量的 $Ca^{2+}$，又可使钻井液的 pH 值保持在需要的范围内，最终恢复钻井液的性能。

（4）钻遇石膏层时，提高钻井液抗石膏污染能力。进入石膏层前对钻井液进行预处理，降低钻井液的膨润土含量及固相含量；对于薄的石膏层可以加入纯碱除钙，烧碱提 pH 值；对于较厚的石膏层，使用高碱比的混合液，以一定比例的纯碱、烧碱、足量的降滤失剂和/或防塌剂复配成胶液，按循环周处理，控制滤失量，提高抗污染和防塌能力；也可以预先配成钙处理钻井液，抑制石膏溶解，必要时，逐步转化为钙处理钻井液体系。

（5）若用海水和高含镁地层水作为配浆水而造成 $Mg^{2+}$ 污染时，常用 NaOH 进行处理。

## 三、水泥-石灰污染和处理

水泥由几种复杂的钙化合物组成，这些化合物与水反应都会生成 $Ca(OH)_2$，石灰会使淡水膨润土钻井液絮凝，引起黏度和滤失量的上升。当固井作业或钻开水泥塞时常会造成水泥污染，污染的严重性与污染时钻井液的组分和水泥状态有关。钻井液组分包括固相含量、抗絮凝剂的浓度等，水泥状态指水泥的胶结程度，一般胶结差的水泥（有时叫绿水泥）比胶结好的水泥会造成更严重的污染。

当钻井液受到水泥污染时，可用下述一种或几种方法结合来进行处理。

（1）如果钻井液污染严重，无法有效地处理或难以处理时，可把污染最严重的那部分钻井液排放掉或按石灰钻井液来处理。

（2）用小苏打（$NaHCO_3$）处理。$NaHCO_3$ 与 $Ca^{2+}$ 反应生成不溶的 $CaCO_3$，由于在钻水泥时 pH 值较高，$Ca^{2+}$ 的浓度一般不超过 200～400mg/L。如式（5-4）所示，在 $NaHCO_3$ 与 $Ca(OH)_2$ 反应时只中和了一半的 $OH^-$，另一半转变为 NaOH，这会导致 pH 值升高。为避免 pH 值过高，可采用铁络盐、腐殖酸、栲胶、单宁酸等有机酸与小苏打一起处理。

$$Ca(OH)_2 + NaHCO_3 \rightarrow CaCO_3 \downarrow + NaOH + H_2O \quad (5\text{–}4)$$

用小苏打预处理钻井液可能会造成 $CO_3^{2-}$ 污染，所以一般预处理时小苏打的加量控制在1.43~2.14kg/m³。用有机酸，如铁络盐或腐殖酸等预处理会有助于缓冲pH值的升高。

（3）焦磷酸钠处理。焦磷酸钠（SAPP）与 $Ca(OH)_2$ 反应生成不溶的 $CaP_2O_7$，如式（5–5）所示，为保证SAPP与 $Ca(OH)_2$ 的反应彻底，往往要加过量的SAPP，反应的结果同样也会造成pH值升高，当井底温度大于175℃时，SAPP会变成一种絮凝剂，故高温下不宜使用。

$$Ca(OH)_2 + Na_2P_2O_7 \rightarrow CaP_2O_7 \downarrow + 2NaOH + H_2O \quad (5\text{–}5)$$

（4）有机酸（铁络盐或腐殖酸等）处理。一般在用铁络盐、腐殖酸、栲胶、单宁酸等有机酸处理时，大约1kg/m³的 $Ca(OH)_2$ 可中和7~8kg/m³的有机酸。故采用铁络盐、腐殖酸、栲胶、单宁酸等有机酸可以处理钙镁离子污染。

需要强调的是，用纯碱处理时，如式（5–6）所示，由于纯碱与水泥中的 $Ca(OH)_2$ 反应没有 $OH^-$ 被中和，会导致过高的pH值，除非能有效监测体系中pH值的升高，一般不采用纯碱来处理水泥污染。

$$Ca(OH)_2 + Na_2CO_3 \rightarrow CaCO_3 \downarrow + 2NaOH \quad (5\text{–}6)$$

当井下温度超过250℃时，被水泥污染的钻井液可能会固化，这时加入2.85~8.55kg/m³的抗高温解絮凝剂可以有效地解决被污染钻井液的高温稳定性问题。

## 四、盐水侵污的预防与处理

地层中存在盐水，当钻遇盐水层时，由于钻井液液柱压力小于盐水层压力，或者在钻进时平衡，而起钻时压力减小导致欠平衡，盐水将会侵入钻井液中。

当钻井液遇到盐水侵时，$Cl^-$ 离子含量将剧增，滤失量快速增加。盐水侵入不多时，钻井液黏度、切力会突然增大，滤失量增大，滤饼增厚，pH值降低，同时滤液中钙、镁、$Cl^-$、$SO_4^{2-}$ 等离子含量增加，钻井液表面有泡沫出现。

当钻井液液柱严重小于盐水层压力，且盐水含盐量较高，盐水大量的侵入钻井液时，将会使钻井液密度下降、黏度下降，钻井液体积明显增加，液面上升，井口外溢，甚至发生轻度井喷。

为防止盐水侵污，在钻开盐水层前，应根据盐水层的压力调整钻井液密度，使钻井液液柱压力大于盐水层压力3.0~4.0MPa，同时注意观察钻井液的性能变化，加密性能测试，尤其是 $Cl^-$ 含量测定。在确保压住盐水层的情况下钻进。一旦发生盐水侵必须及时进行处理，盐水侵的预防与处理措施如下：

（1）钻遇盐水层时，应提高钻井液密度，尽可能压死盐水层。在提高钻井液密度的同时，配合处理剂处理盐水侵，必要时将淡水钻井液转换成盐水或者饱和盐水钻井液。

（2）钻井液被盐水污染时，一般可添加NaOH来提高钻井液体系的pH值，同时补充足够的降滤失剂来维持钻井液的稳定性。

（3）如果起下钻后出现大量涌入的盐水，应及时排放，以降低处理难度和成本。

（4）钻井液变稠时，可以用钙处理或高碱比稀释剂处理，使黏度、切力降低，便于加重以压住盐水层；同时还要补充抗盐抗钙降滤失剂，降低滤失量和改善滤饼质量，防止井下情况复杂化。

（5）如果污染物是含钙盐水，则要考虑先用纯碱除钙，以避免钻井液处于过度絮凝状态。如果污染物是钠性盐水，除用淡水稀释外，还要及时补充抗盐性强的各种处理剂，如添加解絮凝剂和降滤失剂等。

（6）出现大量不断的盐水污染导致钻井液黏度降低时，可用纯碱、CMC、抗盐土或预水化膨润土浆提黏和降低滤失量。但随着时间的推移，已水化的膨润土会发生去水化作用，除非能降低盐的浓度。有效的做法是先用处理剂处理预水化膨润土浆后，再均匀混到钻井液中去。若盐水已大量侵入，钻井液黏度过低时（小于 28s），应该考虑替换钻井液。每次下钻到底循环时，注意观察盐水侵情况，必要时，可将污染严重的部分钻井液放掉。

## 五、盐侵污的预防与处理

当钻遇岩盐层时，由于井壁附近岩盐的溶解使钻井液中的 NaCl 浓度迅速增大，从而发生盐侵引起钻井液性能变化。

$Na^+$ 的侵入会增加黏土颗粒扩散双电层中阳离子的数目，压缩双电层使扩散层厚度减薄，黏土颗粒表面的 Zeta 电位下降，颗粒间的静电斥力减小，水化膜变薄，颗粒间端 – 面和端 – 端连接的趋势增强，絮凝作用将导致钻井液中的黏土颗粒分布不均匀，使黏度、切力和滤失量均逐渐上升。当 $Na^+$ 浓度增大到一定程度后，压缩双电层的现象更为严重，黏土颗粒的水化膜变得更薄，致使黏土颗粒发生面 – 面连接，聚结作用使分散度明显降低，因而钻井液的黏度和切力在分别达到其最大值后又转为下降，滤失量则继续上升，钻井液的稳定性变差。

一般盐侵入小于 1% 时，钻井液黏度、切力和滤失量变化不大，滤液中钙、镁、氯根、硫酸根等离子含量增加，钻井液表面有泡沫；若盐侵入大于 1% 时，黏度、切力和滤失量随含盐量增加而迅速上升，泥饼增厚；当含盐量达到某个数值时（通常为 3%，但该值和最大值的大小都不是固定不变的，而是依所选用配浆土的性质和用量而异），黏切达到最大值，钻井液显著增稠；当含盐量超过某个数值时，黏切随含盐量增加而降低，滤失量继续增加；由于 $Na^+$ 与黏土中的 $H^+$ 和其他酸性离子不断交换，pH 值随含盐量增加而降低，钻井液稳定性变差，烧碱耗量明显增加。

结合现场实践，将盐侵的处理原则归纳为：抗盐、护胶、拆结构、换土。抗盐、护胶即加入抗盐能力强的有机护胶剂，如 CMC，聚合物；拆结构即加入 FCLS、SMT 等抗盐稀释剂；换土即将膨润土换为海泡石、凹凸棒石等抗盐土。盐侵污的预防与处理措施如下：

（1）适当提高钻井液的密度，以克服盐岩的塑性变形。

（2）增加钻井液中聚合物及抗盐处理剂的含量，及时补充烧碱水，使钻井液的 pH 值维持在 8~10，保持钻井液性能稳定。

（3）一旦发生盐侵，黏度、切力和滤失量增加时，应首先考虑降低黏切，与此同时，加入护胶剂和抗盐降滤失剂，调整维护钻井液性能。若黏切较高，可用降黏剂进行处理，并配合 LV-CMC 等降低滤失量，确保钻井液处于稳定状态。

（4）若盐层较薄而又使用普通水基钻井液时，则应进行预处理，即用新浆置换一部分井浆，降低膨润土含量和黏切，降低钻井液滤失量，提高抗盐能力，确保穿盐层时性能不发生较大变化，穿完盐层后再调整钻井液性能，使之恢复穿盐层前的性能；若盐层较厚，可转换为饱和盐水钻井液体系，或设计使用油基（或油包水）钻井液体系。

## 六、$CO_3^{2-}$、$HCO_3^-$ 的污染预防和处理

当钻井液配浆或处理过程中加入了过量的 $CO_3^{2-}$，空气中的 $CO_2$ 在固控过程中溶解进入钻井液，有机化合物处理剂在高温高压下的热降解或有些处理剂相互作用生成 $CO_2$，所钻膏盐地层中含有可溶性的碳酸盐，以及地层中的 $CO_2$ 随地层流体侵入钻井液时，将会有可能产生碳酸根和碳酸氢根对钻井液的污染现象。

一般情况下，钻井液被碳酸根或碳酸氢根污染后，其流变参数，特别是动切力受 $HCO_3^-$ 和 $CO_3^{2-}$ 的影响很大，尤其高温下的影响更为突出。钻井液受 $CO_3^{2-}$ 和 $HCO_3^-$ 污染后，黏度急剧升高，滤饼厚且虚，滤失量、动切力、稠度系数有明显增大，流动性变差，触变性增强，加入降黏剂后效果不明显，处理频繁，稳定周期短，pH 值难以稳定，容易下降，钻井液中有大量气泡且消泡困难，颜色变深，发灰、发黑。

若钻遇含 $CO_2$ 气体的地层，$CO_2$ 气体侵入井筒，与钻井液中的水反应生成碳酸，造成钻井液的 pH 值下降，黏切明显升高。

当钻井液受 $CO_3^{2-}$ 和 $HCO_3^-$ 污染后，为了保证钻井液的性能稳定，避免出现复杂情况，应对钻井液的性能进行及时维护处理，尤其是在钻遇含 $CO_2$ 气体地层前应做好预防。结合实践，钻井液受碳酸根、碳酸氢根污染的预防与处理措施如下：

（1）提高钻井液抗 $CO_2$ 污染的能力。$Ca^{2+}$ 可除去侵入的 $CO_2$，因而保持钻井液中存在适量的 $Ca^{2+}$，同时添加足量的降滤失剂，可提高钻井液抗 $CO_2$ 污染的能力。

（2）当钻井液滤液分析所测得的 $CO_3^{2-}$、$HCO_3^-$ 含量小于 2370mg/L 时，钻井液受到 $CO_3^{2-}$、$HCO_3^-$ 轻度污染，对钻井液影响不大，性能基本稳定。通常可以将 pH 值提高至大于 11.7，以使 $HCO_3^-$ 转化为 $CO_3^{2-}$，进而与 $Ca^{2+}$ 反应生成 $CaCO_3$ 沉淀而除去。

（3）当钻井液滤液分析所测得的 $CO_3^{2-}$、$HCO_3^-$ 含量大于 2370mg/L 或高达上万时，钻井液受到 $CO_3^{2-}$、$HCO_3^-$ 严重污染，即使使用多种降黏剂和降滤失剂进行大幅度的反复处理，都不能有效控制钻井液的性能。在此情况下，可向钻井液中加入一定数量的 $Ca^{2+}$，使其在碱性环境下形成碳酸盐沉淀，清除 $CO_3^{2-}$ 和 $HCO_3^-$。在现场调整处理过程

中，要根据滤液分析测得的数据计算出相应的加量，其处理力度应控制在50%~60%。考虑受钻井液pH值、固相含量、各种化学处理剂浓度和井下温度的影响，首先做好小型实验，然后按循环周加入，保证钻井液性能基本处于稳定状态和井下安全。

用石灰水处理污染时，要先做小型实验，根据污染程度确定石灰水的加量，否则会造成钻井液的二次污染。若现场条件有限，无法判定钻井液的污染程度时，可用清洁淡水配成5%~10%的石灰水2~5$m^3$，细水长流地按循环周加入，发现返出的钻井液恢复正常后，立即停止加入石灰水，剩余的石灰水另置存放或排入污水罐，并将处理剂罐内的残余物清除干净。

（4）当钻进至易垮塌和破碎的泥页岩、膏泥岩和页岩时，钻井液极易受到$CO_3^{2-}$、$HCO_3^-$污染，在此情况下，可使用适量的超细水泥进行处理，一方面分散在钻井液中的超细水泥小颗粒在易垮塌地层较大的孔隙和微裂缝中起到填充作用，并在井壁上形成一层坚固的保护层，有效地封堵孔隙和微裂缝，防止井壁坍塌。另一方面，超细水泥中的硅酸钙和氧化钙组分向钻井液中提供一定数量的钙离子，减少碳酸根、碳酸氢根污染。

（5）在高含$CO_3^{2-}$、$HCO_3^-$地层，应优先选择含有一定量的无机盐类钻井液，且在进入污染地层前需调整好各相关组分含量，如钾钙基钻井液等。

（6）若地层$CO_2$含量高，钻井液进出口密度无法达到平衡，首先应提高钻井液密度，平衡地层压力，压稳$CO_2$气层，减少$CO_2$的侵入量。在钻井液中添加CaO是解决因$CO_2$污染导致的钻井液黏度切力上升的有效方法。实际处理过程中，$CO_2$是逐渐溶解侵入的。CaO加量过少或加入次数不足，无法有效处理$CO_2$污染；若CaO加量过大，钻井液中的$Ca^{2+}$浓度增大，黏度切力急剧上升，此时钻井液处于过度絮凝状态，采用适量的纯碱，有一定的处理效果。

除石灰外，还可以用超细水泥处理，超细水泥（主要成分为$CaO \cdot SiO_2 \cdot Al_2O_3$）中的CaO组分，可以在钻井液中水解出少量的$Ca^{2+}$，与钻井液中$CO_3^{2-}/HCO_3^-$离子反应生成$CaCO_3$沉淀。如前所述，该处理方式主要是针对易垮塌的泥岩、膏泥岩等地层中遇到的$CO_3^{2-}/HCO_3^-$严重污染。该方法针对性较强，虽然有成功处理案例，但是效果不够明显、迅速，如果加量控制不好，还会导致钻井液固化，风险较大。

合理使用$Ca(OH)_2$和$CaCl_2$等含钙处理剂。处理$CO_3^{2-}/HCO_3^-$时，$Ca(OH)_2$由于溶解度和溶度积的原因，并不能完全将$CO_3^{2-}/HCO_3^-$除尽，且易造成黏度切力进一步上升。加入$CaCl_2$可以将其除尽，但只加$CaCl_2$会导致钻井液pH值下降，滤失量失控。现场应用时，$Ca(OH)_2$应该配制成较稀的石灰水溶液，缓慢均匀加入。用$CaCl_2$处理时，稀释剂和护胶剂应配成高碱比胶液，以防止pH值降低。用$CaCl_2$和$Ca(OH)_2$交替处理，控制钻井液pH值在9.5~11，$Ca^{2+}$的含量在300~500mg/L。

（7）对于油基钻井液，当发生$CO_2$污染时，会导致油基钻井液的碱度降低、流变性变差。当出现碱度降低时需要及时补充石灰进行处理，同时注意加重以保持钻井液密度，并通过加入润湿剂、乳化剂、增黏剂和降滤失剂、油等，以保证钻井液的流变性、悬浮稳定性和滤失量得到有效控制，确保钻井液的各项性能稳定。

## 七、$H_2S$ 污染的预防与处理

钻遇含 $H_2S$ 的地层时，如果钻井液液柱压力小于 $H_2S$ 流体压力，流体进入钻井液中，引起 $H_2S$ 污染。即使压力平衡，含 $H_2S$ 的钻屑在上升过程中，由于液柱压力减小，$H_2S$ 也必然得到释放，进入钻井液中。因此，只要地层含 $H_2S$，钻井液必然会遭受 $H_2S$ 污染。同时，某些含磺酸基的有机处理剂以及木质素磺酸盐在井底高温下也会分解产生 $H_2S$ 造成污染。

由于 $H_2S$ 是一种剧毒、易燃易爆气体，当其浓度达到 1～5mg/L 时，即会对人体构成生理伤害，超过 800mg/L 将会导致窒息死亡。$H_2S$ 气体对钻井液性能也会造成较大影响，威胁钻井安全。$H_2S$ 对钻具和套管具有极强的腐蚀作用，主要表现为氢脆。

$H_2S$ 水溶液呈酸性，会降低钻井液的 pH 值，导致部分处理剂的作用降低或失效，影响钻井液性能。随着 $H_2S$ 不断侵入钻井液，会出现钻井液密度降低，黏度上升，滤失量增大，颜色变为瓦灰色、墨色或墨绿色，甚至发生沉降、絮凝等现象，钻井液失去稳定性，此时体系可能发生固－液分离现象。此外，$H_2S$ 会诱发钻具发生电化学腐蚀、氢脆和硫化物应力腐蚀，从而造成钻具断裂事故。

从确保作业安全和钻井液性能稳定和防腐的角度出发，必须高度重视 $H_2S$ 对钻井液污染的预防与处理，结合实践，具体的预防与处理措施如下：

（1）提高钻井液密度，坚决压死。在地层压力和破裂压力预测的基础上，选择合适的钻井液密度，附加密度可以大于 $0.15g/cm^3$，压死 $H_2S$ 地层，实施这一原则的关键是地层压力的确定，控制加重幅度，使之能够顺利施工，千万不能发生憋泵或致漏，否则后患无穷。

（2）钻开含硫地层前 50m，将钻井液 pH 值保持在 10～11，直至完井。当 pH 值为 9 时，其含量可以降低到0.6%，所以施工时钻井液pH值不能低于9，最好保持在11左右。

（3）提高钻井液抗 $H_2S$ 污染能力。含硫处理剂的高温降解或两种处理剂间反应都可能产生 $H_2S$。因此，钻井液处理剂应具有较好的抗温性能，且尽量避免氧化型处理剂和还原型处理剂同时使用。

（4）已被 $H_2S$ 污染的钻井液处理。在提高钻井液 pH 值的前提下，加入碳酸锌（碱式碳酸锌）、碱式硫酸铜、海绵铁等，可除去侵入钻井液的 $H_2S$，恢复钻井液的性能，减缓钻具腐蚀，防止发生人员中毒事故。其化学反应式如下：

$$Zn_2(OH)_2CO_3+2H_2S \rightarrow 2ZnS\downarrow +2H_2O \quad (5\text{-}7)$$

实际处理过程中，$H_2S$ 浓度一般较低，且是逐渐侵入的，需准确把握 $Zn_2(OH)_2CO_3$ 的加量。加入量过少或加入次数不足，难以有效除去侵入钻井液中的 $H_2S$；如果 $Zn_2(OH)_2CO_3$ 过量，钻井液中的 $OH^-$ 浓度增大，黏度、切力将急剧上升，此时宜采用生石灰处理，其化学反应式如下：

$$Zn_2(OH)_2CO_3+CaO+H_2O \rightarrow CaCO_3\downarrow +Zn(OH)_2\downarrow \quad (5\text{-}8)$$

（5）钻井液出口处加入过氧化氢或氨水。

对于油基钻井液，$H_2S$ 污染时会导致油基钻井液碱度降低，需要及时补充石灰，以维持钻井液的碱度。通常 $H_2S$ 会引起钻井液变黑同时发出恶臭（高浓度时是闻不到的），而流变性和滤失量可能有变化也可能没变化，此时应立即用石灰进行处理以保证体系具有足够的碱度，并密切注意是否出现水润湿问题。若出现水润湿现象，则水会析出与金属表面接触，由于氢脆而导致应力破裂，这时可能需要大量的润湿反转剂和乳化剂来保持体系的稳定。另一种处理 $H_2S$ 污染的方法是加入除硫剂，如锌化物来使硫沉淀出来。由于锌化物在油基钻井液中的溶解度太小，采用这种方法一般难以达到应有的效果。但实践证明锌化物对沉淀硫是有作用的，而最有效的首选方法还是加入石灰进行处理。

钻具在油基钻井液中是油润湿的，防腐能力大大提高，因此往往使用油基钻井液来钻含 $H_2S$ 的地层。由于 $H_2S$ 污染会使钻井液碱度很快降低，故在油基钻井液中 $H_2S$ 的污染很容易确认。经验表明，必须在钻井液返出样中保持过量的石灰，如果提前知道所钻的地层含 $H_2S$ 时，则需要控制在钻井液返出时的碱度至少为 2.5mL。

## 八、油气侵入的预防与处理

钻遇含油、气层时，如果钻井液液柱压力小于油、气层压力，则油、气流体将会不断进入钻井液中。当发生油气侵时，钻井液的性能变化主要是密度明显下降，黏度、切力升高。对于原油侵入时，钻井液循环罐液面升高，槽面上可以观察到油花，并可以从振动筛直观地发现。而气侵表现为钻井液中有气泡，气测值明显上升。

原油的侵入多数情况下是由于疏忽大意，通常较少发生。一般原油侵多发生在提升钻具和起下钻钻具抽吸时。

对于气侵而言，气侵的钻井液在不同深度的密度是不同的。接近地面时密度降低，但井底钻井液液柱压力变化较小，这时不能以地面气侵钻井液密度乘以井深来计算液柱压力；由于抽汲或长时间停止循环（如因换钻头、修泵或电测等），井底积聚有相当数量的天然气气柱，上升膨胀时可能导致钻井液溢流；气侵溢流关井时，由于密度差的缘故，天然气会滑脱上升，最后积聚在井口。若井筒和井口装置无渗漏，则滑脱上升的天然气不会膨胀，体积不会变化；上升过程中，井口压力会逐渐增加。当气体升至井口时，钻井液液柱上增加了一个与溢流在井底相同的压力同时作用于井筒，而井口则作用有原来溢流在井底时的压力，此时，有可能形成过高的井底压力和井口压力。为了避免出现这种情况，气侵钻井液循环出井口时，要允许气体膨胀，释放部分压力，同时不要让井眼长时间关井而不循环；关井时气体上升而不膨胀的情况下，地层压力不等于井口压力加钻井液液柱压力，因此，不能用这个压力来计算所需钻井液密度。

一般情况下，钻遇含油、气地层时，可以从以下几方面进行油、气侵的预防与处理。

（1）进行加重处理，提高钻井液密度，压稳油气层。

（2）借助固控设备在地面不断循环钻井液，使气泡有机会溢出，此法只能除去较大

气泡。对直径较小的气泡，特别是高黏度钻井液中的气泡，循环除气的效果较差，所需时间也较长。

（3）加入消泡剂，并借助于常压式、真空式、离心式等除气设备，将侵入钻井液中的气体分离出去。

（4）侵入的油量少时，可以提高 pH 值或加入适量的乳化剂，将侵入的油均匀分散在钻井液中，侵污严重、黏切过高时，在加重处理的同时对钻井液进行降黏处理，便于排油除气。

## 九、其他有关复杂情况的预防与处理

### （一）起泡与消泡

当钻进气层时，由于地层中的气体侵入钻井液，使钻井液起泡。有些含有表面活性剂成分或本身具有表面活性的处理剂等，加入钻井液中，也会引起钻井液起泡。

当钻井液起泡时，会使钻井液的动切力、静切力升高，流变性变差，同时还会降低钻井泵自吸力，降低钻井泵排量，使钻井液携带岩屑能力降低，影响井眼净化，从而影响机械钻速和井下安全。严重起泡时，会使钻井液密度降低，引发井壁坍塌，造成井内卡钻事故，甚至引起井控风险。因此，钻井过程中，为了保证钻井作业安全，必须及时采取针对性的预防与处理措施，防止或消除钻井液的起泡现象。从预防的角度讲，不用或少用含有起泡材料的处理剂、大部分润滑剂，如液体润滑剂、粉状润滑剂中含有起泡作用的表面活性剂。在使用这类材料之前，要先做实验，以检测其中是否含有起泡材料。井场简单实验方法：从井口取正在循环的钻井液 500mL，加 1% 润滑剂，搅拌 10min 后，观察总体积是否增加，是否起泡。要严格执行钻井液设计，及时检测钻井液性能。对于地层温度高的深井超深井等，钻井液维护处理中要特别注意钻井液处理剂之间的相互配比，提高钻井液的抗温、抗老化和抗污染能力。同时现场要加强钻井液碱度分析，通过室内实验分析及时了解碳酸根离子、碳酸氢根离子浓度变化情况，一旦发现异常确认为钻井液碳酸氢根污染时，要及时采取有力措施，尽快控制和消除由于碳酸根、碳酸氢根污染引起的起泡现象。

当发现钻井液起泡时，可以采用如下方法进行处理。

（1）加液体消泡剂可清除钻井液的气泡。

（2）对于一些无法用消泡剂排除的含 $H_2S$、$CO_2$、$O_2$ 等侵入气体的钻井液，只能用清水、稀释剂、除泥器和除砂器处理。

（3）在正常的膨润土含量下，通过提高 $P_f$ 值改进动切力。

（4）钻井液发生碳酸根污染时，可以采用氧化钙进行处理。

（5）经常进行脱气处理，尽量降低钻井液中的固体含量，注意泵内管线等密封性，减少气体吸入。

### （二）测井遇阻时钻井液的处理方法

钻井液性能参数直接关系到所钻井眼状况，特别是大斜度井，井壁稳定性、携砂和悬浮能力、润滑性等是保证井下安全、电测顺利的重要因素。一般测井遇阻的主要原因如下：

（1）钻井液密度偏低，液柱压力不能抑制地层的蠕变缩径，对于破碎地层不能抑制垮塌掉块。

（2）钻进过程中，注水井停注及泄压不及时，井下出水或油气上窜，钻井液性能遭到破坏，特别是出水造成滤饼脱落冲蚀，伴随着井壁坍塌。为了平衡地层压力，势必要压井，有可能把上部脆弱地层压漏；造成滤饼质量差，井下摩阻必然增大。

（3）钻井液体系选择不合理，或处理剂加量不足。如盐层井段未采用饱和盐水钻井液或加盐量不够造成盐溶，垮塌地层未选用防塌钻井液体系等一系列综合因素，形成“大肚子”井眼和“糖葫芦窜”井眼。

（4）钻井液携岩能力差，大斜度井段形成岩屑床，或井底有沉砂，造成电测不到底。

（5）润滑性差，电测时易发生黏卡。

（6）钻井液高温稳定性差，引起高温增稠，钻井液静置后切力过大，仪器下行困难。

为了防止或处理测井遇阻，可以采用如下措施。

（1）选用合理的钻井液密度，保持井壁力学稳定。为了保持井壁稳定，必须依据所钻地层的坍塌压力与破裂压力来确定钻井液密度，保持井壁处于力学稳定状态，防止井壁发生坍塌或塑性变形。

（2）优化钻井液体系，保证钻井液具有良好的润滑性和防塌能力。采用物理化学方法阻止或抑制地层的水化作用，具体方法是：①提高钻井液的抑制性；②用物理化学方法封堵地层的层理和裂隙，阻止钻井液滤液进入地层；③提高钻井液对地层的膜效率，降低钻井液活度使其等于或小于地层水的活度；④提高钻井液滤液的黏度，降低钻井液高温高压滤失量和滤饼渗透率，尽量减少钻井液进入地层的量等。

（3）电测前的准备工作。完钻后，大排量洗井，然后短程起下钻至正常井段，如果遇阻则充分划眼；井底若有沉砂，则用稠浆推举一周带砂，确认井底干净后，配一罐高质量封闭液封闭井底，封闭液可用 SMP、CMC、玻璃球配制。如果井下摩阻较大，加入润滑剂或原油，并保证封闭液高温不增稠；对于狗腿度大的井段，电测前要采用破键接头或专用破键器划眼，使井眼平滑，利于电测和下套管作业；井斜角大于 60° 以上的井，做好钻杆输送测井准备。

## 第二节　井漏的预防与处理

井漏是指在石油钻井过程中，钻井液漏入地层的一种现象。井漏是钻井工程中最普遍、最常见的世界性难题之一，井漏诱发的井壁失稳、因漏致塌、致喷问题是长期以来

制约油气勘探开发速度的主要技术瓶颈，井漏的发生不仅给钻井工程带来损失，也为油气资源的勘探开发带来极大困难。通常当出现钻井液罐或钻井液液面非正常下降，井口返浆量减少或不返浆，井内钻井液面下降等现象时，就说明井内发生了漏失。

可以说，在钻井过程中，每口井都会发生漏失，只是漏失的程度不同。井漏对油气勘探、开发和钻井作业会造成极大的危害和损失，归纳起来主要是：①增加钻井液成本；②消耗大量的堵漏材料；③损失大量的钻井时间，延长施工期；④影响地质资料的准确性和正常进行；⑤可能造成井塌、卡钻、井喷等其他井下复杂情况或事故；⑥损害油气层。所以及时地处理井漏恢复正常钻进非常重要。

本节结合实践，从井漏的类型、漏层位置的确定及井漏原因、井漏的预防、井漏的处理、常用堵漏方法和特殊复杂情况下井漏的处理等方面对井漏的预防与处理进行介绍。

## 一、井漏的类型

井漏的特征与地下孔、缝（洞）的性质、井壁上的漏失面积、钻井液性能和压差等有关。现场通常按漏速、漏失地层通道和漏失原因进行分类。

### （一）按漏速分类

如表 5-1 所示，按漏速可将漏失分为 5 类。对于孔隙型地层，微漏和小漏称为渗滤性漏失，中漏和大漏称为部分漏失，全部失返的情况称为完全漏失。

**表 5-1 按漏速分类表**

| 漏失级别 | 1 | 2 | 3 | 4 | 5 |
|---|---|---|---|---|---|
| 漏速 /（$m^3/h$） | ≤5 | 5～15 | 15～30 | 30～60 | ≥60 |
| 程度描述 | 微漏 | 小漏 | 中漏 | 大漏 | 严重漏失 |

### （二）按漏失通道形成的原因分类

按漏失通道形成的原因分为自然漏失和人为漏失两大类。按漏失通道的形状分为孔喉、裂缝、溶洞和混合型。

### （三）按漏失的类型分类

按发生井漏的类型可以将井漏分为渗透性漏失、裂缝性漏失和溶洞性漏失 3 大类。

1. 渗透性漏失

渗透性漏失多发生在胶结疏松的砂层、砂岩、砾岩等地层中。实践表明，地层的渗透率达到 $14\times10^3\mu m^2$ 以上时，钻井液才可能漏失。对于浅部的砂砾岩地层，由于地层的渗透性较好，渗透率超过 $14\times10^3\mu m^2$，或者平均粒径大于钻井液中数量最多颗粒粒径的三倍，在压差作用下，钻井液将流入岩层孔隙里，但滤饼的形成可阻止或减弱漏失的程度，因此渗透性漏失的漏速不大，一般在 10m³/h 以内。

2. 裂缝性漏失

钻井中遇到的各种类型的岩层均可能存在自然裂缝。在自然裂缝发育的地层中钻进，都会发生不同程度的钻井液漏失。在破碎地层中钻进时，常会随着井下憋跳、钻速加快等现象的出现而发生井漏，其漏速一般在 20～60m³/h 不等。

3. 溶洞性漏失

在某些灰岩地层中，经地下水长期溶蚀而形成溶洞。当钻遇溶洞时，会发生钻具放空，随之失去循环，钻井液只进不出。漏速一般在 60m³/h 以上，井漏后往往会造成井喷或井塌卡钻故障，属最严重的井漏。由于此种孔洞中常常充填有不同压力的气、水，有时可以流动，因此封堵此类地层非常困难。

4. 孔隙－裂缝性或溶洞性漏失

即前两或三者者因素都具备的综合性漏失。

除上述漏型外，有时会出现地下井喷。即，井内流体从一个较深的高压层流入上部的漏层的现象，此漏层通常是诱导的垂直裂缝。

## 二、漏层位置的确定及井漏原因

准确地确定井漏的位置和产生漏失的原因，有利于防漏堵漏措施的制定，但在实际作业中如果能够找到一次堵漏成功率低的原因更重要。故分析井漏原因时注重分析堵漏方法和工艺的适应性更为关键。

### （一）井漏位置的确定方法

1. 观察钻进情况

当钻开天然裂缝性岩层时，钻井液通常会突然漏失，并伴随有扭矩增大和憋跳钻等现象。如上部地层没有发生过漏失，则说明漏层在井底。

当钻开孔洞、暗道或洞穴性岩石层段时，钻进情况可能会从上述扭矩变化发展到钻进放空而加不上钻压。在遇到上述现象的同时发生井漏，不管以前是否有过井漏，漏层多半在井底。

2. 观察岩心、钻屑情况

通过对岩心的观察，了解地层的岩性和物性，综合分析判断漏层位置。岩心资料是最直观反映地下岩层特征的第一手资料，通过对岩心的分析研究，可以了解地层的倾角、接触关系、孔隙、裂缝、溶洞及断层的发育情况。因为钻井漏失通常发生在含水层，特别是含裂缝和溶洞的地层，所以应特别注意岩心裂缝的观察和描述。这项工作对及时发现漏失并间接了解漏失通道的大致尺寸是很有帮助的。另一方面，还可以通过钻屑颗粒的大小间接判断漏失通道尺寸。

由于大多数钻井作业不取心，所以对岩屑录井非常重视。井场通过对岩屑的观察和

分析研究，可以获得很多有关地层和油、气、水层方面的信息资料。例如，可以根据岩屑的粒度组成来评价漏失通道的张开值；在双目镜下挑出所有裂缝和溶洞充填物，用面积法估计裂隙溶洞中岩屑占全部岩屑的比例，得出裂缝和溶洞发育系数和张开系数。

3. 综合分析钻井过程中的各种资料

综合分析钻井过程中钻井参数、钻井液性能、地层压力、地层破裂压力、地质剖面、岩性、发生过漏失的层位再次漏失的可能性、邻井同层段钻井情况等资料，判断漏失的位置。如：

（1）根据起下钻速度、泵压、排量的变化和可能产生激动压力的大小，分析发生过漏失的层位再次漏失的可能性。

（2）根据地层压力和地层破裂压力的资料对比，分析最低压力点位置发生井漏的可能性，如油、气、水层及套管鞋附近（一般为套管鞋以下 10m 左右）。

（3）根据地质剖面图和岩性对比，裂缝发育的层位往往会发生井漏；和邻井相同井段进行对照分析，邻井已发生井漏的层位发生井漏的可能性较大。

（4）观测钻井液变化情况。如密度、黏度、含砂量等钻井液性能的变化通常能反映井底的岩石性质。如果遇到含水层时，钻井液密度可能下降；在砂、砾含水层中钻进时，可能会使钻井液含砂量增加。因此，必须注意经常观测钻井液的性能变化，以便及时采取防漏措施。如果钻井液性能没有发生变化，在正常钻进中发生了井漏，则漏失层即钻头刚钻达的位置。

（5）如果钻进中有放空现象，放空后即发生井漏，则漏失层位于放空井段。

（6）下钻时观察钻井液的返出情况，每下一立柱，井口应返出与钻具体积相同的钻井液量。当钻具下入后，井口没有钻井液返出，说明有可能发生了漏失，漏失的位置应在钻头以下。

4. 环空摩阻法

在钻进过程中，如果发生有进有出的井漏，泵入井内的钻井液一部分漏入地层，一部分从漏层以上环空反至地面，使漏层以上环空摩阻减小，立管压力也随之发生变化。在一定条件下，立管压力变化的大小取决于漏失量的大小和漏层位置。漏失量越大，立管压力变化越大；漏层位置越深，立管压力变化亦越大。一旦发生井漏后，测得钻井液循环系统进出口流量和立管压力变化值，按一定的环空摩阻公式便可计算出漏层位置。

5. 仪器测定法

如果漏层位置不易确定，可采用以下仪器测定漏点位置。

1）转子流量计法

其原理是利用钻井液在漏层处的漏失使转子转速加快，通过流量计的流量增大。小型转子流量计用单根电缆下入井内，测出各井深位置的流量变化，流量突然变大处即为漏失处。

2）井温测定法

该方法的原理是钻井液在井内受地层温度的影响形成一定的温度梯度。若钻遇漏失层，漏层上方井内具有一定温度的钻井液漏入漏层，而下部钻井液保持较高的温度。当地面温度较低的钻井液打入井内后，立即进行井温测量，其钻井液液柱的地温梯度曲线就会在漏失处出现异常。

3）放射性示踪剂测量法

示踪法井漏位置的测试原理是在钻井液中加入示踪剂，并测量它在循环管路中循环一周的时间，用以表示钻井液循环一周的时间。在钻井过程中，当发生井漏时，由于有部分钻井液漏入地层，使漏层以上环空钻井液上返速度减小，返出井口的时间增加。若在井漏发生前后，分别用示踪剂测得钻井液循环一周的时间，其时间差即为由于井漏致使漏层以上环空钻井液上返速度减小，返出井口推迟的一段时间。利用这个时间差、钻井液进出口流量，便可求得漏层位置。

4）RFT 测井法

先测一个微电极曲线，在曲线上找到地层压力最低的井段，即漏失井段。

5）电测曲线综合分析法

井漏之后，利用电测的四条曲线即微电极、自然电位、井径、声波时差进行综合分析，可以判断漏层位置。若某层漏入大量钻井液，则微梯度及微电位电极系的电阻率差值缩小，自然电位的幅度变小，井径变小，而声波时差变大。

6）钻井液电阻测定法

在裸眼井段，分段泵入不同矿化度（矿化度相差 6% 左右）的钻井液，或者分段泵入钻井液和原油，测一条钻井液电阻率曲线，然后泵入或漏失部分钻井液后，再测一条钻井液电阻率曲线，两条曲线对比，即可找出漏层位置。若对漏层位置仍不十分清楚，可再泵入部分钻井液后，再测一条钻井液电阻率曲线，三条曲线对比确定漏层位置。

7）热电阻法

用以确定漏层位置的普通电阻测量仪，由电子仪、液体储罐、两个电极和扶正弹簧等组成。仪器下部装记录式电阻温度计。用电缆将电阻测量仪下到可疑漏层层位后，储罐内的液体通过特殊注射器注入钻井液，这种液体的电阻很大。若漏层在仪器下方，注入的液体将随钻井液下行，连续通过两个电极，电极即向地面发送信号；若漏层在仪器的上方，注入钻井液内的高电阻液体就不能达到电极，地面也得不到信号。

8）声波测试法

碳酸盐岩地层用声波测井法找漏层的效果较好，因为在漏失层段弹性波运行间隔时间急剧增大，而纵向波幅度相对参数 $AP/AP_{max}$ 则大大衰减甚至完全衰减。漏层上下的非渗透性致密岩层的 $\Delta t_s$ 为 155~250μs/m，$AP/AP_{max}$ 参数分布为多模态形式，漏层 $\Delta t_s$ 为 250~750μs/m，$AP/AP_{max}$ 为 0~0.1，为判断漏层的主要依据。

9）传感器测量法

传感器由中空金属圆筒构成，其顶口截面积大于底口截面积，筒的一侧开一个镶装氯丁橡胶薄膜的窗孔，在薄膜上有一个电极，可在两个固定电极之间前后活动。当薄膜两侧压力变化时，电路中电位也发生变化，从中测出钻井液的流量。若仪器位于漏失点以上时，地面读值正常，若仪器处于漏失点，则液体不通过仪器，无信号显示。将仪器在井内慢慢移动，直到信号显示由全流量降至无流量为止，此处即为漏点。

10）自动测漏装置

在钻进中测定漏层深度的自动化装置，其原理是用压力传感器测立管压力，用流量传感器测钻井液出口流量。井漏时，压力下降信号沿钻柱内钻井液液柱传递到压力传感器，流量减小信号沿环空钻井液液柱传递到流量传感器，因两者传输速度相同，按其传输时差即可确定漏层深度。该装置最大优点是在钻进中可随时测出漏层深度，特别是能测出不在井底的漏层深度。

11）封隔器测试法

在钻柱上带一个封隔器，下入裸眼井段循环，只许钻井液从封隔器以上循环，不许钻井液从封隔器以下循环。当封隔器处于漏层以上时可以正常循环，等封隔器处于漏层以下时则失去循环。若第一次坐封能恢复正常循环，则应向下找漏层；若第一次不能恢复正常循环，则应向上找漏层。使用封隔器测试条件是井眼稳定，不塌不卡，坐封井段井径规则。

一般可以根据现场情况简单判断漏失情况：在钻进过程中突然放空，放空后即发生漏失，泵压急速下降甚至降为零，则基本是放空井段漏失；如果是钻井液密度、黏度、切力等性能没有发生变化，在正常钻进中发生了井漏，则基本是钻头刚钻穿井段的漏失；如果起钻时遇阻或卡死，开泵时泵压升高，地层被憋漏，则可以断定是钻头下的漏失；而下钻时遇阻或卡死，开泵时泵压升高，地层被憋漏，则可以基本判断为坍塌井段的漏失；如果液面在套管里，在套管下 2m 处架桥分隔，下钻到桥上 0.5m 处，开泵循环并转动钻具，若漏失，则证明是套管鞋漏失。

### （二）井漏原因

1. 发生漏失的前提

（1）地层中存在孔隙、裂缝或断层、溶洞，并且相互贯通，使钻井液有流动通道。

（2）钻井液液柱压力大于地层中液体、气体的压力。

（3）钻井液液柱压力及其侧压力大于地层自身破裂压力，将地层压裂，产生井漏。

2. 地质因素

（1）地层中的砂岩、砾岩、含砾砂岩等类地层渗透率高，连通性好，当钻井液液柱压力大于孔隙中的流动压力时，就发生漏失。

（2）地层中有天然裂缝、溶洞。当钻开这些地层时，很容易发生井漏，而且漏速快，漏失量大。

（3）地层自身破碎压力低，钻井液密度稍大，即压裂地层，发生井漏。

3. 人为因素

人为因素主要是由于施工措施不当而造成的漏失。漏失与不漏失是相对而言的，有些地层有一定的承压能力，在正常情况下可能不漏，但因施工措施不当，使井底压力与地层压力的差值超过地层的抗张强度和井筒周围的挤压应力时，地层就会被压出裂缝，发生漏失，例如：

（1）在加重钻井液时，由于没有控制好而使密度过高，压漏了裸眼井段中抗压强度最薄弱的地层。一般当由于钻井液密度大，黏度大，切力高，钻井液压力大于地层孔隙压力而发生井漏时，若将钻井液密度、黏度、切力降下来，井漏就会停止。

（2）下钻或接单根时，下放速度过快，造成过高的激动压力，压漏钻头以下的地层。

（3）钻井液黏度、切力太高，开泵过猛，造成开泵时过高的激动压力，压漏钻头附近的地层。

（4）井内不干净，岩屑，掉块太多，钻井液循环不畅泵压过高，压漏地层；或是快速钻进时，排量跟不上，岩屑浓度太大，钻铤外环空有大量岩屑沉淀，开泵过猛，压力过高，将钻头附近地层压漏。

（5）钻头或扶正器泥包，不能及时清除，以致泵压升高，憋漏地层。

（6）因各种原因，井内钻井液静止时间过长，如钻井液在井内静止大于24h，形成较强的网状结构强度，触变性很大，下钻时又不分段循环，以破坏钻井液的结构力，而是直通到底，导致开泵时形成较高泵压，最后憋漏地层。

（7）井中有砂桥，下钻时钻头进入砂桥，由于环空循环不畅，即使用小排量开泵，也会压漏地层，漏失层就在钻头所在位置。

（8）井壁坍塌，堵塞环空，憋漏地层。井内原本发生井漏、井喷，而在加重钻井液时，使钻井液密度过高，反而又发生井漏。

此外，油气层在开采过程中，使地层孔隙压力下降而导致井漏；压裂、酸化使地层裂隙增加，注水清洗使地层孔隙压力变大导致井漏。一是由于油田注水开发之后，地层孔隙压力的分布与原始状态完全不同，出现了纵向上压力系统的紊乱，上下相邻两个油层的孔隙压力可能相差很大，而且是高压、常压、欠压层相间存在，出现了多压力层系。二是由于注水开发，地层破裂压力也发生了变化，从上而下各层的最低破裂压力梯度不同，其大小与埋藏深度无关，高低压相间存在。在同一层位，上中下各部位破裂压力不同。在平面分布上，同一层位在平面上的不同位置破裂压力梯度也不同。造成地层破裂压力梯度下降的原因可以归纳为：①压裂、酸化等增产措施使地层裂缝增加；②由于注水清洗的结果，使地层胶结程度变差，孔隙度变大，不合理的注水又诱发了微细裂缝的产生；③由于生产油气使地层孔隙压力下降；④由于各区块各层位的注采程度并不均衡，导致地应力的发生、聚集与释放，产生了许多垂直裂纹。

## 三、井漏的预防措施

在钻井过程中，对于井漏而言应首先立足于防，采取有针对性的、有效的防漏措施，可以有效地避免或减少井漏的发生，因此必须高度重视。同时还必须认识到钻井液类型、钻井液性能控制等，即良好的钻井液是防漏的基础，只有将防漏根植于钻井液才

能达到理想的结果。下面是一些普遍采用的防漏措施，在实际作业中可以结合具体情况灵活运用。

### （一）设计合理的井身结构

设计时应根据地质设计及邻井钻井资料，依据待钻井预测地层的孔隙压力、坍塌压力和破裂压力剖面，确定合适的钻井液密度，使其所产生的液柱压力低于该裸眼井段中最低的破裂压力，以防止因压裂地层而发生井漏。如上述条件无法满足，则应下套管将低破裂压力地层与高压地层加以分隔。

### （二）降低井内的动态压力

1. 近平衡压力钻井

为防止井漏或井喷的发生，在确定裸眼井段钻井液密度时，应使钻井液所产生的静液柱压力低于最低破裂压力或漏失压力，但高于最高孔隙压力。在没有高压层存在的情况下，尽量使钻井液密度维持最低，以减轻液柱压力。提高钻井液携砂能力，同时，每钻完一单根，划眼 1~3 次，保持井内干净，以免岩屑沉积，压漏地层。

对于裂缝、孔洞十分发育的地层，由于钻井液进入地层的流动阻力小，地层的漏失压力与孔隙压力十分接近。为了防止井漏，所确定的钻井液密度应尽可能接近地层孔隙压力，实现近平衡压力钻井。

对于低漏失压力地层，可依据漏失压力大小，选用低固相聚合物钻井液、水包油钻井液、油包水钻井液、充气钻井液、泡沫钻井液或空气钻井流体，进行近平衡压力钻井。使用优质防塌钻井液，维持井壁稳定，以免由于掉块、坍塌而压漏地层。

2. 降低环空压耗

（1）保证钻屑携带的前提下，尽可能降低泵排量和钻井液的黏度。

（2）选择合理的钻具结构，增大环空间隙，尽可能不使用大尺寸扶正器。

（3）加强固控，改善净化条件，减少钻屑含量，降低环空当量钻井液密度。

3. 控制激动压力、防止环空堵塞

下钻时应控制下钻速度，避免产生过大的激动压力，尤其小间隙井眼。钻进中要防止钻具泥包、缩径引起的环空堵塞，尽可能避免由于压力激动和环空不畅引起井漏。

控制激动压力和环空堵塞的措施如下：

（1）下钻、接单根、下套管时应控制下放速度，下入一柱钻具或套管的时间必须超过 45s。

（2）下钻时不要在已知的漏层位置开泵。下钻过程可采取分段循环；小排量开泵，控制开泵泵压，先转动转盘后开泵，严防泵压过高，待泵压正常后，再增大泵排量至正常值。

（3）因井塌引起下钻遇阻时，须缓慢开泵，并降低泵排量；划眼时控制速度，严防憋泵引起井漏。在复杂地层中，由于钻井液密度、黏度、切力、结构强度较高，下钻时每下 300～500m，用小泵量循环 1～2 周，以破坏钻井液结构强度，防止憋漏地层。

（4）钻进时，防止钻头泥包。在易缩径地层钻井时，采用抑制性钻井液及合理的钻井液密度，防止因井径缩小而减小环空间隙；使用弱胶凝强度的钻井液，其静切力随时间增长幅度小。在钻进过程中应保持钻井液性能稳定，避免钻井液性能突变而引起压力激动；使用高密度钻井液在小井眼井段钻进时，应在保证悬浮加重剂的前提下，尽可能降低钻井液的动切力和静切力。

（5）起钻时要灌浆，以防井塌导致井漏。起钻时若发现连续三柱钻杆环空液面下降，或钻杆内有反喷现象，应立即开泵循环，待井内恢复正常后再起钻。

此外，在发生井漏、井喷时，首先要处理好基浆，把滤失量降到 8mL/30min 以下，漏斗黏度增到 50s 以上，同时，保持很好的流动性，然后逐渐增加钻井液密度，使易漏地层对钻井液液柱压力有一个逐渐适应的过程。

### （三）控制适当的钻速

钻速过快会造成井下复杂情况的发生。因为在环空上返的钻井液中岩屑容量最多不得超过 5%，若超过此值就容易造成钻头、钻具和扶正器等泥包。轻者使循环通道变小，增加流动阻力，严重者可以把环空堵死，当开泵时会憋漏地层，钻井液不能返出。如果钻速过快而使钻井液中的岩屑容量过高引起井漏或其他井下复杂问题时，往往不得不进行处理而延误时间，其结果是总钻时长了。如果采用合理的钻速钻进，就会减少或不出现问题，结果是钻时短了。可见，适当控制钻速不仅有利于防漏，也有利于缩短钻井周期［引自：《钻井液与完井液》编辑部 . 国外钻井液技术（下）.1987 ：213.］。

### （四）优化固相控制工艺

通过优化固相控制工艺，确保钻井液中不同粒径的颗粒合理级配，以利于钻井液中各种固相的封堵作用，减少外加堵漏剂的量，不仅有利于减少废弃物排放，还有利于降低防漏材料用量。

### （五）提高地层的承压能力

通过人为办法封堵近井筒漏失通道，增大钻井液进入漏失层的阻力可提高地层的承压能力。一般提高地层承压能力的方法如下。

#### 1. 调整钻井液性能

钻进孔隙型漏层时，可通过增加钻井液中膨润土含量或加入增黏剂来提高钻井液黏度、动切力、静切力，达到提高漏失层的承压能力来实现防漏的目的。这种方法适合于轻微渗透性漏失层、浅井段流沙层和砾石层的漏失。

#### 2. 随钻堵漏

钻遇孔隙型或孔隙－微裂缝型地层前，循环时加入随钻堵漏材料，在压差作用下进入漏层，封堵漏失通道，提高地层承压能力，起到防漏作用。

堵漏材料的种类与加量，应依据漏失性质、漏层孔喉直径、裂缝开口尺寸进行选择。一般加量在4%以上。

3. 先期堵漏

对于下部存在高压层，孔隙压力超过上部地层漏失压力或破裂压力，且又受条件制约无法采用下套管将上部地层封隔的井，在进入高压层前，必须采用按下部高压层的孔隙压力确定钻井液密度钻进，其结果是必然引起上部地层漏失。为了防止因上部地层漏失而引起的井涌、井喷等复杂情况的发生，在进入高压层之前必须进行先期堵漏，以提高上部地层承压能力。具体过程如下。

（1）首先进行地层破裂压力实验，求得上部易漏地层漏失压力或破裂压力。

（2）根据地层破裂压力实验结果，依据漏层特性选择堵漏方法、堵剂类型和数量。堵漏液注入井中后，井口加压将其挤入地层中。地层吸收量小时可挤入4~6$m^3$，大时可挤入8~12$m^3$。挤完后，静止48h，然后下钻分段循环到井底。待井内全部剩余堵漏液返至地面后，再调整好钻井液性能，使其符合设计要求。

（3）最后起钻具至安全位置或技术套管内，加压试漏。当试漏时的当量密度超过下部地层设计钻井液密度高限时，方可加重钻开下部高压层。

## 四、井漏的处理

### （一）基本要求

一旦发生井漏应尽快确定漏层的位置、压力、通道的张开度等相关信息资料，并结合有关数据和资料初步判断漏失的严重程度。漏失严重程度的确定一般用水动力学法计算，仪器测试主要有各种液面计和井下压力计。

在确定了这些基本信息后，结合漏层特征与引发井漏的因素提出相对应的处理方法或工艺措施。一般要从以下方面考虑。

（1）浅部地层井漏，在条件允许的情况下，采用清水强行钻进，下套管封隔漏层，如果不具备清水强钻条件时，最有效的办法是用水泥堵死，免除后患。

（2）产层漏失，必须选用具有保护油气层作用的堵漏剂。

（3）由地层因素引起的井漏，如钻遇天然裂缝、高孔隙、溶洞等发生的井漏，一般利用堵漏剂封堵漏失通道。

（4）由钻井工程因素引起的井漏，可利用起钻静置、控制起下钻速度、改变钻井液性能、降低排量等办法处理。

（5）若压井、试压堵漏或加重钻井液过程中发生压裂性漏失，被压漏的地层一般不能恢复原来的承压能力，这时最好的办法是下套管封隔。

总而言之，有效的和成功的堵漏作业既和找准漏层位置有关，也和与漏失情况相适应的或针对性强的施工方法有关。无论是水基钻井液还是油基钻井液漏失，均需要针对滤失情况选择合适的堵漏材料和堵漏工艺。

（1）对于漏失程度在 $0.16\sim1.6m^3/h$ 的渗透性水平漏层，可以通过加入细颗粒桥堵剂进行堵漏，而对于诱导垂直漏层，则可以采用加入细颗粒桥堵剂的高滤失钻井液堵漏。

（2）对于漏失程度在 $1.6\sim80m^3/h$ 的部分漏失，若为水平漏层，有时通过起钻静候可以见到一定效果，而若为诱导垂直漏层，可以加中等颗粒桥堵剂或细颗粒的高滤失浆进行堵漏。

（3）漏失程度从 $80m^3/h$ 至完全不返的水平漏层，可采用含细颗粒桥堵剂的高滤失浆或触变性水泥或软－硬堵塞或井下配制软堵塞堵漏。

（4）对于完全不返钻井液的严重漏失，垂直裂缝泵入含 $71.4\sim100kg/m^3$ 粗桥堵剂的高滤失浆或泵入井下配制软－硬堵塞堵漏；深部诱导裂缝的完全或部分漏失（垂直裂缝），通过泵入含粗桥堵剂的高滤失浆或挤水泥或井下配制软堵塞堵漏。

在堵漏作业中要注意做到：一次性彻底将漏层堵住，而不是只堵住一部分，或钻进一段后又发生井漏；不留后遗症，仍能维持井漏前钻井液性能继续钻进，而不是需要维持较高黏度和固相，使钻速大大降低；即使是大漏，堵漏时间一般也不应超过 24h；堵漏成本应控制在适当范围之内。

### （二）处理井漏的原则

（1）分析井漏发生的原因，确定漏层位置、类型及漏失严重程度。

（2）施工前应进行科学的施工设计、精心施工。

（3）如果条件许可，应尽可能将漏层钻穿，以免重复处理同样的问题，增加处理时间。

（4）施工时如果能起钻，应尽可能使用光钻具，下至漏层顶部。

（5）根据漏失性质，正确选择堵剂和堵液注入方法，尽可能使2/3的堵液进入漏层。

（6）施工过程中应不断地活动钻具，避免卡钻。

（7）采用桥堵堵漏，应卸掉循环管线及泵中的滤清器和筛网等，防止因堵塞憋泵伤人。

（8）憋压试漏时应缓慢进行，压力一般不能超过 3MPa，避免造成新的诱导裂缝。

（9）施工完成后，各种资料应收集整理齐全、准确。

### （三）堵漏方法的选择

1. 渗透性漏失

（1）若漏失量不大，可加入随钻堵漏剂，继续钻进；若继续漏失，停止钻进，起出钻具，静止堵漏。

（2）降低钻井液密度，适当调整钻井液黏度切力。

（3）钻井液中加入堵漏材料（石棉粉、暂堵剂等）。

2. 裂缝性漏失

（1）小缝、小漏加细微颗粒和纤维物质（云母片、石棉粉、单向压力封闭剂等）。

（2）大漏使用桥接剂（贝壳渣、胶粒、膨胀型堵剂及复合堵剂等）。

（3）严重漏失使用可凝固的材料（石灰乳、柴油－膨润土浆、水泥、重晶石等）。

3. 溶洞性漏失

（1）充填与堵剂复合使用（投粗砂、碎石、水泥球等）。

（2）借助于井下工具（封隔管等）。

（3）边漏边钻、强行穿过后下技术套管。

需要强调的是，无论哪种堵漏方法，都应该考虑就地取材，如钻井液中的固相、钻屑、废钻井液等都可以利用，这不仅有利于节约费用，也有利于减少废弃物的量。

## 五、常用堵漏方法

### （一）静止堵漏

静止堵漏方法对上部地层渗透性漏失、产层漏失较为有效。钻头起至安全位置，静止 12~24h，分段下钻通井至建立正常循环。其原理是井内钻井液静止一段时间后，钻井液中的固相在正常滤失和形成内滤饼的过程中沉积在漏失层内，封堵孔隙。这种堵漏方法适用于渗透性漏失。

静止堵漏是在发生完全或部分漏失的情况下，将钻具起出漏失井段，静止一段时间（一般为 8~24h）进行堵漏。静止堵漏的适应范围：钻进过程中因操作不当，人为憋漏地层而发生诱导裂缝所引起的井漏；钻井液密度过高，液柱压力超过地层破裂压力而产生的井漏；深井段发生的井漏；钻进过程中突发的井漏。无论什么原因所发生的井漏，在组织堵漏实施准备阶段均可采用静止堵漏。静止堵漏的施工要点如下。

1. 调整钻井液性能与钻井措施

1）降低钻井液密度

在保证井下安全和井壁稳定的前提下，将钻井液密度降低至一个合理值来控制井漏。但降低密度时应注意研究分析裸眼井段各组地层孔隙压力、破裂压力、坍塌压力、漏失压力，确定防喷、防塌、防漏的安全最低钻井液密度；依据裸眼井段各组地层结构，确定降低钻井液密度的具体措施。如裸眼井段不存在坍塌层，可采用离心机清除钻井液固相来降低密度，同时补充增黏剂、水、低浓度处理剂胶液或低密度钻井液，保证既降低钻井液密度又保持钻井液原有性能；降低钻井液密度时应降低泵排量，循环观察，不漏后再逐渐提高排量至正常值，如仍不漏可恢复正常钻进。

2）提高钻井液黏度、切力

当钻进浅层胶结差的砂层、砾石层或中深井段渗透性好的砂岩层发生井漏时，可以向钻井液中加黏土粉或增黏剂来提高钻井液黏度、切力，增大钻井液进入漏层的流动阻力以控制井漏。亦可配制高膨润土含量的稠浆，挤入漏层堵漏。

3）降低钻井液黏度、切力

如果在深井钻井过程中发生井漏，在保证井壁稳定、携带与悬浮岩屑的前提下，通过降低钻井液黏度、切力来降低环空压耗和下钻激动压力来制止井漏。

2. 改变钻井工程技术措施

1）调整泵排量

浅层胶结差的砂层、砾岩所发生的井漏，可通过降低泵排量来降低环空压耗制止井漏；对于处理井塌划眼过程中因泵压升高而憋漏地层，也应降低泵排量；对于因钻进速度过快，导致环空岩屑浓度过高而发生的井漏，在可能的条件下，应增加泵排量或控制钻速。

2）改变开泵措施

深井下钻时要分段循环。下钻到底，开泵时小排量顶通，然后逐步增大排量，直到恢复正常排量。若不慎憋漏，可立即起至安全位置静止，不漏后，再按上述方法开泵。

3）改变加重方式

控制每个循环周加重幅度不超过 $0.05g/cm^3$，有条件时，可预先配好重浆，按循环周均匀混入。

3. 施工要点

（1）发生符合上述范围的井漏时，立即起钻至安全位置后静止一段时间，一般为 8~24h。

（2）静止时定时定量灌好钻井液，防止由于压力失衡而导致井塌。

（3）在发生部分漏失的情况下，循环堵漏无效时，最好在起钻前替入堵漏钻井液覆盖于漏失井段，然后起钻，增强静止堵漏效果。

（4）再次下钻时，控制下钻速度，尽量避开在漏失井段循环。

（5）恢复钻进后，钻井液密度和黏切不宜立即作大幅度调整，要逐步进行，控制加重速度，防止再次发生漏失。

## （二）随钻堵漏

钻井过程中遇到井漏，在循环状态下把随钻堵漏剂加入钻井液中，进行边钻边堵漏的方法。与停钻堵漏相比，优点是可以节省时间。该方法适用于微小裂缝或孔隙性地层引起的部分漏失和长段易漏破碎地层引起的井漏。

也可以用静止堵漏配合随钻加堵漏剂堵漏法。这种方法主要应用于中、低渗透性漏失。在静止堵漏的基础上，分段下钻通井时向井内补充一定量的随钻堵漏剂，加量一般在 3%~4%，堵漏剂颗粒粒径应有一定级配，以大小颗粒复配为佳。

在随钻防漏堵漏中要利用好固相控制设备，特别是要优化振动筛目数，以提高防漏堵漏的有效率。

此外，近年来还发展了物理法随钻防漏堵漏技术，该技术对钻井液没有很高要求，而是利用专用井下工具将泵入的钻井液流量分流小部分，用旋转射流直接作用于漏失井

壁，配合合适的钻井液在井壁上形成一层致密的、渗透率接近零的滤饼，即“人造井壁”的屏蔽环，可提高井壁正反方向的承压能力。该技术适用于渗透性良好的砂岩、砂砾岩中漏失量较小、漏速慢的渗透性漏失和裂缝性漏失，已在现场应用中见到良好的效果。

### （三）桥接堵漏

桥接堵漏是指由纤维状、颗粒状、片状堵漏材料组成的桥塞剂配制成专用堵漏液进行堵漏的方法。其原理是先在漏失地层“架桥”，再充填和嵌入裂缝，最后膨胀封堵裂缝。桥浆堵漏适用于孔隙性漏失和裂缝性地层引起部分漏失和失返漏失。一般是在钻到漏层时，在钻井液中加入颗粒状、纤维和片状的材料和三者混合物。

1. 堵漏材料

（1）颗粒状材料：粗粒膨润土、碎塑料、硬质果壳、核桃壳、轮胎碎块、沥青、木材、玉米、大豆等。

（2）纤维状材料：原棉、甘蔗渣、亚麻皮、木材纤维、树皮纤维、纺织纤维、矿物纤维、皮革、玻璃纤维等。

（3）片状的材料：云母、碎塑料片、玻璃纸、棉籽皮等。

三者混合比例的合理选择对于提高堵漏成功率至关重要，通常搭配比例是粒状：片状：纤维状 =6：3：2。使用桥接堵漏材料的级配加量与漏失层性质的关系见表 5–2。

**表 5-2　桥接堵漏材料的级配加量与漏失层性质的关系**

| 漏失程度 | 颗粒（粗）/（$kg/m^3$） | 片状（细）/（$kg/m^3$） | 纤维（中）/（$kg/m^3$） | 纤维（细）/（$kg/m^3$） |
|---|---|---|---|---|
| 渗漏 | 14 | 15 | 11 | 3 |
| 部分漏失 | 23 | 9（大块） | 12 | 4 |
| 完全漏失 | 26（6~7 mm） | 9（大块） | 9 | 9（粗） |

桥接堵漏有以下 3 种方法。

（1）间接挤替法。堵漏时，将光钻杆下至漏层底部，并把堵漏液替到漏失井段，起钻至堵漏液上方，关井小排量反复挤压。

（2）直接挤替法。堵漏时，将光钻杆下至漏层顶部，当堵漏液流出钻具时，关井小排量反复挤压。

（3）循环加压法。堵漏时，将光钻杆下至漏层底部，并把堵漏液替到漏失井段，起钻至堵漏液上方，逐步提高排量循环。

2. 桥接堵漏工艺

1）挤压法

尽可能找准漏层，根据井漏情况和漏层性质综合分析，确定桥浆浓度、级配和配备数量，桥浆密度应接近于钻进的井浆密度，根据实际需要配堵漏基浆，具体工艺过程如下：

（1）配堵漏浆。能通过混合漏斗加入的，要尽可能通过漏斗加入。若在搅拌条件下直接加入配制罐内，应注意防漂浮、沉淀及不可泵性。配制量应以漏速大小、漏失通道形状和段长以及井眼尺寸等综合确定，通常采用 20～50$m^3$/次。

（2）确定漏失层段，将光钻杆或带大水眼钻头的钻具下至漏层顶部 10～300m 位置，立即泵入已配好的桥浆，注入量以能全部覆盖漏层段并加 2～10$m^3$ 为宜。通常是 10～25$m^3$。在条件允许时，最好关井挤压。

（3）桥浆进入地层的量应为注入量的 2/3 至全部。如桥浆不易进入漏层，为防“封门”，必须采取挤压方式进行间歇法挤压，即间隔 10～30min 挤压一次。

（4）如能承受，应控制环压为 0.5～5MPa，并静候 8h 以上；关井憋压 8h 后，开防喷器，循环钻井液试漏。

（5）对于漏层不清的井，可注较大量的桥浆覆盖可能的漏层段，然后关井挤压堵漏。

2）循环法

此法适用于漏层刚钻开、还未完全暴露的井段；渗透性的或小裂缝的多漏失层段；漏层位置不清楚的漏失井段；井口无加压装置的漏失井。一般是向钻井液中加入 3%～8% 一定级配的桥接剂，随钻堵漏时，钻头必须采用大水眼，并不停地活动钻具，严防卡钻，同时停用固控设备，防止除掉桥接剂。

### （四）高滤失堵浆堵漏

高失水钻井液堵漏法适用于处理横向和纵向漏失带的渗漏、部分漏失及不严重的完全漏失。高失水堵漏剂的作用机理是：堵剂配成的浆液进入漏失井段后，在钻井液液柱压力和地层压力所产生的压差作用下，迅速失水，浆液中的固相组分聚集、变稠，形成滤饼，继而压实，填塞漏失通道，达到减缓漏失的效果；同时，由于所形成的堵塞具有高渗透性的微孔结构及整体充填特性，能透气透水，但不能透过钻井液，钻井液则在所形成的塞面上迅速失水，形成光滑平整的滤饼，起到进一步严密封堵漏失通道的效果。堵剂的滤失量越大，滤失速度越快，堵塞物的形成也就越迅速。如果在堵剂中混配一定量的颗粒状惰性材料，可以封堵较大的漏失通道，因为颗粒材料的桥接作用，使得原有漏失通道的横截面积相对变小，有利于建立压差，形成堵塞。

狄塞尔（DSR）堵漏剂是配制高滤失堵漏浆，实施快滤失堵漏的代表性堵漏材料。DSR 堵漏剂是惰性材料和化学活性物质的混合物，具有机械桥塞与化学胶结双重作用的堵漏剂。DSR 堵漏液进入到漏层后，在井下压差作用下迅速滤失，堵漏液里的固相组分在漏失通道中聚集、变稠，形成堵塞滤饼，继而压实，填充漏失通道，达到堵漏的目的。

堵漏液配方为：3%～4% 抗盐土 +0.1%～0.2%$Na_2CO_3$+0.1%～0.2%NaOH+10%～20%DSR+6%～10% 蚌壳渣 +6%～10% 核桃壳。也可以采用表 5-3 所示的配方。

主要工艺要点：施工前，起出原钻具，下入光钻杆，下至漏失层顶部或井底，替入堵漏液，在堵漏液出钻具时视其具体情况采取开井或关井挤堵，替完起钻静止 24h。根

表 5-3　高滤失浆液配方

| 漏失类型 | 基浆配方 /（kg/m³） | | | | | 桥堵材料配比 /（kg/m³） | | | |
|---|---|---|---|---|---|---|---|---|---|
| | 抗盐土 | 纯碱 | 烧碱 | 石灰 | 硅藻土 | 粒状物（粗） | 片状物（细） | 中、细纤维 | 细纤维物 |
| 渗漏 | 46～57 | 0.7 | 0.7 | 1.4 | 143 | 14 | 14 | 11.4 | 3 |
| 部分漏失 | 28.5～43 | | | 1.4 | 143 | 23 | 8.5 | 11.5 | 3 |
| 完全漏失 | 28.5～43 | | | 同上 | 同上 | 23（6～1）mm | 8.5 | 8.5 | 8.5 |

据漏层情况，还可加入适量中细纤维等，使其滤失量达 100mL 以上，黏度达 80s 以上，在替入 DSR 堵漏液的同时，也可加入一定量的促凝水泥，水泥稠化时间略长于替入堵漏液的施工时间，以提高堵漏成功率。堵漏材料的规格和数量应根据漏层性质灵活搭配。

对于采用油基钻井液时出现的一些严重漏失的地层，国外通常采用柴油 /DIASEAL 堵漏浆进行堵漏。堵漏浆在干净的池中加入柴油、润湿剂及 Diaseal 进行配制，配方见表 5–4。堵漏浆配好后，下入光钻杆，将钻具内灌满该堵漏浆，以 0.318～0.636m³/min 的速度替入 3.2～4.8m³。等候 20～30min，重复以上步骤（泵送 / 等候）直至替完。如井眼内为充满状态，关防喷器缓慢地以 0.69～3.45MPa 压力挤注，并保持压力 20～30min 后开防喷器放压。等候 4h 或更长的时间；若井眼充满，即可恢复正常作业，如不成功，还需重复以上各步骤，直至不再漏失。

表 5-4　采用柴油配制 1m³ 加重 Diasseal M 堵漏浆的配方

| 密度 /（g/cm³） | Diasseal M/kg | 加重剂 /kg | 柴油 /m³ | 润湿剂 /L |
|---|---|---|---|---|
| 0.96 | 125.8 | 57.2 | 0.925 | 3.33 |
| 1.12 | 110.1 | 365.4 | 0.862 | 5.97 |
| 1.44 | 14.94 | 676.7 | 0.799 | 5.97 |
| 1.68 | 94.0 | 988.0 | 0.730 | 5.97 |
| 1.92 | 62.3 | 1296.2 | 0.667 | 6.79 |
| 2.16 | 48.6 | 1607.5 | 0.597 | 10.19 |

研究与实践表明，由细颗粒和网状泡沫组成一种新型高滤失材料，其中，网状泡沫能够在裂缝面形成架桥，细颗粒填充泡沫中的空隙，最终形成厚的滤饼，可封堵 3mm 的裂缝，添加不同尺寸的网状泡沫，可封堵宽度达 10mm 的裂缝。严格控制网状泡沫的加量，裂缝封堵后的承压能力可达 27.58MPa，可以用于油基钻井液堵漏。如，某裂缝性地层发生失返性漏失，使用由 28.6% 高滤失材料 +0.072% 网状泡沫（细）+0.057% 网状泡沫（中）配制成的高滤失堵漏浆 12.72m³ 进行堵漏。堵漏浆顺利通过钻头水眼，堵漏效果良好，漏速降至 0.95m³/h，恢复正常钻进。含网状泡沫的堵漏材料的应用使得该漏失层位的钻进时间平均缩短 4.8d，节约油基钻井液 229.4m³。

## （五）凝胶堵漏

近年来，国内外针对钻遇不同地层的不同漏失情况，在防漏、堵漏技术的研究与应用方面取得了长足的发展，特别是聚合物凝胶堵漏材料的成功应用，为裂缝性、溶洞性严重漏失地层的封堵提供了有效的途径。聚合物凝胶、采用特定颗粒材料与不同尺寸颗粒状聚合物的混合体，水化后大幅膨胀，几小时内就能封堵非常严重的大漏失。如，在埃及尼罗河三角洲地区钻井时出现了大量的漏失，将不同粒径的颗粒材料、合成聚合物及水混合打入井下产生膨胀作用，较好地解决了井漏问题。采用不同组成的膨胀性堵漏材料在彩南油田的 C2872 井、南方海相重点探井金鸡 1 井等钻井堵漏施工中均得到较好的应用。在实践经验的基础上，逐步形成了聚合物凝胶堵漏剂和配套的堵漏工艺技术，从而促进了防漏堵漏技术的进步，为安全、快速、高效钻井提供了保证。

由化学凝胶和不同形状、不同尺寸的惰性颗粒及毫米级的纤维材料配制成的堵漏液，在漏失的孔隙中通过架桥、连接、支撑、滞留等作用形成骨架，封堵孔隙，进而提高抗压强度，增强堵漏效果。由于凝胶中含有多种膨胀颗粒，具有较强的可变形能力，适用于不同类型的漏层。

1. 聚合物凝胶堵漏剂的特点

聚合物凝胶堵漏材料的特点可归纳如下：①适用范围广，对钻井液性能影响小，施工风险小；②与其他堵漏材料配伍性好，与惰性桥堵剂有协同增效作用；③吸水凝胶颗粒具有变形性，对孔洞或裂缝适用性强；④耐冲刷能力强，驻留效果好；结合水泥堵漏能够有效封堵缝洞型漏失；⑤具有良好的可降解性，有利于保护储层；⑥制备工艺简单，生产成本低，经济上能为现场接受。

2. 堵漏作用机理

基于传统堵漏，在桥堵和化学堵漏材料的基础上，通过引入地下交联聚合物凝胶和吸水性交联聚合物凝胶进行复合堵漏，可使堵漏的适应性和效果进一步提高，能很好地解决钻井过程中的恶性漏失，对碳酸盐岩、裂缝发育的裂缝或缝洞型地层漏失特别有效。在凝胶中加入桥接堵漏材料和刚性无机材料后，更能有效地解决超大裂缝的漏失问题。

实践表明，引入具有遇水延时膨胀材料的水化膨胀复合堵漏材料，不仅能延缓凝胶聚合物的吸水膨胀速度，同时也克服了桥接堵漏时架桥骨架在正、负压差作用下容易破坏的缺陷。随着与钻井液接触时间的延长，该材料会吸水膨胀至原体积的 5~18 倍，使“封堵墙”更加致密，与裂缝间的摩擦阻力进一步加强，“封堵墙”在正、负压差作用下的抗破坏能力增强。在材料中通过添加矿物或合成的长纤维材料，可以弥补棉纤维和木质纤维强度低的缺陷，增强了堵漏材料在长裂缝中的缠绕封堵强度。通过各种材料的合理级配，可充分发挥各物质的协同作用，具有较好的弹性和挂阻特征，进入裂缝后能产生较高的桥塞强度，达到快速、安全、有效堵漏的目的。通过应用表明，采用交联聚合物复合材料进行复杂漏失地层的堵漏，不仅驻留能力强、与惰性桥堵或其他活性材料配伍性好，且适应性强，施工安全，成功率高，交联聚合物复合堵漏机理可以归纳如下。

（1）交联类堵漏材料中可吸水的凝胶，能够吸水膨胀形成亲水性的三维空间网络状

结构，当以凝胶的形式进入漏层或在漏层形成凝胶后，凝胶能在地层表面吸附，与漏失通道作用，产生较高的黏滞阻力，易于在漏层中驻留，从而可解决桥塞堵漏、随钻堵漏等方法难以解决的漏失问题。

（2）交联聚合物颗粒堵漏材料配合其他材料用于高渗透、特高渗透地层、裂缝性和大孔道地层堵漏，交联凝胶形成后表现出很好的黏弹性、柔软性和韧性。当聚合物中添加了惰性桥堵剂后，惰性桥堵剂刚性好，能起骨架和支承作用，凝胶则充填在骨架之间，使之封堵严密。

（3）交联聚合物堵漏材料，或以交联聚合物材料为主的交联聚合物堵漏剂，由于凝胶的可变形性，堵漏时不受漏失通道的限制，能够通过挤压变形进入裂缝和孔洞空间。另外，该堵剂具有“变形虫”的特殊作用，如果在某一孔道处未产生封堵，会在漏失压差下继续向前变形蠕动，至下一较小孔道处产生变形封堵，最终将漏层封堵，从而防止裂缝的压力传播和诱导扩展。

### （六）自适应堵漏

典型的自适应防漏堵漏剂 SDZ-1，主要由胶束聚合物、可变形的弹性粒子和填充加固剂组成，各种成分具有不同的作用。其中：

（1）胶束聚合物具有油、水两亲性，加入水基钻井液中时，能够迅速大量吸附在井壁岩石表面。当达到临界浓度时，聚合物在岩石表面发生缔合，形成疏水微区。疏水微区有一个疏水的内核，由聚合物的疏水基团构成，外层由聚合物的亲水链段包裹，形成空间网络结构，从而达到稳定状态。随着聚合物浓度的增加，在井壁上形成不同尺寸的大量胶束，并且聚合物由链内缔合发展到链间缔合，从而在岩石表面形成封堵层。封堵层中的胶束是可变形的，如果压力升高，胶束就会被压缩，并进一步降低封堵层的渗透率，阻止钻井液进入漏层。

（2）可变形的弹性粒子具有较好的弹性和一定的可变形性，能够适应具有不同形状和尺寸的孔隙或裂缝。进入漏层后有一定的扩张填充和内部挤紧压实的双重作用，同时具有架桥和充填的双重功能。在压差的作用下，小于地层孔隙尺寸或裂缝宽度的弹性粒子进入漏层后，可通过架桥充填原理产生封堵；大于地层孔隙直径或裂缝宽度的弹性颗粒可通过挤压变形进入孔隙，然后通过较强的弹性作用使孔隙或裂缝产生扩张充填，从而对孔隙或裂缝产生较好的封堵作用。

（3）填充加固剂的作用。在实际防漏或堵漏作业过程中，较大尺寸的弹性粒子先对孔隙或裂缝产生一定程度的封堵。在压差的作用下，胶束聚合物通过胶束形成新的封堵层，填充加固剂进入由弹性粒子和胶束聚合物形成的封堵层的微孔隙，进一步降低封堵层的渗透率，增强封堵层的强度。

通过上述 3 种成分的协同作用，自适应防漏堵漏剂在很大程度上摆脱了架桥充填理论的束缚，具有较好的自适应特性。使其在较大范围内适应具有不同形状和尺寸的孔隙或裂缝，弥补了常规桥接堵漏剂颗粒级配很难达到合理要求的缺陷。

自适应防漏堵漏钻井液用于防漏、堵漏时，无须预知地层孔径及考虑是否与地层孔喉严格匹配的问题，克服了传统防漏、堵漏技术的不足，适用温度范围宽，封堵孔喉范围广，且不会进入地层深部，适合于油层防漏及堵漏。现场应用表明，自适应防漏堵漏钻井液能有效提高地层的承压能力，防漏、堵漏效果明显。

### （七）水泥浆堵漏

水泥浆堵漏，即挤水泥堵漏是复杂漏失堵漏的常用方法。一般下光钻杆至堵漏要求的井深位置，依次注入前置隔离液、水泥浆、后置隔离液。当水泥浆出钻具时，则关井挤注并顶替钻井液，把水泥浆全部替出钻具，然后起钻至安全位置或全部起出，关井候凝 24~36h。起钻过程中，应向井内灌注钻井液，灌注量应与钻具排代量相等。该方法适用于所有井漏。

普通水泥浆凝固前易于受漏层流体的干扰，致使凝固后强度低，甚至由于不能凝固而导致堵漏失败。对于浅部含水地层的大裂缝或溶洞恶性井漏，采用速凝胶质水泥浆堵漏，一方面可大大缩短水泥浆的凝固时间，另一方面可提高堵漏浆液抗地层流体干扰的能力。速凝胶质水泥浆是在泥浆中加入速凝剂配成胶质液，通过井口或井下混合器与水泥浆按一定比例混合而成，并挤入漏层固化达到堵漏的目的。

基于水泥浆堵漏，针对涪陵焦石坝区块页岩气开发过程中，从钻表层至完钻频繁发生溶洞、裂缝性恶性漏失，且堵漏成功率低的难题，在对堵漏胶凝材料、触变剂、纤维增韧剂、膨胀剂、微胶囊及表面调节剂等材料研究的基础上，形成一种可控胶凝堵漏剂。评价及应用表明，可控胶凝堵漏剂对渗透性、大孔道、裂缝性和溶洞性漏失地层具有很好的堵漏效果。该堵剂适应温度为 30~80℃，凝结时间可调，固化体强度常压 4h 可达到 5.0MPa，8h 强度达到 10MPa 以上，承压强度大于 14MPa，并具有抗水侵能力和强驻留能力。现场应用的 45 口井，堵漏成功率达到了 80%以上。

高炉矿渣 - 钻井液堵漏（MTC 堵漏）与水泥浆堵漏相似。高炉矿渣是非金属产物，主要由硅酸盐和钙、镁及其他碱基铝酸盐等组成，由高炉矿渣、不同粒径的颗粒、纤维和片状材料及钻井液配制的堵漏液，其黏度可以用普通钻井液的降黏剂或增黏剂调节，加入木质素磺酸盐可延长凝固时间，提高活化剂浓度可缩短稠化时间，增加碱的浓度能改善早期的抗压强度。MTC 堵漏液可用钻井泵送到漏层位置并加压挤入漏层 6~8$m^3$，静止 24~36h 堵漏。根据漏层性质还可灵活复配其他堵漏材料，获得更佳的堵漏效果。

### （八）暂堵堵漏

暂堵堵漏法是指应用暂堵材料对油气层进行封堵，在油气井投产后采用相应的解堵剂进行解堵的一种堵漏方法。此法主要用于封堵渗透性和微裂缝地层漏失，并能有效地减少因井漏引起的油气层损害。各油田目前已广泛采用单向压力封堵剂、超细碳酸钙、油溶树脂堵剂等暂堵法。其施工过程与常规堵漏工艺相同。

（九）软、硬塞堵漏法

软塞指的是所形成的堵塞不固化，它是靠形成不流动的黏稠物体封堵漏层，硬塞与软塞的区别是组分中有可以固化的成分，能够形成具有一定强度的堵塞物。软（硬）塞在国外，尤其在美国应用得十分广泛，它适用于较大裂缝或洞穴漏失，特别适用于人为裂缝漏失。因为软塞切力大，流阻大，可限制人为裂缝的发展，且因软塞不固结，在人为裂缝稍增大的情况下，它也会变形而起堵漏作用。在挤压时，软塞不仅堵住大裂缝，也会堵住小裂缝。常用的软硬塞类堵漏浆液为柴油膨润土浆、剪切稠化液和重晶石（或赤铁矿）浆。

（十）柴油膨润土浆堵漏

该剂也称剪切堵漏剂，柴油是一种非水溶剂，膨润土是易水分散的材料，聚丙烯酰胺是一种易水溶物质，而且还能同膨润土水化后絮凝成胶状物，纯碱起助溶作用。它在低剪切速率下（钻杆内流动）可以很好地流动，高剪切速率下变稠（通过钻头水眼）。这些物质按比例配合成胶体（悬浮体），将它注入漏层井段，利用该胶体中水溶物与漏失层段的水发生反应，生成软胶（半固态型）在漏层段起到堵漏的作用。现场配方：柴油 100 份、膨润土 50~70 份、纯碱 5 份、聚丙烯酰胺 5 份。

备足柴油、膨润土粉、纯碱、聚丙烯酰胺。根据需要用量，备好配制容器（铁池或铁罐），并要求容器内清洁无污物污水，铁池的个数为所需要的两倍，便于倒换。正式配制时需要泵车（或水泥车）两台，一台用于配制（装混合漏斗），一台用以帮助循环，避免沉淀。在柴油中加处理剂顺序依次为纯碱、聚丙烯酰胺、膨润土粉。施工要点如下。

（1）下入不带钻头的钻具于漏层顶界。

（2）注堵漏液前先注入 50~80m 一段隔离液（柴油即可）。

（3）当注入相当总量的五分之三时，泵压表上若有显示，可关上封井器憋压 3~4MPa，目的使更多的堵漏液挤向漏层深处，然后继续注入直到注完。

（4）替出钻具内所有堵漏液于漏层段。按一般泵入稠钻井液封井一样，其不同的是将钻具内堵漏液完全替出去。

（5）起出部分钻具，一般起到距漏层顶界 150m 左右即可，接方钻杆循环 1~2 周。再起钻至结束，静止 16h 后恢复钻进。

（十一）强行钻进下套管封隔漏层

有时，浅部地层存在长段天然水平裂缝及溶洞，钻井过程中发生有进无出的严重井漏，且采取以上各种堵漏方法均无法堵住时，可采用清水或廉价的轻质钻井液强行钻进，待完全钻过漏层后，再下套管封隔。

采用此法须具备以下条件：不是地质目的层；井眼稳定，能经受清水长期浸泡而不塌；无油气水进入井内；钻头所破碎的岩屑能带入漏层；准备足够的稠浆，每次起钻前泵入 10~30 $m^3$，用以提高井壁稳定性，防止沉砂卡钻。

如果漏层以上裸眼井段存在易塌井段，为了防止井塌，可在环空吊灌防塌钻井液，从钻杆中打清水抢钻，以确保井下安全。

### （十二）“应力笼”效应防漏堵漏

国外在井眼强化技术中提出了“应力笼”这一新的概念，即通过适当对井壁施压形成小裂缝，钻井液中加入的合适固相材料迅速进入裂缝并在裂缝开口附近形成桥塞。桥塞渗透率必须足够低，以便阻隔液柱压力的传递，产生能够封堵裂缝、阻止裂缝进一步扩大、防止压力传递到裂缝末端、提高井眼周向应力的“应力笼”效应来达到强化井眼的目的，起到防漏堵漏的效果。如英国北海 204/20–C21z 井在目的层上部砂岩薄层中钻进时提高钻井液密度后压井，发生井漏。设计采用“应力笼”方法侧钻井眼，形成段塞中含有碳酸钙和石墨，提高钻井液密度试压，地层未发生漏失，顺利完钻。

## 六、特殊复杂情况下井漏的处理

对于特大洞穴、裂缝、盐层底部地层、多套压力体系地层、又喷又漏的地层、低压地层、水层、调整井的漏失是世界公认的难题。对于特殊复杂情况下的井漏，可以针对实际情况，在现有堵漏技术的基础上，制定针对性的堵漏措施。

### （一）特大洞穴和裂缝漏失

这类漏失一般比较严重，但到目前为止，还没有准确测量溶洞和裂缝大小的方法，其封闭性或连通性也不好确定，而且有些裂缝还与地下暗河相连。处理这类井漏的方法一般用清水强钻套管封隔技术、速凝水泥堵漏技术、井口充砂技术、复合堵漏袋、树形堵漏袋、尼龙袋堵漏工具、投入用水溶性壳体组成的堵漏物质等。

钻遇大溶洞发生井漏时，普通的桥接堵漏剂无法在漏失通道中架桥，溶洞中往往含有地层水，水泥浆受地层水的干扰也难以凝固。这时可先向井下投入大小不一的石子、瓦片、绳头、树枝等的同时从环空灌注钻井液，待在溶洞中形成一定体积的固相物堆积后，再注入高浓度桥浆和水泥浆进行复合堵漏，可有效地分割出井眼，达到堵漏的目的。

### （二）水层漏失

水层漏失堵漏要取得成功，必须具备以下条件：堵漏材料不能被稀释、冲散或者冲走，在漏失通道中必须能建立起能承担正负压差的封隔层。一般采用连续灌注或者快速凝固法堵漏。对于高压水层，可用堵漏压井同步法；如果条件允许，也可采用清水强钻法。必要时可以采用反相凝胶进行堵漏。

（三）又喷又漏

目前现场所用的处理方法主要有降低压井液摩阻法，该方法适用于喷漏同层或者喷漏压力相近的地层；反循环压井，适用于下喷上漏且喷漏不同层的井；压井速凝堵漏法主要适合于上漏下喷的井；重晶石塞法主要适合于喷漏同层的井。

（四）多压力层系井漏

多压力层系井漏的处理关键是确定主漏层的位置和压力，对于这种漏失，可采用循环堵漏法，水泥浆推进堵漏等。

（五）异常压力地带井漏

高压差造成的漏失，其防漏与堵漏技术是一个公认的难题。发生在极低压差储层中的井漏，处理的难度就更加复杂。到目前为止，还没有比较理想的处理方法。一般视具体情况结合前面所述方法实施。

（六）盐层底部地层漏失

这类地层发生漏失的几率较大，岩性为泥页岩，强度较弱，或者有裂缝，但孔隙压力又比较高，有时与破裂压力相当，漏失速度一般很大，处理方法一般用泡沫水泥或者聚合物胶联剂段塞。

（七）调整井防漏堵漏技术

对于调整井防漏堵漏，关键是搞清生产对地层压力的影响及影响程度，重新建立地层压力剖面，以防为主。一旦漏失，首要问题是注意保护油气层。

（八）强行钻进下套管封隔漏层

对于浅部地层的长段天然水平裂缝及溶洞，钻井过程中发生有进无出的严重井漏，采取常规堵漏方法无效时，可采用清水或廉价的轻质钻井液强行钻进，在完全钻过漏层后，下套管封隔。

在进行井底清水强钻的过程中，保持漏层以上井段为钻井液，使钻井液液柱压力平衡漏层压力，并保护井壁，而漏层下部采用清水强钻，并将所钻岩屑带入漏层。清水强钻的关键是保护漏层以上井壁的稳定，防止垮塌。

（九）充气或泡沫钻井

对于漏层压力系数小于 1MPa/100m 的恶性井漏，进行充气或泡沫钻井是克服恶性井漏的有效手段。在充气钻进过程中，若因压力波动等原因，造成井筒液柱压力升高而引起严重井漏的，则采用随钻堵漏等方法，减缓井漏程度，达到维持充气钻进的目的。

微泡钻井液能形成具有高能量的微泡网结构。它进入漏层后能聚结成蜂窝状的泡沫凝胶，多级分散的微泡沫球体能在钻井液中作为架桥粒子及变形填充粒子，起到堵漏作用。

（十）波纹管防漏堵漏技术

波纹管堵漏是一种机械方式，具有施工简单、作业成本低、堵漏效果显著等特点，能有效地应对恶性井漏问题。与圆截面钢管相比，波纹管在等周长的条件下，其截面大尺寸小。利用这一特性，其可顺利入井并到达预定井段。在井下通过液压或机械的方法胀管，使其截面变为直径加大的圆管，紧贴在井壁上，达到封堵地层的目的。波纹管堵漏的施工工艺一般包括：电测井径、扩眼、下入波纹管柱组合、憋压胀管、投球丢手、磨铣波纹管组合上端口、修整胀管、磨铣下底阀等工作。

## 第三节　井塌的预防与处理

井塌是指钻井过程中井壁失稳垮塌的现象。发生井塌的原因包括：井内液柱压力不能平衡地层压力；地层受钻井液浸泡，发生水敏膨胀、破碎、剥离；地层本身破碎、疏松，上提钻具时造成抽汲现象使下部井筒压力下降；在起钻过程中，未及时回灌钻井液造成井内液柱压力下降；停钻时间过长，钻井液性能发生变化；在裸眼井段长时间、大排量循环等。井塌严重时会导致井眼情况复杂引起井下事故，在钻井作业中必须高度重视。

### 一、井壁坍塌的判断

当出现井塌时，通常表现为：振动筛上岩屑量增多，且混杂，岩屑形状不规则，尺寸过大，无钻头切削痕迹；泵压升高且不稳定，严重时会出现憋泵现象，并可憋漏地层；扭矩增大，憋跳钻现象严重；上提钻具遇卡，下放钻具遇阻；接单根、下钻不到底，遇阻划眼，严重时发生卡钻或无法划至井底；井径扩大，出现糖葫芦井眼，测井困难。

对于轻微坍塌，则表现为井口返屑增多，其中有许多棱角分明的片状岩屑，钻井液密度、黏度、切力、含沙量升高，但扭矩、泵压无大的变化。

对于严重的坍塌，如果发生在钻进的底层，则表现在钻进困难、扭矩增大，泵压升高，钻头提起后，泵压恢复正常，而钻头放不到井底；如发生在正在钻进的地层以上，则表现在，扭矩无大的增加，而泵压升高，钻头提离井底后，泵压仍升高，而且上提遇阻下放也遇阻，甚至井口返浆量减少或不返浆，停泵后，很可能就发生卡钻。

如果在起钻时发生坍塌，则表现为上起遇阻，下放也遇阻，且阻力忽大忽小的增

大；钻具能转动，但扭矩增加；开泵循环，泵压上升，悬重下降；井口返浆量减少甚至不返；钻杆内反喷钻井液。

如果下钻前发生坍塌，向下划眼会发生憋钻、憋泵，一停泵就起钻遇阻，开泵提起后，又放不到原来的位置，甚至越划越浅，比正常钻进还困难，甚至还会发生埋钻或划出新井眼等现象。

## 二、井壁坍塌的危害

井塌常常会给钻井工程带来极大的危害，轻者井内沉砂或形成砂桥，起下钻遇阻遇卡，下不到底，造成井下情况变得复杂，有时需要长时间进行划眼，影响钻井周期。严重者则极易造成起下钻频繁遇阻、划眼，有时则会划出新井眼，不能继续钻井，甚至造成坍塌卡钻，井眼报废。严重影响钻井速度，降低经济效益，阻碍油田勘探开发工作的进展。其次，砂样录井代表性差（即返上来取得的砂样中坍塌层的岩石占较大比例，不能代表所钻地层的岩性）、测井仪器下入困难，往往由于井径不规则或因砂桥存在或沉砂过高而使仪器在中途遇阻，不能测到井底，必须重新通井，并采取必要的处理措施，这样会大大延误完井时间。有时由于仪器中途受阻，电缆拉长、解阻后仪器往往上跳过地层，漏测某小段层位，使测井资料不准。又如高密度测井时仪器不能紧贴井壁，测不到地层的真实数据。而且由于井塌使井径扩大，不仅在完井时，多消耗水泥，影响固井质量，甚至会造成油气串通，给完井试油及增产措施带来极大困难。

## 三、井壁坍塌的原因

统计表明，井壁坍塌多发生在泥页岩层段。因为泥页岩地层是由片状黏土颗粒经沉积压实、脱水而形成的岩体，层理发育，富含天然裂缝、节理，遇水极易水化膨胀，强度低，各向异性强，是钻井过程中主要的不稳定地层。其次是弱胶结地层以及硬脆性地层，由于钻开井眼后应力场发生急剧变化，无法达到平衡，导致掉块、坍塌等情况的发生。

造成井壁坍塌，主要有地质、物理化学、工艺三方面的原因。就某一地区或某一口井来说，可能是某一方面的原因为主，但对于大多数井来说是由于综合原因造成的。

### （一）地质因素

#### 1. 原始地应力

由于地层中任何一点的岩石都会受到来自各个方向的应力作用，即垂直应力（上覆岩层压力）和水平应力（最大水平应力和最小水平应力），通常这两个水平应力是不相等的。当井眼被钻穿以后，钻井液液柱压力代替了被钻掉的岩石所提供的原始应力，井眼周围的应力将被重新分配，被分解为周向应力、径向应力和轴向应力，在斜井中，还会产生一个附加的剪切应力。当某一方向的应力超过岩石的强度极限时，就会引起地层破裂。虽然井筒中有钻井液液柱压力，但当地层的侧向压力大于井内钻井液液柱压力时，地层岩石就会向井眼内剥落或坍塌。

2. 地层的构造状态

地层倾角大时，稳定性差，极易发生坍塌。处于水平位置的地层其稳定性较好，但由于构造运动，会使地层发生局部的或区域的断裂、褶皱、滑动和崩塌，上升或下降，使得本来水平的沉积岩变得错综复杂，大多数地层都保持一定的倾角，随着倾角的增大，地层的稳定性变差，60° 左右的倾角，地层的稳定性最差。

3. 岩石本身的性质

由于沉积环境、矿物组分、埋藏时间、胶结程度、压实程度不同而各具特性，容易坍塌的地层岩石是：①未胶结或胶结不好的砂岩、砾岩、砂砾岩；②破碎的凝灰岩、玄武岩；③节理发达的泥页岩；④断层形成的破碎带；⑤如煤层、流沙、黏土、淤泥等不成岩的地层；⑥泥页岩的组分；⑦盐膏层、膏盐层、膏泥岩、软泥岩等特殊岩层。

4. 泥页岩孔隙压力异常

泥页岩是有孔隙的，在成岩过程中，由于温度、压力的影响，使黏土表面的强结合水脱离成为自由水，如果处于封闭的环境内，多余的水排不出去，就在孔隙内形成高压。一些生油岩生成的油气运移不出去，也会在孔隙和裂缝中形成高压。钻井时，如果钻井液液柱压力小于地层孔隙压力，孔隙压力就要释放。如果孔隙或裂缝足够大且有一定的连通性，这些流体就会涌入井内。如果泥页岩孔隙很小，渗透率很低，当压差超过泥页岩强度时，也会把泥页岩推向井内。若泥页岩孔隙里是高压气体，泥页岩就会被崩散，落入井内。

5. 高压油气层的影响

泥页岩一般是砂岩油气层的盖层，或者与砂岩交互沉积而成为砂岩的夹层，如果这些砂岩油气层是高压的，在井眼钻穿之后，在压差的作用下，地层的能量就沿着阻力最小的砂岩与泥页岩的层面而释放出来，使交界面处的泥页岩坍塌入井。

### （二）物理化学因素

1. 水化膨胀

1）表面水化

黏土表面带有负电荷，可吸收水分子。首先水以单分子层吸附在黏土表面上，降低了黏土体系的表面能，并把单层分开使其间距增大，当水进入蒙脱石的晶层间时，其体积可增加一倍，这样就减少了颗粒间的引力，使黏土的抗剪强度下降，含水量越多，粒子间的引力越小。同时水分子上所黏结的氢原子与黏土硅层表面的氧原子化合为水分子，更增强了黏土的表面水化作用。黏土的水化能力和黏土颗粒的表面积成正比。不同矿物的表面积差别很大，如纯蒙脱石为 $810m^2/g$，干净的石英砂岩为 $0.01m^2/g$，表面积越大，水化程度越高，这样会使泥页岩膨胀系数增大，而抗压强度降低。

2）离子水化

黏土中的阳离子可与钻井液中的阳离子进行交换，这种可交换的阳离子表面形成水化膜而引起离子水化。离子交换能力与可交换阳离子（$Al^{3+}$、$Fe^{3+}$ 与 $Si^{4+}$ 交换，$Mg^{2+}$、$Fe^{2+}$ 与 $Al^{3+}$ 交换）的含量与其所处位置以及可发生交换的补偿离子的类型有关。

滤液中的 $OH^-$ 会促使黏土表面层中的 $H^+$ 解离，$H^+$ 直接吸附于黏土表面，使黏土表面负电荷增多，水化能力增强，膨胀压力增大，所以，高 pH 值不利于防塌，而碳酸根和硫酸根的水化作用就相对较弱。在 $OH^-$ 浓度相同时，一价的 $K^+$、$NH_4^+$ 水化能力比 $Na^+$ 低，故具有较好的抑制水化膨胀作用，因此控制钻井液的 pH 值，尽量降低钻井液中的 $OH^-$ 和 $Na^+$ 的含量对防止泥页岩的水化分散具有一定的作用。

3）渗透水化

当泥页岩中的电解质浓度高于钻井液中的电解质浓度时，水分子由电解质浓度较低的钻井液渗入电解质浓度较高的泥页岩中，在泥页岩内部渗透水化形成很高的渗透压，它对井壁稳定有很大的破坏作用。如果钻井液中的电解质浓度高于泥页岩中的电解质浓度，则泥页岩中的水向钻井液渗透，从而使泥页岩脱水。渗透作用可使黏土表面的阳离子形成双电层，双电层的斥力可使晶层进一步推开，黏土体积将发生很大的变化，如蒙脱石体积可增加 25 倍。渗透作用引起的膨胀程度与交换性阳离子种类有密切关系，不同的交换性阳离子造成的层间距离不同。

当泥页岩出现屈服时，其渗透率将明显增加，导致水力流动速率和钻井液压力渗透速率升高，因此，由流体渗透诱发的泥页岩破坏是一个自行加速的过程，要靠外界的压力来平衡这个渗透压进而消除渗透作用是很困难的，只有用化学的方法，使钻井液与泥页岩中水的矿化度相同或化学位相同，才能制止渗透作用的进行。

2. 毛细管作用

泥页岩中有许多层面和纹理，在构造力的作用下又形成了许多微细裂纹，这些连接薄弱的地方容易吸水，是良好的毛细管通道。毛细管压力与孔隙半径成反比、与表面张力成正比。蒙脱石、高岭石、水云母的毛细管力分别是 0.29MPa、0.33MPa 和 0.42MPa。从毛细管作用来看，原来并不怎么水化膨胀的泥页岩，也可因毛细管水的大量浸入发生物理崩解，尤其颗粒很细的多孔体更容易因此而崩塌。有的泥页岩微晶高岭石含量很少，与水作用后膨胀程度较小，膨胀压力也不大，然而井塌还是比较严重，这是因为毛细管水进入泥页岩像润滑剂那样削弱了岩石颗粒之间和泥页岩层面之间的联结力，在侧压力作用下，岩石向井内运移，这种坍塌往往塌块较大。

3. 流体静压力

如果钻井液的液柱压力高于泥页岩的孔隙压力，钻井液滤液会在正压差的作用下进入地层，增大地层的孔隙压力，而且引起地层层面水化，强度降低，裂缝裂解加剧。滤液进入越深，裂缝的裂解越严重，泥页岩的剥落、坍塌越厉害。但流体静压力又是井壁围压的一种平衡力，也是一种反膨胀力，所以流体静压力对井壁稳定来说，既有正面效应，也有负面效应。比较理想的办法是降低钻井液的滤失量，提高滤液的黏度。滤液的黏度越大，越有利于封堵微细裂缝，阻止或减缓毛细管作用和渗透作用的进行。

### （三）工艺因素

1. 钻井液液柱压力

钻井液的液柱压力不能小于井眼的围岩压力和地应力，应平衡于地层的孔隙压力和不能大于地层的破裂压力；因此必须合理确定钻井液密度范围。

2. 钻速与排量不匹配

对于软地层，若钻速过快，与钻井液排量不匹配，则会使环空钻屑浓度过大，黏贴在井壁上，造成井径缩小，起钻时拔活塞而抽塌下部地层。同时，若钻井液返速过大，冲刷井壁上已形成的泥饼，使滤液进入地层，引起黏土水化、膨胀、分散，易发生井塌。

3. 井身质量差

井斜过大，可导致地应力集中。轴向应力集合点可能是页岩剥落的突破点。如，井眼方位变化大，狗腿度过大，易造成应力集中，加剧井塌的发生。一般斜井的稳定性比直井差。斜井的稳定性与井斜角有很大关系，位于最小水平主应力方向的井眼稳定；位于最大水平主应力和最小水平主应力方向中分线的井眼较稳定，而位于最大水平主应力方向的井眼最不稳定。

4. 钻具组合不合适

为了保持井眼垂直或稳斜钻进，下部钻具往往采用刚性组合，但如钻铤直径太大、扶正器过多，下部钻具与井眼之间的间隙太小，起下钻时很容易产生压力激动，导致井壁不稳。

5. 钻井液液柱压力突降

常在措施不当时造成井喷、井漏或起钻未灌浆或灌浆不够而导致液柱压力大幅度下降，引起受力不平衡而发生井塌。

6. 压力激动

开泵过猛或起下钻速度过快，尤其是钻井液黏度切力大时，上提钻具会造成抽汲压力过大，使井内瞬时压力过小，造成井壁岩石受力不平衡，使液柱压力小于地层坍塌压力造成坍塌。

7. 钻具撞击井壁引起井壁坍塌

钻进易塌地层时，如转速过高、起钻用转盘卸扣，由于钻具剧烈碰击井壁，从而加速井塌。

## 四、井壁坍塌的预防

预防井壁坍塌可以重点从活度平衡、力学平衡和封堵等方面考虑。

要保持井壁稳定，最为关键的是针对泥页岩的水化效应，其实质是防止水相迁移。

泥页岩吸水膨胀，泥页岩脱水变脆，易发生掉块剥落坍塌，预防的最好方法是使井壁岩石与井眼内没有水迁移，通过活度平衡防塌。钻井液中电解质浓度小于泥页岩水中的电解质浓度，钻井液中的水分自发向泥页岩渗透，泥页岩吸水膨胀；反之泥页岩脱水，故活度平衡为最有效的防塌理论。

根据地层孔隙压力、围岩压力和破裂压力，确定合理的钻井液密度，通过钻井液液柱压力来平衡地层的围岩压力和地应力，防止地层坍塌。选取的钻井液密度必须使液柱压力大于围岩压力和地应力，小于破裂压力，结合地应力测试数据选取适中值作为钻井液密度计算依据，计算出钻井液密度的使用范围值。

对孔隙和微裂缝采取封堵的手段，阻止水进入孔隙和微裂缝。一般采用沥青类、聚合醇类（有浊点的）、乳化石蜡类、超细目碳酸钙类、超细纤维素粉和其他可变形类封堵材料，让其在近井壁处形成封堵层，从而阻止由于水进入深部而造成的周期性坍塌。

封堵材料的加量一般采用 4 : 3 : 2 的比例，坍塌严重的地层沥青类（水基钻井液使用低软化点的沥青类产品，软化点为 70℃和 110℃）加量控制在 4%~6%，聚合醇类和石蜡类控制在 3%~4%，超细目碳酸钙控制在 2%~3%。中等程度和弱的坍塌依次递减。作为封堵，要求封堵材料总量至少达到 3%~5%，否则难以达到封堵目的。

基于上述分析，可以采用如下措施来防止井壁坍塌。

1. 减少钻井工程因素对井壁失稳的影响

（1）在钻井过程中，尤其是易坍塌地层的钻井过程中，尽量快速钻进，减少钻井液对易坍塌层的浸泡时间，缩短钻井周期，可更好地控制页岩坍塌。在钻软地层时，及时带出岩屑，防止其黏贴在井壁上，造成井径缩小和起钻时拔活塞，抽塌下部地层。适当的排量可以避免因钻井液流速过大而冲刷掉已形成的泥饼，使滤液过多地进入地层，引起黏土水化、膨胀、分散。

（2）合理设计井身结构和钻具结构。

（3）尽量避免钻具对井壁的撞击。

（4）保持钻井液液柱压力。因力学因素引起的井塌，可通过提高钻井液密度、保持正压差钻进来解决。起钻时应连续或定时灌浆；停工时，应定时向井内补充钻井液；钻柱或套管柱下部装有止回阀时，要定期向管柱内灌满钻井液，防止止回阀挤毁而使钻井液倒流，防止液柱压力下降导致井壁坍塌。

（5）减少压力激动。控制起钻速度，减少抽吸压力；下钻后及接单根后不宜开泵过猛，应先小排量顶通，再逐渐增加排量，防止憋漏地层。

（6）对于薄弱地层，钻进时要限制循环压力，以免压漏地层。

（7）根据坍塌层的特性选择钻井液类型。黏土矿物的水化、膨胀、分散是造成井塌的主要原因之一，其严重程度既取决于地层中的黏土矿物结构、层理、裂缝的发育程度，又取决于钻井液的类型和性能。

2. 调整钻井液性能使其适应钻进地层

（1）对于胶结差的砾石层、砂层，钻井液应具有合适的密度和较高的黏切。

（2）对于应力不稳定裂缝发育的泥页岩、煤层、泥煤混层，钻井液应具有较高的密度和适当的黏切及尽可能低的滤失量。

（3）控制钻井液的 pH 值在 8.5~9.5，减弱高碱性对泥页岩的强水化作用。

（4）必要时，可采取混油的方式，适当提高钻井液的矿化度，使之与泥页岩中水的矿化度相当或稍高。

（5）引入金属阳离子，如 $K^+$、$Ca^{2+}$、$Al^{3+}$、$Si^{4+}$ 等，与泥页岩表面的 $Na^+$ 交换，可有效降低泥页岩的膨胀压。

（6）使用抑制页岩水化的阳离子聚合物、胺基聚醚、聚胺和甲基葡萄糖苷类等。

3. 提高钻井液的封堵能力

1）使用沥青类封堵

沥青类物质亲水性弱，亲油性强，在正压差作用下，改性沥青类产品会发生塑性流动，封堵地层层理与裂隙，提高对裂缝的黏结力，在井壁处形成具有护壁作用的滤饼，可有效地涂敷在井壁上，在井壁上形成一层油膜。这样，既减少钻具与井壁间的摩擦，又减少钻具对井壁的冲击作用。由于井壁是憎水的，可防止滤液向地层渗透。另外，沥青类物质堵塞地层微裂缝，防止钻井液和滤液从裂缝渗透，防止井漏。实践表明，沥青类物质是裂缝发育地层的有效防塌剂。

常用的封堵类防塌剂有磺化沥青、氧化沥青、植物渣油、磺化妥尔油沥青等。为了使钻井液达到满意的防塌效果通常是将无机盐抑制剂高聚物和封堵裂缝类物质配合使用。

2）使用聚合醇封堵

低相对分子质量的聚丙三醇、聚乙二醇聚丙三醇、聚乙二醇可增加滤液黏度，进而阻止钻井液滤液进入页岩。这些聚合醇类产品在水中具有浊点和逆溶解性，当低于一定温度时聚合醇是水溶性的，但高于此温度时相互分离而形成乳状液，此温度被称为浊点温度。在正常钻进情况下，钻井液温度为井下循环温度，而所钻页岩温度为井下静态温度，由于较高的井下静态温度，引起钻井液发生相分离和乳化，形成的乳状液起封堵作用，进一步阻止流体侵入和钻井液压力渗透，达到稳定页岩的目的。当一定量的聚合醇在黏土表面吸附形成有序的单层或双层复合物时，水从黏土中排出，降低了膨胀压。实践表明，在定向钻井中，使用高浓度聚合醇，可以明显提高钻速。混合多元醇（包括聚丙三醇、聚乙二醇、甲基糖甙类）与盐（$NaCl$、$CaCl_2$）混合使用比其单独使用更有效。此外，聚合醇的浊点效应是其具有封堵能力的重要特征，推荐加量 3%。

3）使用硅酸盐封堵

水溶性硅酸盐侵入页岩后，与页岩孔隙流体中的多价离子（如 $Ca^{2+}$、$Mg^{2+}$）迅速作用形成沉淀。中性、酸性孔隙流体使硅酸盐形成胶状物，由凝胶物和硅酸盐沉淀物形成的屏障对页岩中的裂缝和裂纹起封堵作用，进一步阻止滤渡侵入和压力渗透。因此，硅

基钻井液能够稳定裂缝性地层，也能稳定由钻柱机械作用引起的地层裂缝或由抽吸作用导致页岩破裂的地层。

## 五、井壁坍塌的处理

### （一）泥页岩垮塌

对于泥页岩垮塌，若出现返出物稍多，砂样混杂，代表性差，呈颗粒状或片状，钻井液密度和滤失量上升，滤饼松软，含砂增加，有轻微憋跳现象，起钻遇卡，下钻不到底等现象时，首先应适当提高钻井液黏度，清洗井底，增加体系中页岩抑制剂的含量，如磺化沥青等，提高钻井液的抑制性和封堵页岩微裂缝的能力，并适当提高钻井液密度。若钻井液提高黏度或密度后仍不能带砂，可用水泥补壁。若出现返出物代表性极差，大颗粒多，大部分粒径大于5mm，砂样混杂比大于30%以上；钻井液密度上升，泵压忽高忽低，有憋压现象，接单根困难，反复划眼划不下去等现象时，应提高钻井液黏度及时带出垮塌物，必要时转换为抑制性更强的防塌钻井液体系，并适当提高钻井液密度以平衡地层压力。划眼时，适当增加排量配合钻井液流变性以利于带出垮塌物，同时划眼、接单根速度要快，防卡防堵水眼。起下钻遇阻卡不可强提硬压致卡死，应采取防卡措施。

### （二）破碎性垮塌

对于破碎性垮塌，应及时提高钻井液黏切带出垮塌物；严格控制HTHP滤失量和滤饼厚度，并加入防塌剂，增强地层的胶结力，改善滤饼质量；加入表面活性剂，或加入单向压力封堵剂，强化封堵能力；根据裸眼段地层承压能力，适当提高钻井液密度；适当改变钻井液流变性，特别是削弱钻井液胶凝强度，控制起下钻速度；每钻完一个单根划2~3次，每钻进100~200m进行一次短程起下钻。

### （三）工程措施不当引起的垮塌

一旦发生井塌，井下存在掉块，影响正常钻井作业时，则首先应按照上述原则，采取措施；其次要“赶到底、钻碎它、带出来”。

“赶到底”，即下入牙轮钻头，将大掉块尽可能地赶到井底；“钻碎它”，即采取大钻压、慢转速、小排量，将大掉块尽可能地研磨成小碎块；“带出来”，即钻碎一段时间后，然后将排量开到最大，同时旋转钻具，循环一到两周或更长时间（必要时可用部分高密度稠浆段塞将其带出地面，效果更好），直到振动筛无大量塌块为止；然后将钻具提到一定高度，减小排量或停泵一段时间，小幅度上提下放活动钻具。经一定时间后，再将钻具放到井底，判断是否还存在掉块。如果仍有掉块，则按照上述处理方法，反复处理，直到井下恢复正常为止。

## 六、钻井液防塌能力评价方法

### （一）分散性实验

分散性实验方法常用的有两种，即页岩滚动实验和CST（毛细管吸入时间）实验。

页岩滚动实验：此法可用来评价泥页岩的分散特性，研究钻井液抑制地层分散能力的强弱。此实验采用干燥的泥页岩样品（如果没有岩心可用岩屑），将其粉碎，取岩样6~10目（3.3~1.70mm）筛，往加温罐中加入350mL水或实验的液体和50g岩样，然后将加温罐放入滚动加热炉中滚动16h（控制在所需温度）。倒出实验液体与岩样，过30目（孔径0.55mm）或40目（孔径0.38mm）筛，干燥并称量筛上岩样，计算质量回收率（以%示）。再取上述过30目筛干燥的岩样，放入装有350mL水的加温罐中，继续滚动2h，倒出水与岩样，再过30目或40目筛，干燥并称筛上的岩样，计算回收的岩样占原岩样的质量分数。

CST（毛细管吸入时间）实验：是一种通过滤失时间来测定页岩分散特性的方法，即在恒速混合器（高速搅拌器）中测定体积分数为15%的稠页岩岩浆（过100目筛，孔径0.15mm）在剪切不同时间后的滤失时间，用以表示页岩分散特性。通常将页岩岩浆滤液在CST仪器的特性滤纸上运移0.5cm距离所需的时间称为CST值。

### （二）水化实验

按照膨润土造浆率的测定方法测定泥页岩的造浆率，然后按$h=Y_s+Y_b$计算出泥页岩的水化指数$h$。式中，$Y_s$、$Y_b$分别表示页岩和膨润土的造浆率（水化24h），$Y_b$一般取$16m^3/t$。

### （三）膨胀性实验

地层膨胀是地层中所含的黏土矿物水化的结果。通常采用测定岩样线性膨胀百分数（称为膨胀率）或岩样吸水量来表示地层的膨胀性能。由于温度对岩样膨胀率有较大影响，因此不仅应测定岩样在常温下的膨胀率，还应测定在高温高压下的膨胀率。

常温下的膨胀率通常采用NP-01页岩膨胀仪进行测试，称取一定质量风干的岩样（过100目筛，孔径0.15mm），测定岩样遇水（或其他液体）不同时间线膨胀量的变化，计算出线性膨胀率。

高温高压下膨胀率的测定通常使用YPM-01型页岩膨胀模拟实验装置或HTHP-1型高温高压页岩膨胀仪，可测定温度从室温至180℃、压力0~10MPa下的页岩膨胀率。注意高温高压下所测定出的膨胀率与常温常压下的测定结果有较大的差别。

### （四）介电常数

泥页岩的介电常数主要取决于其中水敏性黏土矿物的种类和含量，其大小与岩石强度和有效应力有关。因此，测定地层的介电常数可以了解地层的性质，预测井壁的稳定性和岩石强度。介电常数通常使用介电常数测定仪进行测定。其原理是测量充填了岩样的容器的电容与充满空气时容器的电容的比值，从而获得该岩样的介电常数。

### （五）页岩稳定指数法

页岩稳定指数表示地层在钻井液等液体作用下，其强度、膨胀和分散侵蚀三方面综合作用对井眼稳定性的影响。此方法是美国 Baroid 钻井液公司建立的。实验时先将泥页岩磨细，过 100 目（孔径 0.15mm）筛，与人造海水配成浆液（比例为 7：3），再放置在干燥器内预水化 16h。用压力机在 7MPa 下压滤 2h，取出岩心放入不锈钢杯中，再用 9.1MPa 压力加压 2mm，刮平岩心表面，用针入度仪测定针入度，然后将岩心连同钢杯一起置于 65.6℃下热滚 16h，取出再测定针入度，并测量杯中岩样膨胀或侵蚀高度。

### （六）三轴应力页岩稳定性实验仪

使用该仪器，可进行在径向应力、纵向应力及实验液柱压力作用下的页岩稳定性实验，用以研究钻井液对以下三种不稳定性的影响。①膨胀所致孔径的变化；②脆性岩石孔径的扩大；③地应力引起的井壁不稳定。

使用此仪器可从以下几方面来判别钻井液的影响。①在一定压力与流速作用下测定岩样被破坏的时间；②岩样被侵蚀的百分数；③岩样含水量及岩样孔径的变化。此类仪器有两种不同的类型，一种用于常温下测定，另一种用于高温下测定。

### （七）DSC 井下模拟装置

此仪器可模拟上覆压力、围压及井下温度，在直径为 165mm 的页岩样品上钻进和循环钻井液，用以评价在模拟井底条件下各种钻井液抑制地层坍塌的效果。

## 七、防塌钻井液

防塌钻井液体系有很多种，除前面有关章节已经介绍的体系外，还有如下一些体系。

### （一）传统的抑制性水基钻井液

如 KCl、PHP、阳离子型钻井液。该钻井液体系适合于水敏性地层的钻井。当钻井液压力扩散与溶质扩散并行时，可忽略孔隙压力和膨胀压力的影响，页岩地层或多或少地处于稳定状态。抑制性溶质能减小膨胀压力，配合使用相对高分子质量聚合物（如 PHP），可避免黏土分散。然而，随钻井时间的延长，这些钻井液的性能，尤其是抑制性会随之变差。

（二）强抑制胺基钻井液

为保证页岩、黏土和钻屑稳定性的同时，进一步改善机械钻速、防止钻具泥包及降低扭矩、起下钻遇阻等现象，国外形成了由水化抑制剂、分散抑制剂、防沉降剂、流变性控制剂和降滤失剂等组成的有机胺钻井液。在国外经验的基础上，国内近年来在抑制性胺基钻井液方面也开展了大量的研究和应用工作，并在现场见到了初步的应用效果。但要进一步大面积推广，在胺基抑制剂研究方面，还需进一步优化分子设计，降低成本，提高其与传统处理剂的配伍性，控制适当的相对分子质量，以充分发挥其作用。

（三）有机硅聚合物钻井液

有机硅聚合物由于具有良好的封堵能力和抑制性而受到关注，以其为主剂所形成的有机硅聚合物钻井液具有较强的封堵能力，抑制防塌能力强、抗污染能力强，高温稳定性强，流变性能优良，可有效防止掉块垮塌现象的发生，该体系在现场应用中取得了初步的成效。今后仍需针对其存在的如对钻井液 pH 值比较敏感、与其他处理剂配伍性差、钻井液摩阻大等问题开展研究工作，进一步完善有机硅聚合物钻井液体系。

（四）有机盐钻井液

有机盐钻井液是近年来发展起来的一种无固相水基钻井液体系，是基于低碳原子碱金属有机酸盐、有机酸铵盐、有机酸季铵盐形成的钻井液完井液体系。具有防塌抑制性好、保护油气层、腐蚀性低、环保及可回收再利用的特点，加之具有低固相、高密度的特性，有利于提高机械钻速。目前，有机盐钻井液体系的优越性已得到世界石油工业界的认可和重视，在欧美和美国等得到了广泛的应用，取得了很好的效果。在国内，有机盐钻井液体系也先后在海上油田、长庆气田、大港油田、新疆油田、塔里木油田等进行了现场实验，使用效果显著。

（五）铝复合物 AHC 钻井液体系

该体系主要用含可溶铝的防塌剂。因其在矿物颗粒间隙中析出的氢氧化铝在地层温度和压力的作用下会逐步脱水，在此过程中如果与其相邻的其他矿物表面带有烷氧负离子间也有脱羟基的作用，则氢氧化铝就会与矿物颗粒进行缩合反应，形成牢固的化学胶结。

铝的无机化合物一般在 pH 值为 9～12 时极难溶解。为了使溶解态铝在水基钻井液中达到足够的浓度，有时以腐殖酸等与铝离子形成螯合物，称为铝复合物（AHC）。它们在 pH 值达到 10 以上时可稳定存在于溶液中；当其从井眼进入井壁孔隙后，由于 pH 值降低而析出并沉淀，即可产生封堵作用。有时使用碱性更高的铝酸钠，一般加量为 0.5%～3%，并可与 3%～15% 的纸浆废液复配。其中的溶解铝也是在到达井壁孔隙时因 pH 值降低而产生沉淀从而起到封堵作用。

### （六）温度活化钻井液体系（TAME）

TAME体系，即聚合醇钻井液体系，是在KCl聚合物体系的基础上加入体积比为5%的非离子型醇的烷氧基化加成物而制得的。在井下条件下（井温大于浊点），钻井液中的聚合醇独立构成亲油性细乳化颗粒，封堵泥页岩表面，降低钻井液中的水对泥页岩的孔隙压力穿透作用；而在井口常温条件下聚合醇又变到原始的水溶液状态，避免了对环境的潜在危害。聚合醇在不同温度下能发生亲水与亲油相态转移的浊度效应是其作用机理的基础。在拉丁美洲的哥伦比亚地区使用该钻井液体系后，井壁稳定性明显提高，在页岩中滤液的侵入深度减小，同时利于保护储层。

该体系实际应用很少，主要是成本较高，且体系抗温性能较差，一般不适合超深井。

### （七）MEG钻井液体系

国外自20世纪90年代开始用甲基葡萄糖甙（MEG）作钻井液添加剂，曾在墨西哥湾高水敏性页岩层应用并获得了成功。MEG以其良好的抑制性、润滑性和储层保护特性及环保性能，近年来逐渐引起了国内石油工作者的关注。1998年，石油大学（北京）对MEG应用于钻井液进行了研究。MEG钻井液是一种新型的水基钻井液，由主剂MEG、流型调节剂、降滤失剂和无机盐等成分组成。MEG钻井液体系页岩抑制性好、毒性低，且易于生物降解。MEG钻井液的性能与油基钻井液相似，具有优良的页岩抑制作用，这与甲基葡萄糖甙独特的分子结构有关。

此外。防塌钻井液还有硅酸盐钻井液、氯化钾钻井液、硫酸钾钻井液、正电胶钻井液等。

## 第四节　卡钻的预防与处理

所谓卡钻就是指钻具在井下既不能转动又不能上下活动而被卡死的现象。如果对井塌、井漏和井喷等各种井下复杂情况和故障处理不当，最后都有可能导致卡钻。钻进过程中，若采用的工程或钻井液技术措施不当也会发生卡钻。

卡钻按其性质分为压差卡钻、沉砂卡钻、井塌卡钻、砂桥卡钻、缩径卡钻、键槽卡钻、泥包卡钻等。在上述不同类型的卡钻中，除键槽卡钻外，其余6种类型的卡钻均与钻井液有关，本节将对其分别介绍，在介绍中尤其突出压差卡钻的预防与处理。

### 一、压差卡钻

当井下钻具静止时间较长时，在钻井液液柱压力与地层压力的压差作用下，钻具的一部分会贴于井壁，与井壁滤饼黏合在一起，静止时间越长，则钻具与滤饼的接触面积越大，由此而产生的卡钻称为压差卡钻，也称为黏附卡钻或滤饼卡钻。

井壁上有滤饼的存在是造成黏附卡钻的内在因素，而地层孔隙压力和钻井液液柱压力的压差存在，是形成黏附卡钻的外在因素。压差卡钻的产生与滤饼的黏滞系数、滤饼与钻具的接触面积、钻井液液柱压力与地层压力之差、钻具在井内的静止时间等因素有关。若遇卡钻，当滤饼的黏滞系数越大，滤饼与钻具的接触面积越大，钻井液液柱压力与地层压力之差越大，就会卡的越紧。这种卡钻多发生在钻井液摩阻系数过大、高渗透性地层、压差过大、钻具在井内静止不动等情况下。

压差卡钻是在钻柱静止的状态下发生的，一般是钻具长时间静止不动和操作不慎造成的。接单根也可能发生压差卡钻。因此，卡钻前钻具上下活动、转动均不会有阻力（正常摩阻力除外），初期显示是扭矩和拉力增加，这与井内摩擦阻力增加有关。至于静止多长时间才会发生黏卡，这和钻井液体系、性能、钻具结构、井眼质量有密切关系。

通常卡钻后钻井液循环不受影响，泵压正常稳定，而钻具不能活动和转动。卡点位置在钻铤或钻柱部分，黏附卡钻后，如活动不及时，随着时间的延长，卡点有可能上移，甚至直移至套管鞋附近。

### （一）压差卡钻的预防

#### 1. 工程方面

（1）钻进中谨慎操作、勤活动钻具，减少钻具静止时间。

（2）设计合理的钻柱结构，特别是下部钻柱结构，增加支撑点，减少接触面，如使用螺旋式钻铤、欠尺寸扶正器、加重钻杆等。

（3）如果钻头在井底无法上提和转动时，可将钻柱悬重的 1/2 至 2/3 压在钻头上，以求把下部钻柱压弯，减少钻柱与井壁滤饼的接触面积，减少总的黏附力。

（4）当需要测斜时，在测斜前最好短程起、下钻一次。在测斜时除必要停止的几分钟外，要使钻具一直处于活动状态中。

（5）在正常钻进时，如水龙头、水龙带发生故障，绝不能将方钻杆坐在井口进行维修，如果一旦发生卡钻，将失去下压和转动钻柱的可能。

（6）指重表、泵压表、扭矩表必须灵敏可靠，以防作出错误的判断。

（7）要保持良好的井身质量，因为在井斜或方位变化大的井段，钻柱由于其自重分力的作用紧紧靠向井壁一边，增加了黏吸卡钻的可能性。

（8）在钻柱中要带上随钻震击器，因为在黏卡发生的最初阶段，震击解卡是很有效的。

（9）无论是钻进还是起下钻过程，要详细记录与钻头或扶正器相对应的高扭矩大摩阻的井段，并分析所在地层的岩性，因为这些地层往往是容易卡钻的地层。

#### 2. 钻井液方面

（1）尽可能采取近平衡压力钻进，降低井底压差。只要没有高压层、坍塌层存在，没有特殊需要，要使用该井段最低的钻井液密度，做到近平衡压力钻进。根据经验，钻

井液液柱压力超过地层压力 3.5MPa 以上时，卡钻的可能性增大。

（2）维持较低的滤失量。若滤失量大，则滤饼厚而松软，钻具与井壁的接触面积便会增大，发生压差卡钻的几率就会升高。

（3）降低钻井液中的多余固相，提高滤饼质量和钻井液的润滑性能。加入各种润滑剂，提高钻井液的润滑性能，包括混油和加入适用的润滑剂。这些措施均可降低发生压差卡钻的几率。

（4）选择与地层相配伍的钻井液类型。选择钻井液类型时，钻井液的润滑性也是需要考虑的重要因素之一。油基钻井液、油包水乳化钻井液、聚合物钻井液、甲基葡萄苷钻井液等具有良好的润滑性，能大大降低压差卡钻的风险。

（5）钻井液加重时，要用优质的加重材料，并要均匀加入，最好的办法是先在地面储备罐中加重，经充分搅拌水化后再混入井浆中。

### （二）压差卡钻的处理

当发生压差黏附卡钻时，一般情况通过提放、扭转钻具的方式很难解除，此时选择能够快速解除卡钻，以达到安全、高效、降低钻井成本的目的方法或措施非常重要。实践表明，解除压差黏附卡钻应满足：部分或全部消除正压差；对黏附钻具的滤饼进行渗泡，消除吸附力；全面洗刷掉黏附钻具的滤饼，使其失去黏附条件；扩大被黏附钻具周围的井眼尺寸，释放被黏卡钻具。

处理方法有注泡解卡液、柴油、泡酸，降低钻井液密度，注清水，爆破松口、倒扣、套铣等多种方式，但首选的处理方法应该是既安全又快捷的处理方法。

*1. 浸泡解卡法*

在非气层井眼内若属于砂泥（页）岩地层发生压差黏附卡钻，且井壁不稳定，不具备降低钻井液密度条件时，应该首选注泡解卡液。

在非气层井眼内是碳酸盐岩地层发生压差黏附卡钻，井壁稳定，应首选稀盐酸酸洗，其次是注泡解卡液或柴油；针对低渗透不含硫化氢的单一小产量气层井段发生压差黏附卡钻，应先注泡解卡液或柴油，如果地层属于碳酸盐岩可用稀盐酸酸洗。若不能解卡则采取相应保障措施实施降压解卡技术；在长段裸眼多压力系统含硫化氢地层，应该先注泡解卡液或柴油，若地层属于碳酸盐岩可用稀盐酸酸洗，若还不能解卡则采取爆破松口或倒扣套铣。

向井内注油基解卡液、水基解卡液、碱水、饱和盐水、酸等至浸泡卡点位置，改变钻具润湿性，泡松滤饼，降低黏滞系数，减少与钻具的接触面积，减少压差，从而活动钻具解卡。

一般泥页岩、砂岩、孔隙度较高的砂砾岩，使用油基解卡剂浸泡最为有效。油基解卡液（剂）是由柴油、氧化沥青粉、油酸、环烷酸、石灰、有机土及快速渗透剂等主要组分组成，常用解卡液配方见表 5–5。现场用 SR–301 解卡剂配制不同密度解卡液的配方见表 5–6。

**表 5-5　油基解卡液配方**

| 材料 | | | 用量 /% | | | 备注 |
|---|---|---|---|---|---|---|
| 名称 | 规格 | 功用 | 配方一 | 配方二 | 配方三 | |
| 柴油 | 0 号，-10 号 | 分散介质 | 100 | 100 | 100 | 体积比 |
| 氧化沥青 | 细度 80 目，软化点大于 150℃ | 提高黏度、切力、降滤失量 | 12 | 4.5 | 20 | 质量比 |
| 石灰 | 细度 120 目 | 皂化油酸 | 3 | | 4 | 质量比 |
| 油酸 | 酸价 190~205，碘价 60~100 | 乳化、润滑剂 | 1.8 | 6.2 | 2 | 质量比 |
| 有机土 | 胶体率 90%，细度 0.15~0.18mm | 提高黏度、切力、悬浮 | 1.6 | | 3 | 质量比 |
| 快 T | 工业品 | 润湿、渗透、乳化 | 1.6 | 12.4 | 1.6 | 质量比 |
| PIPE-JAX | | 解卡剂 | | 5.7 | | 质量比 |
| AS | | 洗涤剂 | | 4.4 | | 质量比 |
| 烷基苯磺酸钠 | | 乳化剂 | | | 2 | 质量比 |
| SPAN-80 | | 乳化剂 | | 2.6 | 0.5 | 质量比 |
| 清水 | 淡水、盐水均可 | 分散相 | 5 | | 5 | 质量比 |
| 重晶石 | 密度 4.0g/cm$^3$、细度 0.074mm | 加重剂 | 按需 | 按需 | 按需 | |

**表 5-6　SR-301 解卡剂配制**

| 密度 /（g/cm$^3$） | SR-301/t | 柴油 /m$^3$ | 重晶石 /t | 水 /m$^3$ |
|---|---|---|---|---|
| 0.95 | 0.270 | 0.650 | 0.00 | 0.160 |
| 1.10 | 0.258 | 0.623 | 0.19 | 0.155 |
| 1.20 | 0.250 | 0.600 | 0.32 | 0.150 |
| 1.30 | 0.242 | 0.580 | 0.45 | 0.145 |
| 1.40 | 0.234 | 0.562 | 0.58 | 0.140 |
| 1.50 | 0.226 | 0.542 | 0.71 | 0.135 |
| 1.60 | 0.218 | 0.520 | 0.85 | 0.131 |
| 1.70 | 0.209 | 0.506 | 0.97 | 0.126 |
| 1.80 | 0.201 | 0.484 | 1.10 | 0.121 |
| 1.90 | 0.194 | 0.465 | 1.18 | 0.116 |
| 2.00 | 0.186 | 0.445 | 1.36 | 0.114 |

注：此表是 1m$^3$SR-301 解卡液量的配方，实际配制过程中应按所需解卡液用量等比配制。

解卡液配制量计算：求得卡点位置后，要进行解卡液浸泡处理时，需要计算解卡液配制量。解卡液浸泡时，应使卡点以下钻具全部浸泡在解卡液中，并使钻杆内留有一定量的解卡液。

解卡液配制量等于环空解卡液量加管柱内解卡液量，环空解卡液一般要求浸泡过卡点以上，不低于 100m，还需考虑井径扩大率。钻柱内解卡液量由浸泡时间确定，应考虑一定时间内的顶替量（钻具内预留解卡液 3~5m$^3$）。解卡液用量按照式（5-9）计算。

$$Q=Q_1+Q_2+Q_3=0.785kH(D^2-d_1^2)+0.785d_2^2h+Q_3 \tag{5-9}$$

式中，$Q$ 为解卡液用量，$m^3$；$k$ 为井径扩大率，%；$D$ 为钻头直径，mm；$d_1$ 为钻杆或钻铤外径，mm；$d_2$ 为钻杆或钻铤内径，mm；$H$ 为钻具外泡油高度（一般要求过卡点以上 50~100m），m；$h$ 为钻具内解卡液高度，根据浸泡时间决定，m；$Q_1$ 为黏卡段环空容积，$m^3$；$Q_2$ 为黏卡段钻具内容量，$m^3$；$Q_3$ 为预留顶替量，$m^3$。

浸泡期间应根据井下情况决定顶替间隔时间及顶替量。浸泡期间应按时活动钻具，不活动时将钻具压弯，以防卡点上移。

2. 负压解卡法

在非气层井眼内属于砂泥（页）岩地层发生压差黏附卡钻，若井壁稳定，应首选降压解卡技术，即通过降低钻井液密度消除井眼内的正压差，或者直接注清水消除压差洗掉滤饼以及渗泡。

降压解卡技术是采取降低或消除井筒内液柱压力与地层压力间的正压差，破坏黏附钻具的滤饼，从而解除卡钻。尤其是在深井、小井眼内发生压差黏附卡钻，用其他方法，如注泡解卡液、泡油、泡酸等处理困难时，采用此方法成功率较高。但针对高压力、大产量、含 $H_2S$ 产层，以及高低压悬殊的多压力系统和容易坍塌的井段，不宜使用此项技术。

当液柱压力低于井底地层压力时，形成负压差，该压差将对被卡管柱产生一个“推力”，使其脱离井壁。负压值越大，地层流体进入井眼的速度越快，理论上解卡速度也越快；负压值太大，极易引起井涌，往往还未解卡已出现明显溢流，从而被迫关井，不仅造成施工紧张，而且关井后不易活动管柱，不易观察是否解卡；负压值太小，则达不到解卡目的。一般控制卡点处的负压差为 1~2MPa，即有地层流体逐渐进入井眼，有一定的解卡力，又不至于出现大的井涌。

使用负压解卡法应注意：①地层压力预测必须准确可靠，否则可能导致严重的井涌、井喷，或者负压太低不能解卡；②若地层疏松，液柱压力不足以支撑井壁，易发生垮塌，堵塞环形空间，从而使卡钻恶化；③替浆时往往出现高压管汇压力增高的现象，多数情况下压力都在 20MPa 左右，若高压管汇强度不够，就有可能发生破裂，从而诱发钻井液倒抽，引起井喷。所以在施工前必须对高压管汇试压，确保替浆安全。替浆时密切关注泵压变化，防止泵压过高，管汇刺漏。

3. 解卡剂使用方法

（1）钻进过程中发生卡钻事故后，首先要认真分析卡钻原因和过程，正确判断卡钻类型。确认是压差卡钻后，井队工程师与有关人员配合，确定卡点位置和井深。钻井液工程师配合计算出需要的解卡剂数量。之后通过生产组织部门，尽快组织解卡剂到井。

（2）在等解卡剂期间，先组织人员清理出一个或两个足够容纳解卡剂的罐，但至少保证有一个是上水罐，以便于施工。如有必要，可在上水罐附近处的地面上准备一个水泥抹壁的坑或者是埋入一个大油桶，便于解卡剂到井后倒解卡剂用。

（3）在所有准备工作做好后，大排量替入解卡剂，直到全部替完；然后用钻井液顶替到卡点位置开始浸泡。与此同时，在安全条件范围内，上提下放钻具、转盘转动钻具，以帮助尽快解卡。

（4）解卡前，每间隔 30min，开泵顶入 0.5m³ 解卡剂，直到全部顶出钻杆，并将解卡剂替到卡点以下 50m 左右位置，继续浸泡，同时配合如上所述的工程措施。

（5）如果解卡，则及时将解卡剂替出井眼，根据情况，回收解卡剂或放掉，或混入钻井液中（一般不希望这样做）。大排量循环洗井后，确定出下步施工措施。根据卡钻原因，如果是钻井液性能差引起的，则必须认真处理钻井液；同时严格有关防卡的工程措施。

（6）如果在浸泡 48h 后仍没有解卡，则应将解卡剂替出，根据情况，回收解卡剂或放掉，大排量循环洗井后，再次按上述程序，注解卡剂浸泡。重复浸泡次数可以放宽到 2~3 次。在第二次配解卡剂时，可以要求加大渗透剂含量，但最高不能超过 6%，以防严重破坏井壁，造成井壁垮塌。

（7）在处理期间，还应该时刻注意判断井下情况，如发现问题，及时采取处理措施，防止事故进一步复杂化，增加处理难度。

### （三）案例

案例一：负压解卡。西 005-Xl 井，$\Phi$152mm 井眼使用密度 1.85g/cm³ 的钻井液，钻至井深 2629.40m（层位：须三段），接单根时发生压差黏附卡钻，通过大幅度地活动钻具不能解卡。全井钻井液密度降至 1.77g/cm³，又通过注泡解卡液，渗泡时间为 12h 仍不能解卡。通过分析论证，该井 $\Phi$177.8 mm 套管下入深度为 2478.48m，地层相对稳定，不含 $H_2S$，小产量气层，井口允许最高关井压力为 52MPa，具有使用清水降压解卡技术的条件。经过精心设计，严密组织施工，注入清水 20m³，降低井内压差 10MPa，迅速解除了该井的压差黏附卡钻事故。

案例二：泡解卡液解卡。四川磨溪地区所钻的两口水平井：磨 005-H7、磨 005-H6，在水平井段都曾发生了压差卡钻，两口井钻井液密度均为 2.25~2.32g/cm³（地层压力系数为 2.17），应用 SPJ 解卡液（柴油、乳化剂、渗透剂、有机土、石灰、水和加重剂等组成）后两口井在几分钟内顺利解卡。以磨 005-H7 井为例加以说明。

（1）井身结构：$\Phi$339.7mm 套管 ×101.01m+$\Phi$244.5 mm 套管 ×1753.24 m+$\Phi$177.8mm 套管 ×（1613.95~3433.63）m+$\Phi$152.4mm 钻头 ×3862.9mm。

（2）造斜情况：造斜点 2668m，井深 3688~3862.9m，井斜 90°~91°。

（3）卡钻经过：转盘带螺杆复合钻至井深 3862.9m 接单根后遇卡，活动钻具无效卡死，循环钻井液泵压无异常。钻井液性能：密度 2.32g/cm³，漏斗黏度 36s，中压滤失量 2.5mL、滤饼 0.5mm，高温高压滤失量 14mL、滤饼 3mm，$K_f$0.10，初切力 6Pa、终切力 8Pa，油含量 10%。

（4）卡钻原因分析：钻井液密度高达 2.30g/cm³，裸眼井段存在较大压差；水平段长 174.91m，钻具与井壁接触面积大；水平段嘉二 ¹ 层为针孔白云岩，地层渗透性好，可能

存在厚滤饼。

（5）处理经过及结果：配制 20m$^3$ 前置冲洗液，密度 1.62g/cm$^3$，漏斗黏度 42s，初切力 2Pa、终切力 8Pa。泵入井内 7m$^3$（计算前置液进入垂直井段后环空返高 500m，降低井底液柱压差为 3.5MPa），正替钻井液 16.5m$^3$，注入配制 SPJ 解卡液 8m$^3$，解卡液性能：密度 1.61g/cm$^3$，漏斗黏度 60s，初切力 3Pa、终切力 12Pa，高温高压滤失量 1mL、滤饼 2mm，正替钻井液 20m$^3$，3min 后上提钻具，悬重 10t 上升到 115t 解卡。

案例三：泡解卡液无效，再泡酸解卡。元坝某井，为预探直井，设计井深 6800m，四开井，表层套管下深 202.35m，技术套管下至 3354.32m，地层构造四川盆地川东北元坝低缓构造带元坝区块长兴飞仙关组 3 号礁汉群异场主体。钻具结构：$\Phi$311.2mm 钻头 × 0.29m+ 浮阀 ×0.64+$\Phi$228.6mm× 钻铤 2 根（18.34m）+ 测斜托盘 $\Phi$305mm× 扶正器：1.40m+$\Phi$228.6mm× 钻铤 4 根（37.19m）+ 接头 ×1.20 m+$\Phi$203.2mm× 钻铤 9 根（80.24m）× 双公接头 0.66m+$\Phi$203.2mm× 随钻震击器 7.12m+ 接头 ×1.01m +$\Phi$177.8mm+ 钻铤 12 根（110.09m）+ 旁通阀 ×0.50m+ 接头 ×1.00m+ 投入式止回阀 ×0.34m+$\Phi$139.7mm 钻杆 × 4556.56m+ 方保 + 下旋塞 + 方钻杆。卡钻时井深 4928m，地层岩性为灰色白云岩、页岩，钻头位置 4828.74m、扶正器位置 4809.47m，地层为雷口坡四段，钻井液密度 2.01g/cm$^3$、漏斗黏度 52s、滤失量 3.0mL。

1. 第一次卡钻

2009 年 2 月 11 日起钻换钻头后，下钻，7：30 钻头下至井深 4828.74m 遇阻，摩阻达 160kN，指重表悬重 1680kN（下钻正常摩阻 80kN），上提钻具活动恢复正常。再次下钻遇阻，和初次遇阻情况相同，提钻具到安全位置，准备接方钻杆循环划眼，8：10 在灌浆过程中冲管刺漏，随后卸下方钻杆修理水龙头冲管，修理期间采用吊卡上下活动钻具，9：30 钻具上下活动失效，钻具被卡。10：00 再次接方钻杆循环，排量 16L/s，泵压 2MPa，转动、上提均无效，逐渐提高排量至 34L/s，泵压 20MPa，循环正常，上提吨位至 2600kN 无效，转盘扭矩至 43300N·m 无效，钻具卡死。

具体措施如下：

（1）强力扭转、上提下放活动钻具。通过提拉测卡得出被卡钻具在扶正器位置，逐步上提最大吨位至 3000kN（上提过程中，随钻震击器未工作，已失效），最低下压吨位 1400kN，开动转盘扭矩 50000N·m（22 圈），均无效。

（2）浸泡解卡剂。主要针对扶正器及以上几根钻铤浸泡，注入解卡剂 22.38m$^3$，其密度 1.75g/cm$^3$，黏度 128s，替浆 46.5m$^3$，钻头以上环空解卡剂 17.43m$^3$，钻具内预留解卡剂 4.93m$^3$，浸泡 9h，期间活动钻具均无效。

解卡剂配方：25m$^3$ 柴油 + 5t SR-301+1.8t 快 T+0.5t OP-10+33t 钛铁矿。

（3）测量卡点、爆炸松扣。下入测卡仪，准确测得卡点在扶正器位置，起出测卡仪，准备在扶正器以上第一根 $\Phi$228.6mm 钻铤处爆炸松扣。在实施加反扭矩时，反转到第五圈时，上部 300m 处钻具完全脱扣，在上提的状态下，落鱼向下的弹性冲力加上自身重力，相当于一次力量极大的向下震击，将落鱼在被卡处震开，下钻对扣，在脱扣位置向下连续 50m 未找到鱼头，断定落鱼已掉入井底。

分析造成卡钻的原因可能是：①当钻井液循环停止，上下移动管柱时，环空内的絮流加剧冲蚀，井内坍塌洞穴中的压力波动或颗粒波动易引起地层的不稳定；②不稳定岩层侵入井筒，堵塞在管柱周围，会形成坍塌，造成井筒堵塞；③页岩属于易碎性地层，可分解成碎片落入井内，页岩与水发生化学反应膨胀后，降低了页岩的稳定性，引起沿垂直于层理面方向的坍塌，由于块状大，通常堵塞在钻铤或扶正器处。

2. 第二次卡钻

卡钻发生经过落鱼落入井底，下钻成功对扣后，上提摩阻很大，但可以建立小排量循环，并有 10m 左右的钻具上下活动空间，在缓慢起钻过程中，摩阻逐渐变小（判断主要是扶正器引起的摩阻），但扶正器未通过首次被卡位置时，起钻速度有所加快，随即再次引起管柱卡钻，活动钻具均无效。然后泡酸。注入 $20m^3$ 酸，浸泡底部钻具，6h 后，钻具有了一定的自由活动距离，随即小排量循环，缓慢起钻，全部起出钻具。

分析事故发生的原因是由于碎岩块在环空有所堆积，钻井液小排量的循环可以缓慢排出岩屑，为缓慢起钻提供条件。当加快起钻速度时，循环排屑的速度不能足以支撑起钻速度，会造成岩块的再次堆积，在钻具的宽径处形成卡钻。

## 二、沉砂卡钻

在钻具静止的状态下，小排量循环或停泵后钻井液中有大量岩屑下沉，埋住下部钻具的卡钻叫沉砂卡钻。一般情况下，上部地层在清水钻进或钻井液悬浮和携带岩屑能力差、钻速较快时，大量岩屑滞留于井内，停泵时岩屑大量下沉，埋住钻头、钻铤或部分钻具引起卡钻；对于下部地层，由于地层胶结不好，吸水膨胀、断层、破碎性地层或钻井液大幅度调整、性能较差等原因，引起掉块严重、井塌，使井眼扩大或形成砂桥，停泵静止时也容易发生沉砂卡钻。

当出现沉砂卡钻时，通常是卸开钻具，钻杆内倒返严重，接方钻杆开泵时泵压很高甚至憋泵，上提遇卡，下放遇阻，且不能转动或转动时扭矩很大。

为了防止在钻井过程中发生沉砂卡钻，施工中应注意如下几点：①保证循环系统、净化系统安装质量，适当增加泵排量；②接单根时尽量缩短停泵时间；③出现沉砂现象，应控制钻速，调整钻井液性能或停钻，大排量循环，正常后再恢复钻进；④下部地层剥蚀掉块严重，井径较大时，应配制携岩性能好的高黏度钻井液，带出掉块，并禁止在此井段开泵划眼；⑤起下钻遇阻卡不能强拉硬砸，应尽快循环和活动钻具。循环失灵，井口不返钻井液，应立即停泵放回水，使堆积的沉砂松动，活动钻具，起出后再划眼通井；⑥出现沉砂现象时，适当提高钻井液的黏度和切力，以增加悬浮岩屑、携带岩屑的能力，同时应注意开泵方式方法，以防憋漏地层。

一旦沉砂卡钻卡死后，可采取爆炸松扣和套铣等处理方法。下部被卡钻具难以套铣或震击无效时，则填井侧钻。

## 三、井塌卡钻

井塌卡钻一般发生在吸水膨胀的泥页岩、胶结不好的砾岩、砂岩等地层，及钻井液性能不能满足井壁稳定的需求时。钻井液密度低，井内的液柱压力不能平衡地层压力，致使倾角大或胶结不好的地层垮塌，或因井漏使液柱压力失去平衡所致。起钻未灌满钻井液、井漏或钻头泥包产生的抽吸作用等引起垮塌，以及钻遇裂缝或断层性地层时，易发生井塌卡钻。

一般情况下，如果发生井塌卡钻时，会出现大块滤饼和小块岩石脱落，换钻头后下钻下不到底，钻井液中携带有大块未切削的上部岩石，钻进中突然发生憋钻，上提遇卡，泵压升高，憋泵甚至不能转动钻具，划眼困难，常需多次反复划眼才有好转等现象。

井塌卡钻的预防措施如下：

（1）使用低滤失量、高矿化度和适当黏度的防塌钻井液体系。

（2）钻到易塌地层时，适当提高钻井液密度。

（3）保证钻井液液柱高度，起钻时及时灌浆。

（4）避免钻头泥包和抽吸造成的井壁坍塌。

当发生井塌卡钻时，可以采用如下措施进行处理。

（1）在坍塌卡钻刚发生时，要停钻，坚持循环和活动钻具，同时调整钻井液性能，适当提高密度和黏切，尽可能把坍塌岩屑循环出来。

（2）钻进时一旦卡死，由于钻头在井底，可用小排量憋压，施加正转扭矩，力求把塌块弄松，建立循环，然后轻提慢转倒划眼，清除塌块。

（3）在起钻时遇卡，切勿大力上提，可猛放或开小排量憋压猛放，建立循环后采用轻提慢转倒划眼来解除。

（4）严重的井塌无法循环和活动钻具时，则从卡点以上一个单根处倒开，起出上部钻具，然后用套铣加倒扣的方法分段倒出被卡钻具。若落鱼悬空时，则用倒扣套铣矛接套铣筒对好鱼顶后套铣的方法处理。

## 四、砂桥卡钻

砂桥卡钻通常是在钻松软易塌或易溶（盐岩）地层时，在钻井液浸泡下造成井径扩大（俗称大肚子井段），上返速度在井径扩大处降低，如果钻井液携带岩屑能力较差，井眼净化能力弱会使岩屑聚集于大肚子处。停泵后，钻井液静止时间较长，钻井液悬浮能力差，岩屑下沉至井眼瓶颈处形成砂桥，当钻具起至该处或下钻速度过快，开泵过猛时便会发生卡钻。

砂桥卡钻通常表现为：钻井液出口流量减少，甚至完全不能返出，接单根或者起钻卸开立柱后，钻井液倒返甚至喷势很大，开泵时泵压增高，甚至憋泵，扭矩增大，上提遇卡、下放遇阻，钻具不能活动，以及起钻时卡点固定等。

砂桥卡钻的预防措施如下：

（1）保持井壁稳定，防止出现大肚子井眼。

（2）提高钻井液的携砂能力和悬浮能力，在条件允许的情况下提高泵排量。

（3）正常钻进时，要时刻观察井口返砂量是否增减，钻杆内是否涌浆，喷浆，泵压是否变化，并做好记录，发现问题及时解决。

（4）穿过不稳定地层后，尽可能加大泵排量。

（5）下钻时，如果钻杆内喷浆而井口不返浆，那就要立即接上方钻杆，开泵循环，然后逐渐开泵划眼到井底。

（6）起钻或接单根前增加钻井液的循环时间，并缩短接单根时间。如果遇到起钻遇阻，必须立即停止起钻，用最快的速度接上方钻杆，用小油门开泵，顶通后，再逐渐增加排量。如果循环一段时间后，起钻仍遇阻时，应增加钻井液的密度，黏度和切力。

（7）停泵前将钻具提离井底，勤活动钻具。

（8）发现泵压较高和岩屑返出较少时控制钻速，加大排量洗井。

（9）测斜前一定要配一灌稠浆打进去，同时多循环 30min。

（10）因设备故障（如修泵）造成钻井液不能循环时，一定要将钻具提至表层套管内。

（11）停钻时间超过 3d，必须在易塌井段注密度大于正常钻进时的钻井液，漏斗黏度≥100s 的封闭浆。

当发生砂桥卡钻时，解除砂桥卡钻唯一的方法，就是接上方钻杆，卸掉两个钻井泵凡尔，用最小的泵量反复循环，同时增加钻井液黏度和切力，力争把循环通路打开，千万不可快速增加泵排量，把砂桥堵死。只要循环通路打开，井口返浆量恢复正常，卡钻也就自然解卡。具体措施如下：

（1）尽量小排量顶通，设法建立循环，配合慢转破坏砂桥，还可泵入一定量高黏切钻井液把沉砂循环出来。

（2）若不能建立循环，用震击器震击解卡。

（3）若钻进时卡死，则从卡点以上一个单根处倒开，起出自由钻具，下套铣筒套铣和对扣打捞处理。

（4）若起钻时卡死，则从卡点以上一个单根处倒开，起出自由钻具，由于落鱼悬空，故应用倒扣套铣矛接套铣筒下到鱼顶，先对扣再套铣，防止解卡后落鱼落井顿钻。

（5）解卡后，应下钻至卡点位置划眼，破坏砂桥，配稠浆，将沉砂循环携带出来。

## 五、缩径卡钻

缩径卡钻常发生在膨胀性地层（如膨胀页岩、白垩岩等）、岩盐层和渗透性良好的砂岩。产生缩径卡钻的原因是：水敏性地层吸水膨胀，井径缩小；地层渗透率大，钻井液性能较差，滤失量大，固相含量高，造成滤饼厚使得井径变小，起下钻有遇阻、卡现象，硬提、猛压而造成卡钻；钻头磨损严重，后期井径变小，新钻头下入小井眼内硬压造成卡钻；岩盐层塑性流动。由于岩盐层温度高，钻开时的钻井液密度低，液柱压力无法平衡上覆岩层压力，岩盐层发生塑性变形并向井眼内蠕动，从而造成钻进或起下钻遇阻、遇卡，严重时造成卡钻；漏层或渗漏层，由于桥塞（堵漏剂）集结于漏层处，在其上面形成厚滤饼，黏结固体颗粒致使井径缩小，当钻具起下至该处时若操作不慎亦可造成卡钻。

一般情况下若发生缩径卡钻时，通常表现为遇卡的位置固定，循环时泵压增大，上提困难，下放容易，下钻时摩阻增大，起出的钻杆接头上部经常有滤饼。

缩径卡钻的预防措施如下：

（1）调整好钻井液性能，降低滤失量，提高滤饼质量，防止滤饼过厚。

（2）钻特殊岩层（如岩盐层），及时提高钻井液密度，防止地层蠕变。

（3）当新入井钻头与已应用的上一个钻头的直径差达 2~3mm 时，起出后，应注意下钻遇阻，及时采取措施。

（4）下钻遇阻时，不能硬压，应接方钻杆划眼或扩眼，钻压 5~10kN，直到畅通无阻，方可继续下钻。

（5）起钻遇卡时，不能猛提，遇卡一般不超过原悬重 100kN，接方钻杆循环，轻提慢转倒划眼。

当发生缩径卡钻时，可以采用不同处理措施，如：①上提、下放和转动钻具解卡；②上击、下击解卡；③对于水化膨胀引起的缩径卡钻，应该对钻具遇卡的反方向施加力，建立循环，谨慎划眼；④浸泡解卡。井内泡油、泡盐水、泡酸或采用清水循环，同时进行上击，一旦解卡应进行划眼来调整井眼；⑤倒扣或爆破松扣，套铣解卡等。当采用以上方法都不能解卡时，则只能填井侧钻。

## 六、泥包卡钻

泥包卡钻是指在上提钻具过程中，因钻头或扶正器泥包而遇阻造成的卡钻。产生泥包卡钻的原因是：钻遇松软的泥岩时，切削物不成碎屑，难以分散，黏附在钻头或扶正器周围；钻井液循环排量小，岩屑不足以携离井底，重复磨碎后黏附在钻头或镶嵌在牙齿间隙中；钻井液性能差，井壁形成松软的厚滤饼，起钻过程中堵塞扶正器或钻头周围空间；钻具刺漏，部分钻井液循环短路，到达钻头的钻井液量少，钻屑带不上来，黏附在钻头上。

一旦出现泥包卡钻，则会出现：钻进时，机械钻速降低，转盘扭矩增加，有憋钻或泵压上升现象；上提钻具有阻力，阻力的大小随泥包的程度而定；起钻时，随井段的不同，阻力有所变化。一般都是软遇阻，即在一定阻力下一定井段内，钻具可以上下活动，但阻力随着钻具的上起而增大，只有到小井径处才会遇卡；起钻时，井口环形空间的液面不降，或下降很慢，或随钻具的上起而外溢。钻杆内看不到液面（刺漏）。

钻进中一般可以采用如下措施预防泥包卡。

（1）要有足够的排量。

（2）使用低黏度、低切力的钻井液。

（3）控制机械钻速，增加循环时间。

（4）注意观察泵压和钻井液出口流量变化。

（5）发现泥包现象，停止钻进，提起钻具，高速旋转，快速下放，利用钻头离心力和高速冲刷力将泥包物清除。

（6）发现泥包现象，不能在连续遇阻或有抽吸作用的情况下起钻，否则可能造成井喷或抽垮地层，应该边循环钻井液边起钻，到正常井段后再正常起钻。

（7）加强固相控制，保证钻井液有足够的固相容限，提高钻井液的抑制和清洁能力。

当出现泥包卡钻时，则可以通过增加泵排量，降低钻井液的黏度和切力，强力活动钻具，使用震击器震击和倒扣套铣等措施进行处理。

## 第五节　井涌的预防与处理

井涌是指井内流体层压力大于钻井液或洗井液柱静压力时，含流体层中的流体或气体将侵入井筒内，其结果是井口返出的钻井液量大于泵入液量，停泵后井口钻井液自动外涌的现象。井涌往往是井喷的先兆，也是一种主要的油、气、水侵显示。溢流发现的越早，地层流体进入井内的就越少，井口压力就越低，处理的风险就越小。若不及时控制，将会酿成重大的安全事故。

### 一、溢流显示与发现

#### （一）钻进过程中溢流的显示与发现

在钻进中出现溢流时，则钻井液罐液面升高，钻井液返流速度增加，停泵后井口存在溢流现象，钻时突然变快或放空，循环泵压下降及泵速增加，钻具悬重发生变化，同时钻井液性能也会发生变化，如流体（油、气、水）侵入钻井液，会使钻井液密度和黏度上升或下降。天然气侵入钻井液，会使钻井液密度下降，黏度增加；地层淡水侵入钻井液，会使钻井液密度和黏度都下降。返出的泥岩岩屑变大，棱角分明；返出的钻井液在槽面上有油花、气泡；有硫化氢溢出时，钻井液变暗，同时可嗅到臭鸡蛋味；钻遇盐水层，钻井液中氯离子含量增加；钻遇油气层，气测时的全烃值升高。

#### （二）起下钻时溢流的显示与发现

起下钻检测井涌的方法是核对钻具排代量是否与钻井液灌入或排出量相等。起钻时，灌入钻井液量小于起出钻具的排代量；下钻时，钻井液返出量大于下入钻具排代量，这两种情况均说明井内发生了溢流。

#### （三）起钻完后溢流的显示与发现

起钻完，应将井内钻井液灌满，并观察井口是否有外溢，如发生外溢，则说明发生了溢流。

## 二、溢流的原因

#### （一）井内钻井液静液柱压力低于地层孔隙压力

（1）由于对开发井区注水造成地层压力升高，对新探区、新区块地层压力不熟悉，而对地层压力掌握不准确，设计钻井液密度偏低。

（2）起钻时灌入的钻井液量不够，或井漏引起井内钻井液液柱高度下降等。

（3）钻井液密度下降。如：钻开异常高压油气层时，油气侵入钻井液，引起钻井液密度下降，静液柱压力减小；处理事故时，向井内打入原油，造成静液柱压力减小；向井内钻井液混油造成静液柱压力下降；为追求钻速，盲目降低钻井液密度；忽视气侵影响，且在井内较长时间的恶性循环；钻遇浅层气。

（4）起钻抽汲产生井涌。如：所下钻柱结构及工具与井眼配合不当导致环空间隙小；起钻速度过快，尤其在油气层井段；钻井液性能差，特别是高黏切情况时。

（5）环空流动阻力消失。停止循环时，作用在井底的环空流动阻力消失，使井底压力减小。

#### （二）人为因素

主要体现在进入油气层，井眼内钻井液长时间处于静止状态；不负责任的工程设计，管理松懈，松弛的劳动纪律，违纪违章作业，井控措施落实不到位；调整井区块，不进行邻井动态压力调研；邻井不停注、泄压。

#### （三）其他原因

其他原因如：中途测试没有控制好；井眼轨迹没有控制好，钻到邻井中去；以过快的速度钻穿含气砂层；射孔时没有控制好；固井时，水泥浆失重。

## 三、溢流的预防

加强溢流预兆显示的观察，做到及时发现溢流。观察溢流显示的人员应在进入油气层前 100m 开始“坐岗”，发现溢流应立即报告司钻。

### （一）钻进过程中

（1）钻井队应严格按照工程设计选择钻井液类型和密度值。钻井中要进行以监测地层压力为主的随钻监测，绘出全井地层压力梯度曲线。当发现设计与实际不符合时，应按审批程序及时申报，经批准后才能修改。但若遇紧急情况，钻井队可先处理，再及时上报。

（2）发生卡钻需泡油、混油或其他原因需适当调整钻井液密度时，井筒液柱压力不应小于裸眼段中最高地层压力。

（3）每只钻头入井开始钻进以及每日白班开始钻进前，都要以 1/3～1/2 正常流量测一次低泵速循环压力，并做好泵冲数、流量、循环压力记录。当钻井液性能或钻具组合发生较大变化时应补测。

（4）发现气侵应及时排除，气侵钻井液未经排气不得重新注入井内。

（5）若需对气侵钻井液加重，应在对气侵钻井液排完气后停止钻进的情况下进行，严禁边钻边加重。

（6）钻进中注意观察钻时、放空、井漏、气测异常和钻井液出口流量、流势、气泡、气味、油花等情况，及时测量钻井液密度和黏度、氯根含量、循环池液面等变化，并做好记录。

（7）钻进中发生井漏，应将钻具提离井底，方钻杆提出转盘，以便关井观察。采取定时、定量反灌钻井液措施，保持井内液柱压力与地层压力平衡，防止发生溢流，并采取相应措施处理井漏。

### （二）起下钻过程中

（1）下列情况需进行短程起下钻，检查油气侵和井涌。①钻开油气层后第一次起钻前；②井涌压井后起钻前；③钻开油气层井漏堵漏后或尚未完全堵住起钻前；④钻进中曾发生严重油气侵但未井涌起钻前；⑤钻头在井底连续长时间工作后需刮井壁时；⑥需长时间停止循环进行其他作业（电测、下套管、下油管、中途测试等）起钻前。

（2）一般情况下试起 10～15 柱钻具，再下入井底循环一周，若钻井液无油气侵，则可正式起钻；否则，应循环排除受侵污钻井液并适当调整钻井液密度再起钻；起钻前保持钻井液有良好的造壁性和流变性。

（3）特殊情况时（需长时间停止循环或井下复杂时），将钻具起至套管鞋内或安全井段，停泵确定起下钻周期或需停泵工作时间，再下至井底循环一周观察。

（4）起钻前充分循环井内钻井液、使其性能均匀，进出口密度差不超过 $0.02g/cm^3$。

（5）起下钻过程中注意观察、记录、核对起出（下入）钻具体积和灌入（流出）钻井液体积。观察悬重变化以及防钻头水眼堵塞后突然打开引起的井喷。起钻过程中严格按规定及时向井内灌满钻井液，并做好记录、校核，及时发现异常情况。

（6）钻头在油气层中和油气层顶部以上 300m 井段内起钻速度不得超过 0.5m/s。

（7）疏松地层，特别是造浆性能强的地层，遇阻划眼时应保持足够的流量，防止钻头泥包。

（8）起钻完成后，及时下钻，严禁在空井情况下进行设备检修。

### （三）电测、固井、中途测试过程中

（1）电测前井内情况应正常、稳定；若电测时间长，应考虑中途通井循环再电测。

（2）下套管前，应换装与套管尺寸相同的防喷器闸板；固井全过程（起钻、下套管、固井）应保证井内压力平衡，尤其防止注水泥候凝期间因水泥失重造成井内压力平衡的破坏，甚至井喷。

（3）在进行中途测试和先期完成井作业以前，观察一个作业周期时间。起、下钻或油管应在井口装置符合安装、试压要求的前提下进行。

## 四、溢流的监测

钻井井控技术规程中规定，及时发现溢流显示是井控技术的关键环节。从打开油气层到完井，要落实专人坐岗观察井口和循环池液面变化，发现溢流，及时报告。

地层压力的增加或钻井液液柱压力的降低就是溢流的警告信号，地层流体向井内流动和各种显示就是溢流的具体体现。溢流的监测应从钻井设计开始。

### （一）钻井设计时的溢流预测

钻井设计时应先对邻井资料进行地层对比、地质预报分析，得到预计的压力剖面和可能的溢流点，方可做出钻井液的最后设计。在钻井设计中要做到：

（1）使套管、地层压力梯度的设计具有相容性。

（2）提出监测与防喷设备的选择与安装要求。

（3）预计地层的各种特性（岩性、压力预计可能的溢流地层）。

（4）提出溢流或井喷时的应急预案和注意事项。

### （二）钻进时溢流的监测

钻进时，机械钻速、录井岩屑以及钻井液性能的各种变化，可用来监测地层压力的变化。

#### 1. 机械钻速的变化

钻速突变，表明钻头已钻到地层压力超过井内压力的地层。如果钻遇异常压力地层，应停钻检查出口流量情况，若停泵仍然外溢，说明溢流已经发生，应提高钻井液密度，压稳地层。机械钻速也会随着地层的改变而发生变化，所以钻遇机械钻速突变要仔细分析原因，采取正确的技术措施。

2. 岩屑的变化

观察与分析岩屑的变化同样可以指示地层压力的变化情况。压差减小，大块页岩将开始坍塌。页岩单位体积质量的减少或页岩矿物成分的某些变化可能与地层压力的增加有关。

3. 钻井液性能的变化

发生溢流后，一般会引起钻井液性能的变化。出口钻井液密度降低，表明发生了油气水侵，若不及时调整钻井液密度，侵入量进一步增加，会导致溢流的发生。

4. 钻井液液柱高度降低

发生井漏后，钻井液液柱高度会降低，钻井液液面的下降会导致液柱压力的降低，当静液柱压力降低到一定程度时，就有可能发生溢流。

5. 起钻时灌浆不正常

起钻速度过快或不及时灌浆，都会导致井内静液柱压力的降低，诱发溢流。在钻井作业中应勤观察钻井液池液面变化；勤测量钻井液性能，了解其变化情况。坚持坐岗观察溢流预兆；坚持打开油气层后管理人员 24h 值班。校核井底压力与地层压力是否平衡；校核起钻时钻具排代量与钻井液灌入量是否相等；校核下钻时下入钻具排代量与返出钻井液量是否相等。遇到钻速突快或放空，停泵循环一周或停泵观察；钻遇憋跳钻、悬重发生突变、泵压发生变化，停钻循环观察；钻井液出口温度增幅大，返出岩屑量多并且快、大时，停钻循环观察；打开油层 1m（气层 0.5m），停钻循环观察。

## 第六节　钻井液腐蚀与控制

当金属（或合金）与周围介质相接触时，由于发生化学作用或电化学作用而引起的破坏称之为金属腐蚀。腐蚀过程亦可理解为金属以自发的方式重新返回其原始状态（以氧化物，盐的形成存在的矿石）的过程，即冶金的逆过程。

在钻井工程中，钻具腐蚀是普遍存在的问题，并随着钻井向高速、深井方向发展而日趋严重。钻井生产为适应各种钻井工艺的需要，使用了各种不同类型的水基钻井液，而且钻井液中含有多种处理剂，成分复杂，在井下高温、高压作用下具有强烈的腐蚀性。由钻具自身的化学性质和金相结构决定了该类铁合金是一种容易被腐蚀的合金。钻具腐蚀是一个严重的问题，一是钻具自身的损耗造成相当数量的钻具报废；二是由钻具腐蚀引起的井下事故会造成重大损失，甚至导致井的报废。有关资料表明，中国石油钻井每钻进 1m，就消耗 4kg 钻杆，其中由腐蚀造成的损失占 20%～50%，若每年钻井进尺按 $1500 \times 10^4$m 计，腐蚀损失就高达 0.9～2.5 亿元。可见，钻具腐蚀损耗在整个钻井成本中占有相当大的比例。因此，了解钻具腐蚀原因与防护措施，对于发展钻井新工艺、降低钻井总成本以及安全钻井具有十分重要的意义。

## 一、钻具腐蚀形态与机理

### （一）钻具腐蚀形态

钻具由优质特种钢材制成，在钻井过程中容易遭受腐蚀。常可以看到报废的钻具管壁变薄，这主要是均匀腐蚀所致。但更常见的是斑点腐蚀，腐蚀像斑点一样分布在钻具表面，所占面积较大，但不很深。在锈斑、垢斑、钻具各种缝隙、死角以及钻杆保护器下离末端6.35mm处，常可看到钻具被腐蚀成小而深的圆孔，有的甚至穿孔，这类腐蚀叫点腐蚀（又称孔腐蚀）；有时还可以在受力最大部位看到裂纹，有的裂纹甚至断开，这类腐蚀叫应力腐蚀。一般，点腐蚀比斑点腐蚀危害性更大，点腐蚀一旦穿孔，整个钻杆就报废，而危害性最大的是应力腐蚀。

1. 全面腐蚀

全面腐蚀，亦称均匀腐蚀，即分布于钻具整个表面的腐蚀，常发生在大气中，腐蚀较为均匀，对钻具损害速度较慢，如果腐蚀时间过长，也可能造成钻具报废。此类腐蚀主要由微电池作用造成，在钻具内众多微电池中，杂质（如钻具铁合金中的碳）为正极，被腐蚀金属为负极，$Fe-2e=Fe^{2+}$，$Fe-3e=Fe^{3+}$，Fe被氧化而成为$Fe_2O_3$、$Fe_3O_4$、$Fe(OH)_2$、$Fe(OH)_3$等。

2. 局部腐蚀

这类腐蚀对钻具危害极大，因为钻具被腐蚀后，极易出现钻具应力集中而断裂，局部腐蚀主要有以下几种形态。

（1）斑点腐蚀。斑点腐蚀的原因是微电池（极微小距离电对形成的原电池）和宏电池（较大距离电对形成的原电池）共同作用引起。

（2）脓疮（溃疡）腐蚀。原因是浓差电流不均引起。浓差电流是因为介质浓度不均，金属在低浓度区域中的电极电势小于高浓度区域的电极电势，这样除金属自身的标准电极电势外，还存在浓差引起的电势差。如果介质浓度不稳定（实际上随腐蚀的进展不可能稳定），其产生的电流亦不稳定，也不均匀，这就是所谓的电流不均。对于钻井液，电解质浓度不均是常见现象。

（3）孔（点）腐蚀。由介质浓差引起电极电势极化，即浓差极化造成。所谓浓差极化是指在不均匀介质中，作为负极的电极电势下降，正极电势上升，电位差增大的现象。

（4）晶间腐蚀。钻具合金中存在三种组分，即主体金属（晶粒），结晶边界和杂质，这样，它在介质中会形成多极电池。当结晶边界成为负极时，主体晶粒和杂质为正极，就会出现强烈的晶间腐蚀，它可以不改变钻具外形而深入钻具深部，使金属晶粒与晶粒之间松弛，机械强度下降很大，是一种最危险的腐蚀。钻具发生晶间腐蚀除与腐蚀介质有关外，最主要的是管材合金的质量，多极电池结构的形成常发生在管材处理时，与热处理工艺和处理液关系极大，一般说来，硬度越高的钻具发生晶间腐蚀的可能性和严重性就越大。

（5）穿晶腐蚀。它是一种穿过主体金属晶粒的腐蚀，晶粒为负极被腐蚀，杂质为正极。这种腐蚀与钻具应力关系很大，是沿最大张应力线发生的一种局部腐蚀，钻具受力越复杂，张应力越大越容易发生，导致钻具断裂的几率仅次于晶间腐蚀引起的断裂。这种腐蚀是应力与腐蚀介质协同作用的结果。

## （二）腐蚀机理

### 1. 电化学腐蚀

钻具腐蚀主要为电化学腐蚀，即由腐蚀原电池引起的腐蚀。腐蚀原电池是指两种金属直接接触并一起浸在电解质溶液中，在这样的电池反应中，电流直接由阳极流向阴极，电功不能被利用，只是阳极遭受腐蚀，因此称为腐蚀原电池。与钻具腐蚀有关的腐蚀原电池主要有如下几种情况。

（1）钻具钢同其他的钢材一样，也含有以微粒状分布在基体金属铁之中的 $Fe_3C$ 杂质，其电极电位高，腐蚀趋势小，成为腐蚀原电池的阴极，促使与钻井液相接触的纯铁阳极发生溶解。纯铁阳极因表面积比 $Fe_3C$ 杂质大得多，电流密度很小，故电化学反应的结果常常引起均匀腐蚀。

（2）钻具表面的不均匀性。如果受力不均匀，受力大的部位成为阳极；如金属表面的钝化膜有孔隙，孔内暴露的金属成为阳极；新、旧钻杆接在一起时，新钻杆将成为阳极。这些因素均能使钻具遭受局部的腐蚀。

（3）介质不均匀构成腐蚀电池，主要为浓差电池，尤其是氧浓差电池。当钻具的不同部位处于氧浓度不同的钻井液中，氧浓度低的部位电极电位比氧浓度高的部位低，故氧浓度低处将作为阳极而首先受到腐蚀。钻井液中常含有溶解氧，钻具上经常有垢斑、锈斑或黏土覆盖物，这些覆盖物下因缺氧而成为阳极首先被腐蚀，造成常见的垢下腐蚀或锈下腐蚀。由于垢斑、锈斑的表面积比钻具上裸露的表面积小得多，垢（锈）斑处腐蚀电流密度大，腐蚀电化学反应向钻具纵深发展，结果形成深坑，产生坑蚀。

### 2. 应力作用引起的腐蚀

金属材料在应力作用下发生变形，应力超过该材料的极限应力值后会发生断裂。金属材料在交变应力作用下的极限应力较静应力下小，并随着交变应力次数的增加而降低。

金属材料受交变应力作用而产生的破坏现象称为金属疲劳。一般地说，随着交变应力振幅的增加，金属达到疲劳所需要的交变次数减少，但是在一定应匀值（疲劳极限）下，即使交变次数很多，金属材料也不会破裂。而且，当交变应力次数增加到一定的值后，极限应力将趋于一个恒定的值，即疲劳极限。

在有腐蚀介质存在时，金属材料在一定的应力下达到破坏所需的交变次数比无腐蚀介质时要少得多，其极限应力也显著下降，实际上不再有真正的疲劳极限。这种因腐蚀而加速疲劳的现象称为腐蚀疲劳。为了比较，人为地规定交变应力次数为 $10^7$ 时的极限应力为腐蚀疲劳极限。

在应力和腐蚀介质的联合作用下，在应力集中的部位，金属表面的氧化膜被破坏，将成为阳极而发生电化学腐蚀。阳极由于表面积比阴极小得多，电流密度大，结果被腐蚀成沟形裂纹。当裂纹向纵深方向发展时，应力进一步集中于裂纹尖端，附近区域发生塑性变形，阻止氧化膜在裂纹尖端重新生成，加速裂纹尖端的阳极腐蚀。同时已形成的裂纹表面上有效应力很快消失，可以再生成膜成为阴极部位。这样裂纹在应力和腐蚀介质的联合作用下，通过电化学过程继续扩展、传播，最终导致金属材料发生断裂。金属在应力和腐蚀介质的联合作用下发生的这种破坏，称为应力腐蚀开裂。

在钻井过程中，钻具在井眼中不停地高速旋转，承受着很大的交变应力，钻井液通常都有一定的腐蚀性，因而很可能通过上述过程使钻具发生断裂。

钻具在应力作用下的腐蚀破坏，还可因腐蚀反应产生的 H 原子进入金属而产生。金属吸收了 H 原子后性质变脆而发生脆性断裂的现象，称为氢脆。当钻井液中含有 $H_2S$ 时，$S^{2-}$ 离子抑制阴极表面 H 原子的缔合反应，促使 H 原子渗入金属并集中于应力最大的部位。H 原子达到一定浓度后将缔合成 $H_2S$ 而产生很大的压力使裂纹增大，导致脆性断裂。在钻井中 $H_2S$ 是造成钻具金属氢脆的主要原因，所以这种断裂称为硫化物应力腐蚀开裂。氢脆只对高强度的钢材有影响，它并不总是在应力和酸性介质的联合作用下立即发生，而往往是经过一定时间才发生突然的、灾难性的破坏，因此危害性非常大。

## 二、影响腐蚀速度的因素

### （一）金属元素本性

金属元素越活泼其腐蚀速度越快，即金属标准电极电势越低腐蚀速度越快（或越容易被腐蚀）。金属腐蚀按腐蚀速度排序，则常见金属 Li>K>Ca>Na>Mg>Al>Zn>Fe>Pb>Cu>Cr 等。对于钻具，是以 Fe 为主的多元素合金，耐蚀能力取决于主体金属的组成、晶粒结构、含杂质多少和轧制、淬（回）火工艺技术。总体来说，钻具的耐腐能力不高，因 Fe 的电极电势为 −0.409V，一般情况下都是被氧化的对象，其主体金相结构为 $Fe_3C$ 晶粒，也容易发生 Fe 的氧化，在有游离 C 存在时更易腐蚀。

### （二）腐蚀介质的本性及浓度

pH 值越低腐蚀速度越快；在碱性介质中，与蚀出物的溶解度有关，蚀出物溶解度越大，速度越快；反之则较慢。

### （三）介质运动速度

介质运动速度快腐蚀亦快，反之则慢。

### （四）温度

一般随温度升高腐蚀速度加快，但若蚀出物随温度升高溶解度下降则腐蚀速度减慢。

### （五）内应力与变形

内应力与变形将加快腐蚀速度，穿晶腐蚀和内应力与变形有直接关系。

### （六）金属钝化

金属被腐蚀之初析出难溶物在其表面形成膜称为钝化，钝化可以保护金属。

## 三、钻井液的腐蚀性

### （一）钻井液的腐蚀性成分

钻井液的腐蚀性成分主要为溶解气体（氧、二氧化碳、硫化氢）和盐类。氧几乎存在于所有类型的钻井液中。氧以溶解于水、气泡或吸附于胶体颗粒表面的形式进入钻井液中。氧具有强烈的去极化作用，即使含量为1mg/L，对钻具也会造成严重腐蚀。氧腐蚀的特点是坑蚀。

二氧化碳溶于水生成碳酸，降低了钻井液的pH值，增加了腐蚀性。没有氧共存时，二氧化碳的腐蚀性一般较低，主要为均匀腐蚀；有氧共存时腐蚀性增强，且出现坑蚀。压力降低时，由于二氧化碳的溶解度降低，会析出碳酸钙沉淀，造成垢腐蚀。

硫化氢溶于水生成氢硫酸，也会降低钻井液的pH值，增加腐蚀性。没有氧共存时，硫化氢产生弱的均匀腐蚀；与氧共存时，则形成严重的坑蚀，同时包括腐蚀产物FeS下面的局部腐蚀。硫化氢的主要危害在于易引起钻具的腐蚀疲劳和氢脆。

钻井液中的NaCl、KCl、$CaCl_2$和$CaSO_4$等盐来自岩层、地层水、配浆水或钻屑，也可能是有意加入的。这些盐增加了钻井液的导电性，使腐蚀速度增加。它们可降低氧的溶解度，盐浓度较高时可降低腐蚀程度。但这些盐中的$Cl^-$可以破坏钝化膜，使腐蚀速度尤其是局部腐蚀速度加剧，这可能与$Cl^-$具有极强的穿透能力和吸附能力有关。

### （二）钻井液的腐蚀性

钻井液的腐蚀性随其种类的不同而有很大的差异，各类钻井液腐蚀性的大致顺序为：充气海水钻井液（KCl聚合物钻井液、低pH值聚合物钻井液、$H_2S$污染钻井液）>低pH值天然钻井液（淡盐水钻井液、淡水钻井液）>高pH值天然钻井液（石灰钻井液）>高分散性钻井液（水包油钻井液、饱和盐水钻井液）>缓蚀剂处理的钻井液（油基钻井液）。

利用滚子炉模拟现场的高温和流动条件，用失重法考察了几十种常用钻井液对钻杆钢的腐蚀性，得出如下规律（括号内数据是耐蚀性等级）：羟基铝无固相钻井液（～10）>无固相聚合物（PHP）钻井液（～8）>低固相三聚（PHP-CPA-CPAN）钻井液（～7）>深井（SMC-SMP）钻井液（～6）>盐水钻井液（～6）>淡水分散性钻井液（～5）。

## 四、钻井液腐蚀控制方法

### （一）合理选用钻具钢材质

根据当地腐蚀介质选用相应强度的钻具，不仅可以延长钻具的使用寿命，而且可以避免突发的井下事故，从而提高钻井工艺的经济效益。

### （二）控制钻井液的 pH 值

钻井液的腐蚀性随 pH 值的增加而显著降低，加碱（纯碱、烧碱或石灰乳）提高钻井液的 pH 值是控制钻具腐蚀的最古老而又最普遍的方法。分散性钻井液为促进膨润土分散，一般为碱性，pH 值为 9～10，其腐蚀性较低。当钻井液中含有少量 $H_2S$ 时，如果加碱提高 pH 值，控制游离 $H_2S$ 的量，也能有效控制 $H_2S$ 的腐蚀；而当 $H_2S$ 含量较大时，此法不宜采用。此外，对于低固相或无固相钻井液，为了抑制黏土膨胀和聚合物水解或絮凝，必须维持较低的 pH 值，这时不能采用控制 pH 值的防护方法。

### （三）用化学剂除去腐蚀性成分

1. 除氧

除氧是控制钻井液腐蚀作用的一种有效手段。实践表明，使用除氧剂常常可使钻杆寿命延长一倍以上。常用的除氧剂有亚硫酸钠、亚硫酸氢铵、肼和各种有机亚硫酸铵，前两种应用较广。亚硫酸钠易被氧化而失效，需事先溶解于水；其水溶液冰点较高，容易冻结。而亚硫酸氢铵则不必事先溶解，水溶液冰点也较低，不易冻结。

2. 除硫

钻井液中的 $H_2S$ 含量较高时必须除硫。加入除硫剂是控制 $H_2S$ 腐蚀作用比较彻底的方法。工业上常用的除硫剂主要有锌基和铁基两大类。

锌基除硫剂主要为碱式碳酸锌，由碱金属的碳酸盐与碳酸锌反应而成的一种白色沉淀物。铁基除硫剂是多孔性氧化铁 $Fe_3O_4$，即所谓海绵铁。

3. 除 $CO_2$

钻井液中的 $CO_2$ 主要来源于地层气和钻井液处理剂的热降解。$CO_2$ 属酸性气体，可引起钻具坑蚀，其腐蚀反应为：$CO_2+H_2O \rightleftharpoons H_2CO_3 \rightleftharpoons H^++HCO_3^- \rightleftharpoons H^+ + CO_3^{2-}$，$2H^++Fe \rightarrow H_2 \uparrow +Fe^{2+}$。控制 $CO_2$ 腐蚀主要采取加碱调节钻井液的 pH 值为 9～10，现场常使用 NaOH 或 $Ca(OH)_2$ 来调节 pH 值，但以加 $Ca(OH)_2$ 为好。

(四)应用缓蚀剂

用于钻井液中的缓蚀剂种类较多，主要有重铬酸盐、磷酸盐和有机胺类等。重铬酸盐具有强氧化性，能在钻具的表面形成钝化膜而延缓钻具金属的腐蚀，但其在钻井液中的浓度不得低于一定的值（一般为 $1\times10^3$mg/L，至少为 500mg/L），否则将因钝化膜覆盖不完全，反而加剧腐蚀。研究表明，加有重铬酸盐的分散性钻井液在高达 180℃的温度下对钻具钢试片的腐蚀速度很小。

磷酸盐可在钻具上形成磷酸铁保护膜而起缓蚀作用。磷酸盐同时又是防垢剂和钻井液分散剂组分，但其缓蚀能力不及重铬酸盐。

有机胺已越来越普遍地用来控制钻具腐蚀。美国的 ZP、Visco 和苏联的 KXO、HM 高效缓蚀剂均属此类。胺类通过吸附并覆盖于金属表面而能有效抑制酸、$CO_2$ 和少量 $H_2S$ 的腐蚀，对减少应力腐蚀、防止腐蚀疲劳也有效。由于胺类易被钻井液中黏土颗粒吸附而损耗，因此使用时最好以间歇方式加入或在起下钻时喷涂于钻具表面。20 世纪 90 年代后期，以咪唑啉衍生物为主的缓蚀剂是钻井液缓蚀剂研究的重点。如，利用油料与多胺化合物合成的咪唑啉衍生物，再配以除氧剂、有机硫化物和有机磷类等，制成的 DPI-03 型钻井液缓蚀剂，缓蚀率达 90%（100℃下）和 80%以上（120℃下），且对钻井液的性能影响较小。由 2- 胺乙基十七碳单烯基咪唑啉与氯乙酸钠反应制得了以缓蚀为主兼有阻垢性能的咪唑啉衍生物 MC；由短链 2- 胺乙基咪唑啉经膦甲基化作用制成了以阻垢为主兼有缓蚀性能的咪唑啉衍生物 MP；MC 和 MP 具有协同效应，二者复配后缓蚀率达 86%，阻垢率可达 85%。通过对磷酸酯和一种高聚物的复合物 TPC 作适当改性，加入除氧组分并与阳极型缓蚀剂复配，得到了复合盐水钻井液缓蚀剂 DFP，缓蚀率在 80%以上，与饱和复合盐水钻井液的配伍性良好。以咪唑啉衍生物为主制备了一种成膜能力强、能有效抑制盐水及加重盐水钻井液对钻具腐蚀的复合型缓蚀剂 PF-1。咪唑啉缓蚀剂 Nm-1 与亚硫酸钠等的复配物用于中原文东、文南、濮城等油田，见到了较好的效果。

## 五、钻具腐蚀及其控制

由钻具所接触到的介质来区别，常见的腐蚀主要有 7 种，它们是硫化氢、氧、二氧化碳、细菌、碱、酸和氯化物。

### (一)硫化氢腐蚀及控制

1. 硫化氢（$H_2S$）的来源

$H_2S$ 在水中的吸收系数（相当于溶解度）随温度的升高而降低，以体积比，在 0℃吸收系数 4.67，10℃ 3.399，20℃ 2.58，30℃ 2.037，60℃ 1.19，100℃ 0.81。标准电极电势 $S/H_2S$ =+0.141V，是一种比 Fe 电极电势高的化合物，所以对 Fe 是一种氧化剂。钻井中 $H_2S$ 来源于：

（1）地层气和水含 $H_2S$。

（2）配浆水可能存在硫化物。

（3）处理剂热降解，如磺化物 $R-SO_3A$、$R-(SO_3)_2B$、$R-(HSO_3)_2B$、$R=HSO_3A$（R 表示烃基，A 表示碱金属，B 表示碱土金属）等在 165℃即开始显著降解，至 232℃主结构分解，过程中释放出 $H_2S$、$CO_2$、CO 等。

（4）含硫化物的丝扣油及其与钻井液的反应。

（5）去硫弧菌对含硫化合物的分解。

在上述 5 方面的 $H_2S$ 来源中，常以地层 $H_2S$ 为最大来源。

2. $H_2S$ 对钻井的危害

钻具表面坑蚀，即斑坑、疮坑，可造成钻具报废。钻具氢脆（晶间腐蚀和穿晶腐蚀）造成的断裂，危害最大，在高浓度 $H_2S$ 和钻具高应力时可在数分钟内发生。$H_2S$ 对钻具的腐蚀反应表示如下。

$$S^{2-}+2H^+ = H_2S = H^++HS^- \quad (5-10)$$

$$Fe-2e \rightarrow Fe^{2+},\ H^++e \rightarrow H \quad (5-11)$$

$$Fe+HS^- \rightarrow FeS+H,\ 2H \rightarrow H_2\uparrow \quad (5-12)$$

$$Fe^{2+}+S^{2-} \rightarrow FeS \quad (5-13)$$

$$\text{总反应：}Fe+H_2S = FeS\downarrow +H_2\uparrow \quad (5-14)$$

上述反应中，Fe 是还原剂（被氧化），$H^+$ 是氧化物（被还原），生成物 FeS（黄铁矿）是一种松脆物质，另一生成物 $H_2$（是由液态 $H^+$ 还原而成），体积比液态时膨胀十数倍，瞬间释放有“爆炸”效应，所以腐蚀反应进行速度相当快，并有向钻具深部进展的能力。可见，氢脆是 $H^+$ 和 $S^{2-}$ 协同作用的结果，如果单一的 $H^+$ 或单一的 $S^{2-}$，腐蚀就可缓减，向深部进展的可能性也小得多。

3. $H_2S$ 腐蚀的控制

（1）由于地层 $H_2S$ 是最大来源，所以，保持平衡钻井，不让地层气、水进入井内是最重要的控制手段。

（2）保持钻井液有较高的碱性。

$$H_2S+2OH^- \rightarrow S^{2-}+H_2O \quad (5-15)$$

钻井液 pH 值应不低于 9，单纯 $S^{2-}$ 的危害就小得多。

（3）钻井液中加入除硫剂是控制 $H_2S$ 腐蚀作用比较彻底的方法，除硫剂使 $S^{2-}$ 在碱性条件下成为难电离的高价金属硫化物而“安定”化。工业上常用的除硫剂主要有锌基和铁基两大类。在早年曾用过碳酸铜，因铜的电极电势比铁高，使用效果不佳而弃之。锌的电极电势低于铁，故对铁的保护可靠。

锌基除硫剂主要为碱式碳酸锌，它在水中微溶，释放出的 $Zn^{2+}$ 与 $S^{2-}$ 的反应系均相离子反应，故除硫迅速。但过量的 $Zn^{2+}$ 可能产生絮凝，故其用量不宜过大，只适合于迅速除去钻井液中的少量 $H_2S$。此外，易于酸溶和碱溶的性质，使其适用的 pH 值（9~10）范围较小。碱式碳酸锌已用于钻开含硫地层的钻井液中。

铁基除硫剂是美国研制出的一种多孔性氧化铁 $Fe_3O_4$，即所谓海绵铁。该剂水溶性极小，不絮凝，用量可不受限制。它的除硫速度相当快，但不及碱式碳酸锌。海绵铁在 pH 值小于 7 时除硫效果最佳，在 pH 值为 8～12 时除硫效果降低 20%～35%。

碱式碳酸锌［$ZnCO_3 \cdot nZn(OH)_2$］，化学式中的 $n$ 值大小视反应浓度与温度不同而有所不同，一般为 2。碱式碳酸锌的使用应在较高 pH 值 9～11 的条件下，因为 $Zn^{2+}+H_2S═ZnS+2H^+$，可使反应迅速停止而失去意义，并且，电离的 $Zn^{2+}$ 过多会严重絮凝膨润土相导致钻井液性能恶化。除硫反应如下：

$$ZnCO_3 \cdot nZn(OH)_2 + 3H_2S ═ 3ZnS\downarrow + 5H_2O + CO_2\uparrow \quad (5\text{-}16)$$

生成物中的 $CO_2$ 可用比 Zn 电极电势低的金属（如：钙的氢氧化物）加以去除。$CO_2+Ca(OH)_2 \rightarrow CaCO_3\downarrow +H_2O$，因此，使用碱式碳酸锌时使用适量的石灰是必要的，但注意不能过量，特别是深井中，以防 $Ca(OH)_2$ 引起的固化现象。碱式碳酸锌的加量可依上述除硫反应式和钻井液滤液中 $H_2S$ 的含量以及碱式碳酸锌的确定组成与纯度（如果知道的话）进行估算后再经过实验确定。应该指出的是，所谓除硫，实质是在碱性条件下把 $H_2S$ 中的 $H^+$ 氧化成 $H_2O$，S 生成沉淀物而达到“安定化”。当在酸性条件下 $S^{2-}$ 将复转为 $H_2S$，这个概念很重要，特别是对安全的影响，例如，经过除硫处理的钻井液，接触到大量酸（如酸化时的盐酸）时，将有大量 $H_2S$ 逸出造成危害。

特别提醒：有过 $H_2S$ 污染史的钻井液（也包括其设备），不论是否“除硫”，千万不可大量接触酸，在作钻井液及滤液 $H_2S$ 含量分析时也必须特别注意防止 $H_2S$ 危害。

海绵铁（Fe），是经特殊处理过的多孔巨大比表面积的铁。其除硫反应为：$Fe+H_2S═FeS\downarrow +2H^+$，$H^++OH^-═H_2O$。海绵铁特别适用于当有大量 $H_2S$ 浸入时，它对钻井液性能的影响比碱式碳酸锌轻微得多，主要表现为固相污染。而锌盐则有 $Zn^{2+}$ 污染，使钻井液滤失和流变性恶化，必须配合降滤失和改善流变性的处理，特别是大量使用锌盐时。

除硫剂品种还有锌的一些螯合物、除硫剂与缓蚀剂复配的品种，如 CJ2-12 等。

4. $H_2S$ 的测定

钻井液中的 $H_2S$ 含量测定，分全硫测定和溶解硫测定。全硫测定是对钻井液中沉淀的和溶解的全部硫化物，如：ZnS 沉淀、FeS 沉淀、$Na_2S$、$H_2S$ 等含量的测定；溶解硫测定是对钻井液滤液中 $Na_2S$、$H_2S$ 等含量的测定（滤液基本不含沉淀性硫化物）。全硫测定的目的是了解钻井液中硫化物的潜在与现实腐蚀能力，而溶解硫测定是了解钻井液中硫化物现实腐蚀能力。如前所述，沉淀性硫化物（如 ZnS、FeS 等）在碱性条件下难以电离，因此 $S^{2-}$ 的活性极小，对钻具不构成实质威胁，除非钻井液是酸性。而溶解性硫化物（如 $Na_2S$、$H_2S$ 等）则不然，即使在碱性条件下，$S^{2-}$ 大量腐蚀钻具。

因此有规定，控制钻井液 $H_2S$ 含量以滤液 $S^{2-}$ 含量为依据，把 $S^{2-}$ 含量计算成 $H_2S$ 含量。一般认为，钻井液滤液中的 $H_2S$ 含量应小于 20mg/L，若大于 20mg/L，则应加入 0.5% 以上的除硫剂（碱式碳酸锌）予以除硫，即将活性 $S^{2-}$ 安定化。

钻井液一旦受 $H_2S$ 污染，它的全硫含量一般不会减少，并且随继续污染而会逐渐加

大（除非换钻井液或补充未污染钻井液）；而滤液含 $H_2S$ 量却与除硫剂有关，可以增加和减少。

$H_2S$ 含量的测定方法很多，常用的有以下几种。

1）$H_2S$ 测定仪法

该类测定仪是一类电子仪器，由 $H_2S$ 气敏感应器得到的 $H_2S$ 浓度信号转变为一系列电信号而显示相应的 $H_2S$ 浓度，有电表显示和数字显示两种，目前以数字显式居多。

2）盖瑞法

盖瑞特仪是一种特制的玻璃测试器，使用时打穿试样和试剂进口，加入钻井液（或滤液）、硫酸、乙酸铅等试剂，反应如式（5-17）所示，用 $CO_2$ 驱赶，反应如式（5-18）所示，该黑色沉淀在试纸盘上，根据试纸变黑的长度和管子系数及试样体积计算 $S^{2-}$ 含量。

$$MeS+H_2SO_4 \rightarrow MeSO_4+H_2S\uparrow \tag{5-17}$$

$$H_2S+Pb(CH_3COO)_2 \rightarrow 2CH_3COOH+PbS\downarrow（黑色） \tag{5-18}$$

3）碘量法

方法原理是钻井液（或滤液）用硫酸酸化，再用氮气驱赶，以乙酸锌溶液吸收 $H_2S$ 生成 $ZnS\downarrow$（过去曾用 $CdCl_2$ 作吸收剂，因 Cd 盐毒性大，现已不常用），在酸性溶液中，加过量碘溶液氧化 ZnS，剩余的碘用硫代硫酸钠标准溶液滴定，从而计算 $H_2S$ 含量。

滴定反应过程如下：

$$MeS+H_2SO_4 \rightarrow MeSO_4+H_2S\uparrow \tag{5-19}$$

$$Zn[CH_3COO]_2+H_2S \rightarrow CH_3COOH+ZnS\downarrow \tag{5-20}$$

$$I_2+ZnS+2HCl \rightarrow 2HI+ZnCl_2+S\downarrow \tag{5-21}$$

$$I_2+2Na_2S_2O_3 \rightarrow 2NaI+Na_2S_4O_6 \tag{5-22}$$

### （二）溶解 $O_2$ 腐蚀及控制

钻井液中或多或少有溶解 $O_2$ 存在，它来源于大气，水和处理剂。腐蚀反应主要是 $3Fe+2O_2 \rightarrow Fe_3O_4$，在钻具接箍等死角处引起坑蚀，可导致应力集中性钻具断裂。钻井液总体含 $O_2$ 量一般都不高，甚至是还原性（常用钻井液的化学耗氧量，即 CODcr 均为正值，达 20~850mg/L，即证实钻井液是还原性）。但局部含 $O_2$ 量有可能很高，所以有 $O_2$ 腐蚀存在。控制 $O_2$ 腐蚀从以下几方面入手。①尽量减少空气夹带，及时消除钻井液泡沫；②加除氧剂（即还原剂），如 $Na_2SO_3$ 等；③使用缓蚀剂（如胺、季铵盐及其他表面活性剂）；④可能的话，使用涂膜钻具。

### （三）$CO_2$ 腐蚀及控制

钻井液中的 $CO_2$ 主要来源于地层气和钻井液的热降解。$CO_2$ 属酸性气体，可引起钻具坑蚀，其腐蚀反应如式（5-23）和式（5-24）所示。这样钻具中的铁被氧化。控制 $CO_2$ 腐蚀主要采取加碱控制钻井液的 pH 值为 9~10，现场常使用 NaOH 或 $Ca(OH)_2$ 来控制 pH 值，但以加 $Ca(OH)_2$ 为好。

$$CO_2+H_2O \rightleftharpoons H_2CO_3 \rightleftharpoons H^++HCO_3^- \rightleftharpoons H^+ + CO_3^{2-} \qquad (5\text{–}23)$$

$$2H^++Fe \rightarrow H_2\uparrow +Fe^{2+} \qquad (5\text{–}24)$$

### （四）细菌腐蚀及控制

腐蚀原因主要是去硫弧菌对含硫化合物的分解产生 $H_2S$ 等，如式（5–25）所示。还有多糖类（如淀粉等）在细菌作用下的发酵分解产生 $CO_2$ 等。细菌腐蚀一般危害不大，关键是抑制细菌繁殖，加杀菌剂，如一些醛类化合物。

$$SO_4^{2-}+10H^++8e \xrightarrow{\text{细菌}} H_2S\uparrow +4H_2O \qquad (5\text{–}25)$$

### （五）碱腐蚀（碱脆）及控制

如式（5–26）所示反应易发生在钻具接头缝隙处，在高应力情况下可能发生脆断。控制方法是保持钻井液 pH 值 10 以下。深井高温时，高 pH 值发生碱脆的几率较大。

$$2OH^-+Fe \rightarrow FeO_2^{2-}\text{（亚铁酸根）}+H_2\uparrow \qquad (5\text{–}26)$$

### （六）酸腐蚀及控制

酸腐蚀发生在酸化作业时及之后。最好的控制方法是使用缓蚀剂保护钻具，其次是在使用酸之后尽快把酸予以中和，提高 pH 值至碱性范围。

特别应注意的是被 $H_2S$ 污染过的钻井液千万不能接触酸，以防由于式（5–27）所示反应引起事故。

$$2H^++S^{2-} \rightarrow H_2S\uparrow \qquad (5\text{–}27)$$

### （七）氯化物腐蚀及控制

氯是一种很强的氧化剂，[$Cl_2/Cl^-$（$Cl_2+2e=2Cl^-$）=+1.3583V]，它可与 Fe 金属组成高电位的原电池造成 Fe 的腐蚀。钻井液中常见的氯化物有 NaCl、KCl、$CaCl_2$ 等，NaCl、KCl 属强酸强碱盐，电离平衡较好，$CaCl_2$ 属强酸弱碱盐，在溶液中呈酸性反应，因此 $CaCl_2$ 比 NaCl、KCl 腐蚀性强。更重要的一点是氯化物产品往往不纯，其中的 $H^+$ 和其他杂质在腐蚀中起助长作用。

控制方法：一是保持钻井液呈碱性，若是 NaCl 盐水可加 NaOH，若是 $CaCl_2$ 可加 $Ca(OH)_2$ 中和其中的游离 $H^+$，使电离平衡。在高密度 $CaCl_2$ 溶液中不宜加 NaOH，因为生成的 NaCl 会降低 $CaCl_2$ 溶液密度。二是使用缓蚀剂保护钻具。

## 参 考 文 献

[1] 王中华 . 钻井液技术员读本［M］. 北京：中国石化出版社，2017.

[2] 蒋希文 . 钻井事故与复杂问题［M］. 第 2 版 . 北京：石油工业出版社，2006.

[3] 陈馥，杨媚，艾加伟，等. 水基钻井液 $CO_2$ 污染的处理［J］. 钻井液与完井液，2016，33（6）：58-62.

[4] 熊继有，程仲，薛亮，等. 随钻防漏堵漏技术的研究与应用进展［J］. 钻采工艺，2007，30（2）：7-10.

[5] 谭建成. 井漏分类及漏层位置确定方法的研究［J］. 西部探矿工程，2013，25（10）：66-68.

[6] 钻井液技术手册［EB/OL］. http：//www.doc88.com/p-036414533999.html，2012-04-26/ 2019-04-15.

[7] Sharath Savari，Jonathan Rolfson，Robert Williams，et al.Reticulated Foam Enhanced High Fluid Loss Squeeze LCM for Severe Lost Circulation Management in Highly Fractured Formations［R］. SPE 180306，SPE Deepwater Drilling and Completions Conference，14-15 September，Galveston，Texas，USA.2016.

[8] Mahmoud EI-Sayed，Ahmad Ezz，Moataz Aziz，et al.Successes in Curing Massive Lost-Circulation Problems With a New Expansive LCM［R］.SPE 108290，SPE/IADC Middle East Drilling and Technology Conference，22-24 October 2007，Cairo，Egypt.

[9] 张歧安，徐先国，董维，等. 延迟膨胀颗粒堵漏剂的研究与应用［J］. 钻井液与完井液，2006，23（2）：21-24.

[10] 狄丽丽，张智，段明，等. 超强吸水树脂堵漏性能研究［J］. 石油钻探技术，2007，35（3）：33-36.

[11] 汪建军，李艳，刘强，等. 新型多功能复合凝胶堵漏性能评价［J］. 天然气工业，2005，25（9）：101-103

[12] 左凤江，于玉兴，海法，等. 水化膨胀复合堵漏工艺技术［J］. 钻井液与完井液，2006，23（5）：56-59.

[13] 张歧安，徐先国，董维，等. 延迟膨胀颗粒堵漏剂的研究应用［J］. 钻井液与完井液，2006，23（2）：21-24.

[14] Horton，Robert L.，Prasek，et al.Prevention and treatment of lost circulation with crosslinked polymer material：US，7098172［P］.2006-08-29.

[15] Ron Sweatman，Hong Wang，Harry Xenakis，et al.Wellbore Stabilization Increases Fracture Gradients and Controls Losses/Flows During Drilling［R］.SPE 88701，Abu Dhabi International Conference and Exhibition，10-13 October 2004，Abu Dhabi，United Arab Emirates.

[16] Catalin D. Ivan，James R. Bruton，Marc Thiercelin，et al. Making a case for re-thinking lost circulation treatments in induced fractures［R］. SPE 77353，SPE Annual Technical Conference and Exhibition，29 September-2 October 2002，San Antonio，Texas.

[17] 吕开河，邱正松，魏慧明，等. 自适应防漏堵漏钻井液技术研究［J］. 石油学报，2008，29（5）：757-760，765.

[18] 汪建军. 功能型复合凝胶自适应堵漏技术研究［D］. 四川成都：四川大学，2007.

[19] 李韶利，郭子文. 可控胶凝堵漏剂的研究与应用［J］. 钻井液与完井液，2016，33（3）：7-14.

[20] 地层坍塌的原因［EB/OL］. https：//www.docin.com/p-432279205.html，2012-06-28/2019-07-26.

[21] 姚新珠，时天钟，于兴东，等. 泥页岩井壁失稳原因及对策分析［J］. 钻井液与完井液，2001，18（3）：38-41.

[22] 刘文辉，张国 . 国内外抑制性钻井液研究进展［J］. 西部探矿工程，2013，25（8）：33-37.

[23] 张洪伟，左风江，贾东民，等 . 新型强抑制胺基钻井液技术的研究［J］. 钻井液与完井液，2011，28（1）：14-17.

[24] 王佩平，王立亚，沈建文，等；胺类抑制剂在临盘地区的应用［J］. 钻井液与完井液，2011，28（3）：35-38.

[25] 钟汉毅，邱正松，黄维安，等 . 聚胺水基钻井液特性实验评价［J］. 油田化学，2010，27（2）：119-123

[26] 龚纯武 . 聚合物有机硅防塌钻井液在花 7-6X 井的应用研究［J］. 长江大学学报（自然科学版）理工卷，2010，7（3）：240-241.

[27] 孙仲，赵向达，郑哲奎 . 硅基防塌钻井液在苏丹油田的应用［J］. 承德石油高等专科学校学报，2010，12（2）：12-14.

[28] 毛建华，曾明昌，钟策，等 . 压差黏附卡钻的快速解卡工艺技术［J］. 天然气工业，2008，28（12）：68-70.

[29] 张坤，李明华，万永生，等 . 有效解除水平井段压差卡钻技术——在磨溪地区钻井中的应用［J］. 天然气工业，2007，27（7）：56-58.

[30] 崔刚，侯士东，朱松鸟 . 元坝 XX 井钻井卡钻复杂情况分析［J］. 内蒙古石油化工，2011（20）：54-55.

[31] 葛炼 . 钻具腐蚀与钻井液控制概述［J］. 钻采工艺，2010，33（z1）：141-145.

[32] 侯彬，周永璋，魏无际 . 钻具的腐蚀与防护［J］. 钻井液与完井液，2003，20（2）：48-50，53.

[33] 李家龙，许期聪，周仿良，等 . 钻具腐蚀及其控制技术［J］. 钻采工艺，2003，26（4）：72-74.

# 第六章　钻井液固相控制

钻井液中有害固相越多，其密度、黏度、动切力、滤失量、滤饼厚度、流动阻力等越大，这样不但会降低钻速，而且易引起黏附卡钻、井漏等，降低钻井效率。有害固相的过度积累和增加将会对钻井液性能乃至钻井工程的安全带来极大危害。可见，通过固相控制技术清除有害固相、利用有益固相对保证钻井液的性能稳定和钻井顺利安全具有重要的意义。

固相控制是钻井工程中的一个很重要的环节。钻井液固相控制系统（以下简称固控系统）是钻机的重要配套系统，在钻井作业中，起着储存、调配钻井液，控制钻井液中的固相含量，保持、维护钻井液优良性能，提高钻井效率，保证井下安全的作用，是将钻井液净化设备及与其相配合使用的辅助设备及流程管路等安装在一套罐面上而组成的一套钻井施工装备。随着石油勘探开发的发展，钻井深度不断增加，深井、超深井、水平井和欠平衡井等特殊井日益增多，这些都对固控系统提出了更高要求。

近年来，国内固相控制设备虽然有了长足进步，但国产固控设备在性能、寿命方面与国外设备尚有一定差距。国外固控设备水平以美国 BRANDT、SWACO、DERRICK 等公司为代表，质量和性能处于世界领先水平。固控系统历经技术引进、消化吸收和自主生产等过程，目前已发展到基本能够满足钻井生产和钻井工艺的要求，国内外的设计原理和功能基本处于同一水平。但是国内生产厂家缺少对固控系统深入的理论研究，缺少科学的理论依据，只是被动的根据要求进行设计和生产，缺少规范性和科学依据。经过对比国内外同类产品性能和参照相关法律法规要求，目前国内钻机固控系统存在的不足主要体现在：①缺少相关规范和标准的支持，用户对固控系统的配套存在较大随意性，对容积、配套功率、安装摆放、流程和配套设备等性能参数缺少要求和限制，容易造成各种浪费，增加制造和使用成本。②固控系统在使用过程中未能充分发挥其功能。操作人员对设备和操作流程还存在一定误区和认识不足，需要生产厂家和用户共同加强相关资料的完善和培训，使其功能最大化。③罐体尺寸不规范，生产厂家根据用户要求生产，没有统一标准，流程复杂、随意性大，罐体摆放有的不合理，模块化设计程度不够，搬迁运输车次较多，造成现场标准化水平较低，系统及部件互换性较差。④固控系统配备五级净化设备，除砂泵、搅拌器等设备配套功率大，设备配合使用合理性较差。⑤加重钻井液无法使用离心机清除有害固相。⑥多数情况下加重钻井液需要人工操作，劳动强度大、工作效率低。

在固控系统技术研究方面，国外特别重视钻井液固控设备的优化配置和整个钻井液固控系统的效率评价，为此开发了钻井液固相控制专家系统。我国在这方面差距较大，开展的研究工作很少。为此，应尽快开发针对国产钻井液固控设备的评价计算模型，开展钻井液固控系统的效益评价，研制开发适合多种工况的多功能钻井液固控配套系统，进一步推动我国固相控制工艺技术的发展，更好地为钻井工程服务。

国内固控系统的设计和生产已经进入模块化、标准化和通用化，另外针对特殊工况还有轮式固控系统、直升机吊装固控系统、快速运移固控系统和低温固控系统等一系列专业化产品。通过不断改进与完善，提高了钻井技术水平，减少了循环系统维修工作量，保证优质钻井液的性能，对减小井下事故、提高钻速和降低成本效果显著。目前，固控设备着重发展除砂、除泥、除气器等占用面积小、效能高、寿命长的设备。

按照国内对固控行业发展的要求，降低成本、提高可靠性已成为未来的新趋势。近期目标则是研究处理过大、可靠性高、分离效率高的多筛系统，减少除砂器的开机时间甚至不再使用旋流除砂器。为便于对固相控制的理解，本章从钻井液中的固相、固相控制设备、固相控制方法和固相控制技术优化等方面对钻井液固相控制技术进行简要介绍。

## 第一节　钻井液中的固相

钻井液中的固相通常分为有用固相和有害固相两大类。有用固相是指维持钻井液性能所必须具有的固相物质，主要指膨润土和重晶石以及提供钻井液性能所必需的其他材料。其余为有害固相，主要指钻屑，在不加重的前提下，膨润土只要占到钻井液体积的2%~4%即可满足其流变性和滤失量等要求，加多了也会成为有害固相。

### 一、固相分析

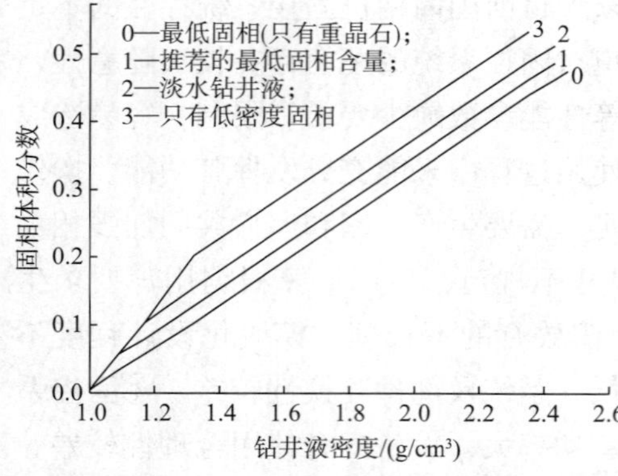

图 6-1　钻井液密度与固相含量的关系

钻井液中混入固体后，其密度就会变化。如果密度为2.6g/cm$^3$的岩屑取代了钻井液中的水，那么钻井液的密度就会增加。图6-1是钻井液密度随总固相的变化。钻屑的混入情况，随所钻地层特性的变化而变化。如表6-1所示，从密度上可分为4.2g/cm$^3$以上的高密度的固相和2.5~3.0g/cm$^3$的低密度的固相。其中高密度固相多半是惰性物质，如石灰岩、花岗岩或重晶石等。这类固相与钻井液中的液相基本不起反应，仅增加钻井液的密度。难于清除的是低密度的固相，如膨润土类（大多数是钙膨润土）、页岩或黏泥类。这类物质会在钻井液的液相中水化分散，再加上机械破碎，愈变愈细，表面积无限增大。

**表 6-1　钻井液中所用各种材料的密度**

| 材料 | 密度 /（$g/cm^3$） | 材料 | 密度 /（$g/cm^3$） |
|---|---|---|---|
| 油 | 0.84 | 重晶石 | 4.2 |
| 水 | 1.0 | 钛铁矿 | 4.5 |
| 低密度固相 | 2.6 | 赤铁矿 | 5.0 |
| 膨润土 | 2.6 | 岩屑 | 2.0～3.0 |
| 碳酸钙 | 2.8 | | |

研究表明，不论是在硬地层或软地层钻进时，通常的水基钻井液中固相颗粒的粒度分布，过大的（大于 2000μm）和特小的（小于 2μm）颗粒都不多。由于含砂量的概念是以 74μm 为界，则大于 74μm 的颗粒仅占 3.7%~25.9%。也就是说即使是用 200 目（孔径 0.75mm）的振动筛也只能筛除整个固相含量的 1/4，其余都是小于 74μm 的颗粒。因此，仅以含砂量质量分数的多少来检验钻井液中固相含量的多少，显然不能反映真实的固相含量。也正是这些小于 74μm 颗粒固相存留在钻井液中给钻井液性能和钻井工程带来了严重的危害。

### （一）膨润土

膨润土是水化膨胀性强的活性黏土，其化学成分为含水硅铝酸盐，在水中可分散成极细的胶体颗粒（<2μm），形成稳定的胶体悬浮液。膨润土在钻井液中是一种有用的悬浮固相成分，因为它可赋予钻井液必须具有的性能，如：流变性能（如黏度和切力）；在可渗透地层形成滤饼和稳固井壁，起到稳定井眼的作用；携带、悬浮钻屑和加重材料的能力等。

膨润土的阳离子交换能力（简称 *CEC*）是表示膨润土活性的一个参数，*CEC* 值越高，膨润土在一定浓度下形成高黏度悬浮液的能力越强。各种黏土矿物的 *CEC* 值见表 6–2。

**表 6-2　各种黏土矿物的 *CEC* 值**

| 黏土矿物 | *CEC* 值 /（mmol/100g 干黏土） | 黏土矿物 | *CEC* 值 /（mmol/100g 干黏土） |
|---|---|---|---|
| 蒙脱石 | 70～130 | 高岭石 | 3～15 |
| 蛭石 | 100～200 | 绿泥石 | 10～40 |
| 伊利石 | 10～40 | 凹凸棒石，海泡石 | 10～35 |

在钻井液中应尽可能使用 *CEC* 值高的膨润土，因为它在很低的浓度下就可使钻井液具有优良的性能。

为使钻井液具有必备的性能，钻井液中的膨润土含量应控制在一定的范围内。钻井液中的膨润土含量不足，就不能获得理想的黏度和滤失量等性能，但是其含量如超过需要的范围，将使钻井液过度黏稠，滤饼很厚，这将导致钻头泥包。钻井液中岩屑过量积累，固控设备工作困难，过高的压力激动值使开泵困难或造成黏卡或憋漏地层等井下故障。

### （二）加重材料

能够提高钻井液密度的物质称为加重材料。良好的加重材料应满足密度较高、化学惰性、低硬度和研磨性及对人体和环境安全等要求。

重晶石（$BaSO_4$）是应用最广泛的加重材料，其理化指标见表 6–3。

**表 6-3　重晶石的理化指标**

| 项目 | 指标 | 项目 | 指标 |
|---|---|---|---|
| 密度 /（$g/cm^3$） | >4.20$g/cm^3$ | 74μm 以上颗粒 /% | <3 |
| 以钙计可溶性碱土金属 /（mg/kg） | <250 | 小于相当于直径 6μm 的球状颗粒 /% | <30 |

除重晶石外，作为加重材料还有石灰石（$CaCO_3$）粉，赤铁矿（$Fe_2O_3$）或钛铁矿（$FeTiO_3$）粉等。

### （三）岩屑

岩屑是钻井过程中被钻头破碎地层岩石的碎屑和剥落坍塌造成的地层岩石碎块或碎屑，其成分主要是黏土、泥岩、石英、长石、石灰石、白云岩等。岩屑的密度为 2.0～3.0$g/cm^3$，颗粒尺寸分布范围非常广泛，处于 0.05～10000μm 这样一个极宽的范围。

岩屑的岩石矿物成分差别较大，具有不同程度的活性或完全不具活性，尺寸范围差异极大。岩屑在钻井过程中会不断地分散或机械降级，当细岩屑达到一定数量时，影响机械钻速，并严重影响钻井液的性能。钻井液中岩屑的含量一般不应超过 5%。

岩屑对钻井液的危害是：黏度升高；滤饼变厚、质量变差，钻井液和滤饼的摩擦性和研磨性升高，设备部件磨损加剧；压差卡钻的几率增加；机械钻速、钻头寿命和进尺下降；钻头泥包几率增加，压力激动升高，发生井漏和井塌的几率增加；钻井液处理用水和处理剂的数量增加；钻井液密度升高，造成一系列井下复杂情况的发生和使油气层伤害加剧；钻井液排放数量增加。

## 二、固相的分类

### （一）按固相的作用分类

按其作用可分为两类：一类是有用固相，如膨润土、加重材料以及非水溶性或油溶性的化学处理剂；另一类是无用固相，如钻屑、劣质土和砂粒等。钻屑是无用固相的主要来源，始终存在于钻井过程中。

### （二）按密度分类

按密度可分为高密度固相和低密度固相。前者主要指重晶石、铁矿粉、方铅矿等加重材料；后者主要指膨润土和钻屑，还包括一些不溶性的处理剂，一般认为这部分固相的平均密度为 2.6g/cm$^3$。

### （三）按固相性质分类

按固相性质可分为活性固相和惰性固相。凡是容易发生水化作用或与液相中其他组分发生反应的均称为活性固相，反之则称为惰性固相。前者主要指膨润土，后者包括砂岩、石灰岩、重晶石以及造浆率极低的黏土等。除重晶石外其余的惰性固相均被认为是无用固相，是固控过程中需要清除的物质。

### （四）按固相粒度分类

按固相粒度（即粗细程度）可分为三大类：粒径 <2μm 的称为胶体；粒径在 2 ~ 73μm 的称为泥；粒径 >74μm 的称为砂（或称 API 砂）。钻井液中各种粒度的固相含量不等。各种粒度占固相总量的质量分数称为级配。

一般情况下，非加重钻井液中固相的粒度分布情况见表 6–4。

**表 6-4　钻井液中固相的粒度分布情况**

| 类别 | 外观描述 | 粒径范围 /μm | 对应目数 | 质量分数 /% |
|---|---|---|---|---|
| 砂 | 粗 | >2000 | >10 | 0.8 ~ 2 |
| | 中 | 250 ~ 2000 | 60 ~ 10 | 0.4 ~ 8.7 |
| | 中细 | 74 ~ 250 | 200 ~ 60 | 2.5 ~ 15.2 |
| 泥 | 细 | 44 ~ 74 | 355 ~ 200 | 11 ~ 19.8 |
| | 极细 | 2 ~ 44 | — | 56 ~ 70 |
| 黏土 | 胶粒 | <2 | — | 5.5 ~ 6.5 |

注：使用典型分散性水基钻井液测定。

## 三、固相物质对钻井液的影响

### （一）固相物质对钻井液性能的影响

当固相加入水基钻井液时，一些自由水会以化学方式结合到固相上面，从而减少了自由水的量，提高了流体的黏度。由于固相颗粒尺寸、活性、液体种类和所含处理剂的种类和数量会影响固体的吸附水量，故固相的类型、颗粒的大小和形状及含量对钻井液性能都有影响。

（1）钻井液的密度和固相含量有关。固相含量越高，钻井液的密度越大。

（2）钻井液的黏度与固相含量、固相颗粒尺寸和固相性质有关。对同一钻井液来说，随着固相含量增大，钻井液的黏度升高；颗粒分散的越细，钻井液的黏度越高；固相的吸水性越强，钻井液的黏度也越高，钻井液的流动性变差。

（3）钻井液中固相含量高，泥饼虚厚，滤失量增大，易造成地层的膨胀、缩径、剥落坍塌，导致起下钻遇阻遇卡，固井质量不好。

（4）钻井液中固相含量高，摩擦系数高，易发生黏附卡钻和泥包钻具事故。

固相物质对钻井液性能的影响见表 6–5。

**表 6-5　固相物质对钻井液性能的影响**

| 钻井液性能 | 固相物质 | | 钻井液性能 | 固相物质 | |
|---|---|---|---|---|---|
| | 活性固相 | 惰性固相 | | 活性固相 | 惰性固相 |
| *FV* | 升高 | 升高 | $P_f$ | 不变 | 不变 |
| ρ | 升高 | 升高 | *Mf* | 不变 | 不变 |
| *PV* | 升高 | 升高 | $Cl^-$ | 不变 | 不变 |
| *YP* | 不变 | 不变 | 含水 | 降低 | 降低 |
| *Gel* | 升高 | 升高 | 固相 | 升高 | 升高 |
| *FL* | 降低 | 降低 | 含油 | 降低 | 降低 |
| pH 值 | 不变 | 不变 | *CEC* | 不变 | 不变 |
| $P_m$ | 不变 | 不变 | | | |

## （二）固相物质对钻速的影响

钻井实践证明，水是钻速最快的钻井液。当水中加入固相物质之后将导致钻速降低。钻井液中固相物质的类型、固相的含量和固相颗粒的大小与性质等与钻井速度密切相关。

研究表明，钻井液固相含量对钻井速度的影响规律如下。

（1）钻速随固相含量升高而降低，假如清水的钻速为 100，当固相含量升高至 7% 时钻速降低了 50%。从大量的统计资料得出，固相含量每增加 1%，钻速至少降低 10%。

（2）在不同的固相范围内，钻速随固相含量降低而升高的幅度不同。钻井液固相含量在 7%（密度约为 1.08g/cm$^3$）以下时，钻速提高得很快；而当固相含量超过 7% 时，降低固相含量以提高钻井速度的效果却不明显。例如，将钻井液密度从 1.20g/cm$^3$ 降至 1.10g/cm$^3$，即降低 0.1g/cm$^3$，钻速仅提高 64%；而从 1.20g/cm$^3$ 降至 1.08g/cm$^3$，密度降低 0.12g/cm$^3$，钻速却提高了 100%。

（3）当钻井液中的固相含量相同，而粒度不同时，对钻速的影响也不同。这主要是由于钻井液中固相颗粒的粒度分布特性不同造成的。钻井液中细颗粒的含量越高，对钻速的影响越大。实验表明，小于 1μm 的亚微米颗粒对钻速的影响比 1μm 以上的粗颗粒对钻速的影响大 12 倍还要多，在硬地层中更为明显。钻井液中的固相含量、类型和颗粒大小的变化都将导致其黏度的变化，进而影响钻速。钻井实践早已证明，钻井液黏度越高，钻井速度越低。

## 四、固相的经济分析

比较钻井过程中典型的每日钻井液费用与假设停钻，并保持钻井液循环的费用，就可以看出钻井液维护中固相控制的费用。在只循环不钻井的条件下，不一定要加入重晶石和膨润土，需要加入的只是为了滤失量控制和维护 pH 值的材料，而且比钻进中加入的要少。在加重钻井液中，重晶石大约占费用的 75%。研究表明，只循环不钻井时，加重钻井液的日常维护费用仅是钻井情况的 10%。研究中使用了长时间的测井作业和裸眼实验程序，有时时间间隔长达 21d。在大大减少处理剂用量和几乎不用加重剂的情况下，保持了钻井液密度、塑性黏度、pH 值、静切力和滤失量为常数值。由此可见，钻井液每日维护费用的 90% 左右归因于加入钻井液中的固相影响①。

进一步分析表明，典型的钻井液的需求量为所钻固体体积的 10~20 倍。这些钻井液消耗中仅有很少一部分是用于冲蚀作用所引起的井眼扩大者。

单位进尺消耗量最低的情况是在硬地层钻进的不分散钻井液和油基钻井液，但仍然超过所钻井眼容积的 10 倍。所有这些井都使用了振动筛和清洁器来控制固相。

### （一）固控设备引起钻井液消耗量减少的估算

对于任何钻井液体系，都可以用式（6–1）预测消耗量。

$$UM=\frac{DSE\times FLR}{FLD}+\frac{DSE(1-FLD)}{FLM}-DSE \quad (6\text{–}1)$$

式中，$UM$ 为钻井液消耗量，$m^3$；$DSE$ 为进入钻井液中的钻岩屑量，$m^3$；$FLR$ 为进入钻井液的岩屑中，被设备除去的岩屑体积分数；$FLD$ 为固控设备排泄物中低密度体积分数；$FLM$ 为钻井液中低密度固相体积分数。

### （二）固控设备的有效率（$SCE$）计算

$$\text{排出的钻屑（kg/h）}=Q\text{（}m^3/h\text{）}\times\text{底流中钻屑质量分数} \quad (6\text{–}2)$$

$$SCE=\frac{\text{排出的钻屑（kg/h）}}{\text{产生的钻屑（kg/h）}}\times 100\% \quad (6\text{–}3)$$

如已知在单位时间内的稀释量和所钻地层的体积以及钻井液固相分析得出的最大钻屑含量，可以用式（6–4）求出固控设备的有效率。

① 《钻井液与完井液》编辑部 . 国外钻井液技术（上），1987：339–353.

$$SCE=[1-\frac{需要的稀释量(m^3)\times 最大的钻屑质量分数}{100}\times 所钻地层体积(m^3)]\times 100 \quad (6-4)$$

### （三）非加重钻井液固控设备经济分析

1. 设备排泄速率测定

取一个已知容积的容器，以接受设备的排泄物，记下排出一定量所用时间，求出某台设备的排泄速度 $Q$（$m^3/h$）。

2. 有关计算

分别计算出钻井液中低密度固相分数和排泄物中低密度固相分数及二者之差，即是被固控设备排掉固相的多余部分。已知：

$$FLM=0.625（SGM-1） \quad (6-5)$$

$$FLD=0.625（SGD-1） \quad (6-6)$$

$$FLE=0.625（SGD-SGM） \quad (6-7)$$

式中，$FLM$ 为钻井液中低密度固相体积分数；$FLD$ 为排泄物中低密度固相体积分数；$FLE$ 为差额低密度固相体积分数；$SGM$ 为钻井液密度，$g/cm^3$；$SGD$ 为排泄物密度，$g/cm^3$。

按照式（6-8）计算当量冲稀物量 $DEV$（$m^3/h$）。

$$DEV=Q\times\frac{FLE}{FLM}=Q\times\frac{SGD-SGM}{SGM-1} \quad (6-8)$$

根据每立方米冲稀物（含有与再生钻井液体系相同浓度的各种原材料与处理剂）的费用，及设备每天工作小时数，按照式（6-9）计算设备节约的冲稀物价值 $VS$（元/d）。

$$VS=DEV\times PM\times T \quad (6-9)$$

式中，$VS$ 为设备节约的冲稀物价值，元/d；$PM$ 为单位体积冲稀物费用，元/$m^3$；$T$ 为设备工作时间，h/d。

把式（6-8）与式（6-9）合并，则得到式（6-10）。

$$VS=Q\times\frac{SGD-SGM}{SGM-1}\times PM\times T \quad (6-10)$$

### （四）加重钻井液固控设备经济分析

根据固相含量和密度计算排泄物与本体钻井液中所含高密度固相分数与低密度固相分数，由式（6-11）计算设备节约的当量冲稀物价值 $VS$。

$$VS=Q\times\frac{FLE}{FLM}\times PM\times T \quad (6-11)$$

额外排掉的加重剂的价值 $VD$（元/d）（如果存在），可以用式（6-12）计算。

$$VD=Q\times（FHD-FHM）\times 4.2\times PW\times T \quad (6-12)$$

式中，$VD$ 为排掉的加重剂的价值，元/d；$PW$ 为加重剂价格，元/t；$FHD$ 为排泄物中高密度固相体积分数；$FHM$ 为钻井液中高密度固相体积分数。

# 第二节　固相控制设备

钻井液固相控制系统主要包括钻井液循环罐、钻井液净化处理设备和电器控制设备三大部分。目前现场常用的机械固控设备包括振动筛、除砂器、除泥器和离心机等。

为了尽可能地清除钻井液中的所有“有害固相”，目前已广泛应用振动筛、除砂器、除泥器、清洁器、除气器、离心机等固控设备。

国外在多年研究的基础上，近年来已在海上成功地使用了“综合自控钻井液系统”。其实用性和可靠性均已得到海上作业者的认可。这一自控系统包括：固控设备自控监视器、钻井液处理剂自动加料器、主要钻井液指标连续监视器。三项主要部件均由中心监视和综合控制系统进行调正、监控、操作。其功能是：①自动控制各类固控设备的开启、运转，并自动分析固相含量的组分；②自动添加钻井液药品，自动控制加药速度（如在一个循环周内加入定量的药品），并能自动显示出主要钻井液性能的指标；③可及时提供压井液，节省了为压井而准备的储罐和钻井液。这一综合自控钻井液系统的应用不仅保证了钻井液性能的平稳、合格，也为海上作业特别是高温高压地区的海上作业提高了安全性保障，这将是未来固相控制技术发展的方向。

本节结合当前实际，对现场常用固相控制设备情况简要介绍。

## 一、振动筛

振动筛使用的好坏直接影响下一级固控设备的效果。泵排量、筛网面积、固相浓度、钻井液黏度等因素影响振动筛网的选择以及分离的效果。宗旨是应尽可能选择使用细的筛网。性能先进的振动筛使用的最小筛网可达 325 目至 460 目（孔径 44～30μm）。一般原则是以钻井液覆盖筛网面积的 70%～80% 为合适。除特殊情形外（如加入堵漏材料），不允许返出的钻井液旁通振动筛循环。

筛网的目数是指从钢丝的中心算起在纵向或横向上每一英寸内的孔眼数。API 对筛网的标记方法是：纵向和横向上的目数、纵向和横向上的开孔大小（微米）以及开孔面积的百分数。

振动筛是一种过滤性的机械分离设备，利用高频振动作用将流经筛布上的钻井液实现固相分离，即直径大于筛孔的固相颗粒不能通过筛孔而从筛布上向前移动，而小于筛孔直径的固相颗粒连同钻井液通过筛布而流入循环系统。

### （一）振动筛的结构与工作原理

振动筛由筛架、筛网、激振器和减振器等组成。

振动筛是一种过滤性的机械固－液分离设备。它通过机械振动将粒径大于筛孔的固体和通过颗粒间的黏附作用将部分粒径小于筛孔的固体筛滤出来。从井口返出的钻井液流经振动筛的筛网表面时，固相从筛网尾部排出，粒径小于网孔固相的钻井液透过筛网流入循环系统，从而完成对较粗颗粒的分离作用。

振动筛的处理量亦称透液能力，是指单位时间内振动筛处理的钻井液量。它主要取决于4个因素，即振动筛的设计、筛布的目数和类型、钻井液性能和固相载荷。除了筛网目数外，筛网的总面积也影响振动筛的处理量。在其他条件等同的情况下，振动筛的处理量与钻井液的密度和黏度成反比。从井内返出的岩屑在筛网上沉积的速度（固相载荷）也影响处理量，固相负载增加，振动筛的处理量减小。

### （二）振动筛的使用

振动筛具有最先、最快分离钻井液固相的特点，担负着清除大量岩屑的任务。如果振动筛发生故障，其他固控设备（除砂器、除泥器、离心机等）都会因超载而不能正常、连续地工作。

影响振动筛处理量的因素，除其自身的运动参数外，还有钻井液类型、密度、黏度、固相粒度分布与含量，以及网孔尺寸等。振动筛能够清除固相颗粒的大小依赖于网孔的尺寸及形状。随着高频振动筛的普遍使用，在正常情况下，现场使用的筛布通常在100目以上。部分通用筛网规格见表6–6。

**表6-6 部分通用振动筛筛网规格**

| 网孔基本尺寸/mm | 金属丝直径/mm | 筛分面积百分比/% | 单位面积筛网质量/（$kg/m^2$） | 相当英制目数/（目/in） |
|---|---|---|---|---|
| 0.160 | 0.110 | 38 | 0.485 | 100 |
| | 0.090 | 41 | 0.409 | |
| 0.140 | 0.090 | 37 | 0.444 | 120 |
| | 0.071 | 41 | 0.302 | |
| 0.112 | 0.056 | 44 | 0.336 | 150 |
| | 0.050 | 48 | 0.195 | 160 |
| 0.110 | 0.063 | 38 | 0.307 | 160 |
| | 0.056 | 41 | 0.254 | |
| 0.075 | 0.050 | 36 | 0.252 | 200 |
| | 0.045 | 39 | 0.213 | |

安装和使用振动筛，应按照厂家提供的说明书进行，无论使用何种类型的振动筛都必须遵循下述规则。

（1）安装时振动筛支架应水平、牢固，避免滑动或振动。

（2）使用的电压或频率必须在允许范围内。低电压会缩短振动筛的寿命，低频率导致筛床振动减弱，降低分离能力。

（3）振动筛一定要以正确的方向旋转，机轴应朝着固相排出端转动。

（4）严格执照厂家规定或推荐安装筛布衬垫（一般是橡胶制品）。

（5）按厂家的要求适当张紧筛布，如果松紧不合适，会严重影响筛布的寿命。

（6）应适当选择筛布的尺寸，其原则是钻井液覆盖筛布总长度的75%～80%。

（7）起下钻期间应冲洗筛布，清洗暂时堵塞的孔眼。

（8）可偶尔向振动筛上喷水，以去除筛布上的黏附细颗粒。但此法不易长时间使用，因喷水冲稀钻井液，使细小的颗粒通过筛网，这些细颗粒有可能黏在较大颗粒上，可随着大颗粒一起从钻井液中除去。

（9）在任何情况下都不能让钻井液旁流。

（10）每天检查筛布的松紧度，每周检查传动皮带的松紧度。

（11）在循环过程中，要经常检查筛布，一旦发现损坏，要立即更换。

## 二、沉砂罐

沉砂罐或沉砂池为重力分离设备。罐底一般为45° 斜坡以便排放和节省钻井液。钻井液中的颗粒沉降速率遵循斯托克斯（Stoke's）定律：

$$V=2.222\times\frac{d_s^2(p_s-p_m)}{\mu}\times g \tag{6-13}$$

式中，$V$ 为颗粒沉降速度，cm/s；$d_s$ 为颗粒的直径，cm；$p_s$、$p_m$ 为固相和液相密度，g/cm$^3$；$\mu$ 为液相黏度，Pa · s；$g$ 为重力加速度，cm/s$^2$。

## 三、离心式分离装置

离心式分离装置包括水力旋流器（除砂器、除泥器、清洁器）和离心机。从斯托克斯定律中可看出，颗粒在液体中的沉降速度与重力加速度成正比，与固体颗粒直径成正比，而与液体黏度成反比。离心机分离装置通过提高定律中的加速度，从而提高固相颗粒的沉降速度。在固相设备的术语中，常常提到“$G$”值，它的物理意义是表示机器产生的离心加速度相当于重力加速度的倍数。如$G$=6，表示固体颗粒在机器受到的力是自身质量的6倍。衡量振动筛的高频与否实际也是叙述它产生的$G$值大小。离心式分离装置是目前钻井现场固控系统的重要组成部分，它们将钻井液固相分离成“粗重”和“轻细”两部分，可根据需要废弃其中一部分而回收另一部分。

### （一）除砂器和除泥器

这是一种内部没有运动部件的圆锥筒形装置。钻井液由上部的切线口进入，在一定的流速条件下，这一切向力使钻井液在筒内呈螺旋运动，像旋风一样，使大颗粒下沉，由底部排出，轻液由上部溢流口返回池中。一般把直径为152.4~304.8mm（6~12in）的旋流器叫“除砂器”。在输入压力为0.2MPa时，各种型号的除砂器处理钻井液的能力为20～120m$^3$/h。处于正常工作状态时，它能够清除大约95% 大于74μm的和大约50% 大于

30μm 的钻屑。为提高使用效果，在选择其型号时，对钻井液的许可处理量应该是钻井时最大排量的 1.25 倍。

通常将 50.8~152.4mm（2~6in）的旋流器称为除泥器。在输入压力为 0.2MPa 时，其处理能力不应低于 10 ~ 15m$^3$/h。正常工作状态下的除泥器可清除约 95% 大于 40μm 的和约 50% 大于 15μm 的钻屑。除泥器的许可处理量，应为钻井时最大排量的 1.25 ~ 1.5 倍。为了满足钻井排量的要求，把 4 个、6 个、8 个、12 个一齐组装起来，它们的处理量应该是循环排量的 125%~150%。

旋流器的除固相能力以“分离点”表示，又叫“中分点”，或“分离效率百分数”。其定义是指旋流器的分离效率为 50% 的固相颗粒大小（以当量直径表示）。也就是该直径的颗粒有 50% 从底流排出，而仍有 50% 保留在液体中。

一般情况下，旋流器的分离能力与旋流器的直径有关。直径愈大其分离的颗粒也越大，反之直径愈小，其分离出的固相颗粒也愈小。如，直径为 152.4~304.8mm 的除砂器，分离点约为 40μm；50.8~152.4mm 的除泥器，分离点约为 15μm，均根据其分离能力而得名。有一种微型旋流器，其直径只有 50mm，分离点达到 7~5μm。

除砂器通常用于非加重钻井液（也有专家建议在 1.30~1.44g/cm$^3$ 的加重钻井液中使用，因为重晶石大部分颗粒在“泥”的范围，在此密度范围内不会造成大量的重晶石损失）。在正常工作状态下，其底流密度应比进口钻井液密度高 0.3~0.6g/cm$^3$。还有一种判定方法，即如果进口钻井液的含砂量为 6% 左右，经除砂器处理后其溢流的含砂量应为微量（<0.5%）。

除泥器用于非加重钻井液。正常工作时，其底流的密度应比进口钻井液密度高 0.3~0.42g/cm$^3$，且溢流的密度应比进口钻井液密度稍低。除砂器和除泥器的操作要点如下。

（1）伞状排泄和串状排泄的对比要达到最好的固相清除，水力旋流器的底流口应呈伞状流，且伴有空气从底流口吸入。伞状流损耗的钻井液与排出固体颗粒的表面积成正比，其清除的效率高而对内壁和底流口的磨损轻。而串状流表明钻井液和固相颗粒在抵达流口之前就失去了相对运动，底流口无空气吸入，分离效率低，器壁和底流口磨损大，到达底流口较细的颗粒不从底流口排出，而是从溢流口排出的。串状排泄时底流的密度比伞状底流的密度高。但不能以其密度来衡量旋流器清除固体的效率，应从单位时间内清除固体的质量来评价。

（2）旋流设备在一定的水压头下工作，而不是在一定的压力下工作。一般要求有 23~27m 的压头。工作压力量是水压头乘以钻井液密度。因此，钻井液密度越高，工作压力应越大。对于 27m 的水压头，压力（MPa）=0.27 × 钻井液密度。

在通常情况下，离心泵要保持 0.24~0.31MPa 的压力。过大的压力会加速磨损且影响分离点。

（3）底流口有时会堵塞，可通过调节底流口或加以疏通。连续性的堵塞可能是由于前一级的固控装置工作不好，导致固相含量过大而产生。可事先调大底流口及提高前一

级固控装置的效率。

为保证旋流器的分离效果，在实际使用过程中，应注意以下几个问题。

（1）要保证旋流器的前级处理设备——振动筛工作有效。尽可能选用比较细的振动筛网，同时振动筛不能发生旁流或划破，以防旋流器发生固相超载而堵塞。堵塞对旋流器的分离效果影响很大，如果发现应立即排堵，或者把它从管汇中换掉。底流口的堵塞通常是由于干区或固相超载引起的，干区的产生往往是由于底流口调得太小而引起的，固相超载可以通过调大底流口来解决。如有可能，可在旋流器系统内再加装一些旋流器，或者更换更好、更合适的旋流器。

（2）选择合适的离心泵，保证进口压力。在离心泵的吸入端要加放滤网，防止大的固相颗粒团被吸入。

（3）在旋流器的吸入口加适量的水稀释，降低钻井液的密度和黏度，提高旋流器的分离效率。

（4）对平衡设计的旋流器要经常检查其底流状态是否正常，如发现有不正常现象，应立即排除。

### （二）钻井液清洁器

钻井液清洁器由一组旋流器和一台细目振动筛组成，上部为旋流器，下部为振动筛。旋流器组由100mm（除泥器）的旋流器组成，主要用来处理加重钻井液，回收重晶石；也可以用于非加重钻井液，回收贵重的液相。筛网一般在140~200目（孔径104~74μm）之间，目的是回收部分通过旋流器排出的液体。

一般不建议清洁器用于非加重钻井液。若在非加重钻井液中使用清洁器，则可关掉振动筛而让旋流器的底流全部排掉。

#### 1. 工作原理

清洁器处理钻井液的过程分两步进行。第一步是旋流器将钻井液分离成低密度的溢流和高密度的底流，其中溢流返回循环的钻井液系统，底流落在细目振动筛上。第二步是振动筛将高密度的底流再分成两部分，一部分是细颗粒和颗粒上吸附的自由液体，它们通过筛网进入循环的钻井液系统，另一部分留在筛面上的颗粒被排掉。

振动筛的网孔可以是方形的，也可以是圆形的，其大小可在120~325目（孔径0.125~0.045mm）之间选择。如清洁器在处理过程中连续使用，150目（0.097mm）的振动筛通常能够保持钻井液的清洁。

#### 2. 使用注意事项

虽然振动筛处理的仅仅是旋流器的底流物，不是全流钻井液，但清洁器的振动筛仍会发生堵塞倾向，可采用以下办法加以防止和克服。

（1）在振动筛网下放置大约200块聚氨酯滑块，当振动筛振动时，滑块就在振动筛网下的区域内滑动，并且无规律地冲撞筛网，帮助筛网松动和释放塞入网孔的颗粒。

（2）用一根链条，一小段放在筛网上，其余部分悬挂在筛框边上，当振动筛振动时，筛网上面的那段链条也在筛网上既振动又移动，其作用也像上面提到的滑块一样。这种方法每次持续时间可在 10min 左右。

（3）用细的喷雾水束冲洗筛网，一般不推荐使用这种方法。因为这部分水会冲稀钻井液，引起钻井液性能的变化。

在现场施工过程中，使用好固控设备，应注意以下几点。

（1）用好振动筛，钻井液必须经过振动筛。如果跑浆严重，则可以调整筛布目数，及时放沉砂罐稠浆。根据情况，及时更换筛布，尽可能使用细筛布。

（2）注意观察除砂器和除泥器的工作压力是否合适；注意观察底流喷状是否正常，否则应予以调整。

（3）钻井液未加重前、上部快速钻进井段以及容易造浆井段，要充分使用离心机清除劣质固相，把膨润土含量控制在合适范围。

（4）通过观察固控设备清除固相情况，并结合当时所钻地层岩性、钻井液处理情况、钻井液密度及固相含量数据，综合判断固控设备使用效果。

### （三）离心机

离心机是利用重力加速度原理而制成的另一种结构的清除细颗粒固相的设备，通称第三级固控。与旋流器结构最主要的不同之处在于旋流器是利用高速度液流来产生离心力使固相分离，而离心机是利用外壳旋转来产生离心力，分离固相颗粒。该装置是一筒形离心机。它由一高速旋转的转筒和安装在筒内能将粗颗粒排出，把较细的颗粒留在液体中的一螺旋输送器组成。

其大概流程是将欲处理的钻井液经空心轴内的管子送入进料室，从进料口进入分离室后，钻井液被抛向转鼓内壁，形成液圈并加速到与转鼓相近似的速度，使固、液相分离。重的和粗的颗粒会进一步甩向转鼓内壁并沉降进入沉降区，再通过输送器的刮板将沉降的颗粒推向脱水区而从底流口排出。由于钻井液在离心机内有一个滞留的时间（约 30~50s），颗粒受到离心机的挤压和过滤，因此排出的钻屑比较干，只带少量的吸附水。

离心机的规格以鼓的长度和最大直径表示：有 18×24in（457.2×609.6mm）、14×22in（355.6×558.8mm）、14×20in（355.6×508mm）（直径 × 长度）等规格。离心机的转鼓以 1500~3500r/min 旋转。螺旋输送器一般以 1∶80 的速差和转鼓同向旋转。一般可清除 2~3μm 的固相颗粒。

在现场组合应用时，一般是根据离心机的处理量大小、离心机“*G*”的大小、分离点的大小、转速等分成三种类型。

1）重晶石回收离心机

这类离心机的转速在 1800r/min 左右，“*G*”值在 700 左右。低密度固相分离点为 6~10μm，高密度固相分离点为 4~10μm。这种离心机主要是将重晶石粉回收至钻井液体系中，而将一些低固相颗粒除掉。其处理量一般为 38~151L/min。

2）大容量离心机

主要用来排除低密度的固相，转速为1900~2200r/min，“$G$”值为800左右，分离点约为5~7μm（在未加重钻井液中），处理量为378~756L/min。

3）高速离心机

用作双离心机组合使用时的第二台离心机。主要用来清除未加重钻井液中的低密度固相。这类离心机的规格是：转速为2500~3300r/min，“$G$”值为1200~2100，分离点为2~5μm，处理量为151~453L/min。

双离心机组合应用时，第一台为重晶石回收离心机，将重晶石回收使用，其溢流排出的液体通过高速离心机（第二台）将低密度固相颗粒排除，而将液相返回钻井液池中使用。

离心机的应用使现场有手段除去相当部分对钻井液有显著影响的细颗粒。但是离心机目前只能降低而不能完全替代必要的稀释。在现场每日对塑性黏度、固相含量、膨润土含量等性能进行跟踪测定可以反映出钻井液中固相含量的变化，从而合理地确定离心机的使用和稀释量。不同钻井液使用的固控设备见表6–7。

**表6-7　不同钻井液使用的固控设备**

| 非加重水基钻井液 | 油基钻井液 | 加重水基钻井液 | 非加重水基钻井液 | 油基钻井液 | 加重水基钻井液 |
|---|---|---|---|---|---|
| 振动筛 | 振动筛 | 振动筛 | 除泥器 | 离心机 | 清洁器 |
| 除气器 | 除气器 | 除气器 | 离心机（排掉底流） | | 离心机 |
| 除砂器 | 清洁器 | 除砂器（谨慎使用） | | | |

注：在液相比较昂贵的钻井液中（如油基钻井液、KCl聚合物钻井液等），也可将清洁器用于非加重钻井液。

通过对以上各种固控设备能力的分析，从理论上讲，应该是可以全部排除掉有害固相。然而在实际应用过程中，清除率能达到90%已是非常高的效率，一般只达到80%~85%甚至更低。不同设备较好地综合了各类固控设备的分离能力及有用固相重晶石粉和有害固相（低密度颗粒）的粒度分布。可以看出，如果是用重晶石加重的钻井液，用除砂器和除泥器显然是不合适的，而离心机则不论在使用何种钻井液时都可以用以降低钻井液中逐渐积累起来的低密度固相。

## 四、除气器

除气器一般有3种类型。

1. 真空式除气器

其工作原理是，用真空泵吸入钻井液，经薄膜絮流后分离出气体，再由真空泵抽走。这种型号的除气器效果良好，只是体积较大，比较笨重。

2. 常压式除气器

主要部件由离心泵和喷射罐组成。将气侵钻井液由离心泵送到喷射罐，在罐内形成高速薄层并甩向罐的内壁促使气体破裂、分离、排出。体积较小，效果良好。

3. 离心式除气器

由电机、抽气机、减速箱等组成。利用离心机分离原理将气体分离出来，是一种比较新的设备。

# 第三节　固相控制的方法

## 一、常用的固控方法

常用的钻井液固控方法有自然沉降法、机械清除法、稀释法和化学絮凝法等。

### （一）自然沉降法

自然沉降法是指井内返出的钻井液在地面循环过程中，因地面钻井液循环系统体积大、流速低，钻井液中的固相颗粒在重力作用下沉降到循环系统底部而被分离。及时、合理地清除地面循环系统（尤其是锥形罐）沉降物是重要的现场钻井液固控方法之一。

### （二）机械法

机械法就是通过合理使用振动筛、除砂器、除泥器和离心机等机械设备，利用筛分和强制沉降的原理，将钻井液中的固相按密度和粒度大小不同而分离，并根据需要决定取舍，以达到控制固相的目的。与其他方法相比，这种方法处理时间短、效果好，并且成本较低，因此在整个钻井过程中，机械法自始至终都被使用。

### （三）稀释法

稀释法既可用清水或其他较稀的流体直接稀释循环系统中的钻井液，也可用清水或性能符合要求的新浆替换出一定体积的高固相含量的钻井液，使总的固相含量相对降低。稀释法应用时应遵循以下原则：稀释后的钻井液总体积不宜过大；部分钻井液的排放应在加水稀释前进行，不要边稀释边排放；一次性多量稀释比多次少量稀释的费用要少。

### （四）化学絮凝法

化学絮凝法是在钻井液中加入适量的絮凝剂（如部分水解聚丙烯酰胺），使某些细小的固体颗粒通过絮凝作用聚集成较大颗粒，然后用机械方法排除或在沉砂池中沉除。这种方法是机械固控方法的补充，两者相辅相成。不分散聚合物钻井液正是依据这种方法，使其总固相含量保持在所要求的4%以下。该方法还可用于清除钻井液中过量的膨润土。由于膨润土的最大粒径在5μm左右，而离心机一般只能清除粒径6μm以上的颗粒，因此用机械方法无法降低钻井液中膨润土的含量。化学絮凝总是安排在钻井液通过所有固控设备之后进行。

由于不分散钻井液的抑制性能不足，不能有效地抑制钻屑的水化膨胀和分散，势必增加机械排除的困难，导致固相清除效率降低。基于以上原因，开发了固相化学清洁剂ZSC-201。固相化学清洁剂具有强抑制性能，强的选择絮凝性能，不破坏钻井液的胶体稳定性，不影响钻井液的流变性能，抗温、抗污染能力强和与常用处理剂配伍性好等特点。

在中原油田现场应用表明，ZSC-201固相化学清洁剂，能有效抑制泥页岩的水化膨胀分散，清除钻井液中的有害固相，减少钻井液中亚微粒子含量，保证钻井液清洁。ZSC-201应用的井段，平均井径扩大率明显降低，有效地解决了上部地层水化膨胀、缩径问题。保证上部地层起下钻的畅通，避免三开配浆中膨润土含量低、提黏困难、处理剂用量大的弊端。应用井段膨润土含量上升缓慢，钻井液黏度、切力易控制，维护简单，大大减少处理剂的种类和用量，避免替换钻井液，节约钻井液成本，有效控制固相含量，有利于提高机械钻速，有较好的经济和社会效益。

现场实践中，这种方法与机械固控方法、自然沉降法一般同时采用，三者相辅相成，共同实现对钻井液固相的有效控制。实践证明采用固相化学清洁剂可以有效地降低钻井液中的低密度固相含量。

## 二、非加重钻井液的固相控制技术

非加重钻井液是指体系中不含加重材料的钻井液体系。

### （一）钻屑体积与质量的估算

一口井在钻进过程中，每小时钻出的钻屑量可由式（6-14）求得。

$$V_s=0.785\,(1-\phi)\,d^2\times V_j \tag{6-14}$$

式中，$V_s$为进入钻井液的钻屑体积，$m^3/h$；$\phi$为地层的平均孔隙度，%；$d$为钻头直径，m；$V_j$为机械钻速，m/h。

### （二）膨润土和钻屑的粒度分布

为了选择适合的固控设备和方法，必须了解作为有用固相的膨润土和作为清除对象的钻屑粒度分布及范围。虽然膨润土和钻屑均属钻井液中的低密度固体，两者密度十分相近，但从图6-2中的粒度分布曲线可以看出，两类固相的粒度分布情况却有很大差别。膨润土的粒度范围大致在0.03～5μm之间，而钻屑的粒度处于0.05～10000μm这样一个较宽的范围。在小于1μm的胶体颗粒和亚微米颗粒中，膨润土所占的体积分数明显超过钻屑，而在大于5μm的较大颗粒中，则几乎全部是钻屑的颗粒。

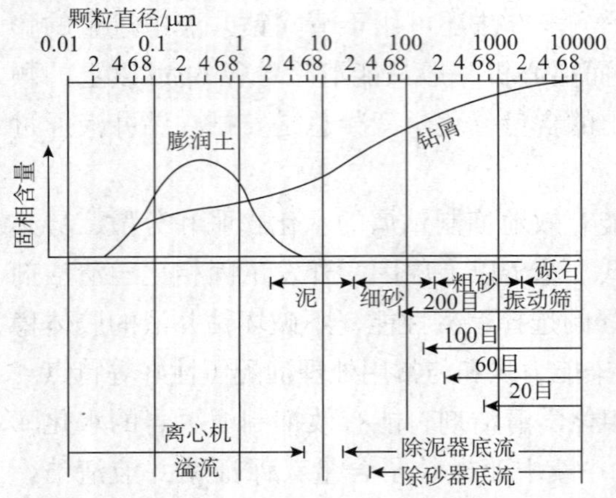


图 6–2　非加重钻井液中膨润土和钻屑的粒度分布

图 6–2 还表示出各种固控设备清除固相颗粒的粒度范围。可以看出，各种振动筛的分离能力有很大区别，其中筛网为 200 目（孔径 0.75mm）的细目振动筛可清除粒径大于 74μm 的砂粒；常规除砂器、除泥器可分别清除 30μm 和 15μm 以上的泥质颗粒；在离心机溢流中，主要含有粒径在 6μm 以下的微细颗粒。因此当钻井液中膨润土含量过高时，只能采用化学絮凝或加水稀释的方法加以解决。图 6–3 是各种固控设备可分离固体颗粒的粒度。

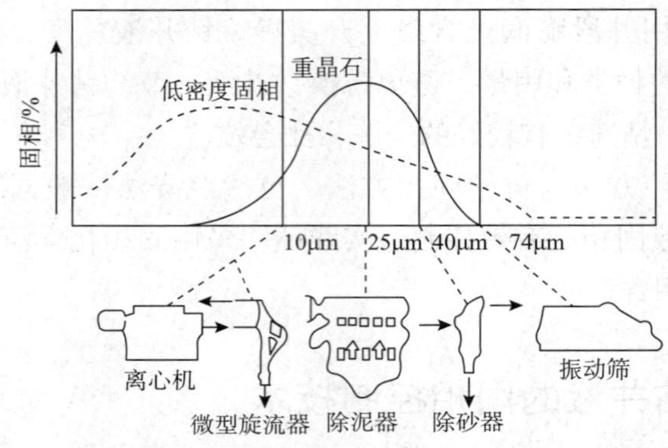


图 6–3　各种固控设备可分离固体颗粒的粒度范围

（三）非加重钻井液固控要点

非加重钻井液能否达到固控要求，在很大程度上取决于对各种旋流器的合理使用。各种固控设备（离心机除外）的许可处理一般不得小于钻井泵最大排量的 1.25 倍。在通过所有固控设备处理后，需对净化后的钻井液进行维护调整性能，包括适量补充化学处理剂和水，这是因为以上物质中的一部分会随着被清除的固相而失去。

## 三、加重钻井液的固相控制技术

（一）加重钻井液固控的特点

加重钻井液中同时含有高密度的加重材料和低密度的膨润土及钻屑。重晶石是最常用的加重材料，由于它在钻井液中的含量很高，因此其费用在钻井液成本中占有很大的比例。值得注意的是，大量重晶石的加入必然会降低钻井液容固空间，并对膨润土的加量有更为苛刻的要求。钻井实践表明，过量钻屑及膨润土的存在会造成加重钻井液的黏度、切力过高，失去正常的流动状态。此时如果不加强固控，仅依靠加水稀释来暂时缓解过高的黏度、切力，则只能造成恶性循环，不仅钻井液成本会大幅度增加，而且常导致压差卡钻等复杂情况的发生。因此对于加重钻井液来说，清除钻屑的任务比非加重钻井液更为重要和迫切，并且其难度也比非加重钻井液要大得多。

### （二）重晶石的粒度分布

按照要求，钻井液用重晶石粉的细度为 200~325 目（孔径 74~45μm）。从图 6-4 可以看出：小于 2μm 的颗粒约占 8%；小于 30μm 的颗粒约占 76%；小于 40μm 的颗粒约占 83%。

加重钻井液中各种固相的粒度分布以及固控设备可分离固相颗粒的范围如图 6-5 所示。从图 6-5 可以看出，常规除砂器和除泥器的可分离粒度范围均与重晶石粉的粒度范围发生部分重叠，因此加重钻井液一般不单独使用旋流器。这种情况下，用好振动筛对固相控制就更为重要。如能用 200 目（孔径 74μm）细筛网，即可在钻井液中固相的粒度减小至重晶石粒度上限之前将大部分大于 74μm 的钻屑颗粒清除掉。若使用粗筛网，则应配合使用清洁器。

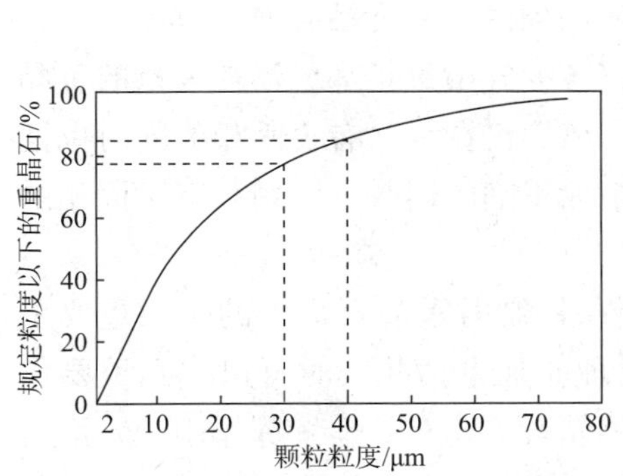


图 6-4　典型的重晶石颗粒粒度分布曲线

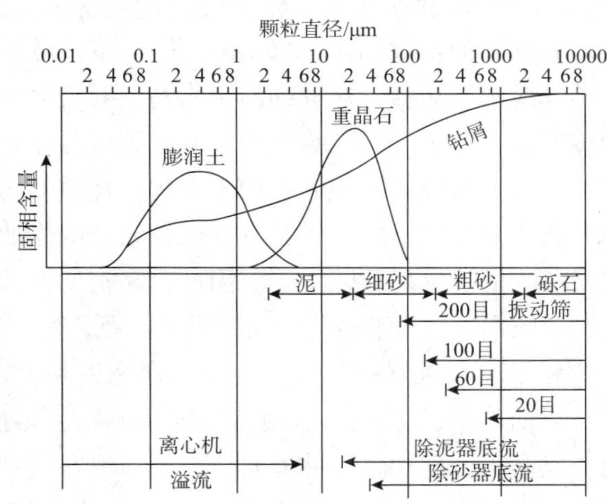


图 6-5　加重钻井液中重晶石、膨润土和钻屑的粒度分布

### （三）加重钻井液固控要点

加重钻井液固控的要点是，既要避免重晶石的损失，又要尽量减少体系中钻屑的含量。加重钻井液固控系统为振动筛、旋流器和离心机，其中振动筛和旋流器用于清除粒径大于重晶石的钻屑。对于密度低于 $1.80g/cm^3$ 的加重钻井液，使用旋流器的效果十分显著，如果对通过筛网的回收重晶石和细粒低密度固相适当稀释并添加适量降黏剂，可基本上达到固控的要求。但是，当密度超过 $1.80g/cm^3$ 时，旋流器的应用效果降低，可使用

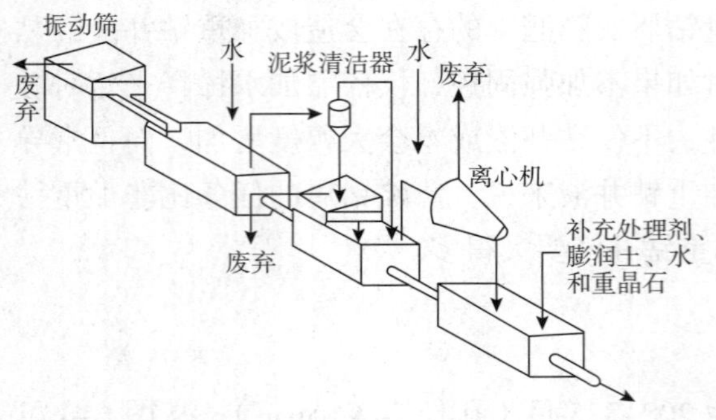

图 6-6　加重钻井液固控流程

离心机将粒径在重晶石范围内的颗粒从液体中分离出来。含大量回收重晶石的高密度液流（密度约为 1.8g/cm³）从离心机底流口返回在用的钻井液体系，而将从离心机溢流口流出的低密度液流（密度约为 1.15g/cm³）废弃。离心机主要用于清除粒径小于重晶石粉的钻屑颗粒。加重钻井液固控的一般流程如图 6-6 所示。

在实际应用中，目前国内各油田有时仍单独使用除砂器处理加重钻井液，但是必须使用分离粒度大于 74μm 的大尺寸除砂器。由于重晶石与钻屑颗粒的沉陷直径比约为 1：1.5，因此能够清除 74μm 以上钻屑颗粒的除砂器，也能除掉 49μm 以上的重晶石粉。在重晶石中这部分颗粒约占 10%~15%。经这种除砂器进行过预处理的加重钻井液再进入钻井液清洁器，便可大大减轻钻井液清洁器的负担，缺点是使部分粒度较大的重晶石受到一些损失。

### （四）重晶石回收技术

在现代钻井作业中，钻井液性能的优劣，以及使用、维护和处理是否得当，直接关系着钻井的机械钻速、钻头寿命、井下问题、地面设备磨损、钻井液费用以及整个钻井综合成本。而钻井液性能的优劣与钻井液中固相颗粒的含量、密度、性质及粒度分布的情况密切相关。尤其是对于深井、超深井作业中所用到的高密度钻井液，重晶石、铁矿粉等加重材料在有用固相中占有很大比重。为此，各油气田每年都要消耗大量的重晶石、铁矿粉等加重材料，并且在固控系统的作业中，离心机在清除有害固相的同时也把大量昂贵的加重材料除去了。因此，高密度钻井液中加重剂的回收、费用和有害固相的清除等问题成为目前亟待解决的重要问题。

利用离心机回收重晶石是减少高密度钻井液固相控制时重晶石损失的一项重要手段。以前的固控系统配备两台中速离心机，虽然处理非加重钻井液时可以起到重要作用，但对于处理加重钻井液时，就会因浪费大量的重晶石不能有效地发挥作用。若不对加重钻井液的有害固相进行处理，钻井液的黏度及切力的变化就会超出钻井的允许范围。当黏度、切力过大时，会造成钻井液的流动阻力大，能量消耗高，钻速慢，固控设备净化不良，易引起井下复杂事故的发生；当黏度、切力过小时，也会造成洗井不良，井眼净化差，冲刷井壁加剧引起井塌，岩屑过细影响录井等。根据固相颗粒及固相处理设备的特点，设计了加重钻井液的处理方法，即使用两台变频离心机替代两台中速离心机，并对离心机的工作流程进行了重新设计。

在现有的固控系统的基础上，通过对系统的改进，达到实现重晶石回收的目的，新增的主要仪器和装置如下。

（1）中储罐。需要两个中储罐，第一个用来储存第一台离心机的底流（主要含有加重材料，和一部分合适的原浆及第二台离心机的溢流）；第二个用来储存第一台离心机的溢流，以便使第一台离心机含有害固相的溢流进入第二台离心机，将其有害固相清除。

（2）流量计。安装在与第一台离心机连接泵的管路中，通过对钻井液流量的正确监测，可以保证钻井液的维护处理和循环使用过程安全经济运行，提高钻井液性能，降低物质消耗，提高经济效益，实现科学管理。

（3）搅拌机。搅拌机用来实现加重材料、原浆和处理后的钻井液加速混合。虽然以前的固控系统也用到了搅拌机，但是回收工艺设计的储罐比前级固控储罐的体积和流体的流量都要偏小，所以改进后的固控系统需要一个和以往型号不一样且配合中储罐的搅拌机。

（4）供料泵。在回收工艺的设计中，需要安装 3 台供料泵，1 号供料泵连接原浆池和 1 号中储罐，用来输送原浆到第一个中储罐；2 号泵用来将 2 号中储罐中的钻井液输送到第二台离心机里面，以便第二台离心机进行有害固相的清除；3 号泵用来将 1 号中储罐中经搅拌机搅拌均匀后的钻井液输送至原浆池。

（5）变频器。由于各个现场所需的钻井液密度不同，而离心机针对不同钻井液密度其实现最佳分离所需的转速是不同的，而且该固控系统是需要针对大部分油气田所设计改进的，必须使这个固控系统具有通用性。为此，就需要变频器来调节离心机的主辅电机，从而改变离心机转速，达到最佳分离和回收有用固相的效果。

## 第四节　固相控制技术优化

以冀东油田为例，通过调研油田各区块钻井液固相、膨润土含量和固控设备配套及使用现状，在分析各区块地层特性、钻井液体系和固相控制设备配备、使用等因素对钻井液固相控制影响的基础上，制定了针对性的固相控制工艺技术，主要包括各区块固相含量和膨润土含量控制指标，钻井液的配制及转换、钻进中固相含量控制和固控设备使用规范。通过在高尚堡区块 7 口井中的对比应用，发现 G76–65 和 G76–61 井在钻井液配制、大分子处理剂加入和固控设备使用方面严格执行固相控制技术，钻井液性能良好，测井一次成功。实践证明，优化的固相控制技术的推广应用有利于油田钻井施工提速、提效、提质。

### 一、问题分析

目前固相控制方面存在的问题如下：

（1）固控设备配套复杂多样而不标准。使用的振动筛型号多达 10 多种，配备 2~4 台不等，以 3 台居多，由于其生产参数、设备老化等因素影响，振动筛筛目使用范围在 60~180 目（孔径 0.25~0.075mm）。对于除砂器、除泥器和除砂除泥一体机，油田目前在用的旋流器型号有多种，但设计参数大致相同，主要是在数量的配备上有所不同，其中同时配备除砂器、除泥器的井队占46%，配备2台除砂器的井队占32%，配备一体机的井队占22%。油田目前离心机配备数量均为2台，但仅有50%井队配备了中速离心机和高速离心机，其余以同时配备2台中速离心机为主，个别井队配备2台低速离心机。配备型号较多、设计参数各不相同，转速为1400~3400r/min，分离因素为500~3200，处理量为30~60m$^3$/h，最小分离点为2~7μm。

（2）配套的4级固控设备没有完全实现其价值，大多数振动筛筛目偏低，一级固控效果比较差，除泥器、离心机利用率不高，钻井液中低密度有害固相含量高，尤其是在钻井液密度大于1.35g/cm$^3$的区块达到60%以上。

（3）受地质和工程双重因素的影响，钻井液中固相含量和膨润土含量指标偏高，控制难度相对较大。

## 二、影响钻井液固相控制的因素

### （一）地层特性

南堡油田1$^{\#}$构造泥岩黏土矿物的纵向分布类型为蒙皂石向伊利石正常转化型，地层分布自上而下为：明化镇、馆陶组、东营组和沙河街组地层。各层位地层特性及对钻井液固相控制的影响主要表现如下。

（1）钻遇上部明化镇和馆陶组地层时，黏土矿物以高岭石和蒙脱石为主，其次是绿泥石和伊利石。其中高岭石相对含量为7%~17%，蒙脱石相对含量为74%~84%。由于上部地层为大段砂泥岩互层，砂岩疏松，泥岩回收率较低、水化分散能力强，造浆能力强，且上部井段设计井眼尺寸大、钻速快，返出岩屑多，极易堵塞振动筛筛孔。为了防止跑浆，现场更换小目数筛布，且钻井液中分散的蒙脱石、高岭石粒径中值极小，固控设备不能完全处理返出钻井液，导致钻井液中固相含量控制困难。同时，分散后的黏土矿物表面积增加，对应的吸附亚甲基蓝量增加，表现为钻进过程中膨润土含量急剧增加。

（2）东一段、东二段地层黏土矿物以伊/蒙间层、高岭石为主，其次是绿泥石、伊利石。其中高岭石相对含量为9%~11%，伊/蒙间层相对含量为77%~83%。此段地层为砂泥岩互层，井眼尺寸相对较小、钻速快，泥岩回收率低、水化分散能力强，固控设备能较好地处理返出的钻井液，此井段固相控制相对较容易。

（3）进入东三段和沙河街地层之后，黏土矿物以伊利石和伊/蒙间层为主，其次为绿泥石和高岭石。其中伊利石含量为21%~48%，伊/蒙间层相对含量为50%~84%。此段地层井眼尺寸较小，岩石压实程度强，机械钻速慢，泥岩清水回收率平均在80%以上，表现为水化分散能力弱。钻进过程中钻头破岩产生的泥岩钻屑颗粒虽然较大，但由于该井段平均钻井液密度较高，固控设备尤其是除泥器、离心机等能分离细颗粒的设备使用受限，钻井液中的固相含量受钻头重复研磨，发生细分散，同时，泥岩钻屑中的黏土颗粒经过长时间地浸泡被充分水化分散，导致钻井液中固控设备难以清除的黏土颗粒含量增加，表现为低密度固相含量增加和吸附亚甲基蓝量增加。

### （二）钻井液体系

冀东油田广泛采用聚合物钻井液体系，在南堡区块增加 KCl，提高钻井液的抑制性，在深部地层增加抗高温降滤失剂、封堵剂，提高钻井液的抗温能力。主要使用的钻井液配方为：

聚合物钻井液：3% 膨润土 +1% 铵盐 +0.5%PMHA-Ⅱ+2% 磺化沥青 +2% 超低渗处理剂 + 润滑剂 + 加重剂 +pH 值调节剂。

KCl 成膜封堵低侵入钻井液：3% 膨润土 +0.4%PMHA-Ⅱ+3%SMP+2% 降滤失剂 +2% 超低渗 +2% 超细钙 +2% 磺化沥青 +3%~5%KCl+ 润滑剂 + 加重剂 +pH 值调节剂。

聚磺钻井液：3% 膨润土 +0.3%PMHA-Ⅱ+2%SMP+2%SMC+2% 磺化沥青 +2% 超低渗处理剂 + 润滑剂 + 加重剂 +pH 值调节剂。

KCl 抗高温钻井液：3%~4% 膨润土浆 +0.8%DSP-2+4%~6%SPNH+2%~3%SMP+0.5%~1%SMT+0.5% 聚胺 +2%FT3000+5%~8%KCl+0.8%$Na_2SO_3$+0.1%ABSN+0.1%A-20+润滑剂 + 加重剂 +pH 值调节剂。

以上各种钻井液中的加重剂、润滑剂、pH 值调节剂根据需要加入。

根据实际情况分析，当前聚合物钻井液体系具有一定包被、抑制钻屑分散的能力，能够较好地保证钻屑被清除，但是其对造浆严重地层的抑制效果有限。而在钻井液体系中随着 KCl 的加入及其含量增加，使得钻井液的抑制性明显增强，可抑制岩屑在钻井液中的水化分散，在该类型钻井液体系中膨润土的含量也明显降低。其中，聚合物钻井液体系和 KCl 成膜封堵低侵入钻井液体系通常为低密度体系，固相含量控制较低。聚磺钻井液体系和 KCl 抗高温钻井液通常为高密度体系，固相含量较高。总之，钻井液中不论是膨润土含量还是固相含量的控制，机械固控能力不足仍会导致固相含量增高，使得钻井液稳定性变差。

## 三、固相控制技术

### （一）固控设备配备和使用

油田各种钻机基本配备齐全四级固控设备：振动筛 2~4 台、旋流器包括除砂器、除泥器、一体机、离心机 2 台。固控设备的工作流程为经井底循环返回的钻井液中含有较大的钻屑，含屑钻井液经连接管进入振动筛，较大固相颗粒及其携带的部分钻井液排出到钻井液池，净化后的钻井液进入锥形罐，完成一级净化，一级净化为全处理。从锥形罐溢流出的钻井液经过钻井液槽进入除砂舱，经除砂器处理后的钻井液进入除泥舱，经除泥器处理后的钻井液进入临近的离心机舱，通过离心机处理，依次完成二级和三级净化，其中，二级和三级净化为非全处理。

## （二）固相控制指标

1. 固相含量

密度小于1.20g/cm$^3$时，固相含量控制在10%以内；密度为1.20~1.30g/cm$^3$时，固相含量控制在15%以内；密度为1.30~1.40g/cm$^3$时，固相含量控制在20%以内；密度大于1.40g/cm$^3$，固相含量控制在25%。

2. 膨润土含量

对于淡水钻井液体系（包括聚合物体系和聚磺体系），密度小于1.25g/cm$^3$时，膨润土含量小于60g/L；密度大于1.25g/cm$^3$时，膨润土含量小于70g/L。对于KCl成膜封堵低侵入钻井液体系，膨润土含量小于50g/L。对于KCl抗高温钻井液、低自由水体系，膨润土含量小于40g/L。

## （三）固相控制措施

结合油田对固相含量及膨润土含量的控制现状，及深入分析地层造浆原理，针对固相含量控制要求制定如下措施。

1. 三开钻井液的配制及转换

（1）放掉地面老浆，彻底清理地面循环系统。放入所需配浆清水，根据钻井液配方按顺序依次加入处理剂（加重至设计密度后地面钻井液总量约为130m$^3$）。

（2）在振动筛筛床上铺防渗布，下钻过程中，井内返出老浆通过振动筛筛面放入沉砂池。

（3）根据井内老浆膨润土含量，确定井内老浆的去留情况，混合后测定钻井液膨润土含量不大于30g/L，使用老浆量不超过20%。

2. 钻进过程中固相含量控制

（1）钻进过程中，胶液罐中补充大分子包被剂（相对分子质量大于$600\times10^4$），维持其含量不低于0.3%，抑制钻屑的分散，把钻井液固相含量控制在较低的水平。

（2）钻井过程中，增加钾、铵、聚合醇类处理剂用量，提高钻井液的抑制性，抑制泥页岩的水化膨胀和分散。

3. 规范固控设备使用

（1）三开开钻后振动筛孔径不大于0.100mm，如设备条件允许可使用孔径为0.090mm筛布（若设备不允许，则使用以不跑浆为原则的最高目数，但不能大于0.125mm）。振动筛上翘角度不宜超过5°，同一振动筛筛布使用相同的目数，要勤检查，勤维护，钻井液要到筛布外沿的10cm处，逐步提高筛布的目数。三开钻进过程中，24h满负荷运转并保证除砂效果良好。

（2）除砂器24h满负荷运转并保证使用效果良好，除泥器根据实钻情况确保开动率达到80%。

（3）在钻进过程中离心机每天开启不小于8h。

（4）配备高速离心机的井队，按照使用规程使用率不低于80%。

二开加强使用低速离心机，三开使用好高速离心机，如果有问题及时检修，确保正常运转。

## 四、钻井废弃物不落地随钻处理与固控一体化系统

随着环保法规的完善，钻井废弃物处理要求也愈发严格。因此废弃物随钻处理和固控一体化技术应运而生。

### （一）废弃物处理和固控系统一体化系统组成

钻井废弃物处理和固控系统一体化系统包括固控和钻井废弃物处理两部分。固控系统中有5个钻井液罐，具有钻井液循环、净化和配制等功能，振动筛和离心机是关键设备。废弃物处理系统由岩屑收集输送、脱干和絮凝脱水等3大单元组成。

1. 钻井液净化流程

为了使振动筛达到更好的净化效果，四联筛底部不设沉砂仓。采用“振动筛＋离心机”两级净化流程，取消了清洁器和砂泵的配置。

振动筛净化后的钻井液通过钻井液槽进入下一仓室，螺杆泵吸入钻井液供给离心机，处理后的钻井液由钻井泵吸入。

2. 岩屑收集和输送流程

振动筛排出岩屑落入岩屑收集输送装置，通过两条螺旋输送器将岩屑送入脱干筛处理。两台离心机排出的岩屑直接进入岩屑箱。

3. 废弃钻井液处理流程

固控罐内的废弃钻井液进入钻井液收集罐，螺杆泵将其输送到絮凝系统主管路，计量泵向管路中添加适量的絮凝剂和促凝剂，在管道中充分混合，经离心机脱水，根据出水污浊程度，分别输送到水收集罐污水仓或清水仓。

### （二）主要设备配置

XNTS–15絮凝脱水单元能够实现不间断自动在线加药流程，利用絮凝剂使钻井液形成粒子聚集体，完成固液分离。其最大处理量可达$10m^3/h$，可以清除粒径小于2μm的颗粒。

S610振动筛采用上、下两层筛框，筛网总面积$6.1m^2$，是常规筛的2倍。采用自动气囊压紧筛网装置，更换8张筛网仅需5min。该振动筛具有上、下层分级筛分和并联筛分两种调节方式，分别用于延长筛网寿命和加大处理量。

LW355调速离心机作为固控设备调节钻井液性能，也用于脱干絮凝后的废弃钻井液。两台离心机并联工作，分离因数选择1300~1700，处理固相质量分数≤10%的絮凝

液时，处理量可达 $15m^3/h$。

脱干筛为双层筛网，筛网面积 $4m^2$，振动角度 60°，降低钻屑含水质量分数 10%～30%。

## （三）技术要求与特点

随钻处理与固控一体化装备主要技术要求如下：

（1）一体化装备实现钻井液固相控制、岩屑脱干及废弃钻井液固液分离 3 大功能。

（2）钻井液净化流程为 2 级。

（3）岩屑综合含水质量分数小于 30%。

（4）废弃钻井液固液分离处理能力 $10m^3/h$。

其技术特点如下：

（1）钻井废弃物处理与固控系统功能互补。脱干筛组不仅脱干钻屑，还可处理罐面振动筛短时跑浆，解决其受泵排量脉动影响的技术瓶颈，有效提高筛网 20～40 目，易于实现两级节能固控模式。

（2）离心机作为固控系统的净化设备，兼有废弃钻井液固液分离脱水功能，实现一机多用，避免重复配置设备。

（3）“甩干机 + 脱干筛”以并联方式脱干岩屑，实现双保险作业，保障钻井作业不因设备故障而停钻。两台设备功能上相辅相承，减少废弃物排放量、节约水资源和钻井液。

（4）钻井废弃物与固控系统结构紧凑，栏杆走道及管路统一布局，可实现科学、安全、高效的现代化管理模式。

（5）在线自动絮凝系统按照罐体外形尺寸设计，实现了废弃物处理与固控系统的完美结合。采用固控离心机作为脱水设备，絮凝系统能够自动、高效地对废弃钻井液进行破胶、脱稳，处理量为 $5～10m^3/h$，比常规压滤机的工作效率高。

（6）可实现“振动筛 + 离心机”两级净化，在冀中区块首次实现两级节能型固控模式，应用双层振动筛可安装 230 目（孔径 0.062mm）筛网。

## （四）现场应用效果

钻井固控环保一体化装备在冀中油田现场应用 6 井次，实现了钻井废弃物处理与固控系统的有机结合，降低人工成本、节省钻井液材料费和电费共计超过 160 万元。节约生产用水 $3000m^3$，钻井废弃物减少 $1000m^3$。

该项技术现场应用中也暴露一些问题：岩屑综合含水质量分数仍然大于 25%，今后需要进一步开发更经济、实用的岩屑干燥设备，例如脱干效果更好的真空振动筛或离心机式脱干设备；液相回用和固相无害化处理还需要进一步研究；冀中油田以水基钻井液为主，1000m 前钻井液主要是水加膨润土和包被剂，无毒且容易降解，这类淡水基钻井液可以机械脱水后直接排放。但由于缺乏相关标准或规范，使“无毒”“无害”难以界定。

# 参 考 文 献


［1］王中华．钻井液技术员读本［M］．北京：中国石化出版社，2017.

［2］张克勤，陈乐亮．钻井技术手册（二）钻井液［M］．北京：石油工业出版社，1988.

［3］鄢捷年．钻井液工艺学［M］．山东东营：石油大学出版社，2001.

［4］钻井液实用手册［EB/OL］.http：//www.docin.com/p-56346887.html，2010-05-25/2019-04-15.

［5］固 相 控 制［EB/OL］.https：//wenku.baidu.com/view/ef4d241555270722192ef74e.html，2011-06-23/2019-4-15.

［6］固 相 控 制［EB/OL］.https：//wenku.baidu.com/view/79aeb41ac5da50e2524d7ff9.html，2011-12-08/2019-4-15.

［7］肖修均，徐杏娟，张团结．钻井液固相控制系统配套技术［J］．设备管理与维修，2015（12）：59-60.

［8］杨小华，徐忠新，王华军，等．钻井液固相化学清洁剂 ZSC-201 的合成及性能［J］．精细石油化工进展，2003，4（1）：1-4.

［9］陈鑫，杨晓冰．钻井液固相控制技术探讨与建议［J］．石油和化工设备，2011，14（11）：45-47.

［10］张晓东，王福贵，李俊，等．高密度钻井液加重剂回收工艺及装置设计［J］．天然气工业，2008，28（6）：83-85.

［11］王维．冀东油田固相控制技术优化［J］．钻井液与完井液，2018，35（1）：47-52.

［12］雷先革，牟长清，涂志威，等．钻井固控环保一体化装备的研制与应用［J］．石油机械，2017，45（12）：28-31.

# 第七章　钻井液对油气层的损害与防护

钻井过程中减少油气层损害是保护油气层系统工程的第一个重要环节，其目的是为采油作业提供无伤害、固井质量优良的油气井。储层伤害具有累加性，钻井过程中对储层的伤害不但影响着油井的初期产量，而且还影响后续作业的伤害程度和作业效果。因此，钻井过程中储层保护工作至关重要。

钻井过程中储层保护技术在国外起步较早，20 世纪 30 年代，储层伤害问题就引起了美国等一些产油大国石油公司的注意，20 世纪 50 年代开始研究储层伤害机理。1974 年，美国石油工程师学会召开了第一届控制地层伤害国际会议，此后每两年一次，国际油气层保护工作纳入了正规化发展轨道，对储层保护钻井液技术的发展起了很大的推动作用。近年来，储层保护钻井液技术不断成熟，不断完善。无论在钻井液储层伤害机理，还是在防止储层伤害方法以及储层保护钻井液技术方面均取得了很大进展。

根据有关统计，国际油气层保护技术的发展大致可分为三个阶段。一是 20 世纪 70 年代前的油气层保护以钻井、完井液基本成分伤害特征为主要研究内容。这个阶段的机理研究工作进展缓慢，只限于经验性和定性的阶段；评价储集层损害的方法主要以岩心流动实验为基础；钻井液、完井液技术发展较快，相继发展了深井钻井液、石膏钻井液、氯化钾钻井液及乳化钻井液。二是 20 世纪 80 年代是以机理性研究为重点的发展阶段。这个阶段在储集层的测试技术和方法、损害机理以及预防和处理地层损害的工艺技术等方面都取得了很大的进展。主要表现为：对储集层损害机理做了较为系统、全面的研究，并开始从储集层本身的性质来研究地层损害；开始应用物理模型和数学模型研究损害机理；研制了不同类型的动态模拟装置；相继发展了近平衡压力钻井、负压钻井和负压射孔等新技术；电镜扫描是研究损害机理的重要手段。三是 20 世纪 90 年代是油层保护各项技术大发展阶段。这个阶段，机理性、智能性分析、预测、评价技术以及钻井、完井、采油各个作业环节中的油层保护工作都得到了突飞猛进的发展。主要表现为：机理分析已由定性、半定量向着完全定量发展；逐步利用数值模拟和人工智能专家系统实现储集层伤害的机理性预测和评价；在岩相分析技术方面，发展和应用了矿物学分析技术、X- 射线荧光分析技术、CT 扫描技术、岩相图像分析等；防止地层损害的新措施不断出现；三次采油和水平井油气层保护技术兴起。进入 21 世纪，国外油层保护主要进行以下几方面的研究：模拟地层条件下的储集层损害程度和机理研究；地层孔隙压

力和破裂压力的准确预测与随钻监测研究；储集层岩性和物性的预测与随钻监测研究；保护油气层效果好、适用范围广、负面影响小的钻井液、完井液及相应的添加剂；射孔、储集层改造和测试联作技术的进一步完善和提高；计算机在保护油气层技术中的应用研究。

我国的油气层保护工作研究起步较晚。真正有意识地将油气层保护提到石油系统的工作日程上是在20世纪80年代末。经过“七五”“八五”的科技攻关，已取得了巨大进展，尤其是90年代以来发展很快，获得了明显的经济效益，为油气层保护技术的成熟配套奠定了基础。

本章结合实践，从油气层保护基础和油气层保护的钻井液方面对钻井液对油气层的损害和保护进行简要介绍。

## 第一节　油气层保护基础

### 一、油层保护的重要性

钻井与完井的最终目的在于钻开油层并形成原油流动的通道，建立油井良好的生产条件。任何阻碍流体从井眼周围流入井底的现象均称为对油层的损害。保护油层主要指尽可能阻止近井壁带的油层不受到损害。

保护油层的重要性主要体现在：①对于探井，保护油层工作的好坏直接关系到能否及时发现油层和对储量的正确估算；②保护油层有利于油井产量和油田经济效益的提高；③有利于油井的增产和稳定。

### 二、钻井完井过程中油气层损害原因

当在油气层中钻进时，在正压差和毛管力的作用下，钻井完井液的固相进入油气层孔喉堵塞，其液相进入油气层与油气层岩石和流体作用，破坏油气层原有的平衡，从而诱发油气层的潜在损害，造成渗透率下降。

#### （一）钻井过程

钻井过程中油气层损害原因可以归纳为以下几方面。

1. 钻井液中分散相颗粒堵塞油气层

1）固相颗粒堵塞油气层

钻井液中存在多种固相颗粒，如膨润土、加重剂、堵漏剂、钻屑和处理剂的不溶物及高聚物“鱼眼”等。钻井液中小于油气层孔喉直径或裂缝宽度的固相颗粒，在钻井液有效液柱压力与地层孔隙压力之间形成的压差作用下，进入油气层孔喉和裂缝中形成堵

塞，造成油气层损害。损害程度随钻井液中固相含量的增加而加剧，特别是分散较细的膨润土影响最大。损害程度与固相颗粒尺寸大小、级配及固相类型有关。固相颗粒侵入油气层的深度随压差增大而加深。

国外学者通过钻井液中固相颗粒的平均粒径、固相浓度、储层渗透率和压差等因素对渗透率伤害程度和有效伤害深度的影响研究表明，钻井液中固相颗粒的粒径、储层渗透率、压差等因素严重影响储层伤害程度和深度，并且发现固相颗粒在储层沉积是造成储层渗透率下降的一个重要原因。颗粒沉积引起渗透率下降的过程包括表面沉降、孔隙桥堵、内滤饼和外滤饼的形成，其机理可分为表面沉积和孔隙架桥。

黏土矿物水化膨胀和分散运移会引起储层伤害，影响黏土颗粒的稳定性、运移及砂岩储层渗透率的主要因素包括储层流体的流速、化学组成、pH 值和温度以及黏土矿物组成、微观结构、可交换阳离子组成等。

在油层物理和石油地质分析中，当储层岩石孔隙中含有高岭石颗粒时，往往认为储层伤害的机理是微粒运移。然而，在低温下并不是微粒运移，而是高岭石被过氧化钠氧化，氧化反应的过程是地层微粒从高岭石母体上被逐渐分散和解离的过程。最终产物包含埃洛石的小螺旋结构，假定大部分黏土矿物可溶解于氢氧化钠，在钠离子充足及适当的压力条件下，高岭石会转化为蒙脱石，高岭石族的其他矿物还可能转化为珍珠石和埃洛石。根据渗透率恢复值实验结果及扫描电镜、X– 射线衍射的分析结果，高岭石在室温以及 pH 值达 12 的条件下，短时间内就可能引起储层伤害。减轻高岭石伤害的有效方法是将高岭石接触的流体 pH 值控制在 8 以内，以防止过氧化钠等强氧化剂的形成。

2）乳化液滴堵塞油气层

对于水包油或油包水钻井液，不互溶的油水两相在有效液柱压力与地层孔隙压力之间形成的压差作用下，可进入油气层的孔隙空间形成油 – 水段塞；连续相中的各种表面活性剂还会导致储层岩心表面的润湿反转，造成油气层损害。

由于乳液是热力学不稳定体系，乳液造成的地层伤害不是永久伤害。温度越高，乳液造成永久伤害的可能性越低。与储层油相接触也会造成这种乳液失稳，在老化温度为 90℃时，乳液会造成严重的地层伤害，而在经过高温老化（120℃ 和 150℃）后，这些伤害会部分恢复。

2. 钻井液滤液与油气层岩石不配伍引起的损害

钻井液滤液与油气层岩石不配伍可诱发以下损害。

（1）水敏。低抑制性钻井液滤液进入水敏油气层，可引起黏土矿物水化、膨胀、分散，这是产生微粒运移的损害源之一。

（2）盐敏。滤液矿化度低于盐敏的低限临界矿化度时，可引起黏上矿物水化、膨胀、分散和运移。当滤液矿化度高于盐敏的高限临界矿化度，亦有可能引起黏土矿物水化收缩破裂，造成微粒堵塞。

（3）碱敏。高 pH 值滤液进入碱敏油气层，引起碱敏矿物分散、运移堵塞及溶蚀结垢。

（4）润湿反转。当滤液含有亲油表面活性剂时，这些表面活性剂就有可能被亲水岩石表面吸附，引起油气层孔喉表面润湿反转，造成油气层油相渗透率降低。

（5）表面吸附。滤液中所含的部分处理剂被油气层孔隙或裂缝表面吸附，缩小孔喉或孔隙尺寸，特别是对聚合物处理剂的吸附。

钻井液中的聚合物处理剂侵入储层后，其链状分子在孔喉处形成多点吸附，其结果对渗透率下降有很大影响。研究表明，聚合物可通过对滤饼的堵孔作用降低滤失。采用CT扫描技术进行测定表明，聚合物会对岩心造成伤害。大多数聚合物通过堵塞孔喉和提高剩余水饱和度对储层造成伤害，其伤害程度与聚合物的结构、相对分子质量及吸附量等因素有关。为了减轻聚合物的伤害，必须控制随滤液侵入储层的那部分聚合物所占比例，尽量通过调整其结构使大多数分子链沉积在滤饼上而参与对滤饼的封堵作用。

3. 钻井液滤液与油气层流体不配伍引起的损害

钻井液滤液与油气层流体不配伍可诱发油气层的潜在损害因素，主要有以下5种。

（1）无机盐沉淀。滤液中所含无机离子可与地层水中无机离子作用形成不溶于水的盐类。例如，含有大量碳酸根、碳酸氢根的滤液遇到高含钙离子的地层水时，形成碳酸钙沉淀。

（2）形成处理剂不溶物。当地层水的矿化度和钙、镁离子浓度超过滤液中处理剂的抗盐和抗钙镁能力时，处理剂就会盐析而产生沉淀。例如，腐殖酸钠遇到地层水中钙离子，就会形成腐殖酸钙沉淀。

（3）发生水锁效应。特别是在低孔低渗气层中最为严重。

（4）形成乳化堵塞。特别是使用油基钻井液、油包水钻井液、水包油钻井液时，含有多种乳化剂的滤液与地层中的原油或水发生乳化，可造成孔道堵塞。

（5）细菌堵塞。滤液中所含的细菌进入油气层，如油气层环境适合其繁殖生长，就有可能造成喉道堵塞。

4. 相渗透率变化引起的损害

钻井液滤液进入油气层，改变了井壁附近地带的油气水分布，导致油相渗透率下降，增加油流阻力。对于气层，液相（油或水）侵入能在储层渗流通道的表面吸附而减小气体渗流截面积，甚至使气体的渗流完全丧失，即导致“液相圈闭”。

5. 负压差急剧变化造成的油气层损害

中途测试或负压差钻井时，如选用的负压差过大，可诱发油气层速敏，引起油气层出砂及微粒运移。对于裂缝性地层，过大的负压差还可能引起井壁表面的裂缝闭合，产生应力敏感损害。此外，还会诱发地层中的原油组分形成有机垢。

6. 钻井方式对储层损害的影响

不同的钻井方式对储层的损害类型和损害程度具有不同的影响。研究表明，欠平衡钻井对储层渗透率损害程度低，有利于保护储层，但表现出一定的应力敏感效应；过平衡钻井由于固相和液相的侵入，对储层损害程度大且随岩心含水饱和度增加到束缚水饱和度之后，气测渗透率降低程度加快，水锁损害程度增加。

### （二）固井过程及固井质量对油气层保护的影响

1. 油井水泥浆

（1）固相颗粒堵塞。

（2）水泥浆滤液与储层岩石和流体作用而引起的损害（水泥浆滤液通常很大），主要体现在：水泥与水发生水化反应时在滤液中形成大量 $Ca^{2+}$、$Mg^{2+}$、$Fe^{2+}$、$OH^-$、$CO_3^{2-}$ 等离子，可与地层离子作用形成无机垢，$OH^-$ 会诱发碱敏的发生；发生水锁、乳化堵塞；滤液含表面活性剂时可引起岩石润湿反转。

（3）水泥浆中无机盐结晶沉淀对油气层的损害。

2. 固井质量

当环空封固质量不好时，由于不同压力系统的油气水层相互干扰和窜流，易诱发油气层潜在损害因素；在油井进行增产作业、注水、热采等作业时，各种工作液就会在井下各层中窜流，对油气层产生损害；同时会使油气上窜至非产层，引起油气资源损失。当固井质量不好时，易发生套管损坏和腐蚀，引起油气水互窜，造成对油气层的损害。

## 三、钻井过程中影响油气层损害程度的工程因素

钻井过程损害油气层的严重程度不仅与钻井液类型和组分有关，而且随钻井液固相和液相与岩石、地层流体的作用时间和侵入深度的增加而加剧。影响作用时间和侵入深度的因素可归纳为以下 4 个方面。

### （一）压差

压差是造成油气层损害的主要因素之一，通常钻井液的滤失量随压差的增大而增加。因而，钻井液进入油气层的深度和损害油气层的严重程度均随正压差的增加而增大。此外，当钻井液有效液柱压力超过地层破裂压力或钻井液在油气层裂缝中的流动阻力时，钻井液就有可能漏失至油气层深部，加剧对油气层的损害。负压差可以减缓钻井液进入油气层，减少对油气层的损害，但过高的负压差会引起油气层出砂、裂缝性地层的应力敏感和有机垢的形成，反而会对油气层产生损害。

平衡压力钻井时井内钻井液柱有效压力等于所钻地层的孔隙压力，即压差为 0，此时，钻井液对油气层损害程度最小。依据多次反复科学运算及现场实验验证，明确规定钻油气层时附加压力系数为 0.05～0.10，钻气层时附加为压力系数 0.07～0.15。为了尽可能将压差降至安全的最低限，钻进时应努力改善钻井液的流变性和优选环空返速，降低环空流动阻力与钻屑浓度。起下钻时，调整钻井液触变性，控制起钻速度，降低抽吸压力。对于地层孔隙压力系数小于 0.8 的低压油气层，可依据实际的地层孔隙压力，降低压差，甚至可采用负压差钻井，选用充气钻井、泡沫流体钻井、雾流体或空气钻井，减小对油气层的损害。

(二)浸泡时间

当油气层被钻开时，钻井液中的固相或液相在压差作用下进入油气层，其进入数量和深度及对油气层损害的程度均随钻井液浸泡油气层时间的增长而增加。在钻井过程中，油气层浸泡时间从钻开油气层开始直到固井结束，包括纯钻进时间、起下钻接单根时间、处理故障与井下复杂情况时间、辅助工作与非生产时间、完井电测、下套管及固井时间。可见，缩短钻井完井周期，减少浸泡时间是最有效的储层保护措施。

(三)环空返速

环空返速越大，钻井液对井壁滤饼的冲蚀越严重，因此钻井液的动滤失量随环空返速的增高而增加，钻井液中的固相和液相对油气层侵入深度及损害程度亦随之增加。此外，钻井液当量密度随环空返速增大而增加，因而钻井液对油气层的压差亦随之增高。

(四)钻井液性能

钻井液性能好坏与油气层损害程度高低密切相关。因为钻井液中的固相和液相进入油气层的深度及损害程度均随钻井液静滤失量、动滤失量、HTHP 滤失量的增大和滤饼质量变差而增加。钻井过程中起下钻、开泵所产生的激动压力随钻井液的塑性黏度和动切力增大而增加。此外，井壁坍塌压力随钻井液抑制能力的减弱而增加，维持井壁稳定所需钻井液密度随之增高，若坍塌层与油气层在一个裸眼井段，且坍塌压力又高于油气层压力时，则钻井液液柱压力与油气层压力之差随之增高，就有可能使损害加剧。

## 四、油气层损害的评价方法

油气层损害的室内评价是借助于各种仪器设备测定油气层岩石与外来工作液作用前后渗透率的变化，或者测定油气层物理、化学环境发生变化前后渗透率的改变，来认识和评价油气层损害的。它是油气层岩心分析的一部分，其目的是弄清油气层潜在的损害因素和损害程度，并为损害机理分析提供依据。在施工之前比较准确地评价工作液对油气层的损害，对于优化后继的各类作业措施和设计保护油气层系统工程技术方案，具有非常重要的意义。

油气层损害的室内评价主要包括油气层敏感性评价和工作液对油气层的损害评价两个方面。

(一)油气层敏感性评价

为了正确地评价油气层损害，不能简单地随意挑选岩心来做实验，用于实验的岩心必须能代表所要评价的油气层的性质。

实验岩心的正确选择要经过以下两个环节。

1）岩样的准备

岩样的准备主要考虑：①对井场或库存的岩心进行选取；②实验室岩样的接交；③岩心检测；④岩样钻取；⑤岩样的清洗（洗油，洗盐）；⑥岩样烘干；⑦用岩心渗透率仪测定各个岩样的孔隙度和气体渗透率，并求出每块岩心的克氏渗透率 $K_{\infty}$。

2）岩样的选取

对已测 $K$、$\phi$ 的各个岩样作 $K$–$\phi$ 关系图，绘制回归曲线。在曲线上找出要用的岩心样品，再根据测井和试井求出的 $K$、$\phi$ 值，选出具有代表性的岩心备用，登记好每块岩心的出处（油田、区块、层位、井深）、号码、长度、直径、干重及 $K$、$\phi$ 值。

油气层敏感性评价通常包括速敏、水敏、盐敏、碱敏、酸敏等五敏实验。具体实验方法按“储层敏感性流动实验评价方法”（SY–T5358–2002）执行。其目的在于找出油气层发生敏感的条件和由敏感引起的油气层损害程度，为各类工作液的设计、油气层损害机理分析和制定系统的油气层保护技术方案提供科学依据。

### （二）工作液对油气层的损害评价

工作液包括钻井液、水泥浆、完井液、压井液、洗井液、修井液、射孔液和压裂液等。工作液对油气层的损害评价主要是借助于各种仪器设备，预先在室内评价工作液对油气层的损害程度，达到优选工作液配方和施工工艺参数的目的。

1. 工作液的静态损害评价

该法主要利用各种静滤失实验装置测定工作液侵入岩心前后渗透率的变化，评价工作液对油气层的损害程度并优选工作液配方，应尽可能模拟地层的温度和压力条件。

2. 工作液的动态损害评价

在尽量模拟地层实际条件下，评价工作液对油气层的综合损害（包括液相和固相及添加剂对油气层的损害），为优选损害最小的工作液和最优施工工艺参数提供科学的依据。动态损害评价与静态损害评价相比，前者能更真实地模拟井下实际工况条件下工作液对油气层的损害过程，两者的最大差别是工作液损害岩心时的状态不同。静态评价时，工作液为静止的，而动态评价时，工作液处于循环或搅动的运动状态，显然其损害过程更接近现场实际，其实验结果对现场更具有指导意义。

3. 用多点渗透率仪测量损害深度和损害程度

上述两种评价方法得出的结果，反映了沿整个岩心长度上的平均损害程度，但渗透率的降低并不一定在整个岩心长度上，也许只在前面某一段。因此，准确地测出工作液侵入岩心的真实损害深度，对于指导今后的生产具有非常重要的意义。目前广泛采用多点渗透率仪（即渗透率梯度仪）来测量工作液侵入岩心的损害深度和损害程度。将长岩心装入多点渗透率仪，测量损害前的基线渗透率曲线，然后用工作液损害岩心，再测损害后的恢复渗透率曲线，利用损害前后渗透率曲线对比求得损害深度和分段损害程度。

## （三）油气层损害评价新方法

1. 改进的 X- 射线衍射分析法

评价黏土水化膨胀对渗透率的影响，以前是通过岩心流动实验来完成的。在岩心流动实验中，通常会出现渗透率下降或注入压力增加，从而反映出储层受到了损害。然而该项实验需要花费大量的时间，还要有充足的岩心作保证。另外，储层损害的机理有很多，往往不能肯定渗透率下降是否由黏土水化膨胀所引起。因此，岩心流动实验并不能完全反映黏土膨胀的情况。

而传统的 X- 射线衍射分析只能用于测定黏土矿物的组成，而无法对水化程度进行评价。针对这一问题，研究出一种改进了的 X- 射线衍射方法。

1）改进的 X- 射线衍射法的特点

对岩样的需要量很少，能够准确地评价流体组分、黏土组成、温度以及压力等各种因素对黏土水化膨胀的影响。

2）改进的 X- 射线衍射法的实验方法

这种方法主要对样品容器进行了改进。容器上、下部由一种镍铬合金制成，X- 射线从两侧由铍制成的试窗通过。黏土样品表面用聚四氟乙烯薄膜覆盖，与样品相接触的液体置于一个陶瓷盘中。其原理是，由于通过 X- 射线衍射测得的面间距对黏土的水化十分敏感，所以可以用该值作为在某一给定条件下黏土水化膨胀的量度。

2. 研究水平井储层损害的模拟实验

人们已认识到储层损害是限制水平井产能的重要因素之一。以往的研究和现场实践表明，岩心流动实验对于评价储层损害、指导如何获得最佳产量是非常重要的。但由于水平井眼所具有的特殊性，使用常规的岩心流动实验仪不适宜评价水平井的储层损害。因此研制出一种水平井井眼模拟实验装置，用以模拟实际水平井中的径向流动条件，并可以评价不同条件下储层损害的程度。

1）实验装置的主要组成

该装置的主要组成部分是岩心夹持器，它由 4ft（110cm）长、内径 3in（7.62cm）的不锈钢管制成，用来固定水平井圆柱形岩心，其他设备包括一个恒定压力注入系统和一个钻井液循环系统，两个带有双密闭圈和橡胶垫圈的活塞分别安置在夹持器的两边，以密封岩心并使一正压差能完全通过岩心。岩心夹持器上有八个带有阀门开关的出口，用来提供钻井液注入和收集滤液。

2）实验装置的用途

主要用于钻井液损害前后水平井裸眼完井流动剖面评价和水平井储层损害特性（表皮系数、污染深度、污染带形状）、水平井裸眼泥饼和未堵塞微粒返排所需压力降等的评价。

3）实验装置的特点

该装置可以成功地用于模拟水平井完井和生产过程中的流体流动条件。同时由于该装置可模拟钻井液在水平段的循环过程，因此使钻井液对岩心的污染程度比使用常规装置测得的结果要大，从而更接近实际的储层损害情况。通过对整个岩心剖面渗透率的实验评价，可以看出在承受正压差最大的部位，即是受损害更为严重的部位。

3. 泥饼机械性能的测量

泥饼在防止储层损害中起着十分重要的作用。理想的泥饼应该容易形成，具有非渗透性并与井壁岩石有很强的附着力，同时在采油过程中容易通过液流反排而被清除。为了改进钻井液设计，有必要对泥饼的特性有进一步的了解。泥饼机械性能的测量方法如下。

（1）使用一种特制的 Bohlin 流度仪可测量泥饼的剪切屈服应力，以及动态的弹性模量、黏附强度和可压缩性等其他相关参数。

（2）使用由斯伦贝谢公司剑桥研究中心研制的一种刮片装置，测量用锋利的刀片将泥饼刮去 0.1mm 的薄层时遇到的阻力，然后通过公式计算可将这种阻力转化为泥饼的剪切强度和屈服应力。然后逐渐加大刮层的深度，便可得到剪切强度随泥饼厚度的变化剖面。最后将刀片紧贴岩石表面，此时刮去泥饼的阻力可用于估算泥饼在岩石上的附着强度。

（3）使用一种针对泥饼的一维压实实验装置，可测得泥饼的动态剪切模量。

4. 泥饼清除的影响因素及评价

在钻井、完井过程中外泥饼的形成被认为是减少储层滤失量的最有效的方法之一，特别在长裸眼完井的油气井中更是如此。通常认为在采油过程中，由于生产压差的作用，形成的泥饼会被自动清除。然而，事实上并非如此。通常只有小部分被移除，大部分仍残留在地层表面。这会导致井眼变小，表面增大，尤其是在裸眼完井的水平井中更是这样。

泥饼清除的实验方法是通过自制的反排实验装置。使用使流体开始流动所需反排压差的大小来衡量清除泥饼的难易程度，这种压差简称为初始流动压差。

5. 冷冻电镜扫描技术

在过平衡压力下，室内储层条件下岩心流动实验用于测定钻井液的清洁效果。可以将干燥和冷冻电镜扫描技术及薄片分析用于诊断储层损害机理。

干粉电镜扫描与薄片分析用于确定与固相有关的损害机理，如黏土矿物微粒运移和钻井液固相的侵入等。

冷冻扫描电镜分析用于分析液相所导致的储层损害的机理，如润湿反转，微乳液的形成和水锁效应等。

6. 人工神经网络智能技术

人工神经网络可用来模拟人的求知、对话、预测、控制等能力。这种新的智能化技术初步可以应用于对油藏岩石润湿性和油 / 水两相相对渗透率进行预测。

人工神经网络智能技术的特点：人工神经网络通过对所输入数据进行训练，可得到油 / 水相对渗透率曲线。预测润湿性时仅需输入两个参数，即 $S_{wc}$（初始共生水饱和度）

和 $S_{or}$（残余油饱和度）。与实验结果相比，对于岩石 / 流体系统，对润湿性的预测精度可达 90%，对边界点的预测精度可达 85%。其优点是输入参数少，所需成本低，且准确性较高。

7. 气层储层损害的评价方法

对于气层来说，过去还尚未见到一种具体的科学方法能够诊断出储层损害发生的真正原因。近年来国外提出了一套诊断气层损害机理的程序。气层储层损害的诊断程序如下。

（1）通过对测井资料的分析、解释可定量确定损害的存在。

（2）使用井下摄像头观测裸眼井和地层井壁区域的损害情况，这种摄像头是一种对诊断损害机理非常有用的工具。

（3）收集井下液体和固体的物理样本进行分析。

（4）如采用裸眼完井，可使用旋转式井壁取心工具，观测所取出储层岩样的情况。

8. 多岩心动态滤失装置

多岩心动态滤失仪可用来测量钻井液中的固相与滤液侵入对砂岩储层损害的影响，从实验结果可以确定瞬时滤失量、颗粒尺寸、固相浓度与孔隙尺寸分布之间的关系。

多岩心动态滤失装置（一次可做 4 个样），可以用来研究静态和动态滤失，以及评价滤失对反排渗透率的影响。一次实验几个岩样，有助于评估渗透率变化对清洗（洗油）效率的影响。此外，该装置还可连续测量滤失过程中泥饼厚度的变化。

多岩心动态滤失装置的优点：常规（标准）实验主要研究钻井液对岩心的损害特征和程度。使用多岩心动态滤失仪，可通过动态条件下在天然岩心上形成的滤饼来得到以下实验结果：瞬时失水条件下和滤饼形成过程中，固、液相的侵入深度及对反排渗透率的影响；滤饼去除后渗透率的对比；盐水钻井液中固相浓度与颗粒尺寸对滤失性的影响。

## 五、降低钻井过程中对油层的损害措施

钻进油气层时，针对影响油气层损害因素，可以采取降低压差，选择适用的钻井液类型，实现近平衡压力钻进，减少浸泡时间，优化钻井液性能，优选环空返速，防止井下复杂情况的发生，并优化水泥浆体系和施工工艺等措施，来减少对油气层的伤害。

### （一）钻井液

1. 常规钻井液

（1）尽可能降低钻井液密度，降低钻井液与地层间的压差，降低钻井液侵入油层量，降低损害程度。

（2）控制钻井液的滤失性能。若抑制性不足时，钻井液的滤失量愈高，侵入的数量愈多，侵入深度愈大。因此，必须选用适合的降滤失剂，将钻井液的滤失量控制在最小值。

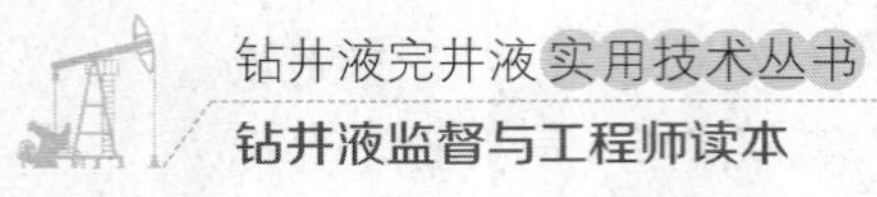


（3）在进入油层前10m，加暂堵剂，在井壁上形成不渗透的泥饼，以阻止固体的侵入，又便于投产时解堵。

（4）缩短浸泡油层时间。浸泡油层的时间愈长，即侵入油层的数量愈多，深度愈大，损害愈严重。因此，要尽可能缩短浸泡时间，钻穿油层后快速完井。

（5）把pH值控制在7~8之间，使钻井液中的组分不至于产生沉淀，造成油层的严重损害。

（6）滤液中应含有适量的$K^+$、$NH_4^+$，抑制油层中黏土矿物膨胀，同时还可以加入一些专用的抑制剂以提高钻井液的抑制能力。

2. 无固相钻井液

无固相钻井液不含固相，有机聚合物易降解，对保护油层有积极的一面，但其滤液对黏土矿物水化膨胀没有抑制性，因此，在进入油层前10m，应在钻井液中加1%~2%的硅酸钾、氯化钾或适量的有机胺类抑制剂，以防止油层中黏土矿物的膨胀，堵塞孔隙，降低渗透性，使油层免遭损害。

### （二）钻井工艺

1. 建立四个压力剖面，为井身结构和钻井液密度设计提供科学依据

地层孔隙压力、破裂压力、地应力和坍塌压力是钻井工程设计和施工的基础参数，依据上述4个压力才有可能进行合理的井身结构设计，确定出合理的钻井液密度，实现近平衡压力钻井，从而减少压差对储层所产生的损害。

2. 确定合理井身结构是实现近平衡压力钻井的基本保证

井身结构设计原则有许多项，其中最重要的一项是满足保护储层实现近平衡压力钻井的需要。由于我国大部分油气田均属于多压力层系地层，只有将储层上部的不同孔隙压力或破裂压力地层用套管封隔，才有可能采用近平衡压力钻进储层。如果不采用技术套管封隔，裸眼井段仍处于多压力层系。当下部储层压力大大低于上部地层孔隙压力或坍塌压力时，如果用依据下部储层压力系数确定的钻井液密度来钻进上部地层，则钻井中可能出现井喷、坍塌、卡钻等井下复杂情况，使钻井作业无法顺利进行；如果依据上部裸眼段最高孔隙压力或坍塌压力来确定钻井液密度，尽管上部地层钻井工作进展顺利，但钻至下部低压储层时，就可能因压差过高而发生卡钻、井漏等事故，并且因高压差而给储层造成严重损害。综上所述，选用合理的井身结构是实现近平衡钻进储层的前提。

3. 实现近平衡压力钻井，控制储层的压差处于安全的最低值

平衡压力钻井是指钻井时井内钻井液柱有效压力$p_d$等于所钻地层孔隙压力$p_p$，即压差$\Delta p=p_d-p_p=0$。此时，钻井液对油层损害程度最小。

当钻井液柱有效压力远小于地层孔隙压力时，就可能发生井喷和井塌等恶性事故。因而，在实际钻井作业中，为了既确保安全钻进，又尽可能将压差控制至安全的最低值，往往采取近平衡压力钻井，即井内钻井液静液柱压力略高于地层孔隙压力。

为了尽可能将压差降至安全的最低限，一般来讲，应在钻进时努力改善钻井液流变性和优选环空返速，降低环空流动阻力与钻屑浓度；起下钻时，调整钻井液触变性，控制起钻速度，降低抽吸压力。对于地层孔隙压力系数小于 0.8 的低压储层，可依据实际的地层孔隙压力，分别选用充气钻井、泡沫流体钻井、雾流体或空气钻井，降低压差，甚至可采用负压差钻井，减少对储层的损害。

4. 降低浸泡时间

如前所述，钻井过程中储层浸泡时间从钻开储层开始直至固井结束，包括纯钻进时间、起下钻接单根时间、处理事故与井下复杂情况时间、辅助工作与非生产时间、完井电测、下套管及固井时间。为了缩短浸泡时间，减少对储层的损害，可从以下几方面着手。

（1）采用优选参数钻井，并依据地层岩石可钻性选用合适类型的牙轮钻头或 PDC 钻头及喷嘴，提高机械钻速。

（2）采用与地层特性相匹配的钻井液，加强钻井工艺技术措施及井控工作，防止井喷、井漏、卡钻、坍塌等井下复杂情况或事故的发生。

（3）测井前做好井眼准备，以提高测井一次成功率，缩短完井时间。

（4）加强管理，降低机修、停钻、辅助工作和其他非生产时间。

## （三）固井

固井是钻井、完井工程各项作业之中最为重要的作业之一，此项作业中的各项技术措施与油气层是否受到损害及损害严重程度紧密相关，固井过程中保护油气层技术主要有以下三个方面。

1. 提高固井质量

提高固井质量是固井作业中保护储层的主要措施。固井作业施工时间短、工序内容多、材料消耗大、技术性强、未知影响因素复杂。因此要优质地固好一口井，必须精心设计、精心施工、严密组织、严格质量控制，在施工后形成一个完整的水泥环，使水泥与套管、水泥与井壁固结好，水泥胶结强度高，油气水层封隔好，不窜、不漏。为满足上述要求，确保固井质量，可采取以下主要技术措施。

（1）改善水泥浆性能。使用 API 标准水泥和各种优质外加剂。根据产层特性和施工井况，采用减阻、降失水、调凝、增强、抗腐蚀、防止强度衰退等外加剂，合理调配水泥浆各项性能指标，以满足安全泵注、替净、早强、防损害、耐腐蚀及稳定性的要求。

（2）合理压差固井。严格按照地层压力和破裂压力设计水泥浆密度及浆柱结构，并采用密度调节材料满足设计要求。保证注水泥过程中不发生水泥浆漏失。漏失严重的井，必须先堵漏，后固井。

（3）提高顶替效率。注水泥前，必须处理好钻井液性能，使钻井液具备流动性好，触变性合理，失水造壁性好的特点。采用优质冲洗液和隔离液、合理安放旋流扶正器位置，主封固段紊流接触时间不低于 7~10min 等方法，让滞留在井壁处的“死钻井液区”

尽量顶替干净。

（4）防止水泥浆失重引起环空窜流。水泥浆候凝过程中地层油气水窜入环空，是水泥浆失重引起浆柱有效压力与地层压力不平衡的结果。如果高压盐水窜入水泥柱，还可导致水泥浆长期不凝。防止环空窜流，除确保良好顶替效率外，主要措施是采用特殊外加剂通过改变水泥浆自身物理化学特性以弥补失重造成的压力降低。最有效的方法是采用可压缩水泥、不渗透水泥、触变水泥、直角稠化水泥及多凝水泥等。此外还可采用分级注水泥，缩短封固段长度及井口加回压等工艺措施。

2. 降低水泥浆失水量

为了减少水泥浆固相颗粒及滤液对储层的损害，需在水泥浆中加入降失水剂，控制失水量小于250mL（尾管固井时，控制失水量小于50mL）。

3. 采用屏蔽暂堵钻井液技术

钻开储层时采用屏蔽暂堵钻井液技术，在井壁附近形成屏蔽环，此环带亦可在固井作业中阻止水泥浆固相颗粒和滤液进入储层。

## 第二节　油气层保护的钻井液

20世纪90年代以来，国外储层保护钻井液技术进入不断完善阶段，面对不断出现的新问题，不断完善、改进储层保护钻井液技术。近年来，国外储层保护钻井液技术不管是在伤害机理研究，还是在防止油层伤害的方法以及新型无伤害钻井液类型上，都取得了很大进展。目前这项技术正在从单一技术向综合技术发展，新研制的储层保护钻井液不但体现了各种复杂情况下的油层保护技术，还综合经济效益、环境保护、深井高温、井下安全、人身健康和使用方便等方面的技术。

### 一、保护油气层对钻井液的要求

钻开油气层的钻井液不仅要满足安全、快速、优质、高效的钻井工程施工需要，而且要满足保护油气层的技术要求。基于研究与实践，可归纳为以下几个方面。

#### （一）钻井液密度易于调整

保证钻井液密度易于调整，以满足不同压力油气层近平衡压力钻井的需要。由于不同地区的油气田地层压力系数差异较大，应用不同钻井液密度实现近平衡压力钻井，可最大限度降低对油气层的损害。

#### （二）钻井液中固相颗粒与油气层渗流通道匹配

钻井液中除保持必需的膨润土、加重剂、暂堵剂等以外，应尽可能降低钻井液中

无用固相的含量。依据所钻油气层的孔喉直径，选择匹配的固相颗粒尺寸大小、级配和数量，用以控制固相侵入油气层的数量与深度。此外，还可以根据油气层特性选用暂堵剂，在油井投产时进行解堵和反排。对于固相颗粒堵塞会造成油气层严重损害且不易解堵的，钻开油气层时，应尽可能采用无固相或无膨润土相钻井液。

#### （三）钻井液必须与油气层岩石相配伍

对于中、强水敏性油气层应采用不引起黏土水化膨胀的强抑制性钻井液，例如氯化钾钻井液、钾铵聚合物钻井液、甲酸盐钻井液、两性离子聚合物钻井液、正电胶钻井液、烷基糖苷钻井液、油基钻井液和油包水钻井液等。对于盐敏性油气层，钻井液的矿化度应控制在两个临界矿化度之间。对于碱敏性油气层，钻井液的 pH 值应尽可能控制在临界范围内。对于非酸敏油气层，可选用酸溶处理剂或暂堵剂。对于速敏性油气层、应尽量降低压差和严防井漏。采用油基或油包水钻井液、水包油钻井液时，最好选用非离子型乳化剂，以免发生润湿反转等。

#### （四）钻井液滤液组分必须与油气层中流体相配伍

确定钻井液配方时，应考虑以下因素：滤液中所含的无机离子和处理剂不与地层中流体发生沉淀反应；滤液与地层中流体不发生乳化堵塞作用；滤液表面张力低，以防发生水锁作用；滤液中所含细菌在油气层所处环境中不会繁殖生长。

#### （五）钻井液的组分与性能都能满足保护油气层的需要

保证所用各种处理剂对油气层的渗透率影响小。尽可能降低钻井液处于各种状态下的滤失量及滤饼渗透率，改善流变性，降低当量钻井液密度和起下管柱或开泵时的激动压力。此外，应控制钻井液的组分，以利于降低对油气层的损害。

## 二、保护油气层的钻井液体系

### （一）水基钻井液

1. 无固相清洁盐水

无固相清洁盐水不含膨润土和其他人为加入的固相，其密度靠加入不同种类的可溶性盐调节。适用于套管下至油气层顶部，油层为单一压力体系的裂缝性油层或强水敏油气层。

无固相清洁盐水钻井完井液是指体系中不含黏土矿物和其他粒径大于 2μm 的固相颗粒的盐水钻井完井液。这种钻井完井液主要由水、可溶性盐类、低损害聚合物和缓蚀剂组成。其中的可溶性盐类用于调节密度和防止储层水敏损害，选择不同种类的盐类（如 NaCl、$CaCl_2$、KCl、NaBr、KBr、$CaBr_2$ 等）、改变其加量，可将钻井液的密度在

1.0～2.4g/cm$^3$ 之间进行调节。聚合物用于调节钻井液的流变性和控制滤失量，缓蚀剂用于减轻盐水对钻具的腐蚀。这种钻井完井液的优点是不含黏土和粒径大于 2μm 的固相，基本可以消除固相对油气层的损害，滤液为一定浓度的盐溶液，对黏土矿物的水化膨胀具有一定的抑制作用，可以基本消除水敏损害，保护油气层的效果好。

典型的无固相清洁盐水完井液组成见表 7–1，无固相清洁盐水钻井完井液性能指标见表 7–2。

**表 7-1　无固相清洁盐水钻井完井液配方**

| 处理剂 | 用量 /（kg/m$^3$） | 处理剂 | 用量 /（kg/m$^3$） |
|---|---|---|---|
| 盐水 | 按设计要求 | CMHEC | 3.0～5.0 |
| 聚合物处理剂 | 1.0～3.0 | CMC | 3.0～5.0 |
| HEC | 3.0～5.0 | | |

注：盐水可以由 NaCl、KCl、$CaCl_2$ 等无机盐类配成。聚合物包括 PAM、PAC–141、SK–1104、XC、PHP 等。

**表 7-2　无固相清洁盐水钻井完井液性能**

| 项目 | 性能 | 项目 | 性能 |
|---|---|---|---|
| 密度 /（g/cm$^3$） | 按设计要求 | *YP*/Pa | 5～15 |
| *FV*/s | 40～150 | *Gel*/Pa/ Pa | 3～5/3～6 |
| $FL_{API}$/mL | <80 | pH 值 | 9～10 |
| *PV*/mPa · s | 20～35 | | |

注：具体指标按各井使用要求及配方选择后确定。

应用无固相完井液，必须配备良好的净化设备，采用固控及沉降的方法，将钻屑全部清除掉，保证入口钻井液固相基本为 0；钻进过程中，应随时补充完井液的消耗，因此，要求地面储备 1/2～1 倍的井浆量。地面配备相应的储备大罐。由于完井液成本昂贵，使用中减少浪费。使用完后，应回收再利用。

配制要求：①配制前，必须将技术套管内的井浆用清水替出，并清洗地面循环系统；②按设计要求加入处理剂。循环配制，达到设计性能指标时开钻；③按配方配制一部分完井液储备，用于钻进中补充消耗。

使用该类钻井液钻开油气层，可避免因固体颗粒堵塞而造成的油气层损害，并可在一定程度上增强钻井液对黏土水化的抑制作用，减轻水敏性损害。由于无固相，可显著提高机械钻速。但它配制成本高，工艺较复杂，对固相要求严格，易发生漏失，因此，目前主要用作射孔液或压井液。

下面是几种不同类型的清洁盐水钻井液。

1）NaCl 盐水体系

NaCl 来源最广，成本最低。其溶液的最大密度可达 1.20g/cm$^3$ 左右。常用添加剂为 HEC（羟乙基纤维素）和 XC 生物聚合物等。配制时应注意充分搅拌，使聚合物均匀地完全溶解，否则不溶物会堵塞油气层。通常还使用 NaOH 或石灰控制 pH 值。若遇到地

层中的 $H_2S$，需要提高 pH 值至 11.0 左右。NaCl 盐水可使用密度为 1.20g/cm$^3$ 的饱和盐水溶液与清水混合或用固体食盐加入清水溶解配制密度为 1.01～1.20g/cm$^3$ 的完井液。

2）KCl 盐水体系

由于钾离子对黏土晶格的固定作用，故 KCl 盐水体系被认为是对付水敏性地层最为理想的无固相清洁盐水钻井液。它的密度是 1.00～1.17g/cm$^3$。该体系所用聚合物的情况与 NaCl 盐水体系基本相同。KCl 与聚合物的复配使用可使体系对黏土水化的抑制作用更强。KCl 盐水可使用密度为 1.17g/cm$^3$ 的饱和盐水溶液与清水混合或用固体 KCl 加入清水溶解配制密度为 1.00～1.17g/cm$^3$ 的完井液。

3）$CaCl_2$ 盐水体系

$CaCl_2$ 盐水体系的最大密度可达 1.39g/cm$^3$。目前使用的 $CaCl_2$ 产品主要有两种，其纯度分别为 94%～97%（粒状）和 77%～80%（片状）。前一种含水约 5%，后一种含水约 20%。这种体系所需用的聚合物种类和用量与 NaCl 盐水体系基本相似。氯化钙清洁盐水可将固体 $CaCl_2$ 加入清水配制而成，其密度为 1.01～1.39g/cm$^3$。

4）$CaCl_2$–$CaBr_2$ 混合盐水体系

由于 $CaCl_2$–$CaBr_2$ 混合盐水液本身具有较高的黏度（漏斗黏度可达 30～100s），因此只需加入较少量的聚合物。一般 HEC 和生物聚合物的加量均为 0.29～0.72g/L。该体系适宜的 pH 值为 7.5～8.5。当混合液密度接近于 1.80g/cm$^3$ 时，应注意防止结晶的析出。

配制 $CaCl_2$–$CaBr_2$ 混合液时，一般用密度为 1.70g/cm$^3$ 的 $CaBr_2$ 溶液作为基液。如果所需密度在 1.70g/cm$^3$ 以下，就用密度为 1.38g/cm$^3$ 的 $CaCl_2$ 溶液加入上述基液内进行调整；如果需将密度增至 1.70g/cm$^3$ 以上，则需加入适量的固体 $CaCl_2$，然后充分搅拌直至 $CaCl_2$ 完全溶解。氯化钙＋溴化钙清洁盐水密度为 1.40～1.81g/cm$^3$。

此外，还可以配制氯化钙＋溴化钙＋溴化锌（$CaCl_2$+$CaBr_2$+$ZnBr_2$）清洁盐水完井液。

2. 水包油钻井液

以水（或盐水）为连续相，油为分散相的无固相水包油钻井液，其密度可通过调节油水比和可溶性盐的种类、加量来实现，最低密度可达 0.89g/cm$^3$。适用于技术套管下至油气层顶部的低压裂缝性易发生漏失的油气层或低压砂岩油气层。

3. 无膨润土暂堵型聚合物钻井液

此种钻井液由水相、聚合物和暂堵剂固相粒子组成。密度可通过加入不同种类和加量的可溶性盐来调节，流变性通过加入低损害聚合物和高价离子来控制，滤失量可通过加入油溶或酸溶或水溶的暂堵剂来实现。此种钻井液不含膨润土。

适用于技术套管下至油气层顶部，油层为单一压力体系的低压力、稠油井和古潜山裂缝性油层。

4. 低膨润土聚合物钻井液

膨润土含量通常小于 30g/L，通过加入各种聚合物来控制钻井液性能。适用于低压、低渗油气层或碳酸盐裂缝性油气层。

虽然膨润土对油气层具有一定的堵塞损害，但使用膨润土来调节钻井液的流变性和降低滤失量，可以减少其他钻井液添加剂的用量而降低钻井液的成本，同时，膨润土的加入对形成致密的泥饼，减少钻井液滤液对储层的损害深度也是有益的。该钻井液的特点就是把其中的膨润土含量降低到一个适当范围（一般低于 30g/L），使膨润土对储层损害的影响尽量减小，而又不严重影响钻井液的成本和性能。这种钻井液中的膨润土含量一般为 2%~3%，通过加入抑制黏土膨胀的处理剂和其他添加剂达到保护油气层的作用。

与改性钻井液相比，该体系的优点是与油气层的配伍性更好、固相含量较低、抑制水化膨胀的能力强、保护油气层的效果更好、应用较广泛。缺点是需要用套管将储层上部地层封隔才能取得好的效果。

5. *无膨润土聚合物暂堵型钻井完井液*

无膨润土聚合物钻井完井液中不含膨润土。这类钻井完井液主要由水相（一般为盐溶液）、低损害聚合物和暂堵剂固相颗粒组成。其密度采用加入不同种类的可溶性盐类和通过改变盐类的加量来进行调节，这些盐溶液也可以起到防止水敏损害的作用。加入低损害聚合物的目的是控制和调节钻井液的流变性，以及与暂堵剂配合形成好的滤饼，以降低钻井液的滤失量。加入暂堵剂颗粒的目的是让其与加入的聚合物配合在井壁周围形成比较好的暂堵性滤饼，以阻止钻屑和钻井液滤液进入储层深部引起损害。一般要求暂堵剂颗粒的粒径要有适当的分布，最好能与油气层孔喉大小分布匹配，暂堵剂的加量以可以快速形成暂堵性滤饼为宜，且要求暂堵剂形成的滤饼可以通过适当的方式（如酸溶、水溶、油溶或压力反排等）加以解除。按使用的暂堵剂不同，这类钻井液又分为以下几种类型。

1）酸溶性暂堵型无膨润土钻井完井液

该钻井完井液使用的暂堵剂是酸溶性暂堵剂。常用的酸溶性暂堵剂有细目或超细目的碳酸钙、碳酸铁、氧化铁粉末等。该类暂堵剂形成的内、外滤饼在投产前可以用酸溶的方法解除。酸溶性暂堵型无膨润土钻井完井液配方：淡水或海水 +12.0~17.0kg/$m^3$ PAC141（或 PAC143）+1.0~3.0 kg/$m^3$PHP+25.0~35.0kg/$m^3$SLSP +10.0~20.0kg/$m^3$ 水解聚丙烯腈铵盐 +10.0~20.0kg/$m^3$SMC + 10.0~20.0 kg/$m^3$ 有机硅腐殖酸钾 +3.0~5.0 kg/$m^3$KOH+碳酸钙（视需要确定加量）。

2）油溶性暂堵型无膨润土钻井完井液

该钻井完井液使用的暂堵剂是油溶性暂堵剂。常用的油溶性暂堵剂是粉末状油溶性树脂，其在油中的溶解率大于 85%。油溶性暂堵剂形成的内、外滤饼在投产前可以通过储层产出的原油流动加以溶解除去，也可以通过注入柴油或亲油的表面活性剂加以溶解而解堵。这类钻井完井液体系特别适用于有酸敏性的稀油油藏和凝析油藏，一般不用于气藏。若用于气藏，则需要增加油溶解堵工序，或使用油基射孔液。油溶性暂堵型钻井完井液配方：100$m^3$ 饱和盐水 +2.0%~4.0%KCl+1.4%~1.8%LV-CMC+NTA+ 细粒盐粉（加重剂）+ 油溶性暂堵剂。

3）水溶性暂堵型无膨润土钻井完井液

该种钻井完井液使用的暂堵剂是水溶性暂堵剂。常用的水溶性暂堵剂，如细目或超细目的氯化钠和硼酸盐的粉末。这种暂堵剂在井壁形成的内、外滤饼在投产前可以用低矿化度的水溶解除去。这类钻井完井液体系仅适用于加有盐溶解抑制剂和缓蚀剂的盐水体系。水溶性暂堵型无膨润土钻井完井液的配方：$100m^3$ 饱和盐水 + 2.0%～4.0%KCl+1.4%～1.8%LV-CMC+NTA+ 细粒盐粉（加重、暂堵）。

4）不溶性暂堵型无膨润土钻井完井液

该钻井完井液使用的暂堵剂是不溶性的单向压力暂堵剂。常用的不溶性暂堵剂有改性纤维素和各种粉碎为极细的改性果壳及木屑粉末等。这种暂堵剂在压差作用下进入油气层，以其与油气层孔喉直径相匹配的颗粒暂时堵塞孔喉。当油气井投产时，在反排压差作用下，将单向压力暂堵剂从孔喉中反排出来，而实现解堵，从而达到保护油气层的目的。

综合而言，暂堵型钻井液一般用于渗透率很高的孔隙油气藏和裂缝性油气藏，且要保证暂堵效果较好，还常与磺化沥青、油溶性树脂等一起使用。这类钻井液的共同优点是不存在人为加入的黏土引起油气层损害问题，所以保护油气层的效果较好。缺点是要求把储层上部的造浆地层用套管封住，成本较高，在有些场合使用受到限制。该类体系适用于将套管下到油气层顶部，油气层压力系统比较单一的低压油气层，稠油和古潜山裂缝性油气层。

5. 改性钻井液

进入油气层之前，按油气层特性调整钻上部地层钻井液的配方和性能，使其不诱发或少诱发油气层潜在的损害因素。

改性钻井完井液是将打开油气层前使用的常规钻井液经过改性处理，使其成为具有一定保护油气层效果的钻井完井液。改性钻井液处理要点如下。

（1）降低钻井液中黏土和无用固相的含量，尽量调节固相颗粒的级配，使其与油气层孔喉匹配。选用合适的暂堵剂类型和加量，无酸敏的地层可选用酸溶性暂堵剂，有酸敏的地层可选用油溶性暂堵剂，特殊情况可选用水溶性暂堵剂。加量以形成有效的暂堵泥饼为宜。

（2）增加钻井液滤液抑制黏土水化膨胀的能力，对低渗特低渗储层还应加入适当的表面活性剂，降低钻井液的界面张力，从而减轻水敏和水锁损害。降低钻井液的滤失量，改善流变性和泥饼质量，调节 pH 值在 7.5～8.5 之间，以减少滤液侵入量和防止碱敏损害。通过调节钻井液配方，使钻井液的钻屑回收率大于 90%，所处理岩心的渗透率恢复值大于 70%，才能用于钻开油气层。

这种钻井完井液具有成本低、使用工艺简单、对井身结构和钻井设备及工艺无特殊要求、具有一定保护油气层效果和应用广泛等优点。缺点是保护油气层效果不如新配的钻井完井液好，有时由于上部钻井液性能太差，较难达到保护油气层的改性要求。

6. 屏蔽暂堵钻井完井液

屏蔽暂堵钻井完井液实际上是在暂堵型钻井液和改性钻井液基础之上，发展起来的一类保护油气层的钻井完井液技术，其核心是通过向钻井液中加入粒径与油气层孔喉大小和分布相匹配的刚性及可变形固相粒子，对普通钻井液进行改性，使改性钻井液中的固相粒子可以很快地在一定正压差作用下，在井壁附近形成可被射孔弹穿透的、非常致密的泥饼，从而阻止钻井液中的固相和滤液继续侵入储层深部造成损害。这种致密泥饼可以在投产前通过射孔解除，从而使这种改性的钻井液具有保护油气层的效果。

该项技术将由于钻井中钻井液固相含量高和液柱压力大于储层孔隙压力幅度大，而对油气层损害严重的不利因素，转化成了使钻井液形成致密泥饼，达到实现保护油气层目的所必须的条件。

实施屏蔽暂堵钻井完井液方案的技术要点是：收集或测定或估算待钻储层的孔喉大小及其分布情况，钻开油气层前，向钻井液中加入 2%～3% 的粒径大小为储层孔喉直径 1/2～2/3 的刚性架桥粒子（超细碳酸钙、单向压力封闭剂等），1.5%～2% 粒径为孔喉直径 1/4 的填充粒子，1%～2% 的可变形粒子（如油溶性树脂、磺化沥青、氧化沥青、石蜡等）对钻井液进行改性。调节钻井液的密度，使钻井液的液柱压力与储层孔隙压力之差为 3MPa 左右后，再钻开油气层，以利于形成有效的屏蔽暂堵泥饼。投产前采用可以穿透屏蔽带的射孔弹打开油气层，解除屏蔽暂堵泥饼的堵塞。

该项技术的优点是成本低、适用多压力层系储层、工艺比较简单、具有一定保护储层的效果。缺点是地下孔喉资料很难取得，多层系储层有时孔喉相差较大，给暂堵剂粒径的选择带来不准确性，以及该项技术目前还不适用于裂缝性油气层和要进行中途测试的探井。

由于屏蔽暂堵型钻井完井液就是在普通的水基聚合物钻井液中加入屏蔽暂堵剂改性而成，所以，其配方就是在无固相清洁盐水和水包油钻井液以外的水基钻井液中加入屏蔽暂堵剂即可。加入屏蔽暂堵剂后，钻井液的黏度有所提高，但影响不严重，而滤失量一般会降低，有利于保护油气层。屏蔽暂堵型钻井完井液配方：普通水基钻井液 + 20.0～30.0kg/$m^3$ 超细碳酸钙、单向压力封闭剂 +15.0～20.0kg/$m^3$ 膨润土 +10.0～20.0kg/$m^3$ 油溶性树脂、磺化沥青、氧化沥青、石蜡。

该项技术特别适用于多压力层系储层的长裸眼井段钻井，以及技术套管没能封隔油气层以上地层和采用射孔完成的孔隙型油气井。

7. 超低渗透钻井液体系

超低渗透钻井液体系主要由以下 3 种成分组成，即增黏剂 DWC2000、动态降滤失剂 FLC2000、润滑剂 KFA2000。在遇到严重漏失时，还需要第 4 种成分，即 LCP2000 封堵材料。例如钻进具有裂缝和溶洞的地层时，一旦发生严重井漏立即用来恢复循环。

超低渗透钻井液降滤失剂 FLC2000（该钻井液体系的主要处理剂）由一系列可溶于油和水的改性聚合物混合而成。当加入水基钻井液中时，混合物中一些聚合物溶解，类似其他常规处理剂一样可以控制滤失。

其他组分由于其亲油特性只能部分溶解，这些聚合物可形成胶束，其在孔喉和微裂缝中快速形成低渗密封层，有效地阻止液体侵入。此胶束产生像逆乳化油基钻井液中的小水珠一样集中在滤饼上，对控制钻井液侵入起主要作用。由于胶束更易变形和尺寸范围更宽，因此，它们是更好的封堵剂，对更宽的孔喉尺寸和渗透率范围起作用。

在储层应用这种添加剂，屏蔽保护层的清除非常简单，因为在流体中，胶束只有在高于聚合物临界浓度下存在，因而当这种聚合物接触洗井液或完井盐水，以及采油时与储层流体接触，屏蔽层可以直接分散到井眼流体中清除。

超低渗透钻井液体系的优点是：能够防止钻井液侵入地层，造成储层伤害；防止压差卡钻；防止钻井液漏失；增加地层泄漏压力，提高地层承压能力；控制微裂缝地层的不稳定性；钻井液体系配制简单，维护方便，对人类的健康无害，有利于环境保护等。

### （二）油基钻井液

油基钻井液包括纯油基钻井液和油包水钻井液。为了降低钻井液的储层伤害，尽可能选择纯油基钻井液。适用于水敏性油层和低压油气层。

常规的油基或合成基钻井液通常导致钻屑、钻柱及地层具有极强的亲油性，这就减少了水敏性带来的钻井问题。但是，常规油基钻井液能使钻屑、地层等润湿性改变，引起以下问题：①泥饼清除困难，容易引起非射孔完成井的油气层伤害问题；②水泥和地层之间胶结弱，固井质量差；③由于钻井液侵入地层，改变地层的润湿性和形成乳状液堵塞；④钻屑上的残留油，钻屑排放时会引起环境污染问题。

因此，研究应用一种可逆转的油包水乳化钻井液体系，它既能作为油包水钻井液使用，保留全部油基钻井液的优点，又能提供水基钻井液的优点。采用可逆转的油包水乳化钻井液体系可产生较薄的滤饼、优良的润滑性及优异的井眼稳定性。

这种可逆转的油包水乳化钻井液的配方与常规油基钻井液或合成基钻井液的配方基本相同。与常规油基钻井液的主要区别是该钻井液采用了一种可逆的乳化剂。

可逆转的油包水乳化钻井液的特点是：

（1）在钻屑、水泥和海水存在的条件下，可逆转的油包水乳化钻井液依然稳定，乳状液的流变性、滤失量、稳定性方面只有很小的变化。

（2）这种可逆转的油包水乳化钻井液的抑制性与常规油基钻井液一样。

（3）与常规油基钻井液相比，抑制性和降滤失性能好，大大减少了对地层的伤害。采用砂岩岩心进行的实验，渗透率恢复值为95%以上。

（4）固井质量好。隔离液中加入少量酸就可以驱替可逆转的油包水乳化钻井液。因为酸处理过的残留液体是可逆的，很容易转化成水连续相，将管柱表面和地层表面转化为水湿表面，与水泥胶结性好。

（5）滤饼容易冲洗，在可逆转的油包水乳化钻井液中，使用掺入酸的液体处理，油润湿的滤饼很容易变成水分散状态，使酸很容易进入滤饼，并溶解酸溶性固体，清除滤饼。

（6）对环境影响小，可逆转的油包水乳化钻井液的可逆性使之容易洗涤和处理钻屑，海上钻井时，可以减少排放到海底的废物，因而可最大限度地减少钻井液对环境的影响。

## （三）气体类流体

气流体是欠平衡钻井技术实施的关键，欠平衡钻井技术是指在保持井内静液柱压力低于地层孔隙压力条件下的钻井技术。它主要有以下几个方面的优点：降低过平衡压力钻井时钻井液对油层的各种损害；减少或避免了井漏、压差卡钻等事故的发生；延长钻头寿命，提高机械钻速，降低成本；在钻井的同时能通过试井评价产层的生产能力和地层的性质，有利于迅速发现和保护油气层。

气体类流体包括：空气、雾、充气流体和泡沫流体 4 种。只要地层条件和井下条件允许，在低压油气层采用泡沫液是目前最好的方法。据美国有关公司调查，1994 年采用低密度钻井流体钻的井数占当年美国钻井总数的 7.2%，1995 年达到 10%，1997 年该类井占钻井总数的 15%，2000 年上升到 20%。

我国低密度钻井流体技术广泛应用于新疆、四川、华北、辽河、长庆、青海等油区，重点是进行的泡沫钻井完井，已取得了良好的进展。

实践表明，使用气体或可循环泡沫钻井液，解决了低压漏失层钻探的问题，并有效地保护了油气层。由于在负压钻井条件下，井眼稳定是关系到整套工艺能否实施的重大问题，地层条件的选择和钻井液类型的确定至关重要。

### 1. 空气流体

由空气或天然气、防腐剂、干燥剂等组成的循环流体。密度低。适用于技术套管下至油气层顶部的低压、易漏失、强敏感的油气层。

### 2. 雾化流体

由空气、发泡剂、防腐剂和少量水混合的流体。适用于技术套管下至油气层顶部的低压层，钻井过程中遇地层流体进入井中（流量小于 $23m^3/h$）。

### 3. 泡沫流体

由空气（氮气或天然气）、淡水或咸水、发泡剂和稳泡剂等组成的密集细小的气泡，气泡外表由强度较大液膜包围而成的一种气－水型分散体系。此类流体在低速梯下有较高的表观黏度，因而具有较好的携屑能力。

适用于技术套管下至油气层顶部的低压、易漏失的油气层。

### 4. 充气钻井液

以气体为分散相，液体为连续相，并加入稳定剂使之成为气液混合均匀而稳定的体系，用来进行钻井作业。当充气钻井液从环空返至地面后，经除气器，气体从充气钻井液中脱离出来，以保证钻井泵正常工作。此类钻井液最低密度可达 $0.68g/cm^3$。适用于技术套管下至油气层顶部的低压油气层，稠油层。

# 参考文献

[1] 刘保双，曹胜利 . 国外无伤害钻井液技术研究进展［J］. 精细石油化工进展，2004，5（12）：29-32.

[2] 蔡进功，吴锦莲，苏海芳，等 . 油气层保护技术研究进展［J］. 油气地质与采收率，2001，8（3）：67-70.

[3] 鄢捷年，黄林基 . 钻井液优化设计与实用技术［M］. 山东东营：石油大学出版社，1993.

[4] 王中华 . 钻井液技术员读本［M］. 北京：中国石化出版社，2017.

[5] 钻井液实用手册［EB/OL］. http：//www.docin.com/p-56346887.html，2010-05-25/2019-04-15.

[6] 李皋，蔡武强，孟英峰，等 . 不同钻井方式对致密砂岩储层损害评价实验［J］. 天然气工业，2017，37（2）：69-76.

[7] 徐同台，赵忠举 .21 世纪初国外钻井液和完井液技术［M］. 北京：石油工业出版社，2004.

[8] 鄢捷年. 钻井液工艺学［M］. 山东东营：石油大学出版社，2001.